# The Third Chimpanzee

第三种黑猩猩

Jared Diamond

Jared
Diamond

*The* **Evolution**
*and* **Future** *of the*
**Human Animal**

人类的身世与未来

[美] 贾雷德·戴蒙德 —— 著
王道还 —— 译

中信出版集团｜北京

图书在版编目（CIP）数据

第三种黑猩猩/（美）贾雷德·戴蒙德著；王道还
译. -- 北京：中信出版社，2022.6（2024.7 重印）
　书名原文：The Third Chimpanzee
　ISBN 978-7-5217-3688-5

　Ⅰ.①第… Ⅱ.①贾…②王… Ⅲ.①人类进化—历
史 Ⅳ.①Q981.1

中国版本图书馆CIP数据核字（2021）第 217843 号

本书中译本由时报文化出版企业股份有限公司委任
Andrew Nurnberg Associates International Limited代理授权


第三种黑猩猩
著者：　　[美] 贾雷德·戴蒙德
译者：　　王道还
出版发行：中信出版集团股份有限公司
　　　　　（北京市朝阳区东三环北路 27 号嘉铭中心　邮编　100020）
承印者：　　河北鹏润印刷有限公司

开本：880mm×1230mm 1/32　　　印张：17　　　字数：400 千字
版次：2022 年 6 月第 1 版　　　印次：2024 年 7 月第 6 次印刷
京权图字：01–2022–2712　　　审图号：GS 京（2023）2540 号
书号：ISBN 978–7–5217–3688–5
定价：98.00 元

献给我的儿子

马克斯和乔舒亚，

以帮助他们了解

我们从哪儿来，

以及我们可能会到哪儿去

## 主题

在短暂的时间内，
人类是如何从仅仅是另一种大型哺乳动物
转变成世界征服者的，
以及我们是如何在一夕之间获得
逆转历史进程的能力的

# 目录

# 推荐序一

## 人类是怎么变坏的

读贾雷德·戴蒙德的《第三种黑猩猩》，会不由自主产生一个认识：人类变坏了！于是，"人类是怎么变坏的？"就成了一个值得延伸思考的问题。戴蒙德是我非常喜欢的学者与作家，司马迁在《报任安书》中所提到的人生抱负，"究天人之际，通古今之变，成一家之言"，戴蒙德可以说是实现了。戴蒙德属于美国的"英雄一代"，也就是经历二战的这一代人。在这代人的成长时期，美国的国家实力达到了巅峰，更重要的可能是，相比现在，那个时代的美国有一种较好的价值观，所以成就了一批优秀人物。

戴蒙德的家境颇为优越，父亲是哈佛大学的教授，母亲是语言学家、钢琴家与教师。他上的是名牌中学，然后就读于哈佛大学，成绩优异，研究生进入英国的剑桥大学读生理学，一路都是顺风顺水。青年时代的戴蒙德很有语言天赋，仅用一个月，他靠听周围人说话，就把欧洲最难学习的芬兰语学会了，以至于他想改变人生目标，成为联合国的同声传译员。其实，这个时候他遭遇了一次学术上的危机，他的动手能力不太好，在实验研究上遇到了难题，改变志向不过是在逃避问题而已。后来在他父亲的劝说下，他还是回到了生理学研究领域。

最终，戴蒙德成为一名优秀的生理学家。不可思议的是，他转入大历史的研究中，纵横捭阖，完成了一系列的优秀著作，除了《第三种黑猩猩》，还有《枪炮、病菌与钢铁》《崩溃》《剧变》等，这些书都译成了中文，我是这些书的忠实读者。在这一系列的著作中，戴蒙德其实都有一个核心，那就是对人类命运的关注，他称之为"人类史"。回顾人类的发展历程，我们总是会追问：人类还有未来吗？为什么我们会有这样的忧虑呢？因为人类的发展历程似乎告诉我们，人类在不断变坏！

人类是怎么变坏的？也许我们首先需要确定好坏的标准，我们不会像儿童一样，认为狼吃小羊就是坏。植物为了防止被动物吃掉，会产生一些有毒的化学物质，万物相生相克，由此形成大自然，这里面无所谓好坏。但如果一个人或一群人自私傲慢、奢靡无度、残酷好斗、嗜血成性，无论如何，我们不会将其视作好人。好坏是与道德联系在一起的，而道德是与人的自我审视能力联系起来的。审视的标准来自人对历史的了解、对未来的预期。于是，我们可以说，让人类迅速走向灭绝的做法肯定不是好的；让与人类共生的物种都灭绝，同样也算不上好，因为缺乏生态联系的人类也难以保全；让人类的许多群体消失，只留下一个所谓"优秀"的人群，这是同类相残，怎么能够说好呢？确定了好坏的标准，我们再来看人类的发展历程，或许会有不一样的理解。

　　在不同社会的神话传说中，似乎都有一个特别美好的过去，那个时候是人类的"黄金时代"。从考古学的视角来看，还真是如此。大约六七百万年前，随着气候的变迁，人类祖先不得不离开久已适应的热带丛林，转而适应稀树草原环境。为了防范这里无所不在的捕猎者，他们发展出群体防卫，就像今天我们看到的狒狒群体一样。当一个狒狒群体穿越开阔地时，强壮的雄性分布在四周，保卫整个群体的安全。在这样的群体中，好逞能的个体可能会导致群体防线崩溃，个体必须严格遵循规则，以整体利益为重。从民族志材料来看，狩猎-采集社会有许多有趣的社会规范与禁忌，比如猎人不能吃自己打到的猎物，否则以后就打不到猎物了；猎物是见者有份，所有食物平均分配，等等。尽管不是每个社会都采用同样的标准，但是基本原则还是一致的，所以学术界把这种类型的社会称为平均社会或是原始共产主义社会。

　　人人平等，人人劳动，没有剥削与压迫，没有等级与强制，这样的社会在后世人的回忆中成为理想社会的典范。狩猎-采集社会纯粹从自然中获取食物，然而，由于自然界中食物资源分布稀疏且不均，人们需要不断流动觅食，其人口规模严格受制于自然资源的供给，尤其是资源贫乏季节的供给。食物丰足的季节多获取也没有多少意义，人们的消费能力有限，储备能力也有限，同时也缺乏搬运能力，频繁流动的生活不能有太多需要携带的东西。因此，其生产、消费与人口进入一种稳态平衡之中。按照科幻小说《三体》的说法，这样的社会实际上已经被"锁死"了。

　　然而，禁锢总是要被打破的，在狩猎-采集阶段的后期，准确地说，就是旧石器时代晚期，我们已经可以看到突破的苗头，那就是艺术品起源，在现代人的起源地非洲，艺术品的出现可以早到七八万年前。艺术品中的个人装饰品是个体对自身身份的强调——我与别人不一样。这意味着在平均社会里打开了一个突破口，开启了影响后来人类社会发展的一组辩证关系：个体与社会——社会发展需要发挥个体的创造性，同时又必须要限制个体对社会整体的破坏。

　　农业起源最终给旧石器时代画上了句号，人类历史进入了一个新阶段。不过，在戴蒙德看来，农业从某种意义上说是人类演化史上的重大失误，农业改变了人类与自然的关系，也改变了人与人之间的平等关系，并重塑了社会。农业的特点是控制动植物的繁育，从而扩大产量。农业极大地提高了单位面积土地所能支持人口的密度，是狩猎-采集所能支持的二三十倍。农业起源之后，人口暴增，人口增加之后又需要更多的土地，需要不断开垦山林、排干沼泽、控制河流。谷物种植需要人们时时看护，以避免鸟兽的破坏，还需要灌溉、除草等活动，人类由此不得不定居下来，土地的所有权随之更加清晰；暴增的人口也需要人们定居下来，以避免土地的争夺。

　　定居的结果是，所有的生活垃圾都只能留在人类居住地附近，水源污染，蚊虫滋生，高密度的人口导致传染病可以流行开来。定居生活与农业出现之后，人类的活动范围减少，食物类型较之狩猎-采集时代更单调。相比于狩猎-采集，农业是更高强度的劳动，劳动的形式也更单调。从考古证据来看，转向农业生活之后，因为跑步更少，人类股骨的骨壁变薄；又由于长年累月弯腰劳作、背负重物以及躬身研磨食物，腰椎病变多；食物单调，淀粉成分高，导致龋齿显著增加……简言之，农业让人类的健康状况恶化了。

除了人类身体健康状况受损之外，更糟糕的是人与人之间关系的恶化，有的人成了支配他人的人，他们开始有了高贵的血统。如果有人不服从的话，就会遭到暴力对待。农业本身就是一种控制性的活动，控制动植物、控制土地、控制环境，当然，它也需要控制劳动力（人），毕竟劳动力是农业生产活动的关键变量。控制了人，也就控制了农业活动所需要的其他一切因素。从这个角度说，农业社会出现支配权是一种必然。

社会等级的产生还与人口规模密切相关，并不是说狩猎-采集社会就完全没有权力、等级、暴力，而是农业起源之后，社会等级显著增强了。现在有研究说狩猎-采集时代的人类可能更加暴力，因为暴力导致的人口损失可能比20世纪还要高，这种说法的前提是狩猎-采集社会的人口基数太小。而农业带来高密度的人口使得成规模的暴力成为可能，也就是战争的出现。农业能够产生更多的生产剩余，能够供养职业化的军队，专业化的生产武器的工匠，以及专门的管理阶层。农业就像一个放大器，把一切都放大了二三十倍。

人类与环境的关系也大幅度地恶化。狩猎-采集社会的人同样干预自然，尤其是掌握用火技术之后。如澳大利亚的土著频频放火，焚烧土地，他们用火来控制植被，清理垃圾，不过规模都很小。还有研究者注意到，南美丛林的狩猎-采集者每到一地，都会砍伐树木，建立营地，几天或几个星期后他们离开，吃剩下的果核与其他垃圾混在一起，砍伐后留出来的空地接受阳光的照射，有利于果核发芽，最后可能长成果树。如果这样的干预持续几千年，丛林中就会长出许多有利于人类生存的植物来。在这个意义上，狩猎-采集者就是"流动的生产者"。但是跟农业群体相比，他们的环境影响能力有限得多。农业社会是要控制环境，彻底地控制。只要一个地方变成田地，天然植被就会完全被取代或破坏。随着人口不断增加，农业人群不断扩张，从只利用肥沃的土地，到开始利用农业边缘环境的土地，比如土地瘠薄的草原，这类环境的生态极为脆弱，一旦植被遭到破坏，就可能导致沙化。再比如小型的海岛，其生态容量有限，一旦破坏，就可能造成灾难性的后果。戴蒙德曾经描述过的复活节岛，就是一个经典的悲剧。人口增长，导致资源紧张，群体之间恶性竞争，修建巨人像，最终耗尽森林，引发连锁反应，出现人吃人的惨剧。

人类变坏了吗？从部分结果上看好像是的，不过，从另外一个方面来看，在农业时代，我们又看到人类的进步大大加速，出现了文明，有了文字、金属冶炼、城市。从传统农业社会到近现代工商业社会，我们看到了类似的进步，以及类似的问题，包括环境污染、人的异化，等等。回顾人类全部的历史，不难看出，自从人类有了文化之后，就像游戏中开了外挂一般，人类的能力有了倍增器，从偶尔成功捕猎，到后来利用弓箭可以轻松捕猎，再到后来彻底控制动物，如今人类甚至掌握了可以瞬间毁灭自己的核武器。文化的进步极大地扩展了人类的能力，不论是好的方面还是坏的方面，都有了"乘数效应"。因此，对人类而言，当掌握了超强能力之后，需要对自身的能力有高度的节制，就像中国古人所说的，"如临深渊，如履薄冰"，这样人类的福祉才能长久。

古往今来，人类一直在文化发展的道路上飞速前进，文化是人类的本质特征，因为文化带来的问题而怀疑文化本身，无疑是因噎废食。当代人类社会科技能力日新月异，人文的发展能够让我们更谦虚谨慎。"人类变坏了"更像是盛世危言，的确，文化发展带来了许多问题，而且风险似乎越来越大，在这个时候，听一点如戴蒙德这般的警醒之言，无疑是非常有意义的！

陈胜前

中国人民大学历史学院考古文博系教授

# 推荐序二

# 科学的人类简史

　　《第三种黑猩猩》是戴蒙德教授所著的人类史系列的第一部作品，英文原著在 1992 年出版，也是戴蒙德教授第一部面向大众出版的科普著作。接下来出版的《枪炮、细菌和钢铁》与《崩溃》也是旷世名著，这一系列著作获得了全球范围的认可和赞誉。在这里，我对《第三种黑猩猩》做一个简要导读，并在文末谈谈人类史系列作品的意义。在我看来，戴蒙德教授的人类史系列作品是"科学的人类简史"，与历史学家尤瓦尔·赫拉利写的畅销书《人类简史》对比阅读，颇有趣味。这里并非要厚此薄彼，但阅读出自科学家笔下的"人类简史"，相信读者会对人类的演化乃至人类社会的由来，有不一样的认识。

　　戴蒙德教授的人类史系列作品和其另一本著作《性趣何来?》共同描绘了人类与人类社会演化至今的庞大画卷，其中每一本书有不同方面的侧重。《第三种黑猩猩》展现了戴蒙德教授思考问题的一个基本完整的框架，其中细节在他接下来的著作中不断丰富。这本书要回答的核心问题是：现代人类从哪儿来？现代人类区别于其他动物的性行为、语言、社会组织从何而来？

## 人类的跳跃式演化

现代人类从哪儿来？当然是猿猴，但猿猴是怎么演化成人的？书名"第三种黑猩猩"的意思，就是作为生物学分类的人科里其实有三种动物——黑猩猩、倭黑猩猩和现代智人。为什么黑猩猩和智人居然属于同一个生物学分类呢？因为通过基因组研究，科学家发现黑猩猩与人类的基因差异不到2%。所以在生物学家眼里，人类就是另一种"黑猩猩"。

而就算只有不到2%的差别，现代人也是占领地球的优势物种，我们可以把黑猩猩关在动物园里欣赏。这看上去微小的区别为什么会产生如此之大的差异呢？戴蒙德教授提出了一个精妙的概念"跳跃式演化"，意思是，虽然现代人的祖先是猿，但是人类演化研究已经知道从猿到人之间有好几个过渡性人类物种，比如直立人、尼安德特人与丹尼索瓦人，等等。这些过渡性人类物种已经不再是猿，但也非现代智人。最早的过渡性人类物种直立人出现在百万年前的非洲大陆上，与人类亲缘关系最近的尼安德特人生活在数万年前的欧洲大陆上。戴蒙德教授断言从过渡性人类物种到现代智人之间，存在一个基因水平的跳跃式演化，成就了现代智人。那么最引人入胜的问题就是——这个成就了现代人的跳跃式演化究竟是什么时候发生的？以及，是什么基因改变推动了人类的跳跃式演化?

对跳跃式演化发生的时间,戴蒙德教授做了一个大胆的推断:大约 4 万年前。他说,4 万年前的智人,基因上已经完全和现代人一样了,如果可以穿越时空去搬运一个 4 万年前的智人到现代社会,完全可以教会他开飞机。我个人很同意这个结论,当然 4 万年也许并不十分精确,还需要基因水平的更多证据支持。这个论断告诉我们两个重要信息,第一,在尼安德特人与智人之间,必然存在某些非常重要的基因差异,这些基因差异推动了人类跳跃式演化。第二,虽然基因已经准备好,但是智人建立如此丰富多彩的人类社会还需要上万年的时间。

在撰写此书的 1992 年,科学家对尼安德特人的基因还完全未知。2010 年,德国科学家斯万特·帕博教授领导团队开展的尼安德特人基因组测序研究告诉我们,尼安德特人不仅仅是智人的近亲,还跟智人通过婚,乃至现在人类基因组的 2.6% 都还是尼安德特人的基因。尼安德特人很可能也拥有语言(也拥有与语言相关的人类 Foxp2 基因突变),那么究竟是哪些基因推动了人类的跳跃式演化呢? 2012 年,帕博教授的学生卡托维奇教授和我发表了一个研究成果,我们发现一个对大脑发育有重要功能的基因 MEF2A 的调控区 DNA(脱氧核糖核酸)有一段智人独有的变化,而尼安德特人没有这个变化,拥有了这个变化的智人,出生后的大脑发育成熟期被延长了(Liu et al. *Genome Research* 2012)。我们提出假说,智人的大脑发育成熟期被延长与幼年智人需要学习更多的生存技能和接收更多社会环境的输入有关。这段 DNA

变化大概率在 30 万年前正准备走出非洲的智人身上发生，那时的尼安德特人已经在几十万年前走出非洲，定居在欧亚大陆上，因此这个智人特有的DNA变化很可能是推动人类跳跃式演化的基因变化之一。

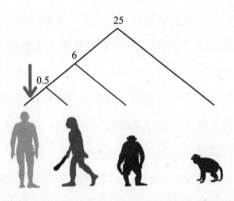

图 0-1　从左至右为智人、尼安德特人、黑猩猩、猕猴。数字单位为百万年。箭头标示MEF2A基因调控区的DNA变化出现的时间。

现在让我们看看历史学家撰写的《人类简史》，人类比尼安德特人先进的地方是"想象力驱动的认知革命"？这个说法非常有趣，但遗憾的是没有任何科学依据。尼安德特人也拥有语言，他们为什么就不会八卦、不会讲故事？而且人类与尼安德特人还一起生活过，都通婚、生育过，为啥没有相互八卦、讲故事？因此所谓人类比其他物种更先进的地方是拥有想象力，这一说法实在是既没有科学依据，也罔顾其他动物的能耐，猫猫狗狗吃饱了睡觉的时候，谁知道他们有没有想象着下一顿大餐呢？如果非要说人类由于想象的力量可以共同相信一个什么"共同体"，那也是人类社会发展到一定程度的结果，而非人类从猿猴或者尼安德特人中脱颖而出的原因。

## 性的演化与艺术的诞生

戴蒙德教授总结的第二个人类从其他物种脱颖而出的特点就是性行为与两性关系的演化。在这部分，戴蒙德教授在后续的《性趣何来？》一书中有更精彩详尽的阐述。自从4万年前现代智人的基因准备好之后，群居生活，乃至越来越复杂的社会组织结构就开始随之演化，人类的各种本能行为就开始被社会规范风俗不断约束。因此讨论人类的性行为和两性关系必须结合生物学本能和社会风俗规范方方面面的交织作用。

自从人类开始了群居生活，且拥有了语言，就开始了丰富多彩的艺术创造，艺术创造看上去好像不能马上换来生活资料，却有可能在演化中给人类带来益处，比如某些鸟类会在寻找配偶时为了炫耀自身的能力建造一个不怎么实用的豪华鸟巢一样。

当然人类还专门制造出了不少麻醉自己并且有害健康的化学品，如烟、酒和毒品。人类为什么老要跟自己过不去，不作死不休呢？戴蒙德教授也从演化的角度分析了这些明知道会损害身体健康的烟、酒、毒品是怎样在人类社会被接纳的。虽然人类演化了上万年，拥有了复杂的社会系统与风俗规范，但是其实几万年在生物演化面前只是须臾一瞬。由于人类98%以上的基因和黑猩猩都是一样的，所以可以猜想到的就是人类的许多行为仍然被生物的本性影响。

　　总结一下，人类的跳跃式演化是由于基因演化，给了人类某种更优越的能力可以学会更复杂的技能，学会在更复杂的环境中生存。就算人类具有某种只有人类才有的想象力，那我也敢肯定，这个想象力基因也是在人类跳跃式演化某个基因突变的过程中产生的。

## 关于人类史的写作

　　在这本书中，戴蒙德教授还分析了农业、驯化动物和印欧语系一步步"征服"世界的步伐。这些内容在他的著作《枪炮、病菌与钢铁》中有更精彩详尽的描述。《第三种黑猩猩》阐述了从猿到人的跳跃式演化，和人类社会演化的基本框架，在《枪炮、病菌与钢铁》中，戴蒙德教授用科学、客观的阐述方法，讲解了人类社会从狩猎-采集到现代化的演化过程，并将不同地区的人类产生了不同程度文明的原因归因于地理因素的深刻影响。在《崩溃》中，戴蒙德教授进一步阐述了地理因素如何导致人类社会的兴衰。现在我们以农业举例，看看戴蒙德教授如何阐述农业在现代社会中的产生和演化。

　　人类社会的构建离不开从狩猎-采集到农业的演化，虽然农业也有百般缺点，但究竟是不是历史学家笔下的"陷阱与骗局"呢？我想，人类社会走向何种生存途径，其实无关价值判断，不是哪种选择更好或更坏。农业让人类社会走向现代的同时确实带来了压迫剥削，也带来了因人口聚集而导致的传染病。而狩猎-采集就是田园牧歌般美好吗？戴蒙德教授在《枪炮、病菌与钢铁》中冷静描述了他在新几内亚地区一些至今仍维持了狩猎-采集习俗的原始部落的真实见闻。由于不能总是采集到足够的食物或者一直猎到足够多的猎物，如果狩猎-采集部落人群足够健康，按照正常的生育速度繁衍的话，很快生活资料就会耗尽，因此杀婴与给年轻人绝育其实是常见的维持部落生存的手段。当然，这些手段并不常见，因为狩猎-采集部落人们的平均寿命通常只有三四十岁而已，生育的成功率也没有现代社会那么高。

如果说农业是骗局，那狩猎-采集显然也不是更美好的选择。戴蒙德教授详细分析了农业社会之所以能产生并逐步推广的原因：无数个正反馈推动了文明前进的脚步，不可阻挡。至于为什么有些地区的智人开启了农业社会乃至更复杂文明的历程，而像新几内亚一直到现代仍然保持了狩猎-采集的习俗？戴蒙德教授认为还是地理因素导致的。在地理因素的限制下，如果不能驯化合适的农畜，培育出足够多的农作物，农业进程就不会启动。

## 结语：科学的人类史观

戴蒙德教授在《枪炮、病菌与钢铁》的第一章中简单回顾了人类从猿猴到尼安德特人再到智人的演化过程，然后做出了一个假设——如果有一位没有任何历史知识的人类学家穿越回 1 万年前，那是人类开启农业进程之前。这位人类学家能够预测 1 万年后，最灿烂的人类文明将在哪块大陆上诞生吗？他认为不能。戴蒙德教授提出：现代人类的基因在 4 万年前就准备好了，身处各个大陆的智人的基因水平都是一样的，当然也有差异，但是没有认知能力的差别。究竟哪些大陆的智人会启动农业生产和后续更复杂的文明，则受地理因素的限制。作为研究基因的科学家，我非常同意这个论断，基因的演化非常缓慢，几千年乃至数万年都不足以产生决定性的变化，因此所谓某人种比其他人种更聪明的说法纯属无稽之谈。

人类走到现在首先需要在 4 万年前准备好先天的基因，然后就是在不同大陆演化出不同的社会，在不同社会生活的人们当然会拥有不同的认知，认知也会通过正反馈推动社会进步，但这些都是人类社会发展的成果，而非原始驱动力。其实作为复杂系统的人类社会演化也许根本不需要什么推动力，只不过认识到地理因素是人类文明发展的重要限制条件是戴蒙德教授的功劳。

人类社会的发展是一个复杂过程，当然不止地理因素这一个变量。戴蒙德教授的创举在于运用科学的方法发现了一个决定人类社会走向的重要变量，尽管不是唯一变量。这与中国的"天时地利人和"的观点有很多契合之处。"天时"可以认为是来自太阳的能量输入和大气环境，"人和"则是智人自己的基因储备，"地利"则是戴蒙德教授发现的可以加快或者减缓文明进展的脚步的地理因素。

这个"地利"影响人类文明进程的观点，是否可以适用于更多的历史场景，有待进一步研究。但无论如何，人类的历史应该通过科学的手段进行研究，否则就成了虚构性文学作品。拥有了科学人类史观的视角，面对当今的人类文明就会有一个更客观的评价。在漫长的人类历史中，某些暂时发达地区的兴起其实不过是地理因素使然，并非人种之间有认知能力的差距。如果暂时在某些时期发展落后，也可以运用现代科技努力克服"地利"的限制奋起直追。戴蒙德教授是科学家出身，却有生花妙笔。他的作品不仅富含科学思想，人文价值也超越了一般的科普和文学作品。其中《枪炮、病菌与钢铁》还获得了普利策奖的殊荣。此简单导读难以传递戴蒙德教授作品魅力的万分之一，我向读者强烈推荐这本《第三种黑猩猩》以及人类史系列的其他作品。

仇子龙

中国科学院脑科学与智能技术卓越创新中心高级研究员

# 推荐序三

## 为什么我们要了解现代人类出现之前的历史

　　21世纪生命科学领域的各种技术飞速发展，让人眼花缭乱。我们不仅可以利用基因编辑技术矫正基因缺陷从而治疗遗传疾病，也可以利用转基因技术改造免疫细胞后针对性地杀死特定肿瘤，我们甚至还可以从无到有合成一个完全不存在的生命体。人类似乎已经能够逆天改命，完全掌握自己的命运，甚至可以扮演造物主的角色。在能够憧憬火星移民的年代，为什么我们还要关心人类和黑猩猩的关系？贾雷德·戴蒙德的这本书，传承了博物学家旁征博引的特点，枚举大量的例证反复讲述人类与黑猩猩剪不断的亲缘关系。这绝不仅仅是因为人类敬畏大自然而发出的谦卑自省，更是因为这一基本事实是剖析人类自身生物属性和生命规律的重要一步。

　　从达尔文所处的年代开始，人们已经认识到黑猩猩是人类最近缘的物种。到了20世纪，随着对基因的认识，生物学家初步估算人类与黑猩猩的基因有98%以上的相似性。21世纪初，人类基因组和黑猩猩基因组测序的完成，使我们能够更精确地找出人类与黑猩猩在哪些基因、哪个位点上存在异同。今天看来，戴蒙德这本发表于 20 世纪末的书似乎只是老调重弹，没有跟进最新的科研成果，显得有点过时。那为什么这本书在今天还值得一读？在我看来，这本书的价值在于，作者不仅仅是如数家珍地罗列一堆知识点，更重要的是整本书的内容和陈文方式反映了演化生物学家的思维过程。这种思维过程，恰恰是引导读者认识人类和世界的重要工具。在此，我简要概述一下这一思维习惯供读者参考。

现代行为生物学家奠基人、诺贝尔生理学或医学奖得主尼古拉斯·廷贝亨和演化生物学家恩斯特·迈尔等对生物学的基本问题进行归类总结，认为任何生物学现象都可以从"近因"和"远因"两个层次来提出问题。

近因层面我们需要回答生物学现象的发生机理，大致可以从两个角度来回答，一是生物学现象在个体发育过程中是如何建立起来的；二是有哪些器官、哪些生物分子以及哪些基因来执行调控生物学现象的发生。举个书中提到的例子，人类引以为豪的相对脑容量大小是造就人类跳跃式演化的关键，脑容量大小和大脑结构组成的机制自然是现代生物医学的重点研究对象。近因方面，在机制上我们可以从大脑结构功能分区、神经细胞组成等来理解我们的神经系统如何起作用，也可以从个体发育的角度来研究，干细胞如何分化成神经干细胞，再到各种神经细胞，哪些基因调控大脑的发育等问题。如果我们把大脑比喻成一个钟表，那这类近因问题我们可以概括为以研究这个钟表如何组成、如何运作为目的。当前绝大多数生命医学的研究以近因为主。

生物学现象远因层面的分析也可以从两个角度来探讨。一方面，任何生物学现象都有起源和演变的过程，了解这一过程是我们理解该生物现象动因的基础，可以指导我们分析该现象与其他生物学现象或者环境因素的关联。通过与其他物种的比较，也能让我们更清楚，哪些是人类与猿类或者其他物种共同的特征，哪些是真正人类特异性的特征，这些人类特异性的特征在什么时间节点出现。例如，书中提到的直立行走、使用工具、语言，以及与"生命周期"相关的各种生物特征，通过对照演化树上各个物种的特征，我们可推算这些特性在哪个时间节点出现。远因层面的另一方面问题我们可以归纳为，为什么会出现特定的生物性状，也即生物特征的出现对物种的生存和适应有何意义。比如，为什么现代人身上大部分体毛都消失了？为什么包括人类在内实行一夫一妻制的动物会出现出轨现象？为什么农业文明最终取代了我们祖先从事的狩猎-采集？读者会发现，这类远因问题往往没有确定的答案，同一个问题可能会有多种假说来解释。例如跟大多数动物不同，人类女性的排卵很少有可见的征兆，针对这种隐性排卵现象，作者罗列了 6 种不同的假说来解释。而关于不同地区人群出现肤色差异的原因，更有 8 种不同的解释。对演化生物学家而言，不管提出什么样的假说，基本都是以达尔文提出的自然选择学说为理论框架，即如果一个生物特性是适应性的，那这种性状应该能够提高个体的繁殖概率或者适应度。作者在书中并非简单填鸭式地罗列各种假说，而是给出了这些假说推理的过程。这种推理过程反映了科学研究的基本模式，即观察现象-提出假说-论证假说-修正假说的科研过程。执行这一过程并不需要非常高深的推理能力，其实大多数读者都有能力对各种现象进行类似的思考，甚至提出自己的假说。

不管是近因机制还是远因过程，都是生物学现象本质的一部分，只有近因和远因两个层次的问题均得到回答，我们才算真正完整理解生物学现象的本质。任何生物学现象，包括我们关心的各种医学疾病现象，都可以从近因和远因两个层次、四个角度来提出问题。但是，由于我们对治愈疾病的迫切期待，现在绝大多数生命医学领域的研究工作主要围绕近因机制来开展，比如哪些基因变异导致癌变，什么样的饮食能够有助于延长寿命，什么药物可以治疗老年痴呆等。尽管大多数对远因的探索并不能用于治疗疾病，但是这一层次的研究却可以让我们进一步理解生命的本质和规律。比如我们可以利用演化规律来理解人类为什么会死亡和衰老。传统上我们只将这类问题当成生理医学现象来研究，而忽视了出现死亡和衰老的"终极"原因。从演化层面我们可以给出对这一现象的终极解释，即自然选择会偏向于有较高繁殖能力和后代存活率的个体，而非长寿的个体。即便某一个体很长寿，如果繁殖能力不高，这样的个体也会在演化过程中被淘汰。当然，还有许多具体的假说进一步解释衰老的远因。未来，我们希望对远因与近因的研究能够有更多交叉，从而能对衰老等医学现象的基本规律有更全面的认识。

　　总之，这本书是戴蒙德人类史系列著作出版最早的一部，我们可以管窥作者以自然主义的理性视角探索人类和世界的尝试。作者不仅探讨了人类生理特征出现的演化机制，还将同样的自然主义分析方法扩展到语言、文化等一向被视为人文社科领域的问题，依靠冷静的观察、可靠的证据、严谨的逻辑，清晰勾勒人类跨越式演化过程中重要因素和环节的演化动因。不管当代知识如何更新，书中展现的思辨过程，恰是读者最值得吸取的知识。

张国捷

浙江大学求是讲席教授、生命演化研究中心主任

# 致我的中国读者

能有此机会向我的中国读者介绍我自己以及我写的书，我倍感荣幸。

我于 1937 年出生在美国东北部的沿海城市波士顿。美国人与中国人不同，大多数中国人的祖先是早在 50 万年前就生活在中国的早期人类，而当今的美国人无一例外地要么是移民，要么是后来移居美国的人的后代。1.3 万年前，在如今是美国的地方，甚至北美或者南美的任何角落，都没有人类生存过。直到 1.3 万年前，现代美洲原住民的祖先才来到美国。直到 400 年前，绝大多数现代美国人的祖先才开始来到美国——最早的一批来自欧洲，不久之后有来自非洲的，从大约 170 年前开始又有来自亚洲的。我的父亲是移民，他出生在当时的俄罗斯帝国，两岁时随父母来到美国。我的外祖父母在东欧出生长大，生了 3 个孩子后，于 19 世纪 80 年代带着孩子移居美国，后来又生了 6 个孩子，我的母亲是最小的那个。我妻子玛丽的父母于 1948 年从波兰移居美国。

　　我的母亲是一名钢琴家、语言学家，还是一名教师。在她的教育和帮助下，我从 3 岁开始识字，从 6 岁开始学习弹钢琴，从 10 岁开始学习英语语法和散文创作，还在 11 岁学习拉丁语，在 16 岁学习德语。我的父亲是一名医学家，他帮助创建了小儿血液学（儿童血液疾病）学科，还帮助建立起美国血库系统。在他的影响下，我对科学产生了兴趣。我的父母都不是观鸟人，我自己喜欢上了鸟类，从 7 岁就开始观鸟了。

　　在我成长的过程中，每当有人问我长大后想做什么，我都脱口而出："我想成为一名像我爸爸那样的医生。"11 岁时，我很幸运地进入一所很好的学校读书，那里的历史课、外语课、写作课很精彩，科学课一般。因为我觉得我在今后的人生中会一直从事科学事业，所以我感到上学期间是接触历史、语言和写作的大好时机。17 岁时，我考入哈佛大学，仍然怀揣着最终成为一名医生或者至少成为一名医学研究人员的梦想。但那时，因为我还是觉得我在今后的人生中会一直从事科学事业，所以我在大学期间尽可能地学一些与医学无关的课程，比如俄语、德语文学、作曲、口传史诗、动机心理学和天文学。

　　直到我在哈佛四年大学生涯的最后一年，我才意识到我不想行医，我真正想从事的是科学。因此，我没有按照原来的计划去医学院就读（我当时已经申请并被录取了），而是在毕业前几个月改变了计划，决定攻读生理学这门实验室科学的博士学位，研究人类和其他动物的身体机制。

　　为了完成博士期间的研究，我来到英国的剑桥大学，在欧洲生活了四年。我选择剑桥大学出于两个原因。一个原因是剑桥在当时拥有世界上顶尖的生理学家，我的博士生导师就是其中一位。另外一个原因是在此之前，除了去美国其他地区进行过短暂的旅游，我一直生活在波士顿，和我的父母住在一起或者和他们住得很近。我准备开始自己的人生，准备离开家去体验别处的生活。实际上，在欧洲生活是一段很愉快的经历，不仅仅是因为剑桥大学的生理学很杰出。我有许多机会去其他欧洲国家游览、学习，比如，我可以去德国练就一口流利的德语，去芬兰初步学习芬兰语这门很难的语言，还能去当时的南斯拉夫。在剑桥大学，我有很多闲暇时间作为钢琴演奏者和其他音乐家演奏室内乐，在大学合唱团演唱，自学管风琴，开启我演奏伟大作曲家约翰·塞巴斯蒂安·巴赫所有管风琴作品的逐梦之路。

在欧洲生活还有一个好处，那就是加深了我对地理及历史之于人类生活影响的理解。我在儿时就感受到了地理和历史的影响力，出生于 1937 年的我在第二次世界大战期间长大。那时，我父亲在我卧室的墙上贴了两张地图，一张是欧洲地图，另一张是太平洋和东亚地图。我父亲在地图上用大头针表示第二次世界大战中的欧洲战线和太平洋战线，随着战线的转移，他每天晚上都给大头针换位置。1958—1962 年，我在欧洲生活，朋友也都是出生于 1937 年前后的欧洲人。但是，由于地理和历史因素，我的欧洲朋友有着与我截然不同的童年。尽管第二次世界大战对美国人生活的影响无处不在，自然对我也有很大影响，但我从没看到过炸弹从天而降，也没看到过有人被杀死。我那些欧洲朋友的童年生活就完全不同了。取决于他们是碰巧出生在英国、德国、南斯拉夫还是别的什么国家，他们经历的苦难各不相同，有的失去了双亲，有的从远处眼看着父母的房子被炸毁，还有的失去了受教育的机会。这些事情没有一件在我身上发生过——完全是由于地理上的偶然，我出生在波士顿，而不是出生在伦敦或慕尼黑或贝尔格莱德。

我在剑桥大学的博士实验室研究是关于胆囊的。胆囊是个很小的器官，我们平常不会注意到它，除非不幸地得了胆结石。但事实证明，我关于胆囊的研究发现能提供一个良好的模型，帮助人们了解肠道、肾脏、肝脏等相关且更重要的器官。我成了世界上最了解胆囊运输盐和水机制的人。这种专业问题在你看来可能毫无用处，但如果你的肠道或者肾脏出现问题，让你的生命危在旦夕，你就不会这么认为了。1962 年，我从欧洲回到美国，在哈佛大学医学院任职。1966 年，我搬到洛杉矶生活，在加州大学任职，我之后的职业生涯都在这里度过。我的工作是继续研究胆囊，同时为医学生讲授医学生理学的课程。

但是，我逐渐发现我被寄予了将余生奉献给胆囊研究事业的期望，不安的感觉与日俱增。因为在此之前我把我大段的人生用在了更广泛的兴趣上，包括钢琴、语言、历史、鸟类，所以把余生用来研究胆囊让我感到太受限制和束缚。因此，1963 年，我与一位同我一样爱好探险和观鸟的大学同学一起，策划了一场前往秘鲁这个南美国家的旅行，去攀登安第斯山脉的高山，观察亚马孙盆地的鸟类。第二年，我和我的朋友又组织了一次旅行，去澳大利亚以北的热带大岛新几内亚岛研究鸟类。

1964 年那场首次踏足新几内亚岛的旅行对我的人生具有决定性意义。一旦你去过新几内亚岛，你就会觉得世界上的其他地方黯然失色。新几内亚岛地处赤道附近，但岛上的山脉海拔高达 5 000 米。世界上只有三个地方可以在赤道附近的山顶看到雪和冰川，新几内亚岛便是其中之一（另外两个地方是安第斯山脉和东非山地）。新几内亚岛上的鸟类是世界上最迷人、最漂亮的。岛上有上千个不同的部落，岛民说着上千种不同的语言：新几内亚岛是世界上语言最多样化的地方。即使到了现代，新几内亚岛也是世界上最晚改变传统生活方式的地方之一：人们传统上仍然使用石器工具而非金属工具，仍然没有文字，仍然没有中央政府——在远古，世界各地都是这样，直到 1 万年前左右，随着农业的出现，才有 10 个地方（包括中国）发明了金属工具，创造了文字，发展出中央政府。

在第一次新几内亚岛之旅后，我又去过 31 次，都是为了研究鸟类，以及（坦率地说）向新几内亚岛岛民学习。我很快就遇到了一个矛盾：为什么聪明的新几内亚岛岛民仍在使用石器工具而不使用金属工具，而我这个在丛林中自己找不到路也不会生火的愚钝美国人，却作为带来金属工具、文字并征服新几内亚岛的欧洲社会之代表来到此地？从新几内亚岛岛民那里，我学会了如何养育子女，如何预知危险，如何领导他人，还学会了许多其他东西。在这一过程中，我对新几内亚岛上鸟类的研究发展成为我在生态学和进化生物学方面的第二职业，这比我对胆囊的研究更让我在科学界为人所知。

随着第二职业的起步，我开始在两个不同的科学领域（生理学和鸟类学）撰写学术研究论文。我所有的论文都是学术性的，只有科学家能读懂。至于其他方面的人类知识，我只能阅读，不能认真思考并写出点什么。我在学术性的科学期刊上发表论文，几乎用不到我从母亲那里以及从英语和其他语言的文学中学到的向广大读者传达想法的技巧。于是，我在20世纪70年代末开始为杂志撰写面向大众的短文，讨论人类的经验，内容与胆囊和鸟类都不相关。

20世纪80年代发生了两件事，让我从撰写面向大众的杂志短文转而撰写面向大众的书。第一个事件出人意料，我接到一通麦克阿瑟基金会打来的电话，告知我他们已经决定给我一份为期5年的奖金，资助我做任何我想做的事情。那天接完电话后，我一整天都非常兴奋，但从第二天起，一整周都情绪低落，这是我人生中唯一一次情绪低落的时候。我意识到这通电话实际上是说："贾雷德，你是一个很有才华的人，我们给你5年既有自由又有报酬的时间，希望你好好利用这一自由，做点重要的事情。你的人生到目前而言，都在撰写关于胆囊和新几内亚鸟类的学术论文，没能发挥出你的潜能！"

第二个事件是我和玛丽的双胞胎儿子马克斯和乔舒亚在1987年出生。在他们出生前，每当人们谈论到未来某年比如2050年地球可能会面临的灾祸，我都觉得不真实，因为我出生在1937年，意味着2050年这样遥远的年份其实只存在于想象之中：我不可能活到那时。但是，2050年到来时，马克斯和乔舒亚很可能还活着，处于人生的巅峰时期，还能活好几十年。他们的人生，以及2050年世界的模样，都不是胆囊和新几内亚岛上的鸟类能决定的。我想为孩子们创造更美好的世界，因此需要开始把世界上最重要、最值得关注的问题呈现给大众，而不是只为胆囊专家和新几内亚岛鸟类专家写作。

这两个事件让我决定开始撰写面向大众的书籍。这些书讨论的是公众会关心的问题，这些问题可能会决定我的儿子们在一生中大部分时间里所处的世界的状态。就这样，我踏上了写作之路。四年后，我出版了第一本面向大众的书，到现在一共出版了8本。我很荣幸这8本书都被翻译成了中文。现在，我准备依次介绍一下这8本书，希望能激发你的阅读兴趣。

我的第一本书是《第三种黑猩猩》（1991年），论述了人类何以在这么短的时间内变得如此不同于其他动物。从基因角度看，我们不过是第三种黑猩猩：大约600万年前，我们的祖先才与另外两种黑猩猩的祖先分离开来，我们的基因组与它们的基因组的差异不到2%。（如今，生物学家将其他的黑猩猩从两类分为三类，所以我们现在不是第三种黑猩猩，而是第四种黑猩猩了。）这意味着人类和其他几种黑猩猩的亲缘关系十分紧密，比观鸟者分辨不出的几种鸟的关系还要紧密。但在某些关键方面，人类与其他几种黑猩猩的差异很大，因此传统上我们不仅不被认为是黑猩猩，甚至不被认为是动物。这些关键性差异一定是在最近1 000万年内进化出来的。

因此，《第三种黑猩猩》讨论的是艺术和语言等人类特征在晚近时代的演化，这些特征似乎用一道不可逾越的鸿沟将人类和"动物"分离开来：人类的艺术、语言、种族灭绝、农业、生态破坏性，以及特有的性行为。书中有一章提出这样一个问题：除了地球，智慧生命或任何形式的生命是否还存在于宇宙中的其他地方？在我看来，《第三种黑猩猩》是我所写的书中最有趣、写得最好的一本，也是我母亲至今仍最爱读的一本。接下来的三本书对于我在《第三种黑猩猩》中首次探讨的几个最重要问题进行了更深入的探究。

我的第二本书是《枪炮、病菌与钢铁》（1997 年），研究的是我最先在《第三种黑猩猩》中讨论的几个问题之一，也是晚近的人类历史中最重大的问题：为什么在过去 1 万年间，人类社会在不同大洲发展得如此不同？例如，为什么那些聪明的新几内亚岛岛民最近还在使用石器工具，为什么是欧洲人而不是亚洲人或美洲原住民或非洲人在最近几个世纪崛起并征服了世界上大部分其他地方？有一种种族主义的解释，大多数欧洲人在不久前还在相信，许多欧洲人至今仍然坚信，那就是欧洲人比其他人种更聪明。但是，欧洲的种族主义者从未给出支持这一解释的证据。我自己的经历是，尽管新几内亚岛岛民使用石器工具，但他们总体上至少和欧洲人一样聪明——这一说法比我之前写过的任何内容都要激怒我的一些欧洲读者。

不同于种族主义解释，《枪炮、病菌与钢铁》表明人类社会在不同大洲上的不同历史轨迹是由于各大洲的自然环境不同：首先是各大洲在适合驯化的野生动植物物种方面的差异，其次是各大洲在大陆轴线和孤立程度方面的差异。《枪炮、病菌与钢铁》解释了这样一些过程：农业只独立发源于世界上的部分地区（包括中国但不包括欧洲），农业带来了金属工具、文字、中央政府等多方面的发展，使一些族群有能力征服另一些族群。中国读者可能会对书中关于中国的部分尤其感兴趣，包括水稻、猪和蚕等驯化动植物的起源，以及这些中国的创新产物向朝鲜、日本、东南亚、印度尼西亚和波利尼西亚偏远太平洋岛屿传播的过程。

我的第三本书是篇幅最短的一本，即《性趣何来？》（1997年），我一写完《第三种黑猩猩》就开始写这本书。人类与其他动物包括我们的近亲黑猩猩的不同之处，不仅在于我们的语言和艺术，还在于我们特有的性行为、生理学和解剖学特征。如果你的宠物狗会说话，你可以问问它对你的性生活有何看法。你会惊讶地发现，被你视为理所当然的行为在狗看来很怪异。你的宠物狗会说："这些人类真病态、真疯狂！为了交配，他们还得去卧室并关上门，而不像有自尊心的狗一样在大庭广众下交配。他们在一个月中的任何一天都能交配，而不是只在女性可受孕期交配。实际上，如果不用体温计测量或者不用激素检测试剂盒检测，我和我的主人都不知道女主人在一个月中的哪几天可以受孕，甚至女主人自己也不知道。但雌性的狗会将它们可受孕的日子广而告之，任何其他正常的雌性动物都会这么做。最恶心的事情是，人类即使在女人衰老不能生育后还有性行为。这些人的大多数性行为是对精力的巨大浪费，因为大部分性行为都不能带来受孕！"没错，你的宠物狗观察得完全正确。但是，所有这些被我们人类视为理所当然、让你的宠物狗觉得恶心的人类性行为，与人类的语言和工具一样，对人类社会的运行至关重要。

下一本书是《崩溃》（2005年），探讨的问题是为什么有的社会实施愚蠢的政策而走向自我崩坏，而有的社会能持续兴盛数百年甚至数千年。我描述了几个历史上有名的崩溃事例：波利尼西亚社会之崩溃，该社会曾经所在的复活节岛上巨型石像群高高耸立；阿纳萨齐城镇之废弃，在欧洲人到来之前，美洲原住民在这片位于现代美国西南部的土地上建造了最高的大楼，建立了最先进的社会；玛雅文明之消亡，中美洲的那些美洲原住民城市曾因其神庙、神像和雕刻之壮观而举世闻名；维京人之没落，格陵兰岛上的维京人聚居地过了400年后，一个人也没有剩下。这些崩溃的古代社会与避免了自我灭亡的古代社会，以及成败不一的现代社会都形成了鲜明的对比。这本书探究了导致有些社会制定灾难性决策的多种原因，以及现代世界面临的主要环境问题。《崩溃》这本书为我们当今的社会提供了最现实的经验与教训。

我的第五本书是《历史的自然实验》（2010 年），这本书是我和同事吉姆·罗宾逊（Jim Robinson）合著的，其中的篇章包括吉姆撰写的、我撰写的以及另外 5 位作者撰写的，展示的是如何利用自然实验理解人类行为和人类社会。物理学家、化学家和分子生物学家告诉我们，唯一严谨的科学研究方法是进行可操纵的实验室实验：在实验中取两支相同的试管，在其中一支试管中加入某种化学物质或干扰试剂，将该试管与另一支未受干扰的试管进行对比，从而明确地证明该化学物质或干扰试剂的作用。如果我们能够开展此类可操纵实验，比如通过实验让一半的女性在每月的可受孕期变成亮红色，或者用时光机将历史倒退 20 次，其中 10 次有希特勒，10次没有希特勒，以此证明希特勒对历史的影响，那么我们社会科学家就能快速解决所有重大的历史和人类行为问题。可惜，对我们这些不幸的社会科学家而言，这类可操纵实验通常无法实现、违犯法律或者违背道德。但是我们仍然能通过对比所谓的自然实验结果取得进展，在这些"实验"中，自然有时受到了某种人为操纵，有时没受到人为操纵。

例如，对于拿破仑对欧洲的经济发展的作用究竟是正面还是负面，历史学家争执不下。法国历史学家通常认为拿破仑带来了可观的效益，而英国历史学家往往认为他让欧洲的经济变得混乱不堪。很不幸，我们无法控制拿破仑的存在与否并让历史重来几遍，以此解答这个问题。但是，在拿破仑时期，德意志有几十个独立的邦国，有些邦国遭到拿破仑的入侵并完成了改革，有些邦国虽然遭到拿破仑的入侵，但其推行的改革后来被普鲁士王国推翻，还有些邦国从未实行过拿破仑的改革。即使不用化学家所钟爱的试管和可操纵实验，这一自然实验仍能表明：关于拿破仑的影响，法国历史学家是正确的，英国历史学家是错误的。自然实验已经成为回答人类历史和人类行为相关问题的最实用、最可行方法。

第六本书是《昨日之前的世界》（2012 年），书中比较了传统社会的生活（比如我待了很长时间的新几内亚岛上的部落社会生活）与大部分读者都不陌生的现代社会生活。传统社会与现代工业社会的差异表现在许多方面：敌友的划分、打仗的方法，以及解决争端、养育子女、对待老人、应对危险、保持健康的方式，等等。在有些方面回归传统做法是很可怕的，我们可以认为我们现代的生活方式更优越，比如不必总是卷入战争，不必眼睁睁看着大多数子女死去。但在另一些方面，传统社会处理问题的方式比我们现代人强，我们可以从中学到很多，比方说如何维持一生的友情，将子女养育成具有竞争力且快乐的人，识别危险，以及为老年人提供有意义的生活。《昨日之前的世界》是我最具个人色彩的一本书，也是最易于读者参考应用，使自己的生活更惬意的一本书。

在我最新出版的书之前的一本是《为什么有的国家富裕，有的国家贫穷》（2014年）。我的另外7本书都围绕一个单一话题展开，并且需要从头开始读，但这本小书只有7章，每章的话题都不同，你可以一次只读一章，随便什么顺序都行。各章讨论的话题包括：为什么有的国家富裕，有的国家贫穷？如何避免损害健康或者危及生命的事故？吃什么能够避免过早死于糖尿病、高血压、心脏病，或者其他可能威胁我和大多数读者生命的医学问题？还有一整章是关于中国的，描述的是我这个外国历史学家眼中的中国。

我最新出版的书是《剧变》（2019年），讨论的是现代国家如何应对国家危机，书中的案例多数发生在过去的80年内。虽然已经有数不胜数的书讨论最近或以前的国家危机，但是这本书从一个全新的视角剖析了这一常见且重要的问题：由个人危机提供的视角。几乎所有人都经历过个人危机，比如婚姻或其他亲密关系即将破裂、所爱之人去世这类事件，或者工作、财务或健康方面的重大挫折。我对这一问题思考了很多，因为我的妻子玛丽是一名临床心理学家，她的专业涉及为面临严重个人危机的人提供帮助。

我们都知道，不管是根据自己的经历还是基于对朋友的观察，有些人在面对危机时比其他人处理得更妥当。借助玛丽和其他心理学家的经验，我们总结出了决定个人能否成功应对个人危机的12

项因素，包括是否承认危机，是否承担责任，是否对自己诚实，是否有选择性地改变自身做得不好的部分，是否接受朋友的帮助，等等。结果表明，类似的因素也影响着印度尼西亚、日本、澳大利亚、德国等国家应对国家危机的方式。这本书的最后几章剖析了日本、我的祖国美国以及整个世界现在正面临的主要问题，还分析了影响日本、美国以及整个世界成功解决现存问题的可能性的因素。

你将会注意到我的这些书是在 1991—2019 年出版的。每一本书都在出版前的几年里写成。这可能会让你心生疑问：这些书是不是已经过时了呢？从 1991 年或者 2005 年至今，知识已经更新换代，这些书现在是不是不合时宜、失去价值了呢？

当然，对于我在这些书中所探讨的问题，相关研究肯定不会在书出版后就停滞不前。不过事实证明，后续的研究只是提供了新的例子，促进了我们的理解，并没有推翻我书中的结论。例如，1991年《第三种黑猩猩》出版时，我们不知道我们的祖先智人遇到现在已经灭绝的尼安德特人时，两个人种是否发生了杂交。现在，基于过去 15 年的基因研究发现，我们知道确实发生过杂交，特别是当我们的智人祖先从非洲扩张后首次遇到尼安德特人时——或许因为他们那时男女人数不平衡，智人中的男性不得不与尼安德特人中的女性交配。结果是，非洲之外的所有现代人类（中国人、美国人等）有大约 3% 的基因源自尼安德特人与不断扩张的智人杂交的短暂时期。这一发现为我在 1991 年出版的《第三种黑猩猩》一书中所描述的人类进化进程增添了有趣的一笔，但并没有推翻我这本书的结论。

最后，我将列举 11 个问题，这些问题可能让你感到困惑，你不确定这些问题的答案是什么（许多科学家往往也不确定！），但是你会发现这些问题在我的这几本书中都有所探讨。这些问题能说明为什么我认为我们人类和我们的社会非常有趣，以及为什么我认为我的中国读者将会对这些问题特别感兴趣。举例如下。

为什么几乎所有的中国人都是黑头发、黑眼睛，而大多数北欧人是黄头发或红头发、蓝眼睛？为什么黑头发、黑眼睛会给生活在中国而非北欧环境中的人类带来优势？

为什么在世界上的所有人种中，中国男性的胡须（和体毛）特别稀疏，欧洲男性的胡须更浓密，日本北部的阿伊努人的胡须是世界上最浓密的？长胡须或者不长胡须对男性各有什么好处，为什么这种好处在中国、欧洲和日本北部有所不同？

中国人特别是中国北方人的一项独特的面部特征是眼型，这是由叫作内眦赘皮的眼睑特征造成的。内眦赘皮在中国北方人和西伯利亚东部人口的眼部表现得很明显，在中国南方人和南亚人口的眼部表现得不太明显，而世界上大多数其他人种的眼部没有内眦赘皮。如果你的眼部有内眦赘皮，这对你有什么好处呢？为什么如果你的祖先来自中国北方，好处就会更大，如果你的祖先来自中国南方，好处就会更小，而如果你的祖先来自欧洲，就没有好处呢？

为什么中国的丈夫平均而言比他们的妻子高 10 厘米左右呢？为什么很少有中国男人比妻子高很多，也很少有比妻子矮的呢？

就地理方面而言，欧亚大陆以东的日本和欧亚大陆以西的英国像是对方的镜像——日本是靠近中国海岸的大群岛，而英国是靠近欧洲海岸的大群岛。人们可能因此便期待日本和中国的历史关系与英国和欧洲的历史关系大致相同。事实上，英语与欧洲大陆的日耳曼语系关系密切，与欧洲弗里西亚语的关系尤为紧密，而日语与汉语完全不相干，与任何其他亚洲语言也没有确切的亲缘关系。同样，英国在过去 2 000 年里与欧洲国家纠葛不断，不断遭到欧洲人的入侵和占领，几乎在每个世纪都派遣了军队到欧洲大陆作战；但日本早先一直与亚洲大陆国家保持着几乎是相互隔绝的状态，在公元前 400 年之后从未遭到过侵占，在近代之前只有一次（16 世纪 90 年代）向亚洲大陆派兵作战。为什么日本和英国有着如此相似的地理特征，却在语言、社会和历史方面发展得如此悬殊呢？

中国在公元前 221 年首次实现了政治统一，从此在历史上的大部分时期都是统一的状态。相反，欧洲大陆从未实现过政治上的统一，直至今天，欧盟甚至连促使欧洲各国组成非常松散的联盟都很有困难。为什么中国这么容易实现统一，而欧洲实现统一就难上加难？

人类女性有绝经期，这意味着所有女性在 40 岁之后的一段时间会逐渐丧失生育能力。这似乎违背了基于自然选择的期望，因为自然选择应该倾向有助于动植物物种繁衍更多后代这种特性的进化。另外一种已知有雌性绝经期的哺乳动物是领航鲸，也可能还有虎鲸，还有一种哺乳动物（澳大利亚袋鼬）有雄性绝精期。为什么女性有绝经期，与基于自然选择的期望不一致呢？如果绝经对女性有某种好处，那么为什么绝精对男性没有好处呢？为什么人类男性没有绝精期呢？人类女性与雌性领航鲸或虎鲸有何共同之处，唯独让这三种生物的雌性有绝经期呢？为什么雄性袋鼬有绝精期，而人类男性或者任何其他雄性哺乳动物没有绝精期呢？

生双胞胎对中国女性来说很少见：只有几百分之一的概率。但在尼日利亚的女性中，生双胞胎非常常见，比中国女性生双胞胎常见 20 倍——每 100 名尼日利亚新生儿中就有 6 对双胞胎。人们可能会想当然地认为生双胞胎会为自然选择所青睐：生双胞胎的女性能因此繁衍更多的子女并最终占领全世界。那么，为什么生双胞胎对尼日利亚女性有明显的好处，而对中国女性不利呢？

糖尿病曾经在中国很少见，但最近几十年发病率大大增加，已经接近美国的病发率。但是，糖尿病患者在中国人口中的分布与在美国人口中的分布截然相反。在中国，糖尿病集中发生在受教育程度高的富人身上，几乎不会发生在受教育程度低的穷人身上。与之相反，在美国，糖尿病在受教育程度低的穷人中最常见，在受教育程度高的富人中不常见。为什么糖尿病的发病分布在中国与在美国完全相反呢？

中国未来面临的最严峻问题之一是蚯蚓的问题。蚯蚓正面临什么问题呢，为什么蚯蚓问题对中国人的未来是一项严重的威胁呢？

中国和美国经常将彼此视为经济竞争对手，甚至可能是军事竞争对手。但是，中国所面临的最严重的长期问题与美国所面临的最严重的长期问题是一样的，即核武器、气候变化、全球范围内关键资源的枯竭、世界各地不平等导致的种种后果，以及在新冠肺炎之后的新型疾病将给整个世界所带来的危险。所有这些问题都非常棘手，只有在中国、美国以及世界上其他强国的通力合作下才能得到解决。为什么中国和美国现在还不做出更多的努力，来保障自己政府和自己人民的利益，来应对这些共同的问题，来解决我们两国都在面临的这 5 个最严重的难题？

　　以上 11 个问题只是列举的几个例子，你将看到我在 8 本书中还探讨了上千个精彩的问题。对于其中的一些问题，我在书中提供了具有信服力的答案。对于其中的另一些问题，我只能提供一些推测，这些推测尚未得到广泛的认可。其中还有一些问题至今仍然是谜，不过科学家希望能够在你们的有生之年解开谜题。尽情阅读、尽情享受吧！这次有机会向我的中国读者致辞，我真的很高兴。

*Jared Diamond*

# 序论

## 人类自然史

　　人异乎禽兽，毋庸置疑。从身体构造的分子层次到解剖层次，人都是一种大型哺乳动物，也毋庸置疑。人类就是这么难以捉摸，不过这也是人这种动物最令人着迷的地方。我们对人类并不陌生，但是对于人类怎样演化成今天的模样，人类的兴起有何意义，我们还没搞清楚。

　　一方面，人类与其他物种之间有一道似乎无法逾越的鸿沟，于是我们创造了"动物"这个范畴，勾画出那道鸿沟。这表示我们认为蜈蚣、黑猩猩与蛤蜊有人所没有的重要的共同特征。它们也缺乏人的特征，例如人会说话、写字，还会制造复杂的机器。人类依赖工具而不是赤手空拳为生。大部分人穿衣服、欣赏艺术，许多人信仰宗教。我们分布全球，掌控了地球的大部分能量与产能，还开始向海洋深处与太空伸出触角。我们的阴暗行为，比起其他动物，也有独特的地方，包括种族灭绝、凌虐取乐、吸毒成瘾，以及大规模地消灭其他物种。这张清单上，其中一两种行为

（如使用工具）虽然有几种动物也会，但还谈不上有水平，人类的本领远远超过了那些动物。

因此，无论就实务还是法律而言，都不能把人类当作禽兽。难怪达尔文 1859 年发表《物种起源》，暗示人类从猿类演化而来，立即引起了轩然大波。大多数人起先认为达尔文的理论十分荒谬，坚持人类与禽兽有别，是上帝特别创造出来的。今天大多数人仍然这么认为，包括 1/4 的美国大学毕业生。

另一方面，我们是不折不扣的动物，我们的身体，无论是解剖结构、分子成分还是基因，都与其他动物相似，我们甚至可以辨别我们是哪一类动物。外观上，我们与黑猩猩十分相似，连 18 世纪信仰上帝造人说的解剖学家都能凭外观判定我们与黑猩猩的亲缘关系。如果我们找几个普通人，把他们的衣服扒光，没收他们的随身物品，剥夺他们说话的能力、让他们只能咕噜低哼，可是不改变他们的身体构造，然后将他们带到动物园关进黑猩猩隔壁的笼子，开放给穿着衣服、会说话的"文明人"参观，那么咱们那些不能说话的笼中兄弟，在我们眼中，就会恢复人类的"原形"——黑猩猩，只不过体毛稀少、直立行走罢了。从外太空来的动物学家，一定会毫不犹疑地将人类归类为第三种黑猩猩——大家熟悉的黑猩猩是第一种，生活在热带非洲地区；第二种是倭黑猩猩，分布在非洲中部的刚果（金）。

在 20 世纪 80 年代，分子遗传学研究已经显示我们与另外两种黑猩猩的基因组有 98% 以上是相同的。人类与黑猩猩的遗传差距，甚至比亲缘关系非常近的两种鸟（如红眼绿鹃与白眼绿鹃）还小。因此，我们仍然背负着当年的"自然禀赋"。达尔文在世的时候，人类祖先的化石已经开始出土，目前形态介于猿与人之间的骨骼化石种类数以百计，让任何肯讲理的人都无计回避。当年看似荒谬的理论（人类从猿类演化而来）其实是事实。

但是发现了化石"演化链"，并没有完全解决我们的问题，反而让问题显得更为迷人。我们的基因组在演化过程中获得的一小笔新玩意，也就是与黑猩猩有别的那2%的基因，必然和人类看似独有的特征直接相关。在人类演化史上，我们经历了一些小变化，这些小变化在最近产生了重大的影响。事实上，即使在10万年前，在外太空动物学家眼中，人类也不过是一种大型哺乳动物罢了。其实那时人类已经表现出几种奇异的行为，特别是能够控制火，以及依赖工具，但是那些行为在外星访客眼中，与河狸造水坝、园丁鸟筑花亭不会有什么质的差别。不知怎的，也不过几万年的工夫（以人寿衡量似乎天长地久，可是相对于人类自然史，只不过一瞬），我们展现了让自己变得独特又脆弱的能力。

人之所以为人，是哪些关键因素的杰作？我们独特的属性，不仅很晚才出现，涉及的遗传变化也很少，这些属性（或至少是这些属性的"前身"）必然早已在自然界出现了，从其他动物身上应该可以观察到。艺术、语言、种族灭绝以及药物滥用，在其他动物身上是怎么表现的呢？

\* \* \*

我们独有的素质，使我们这个物种在自然界赢得今天的地位。

其他的大型动物，没有一种在各大洲都有"原住民"，也没有一种在沙漠、北极以及热带雨林都能生活。也没有一种大型野生动物在数量上超过人类。但是人类独有的素质中，有两种现在已经危及自己的生存，那就是自相残杀与破坏环境的倾向。当然，这两种倾向在动物界不乏其例：狮子会自相残杀，许多其他动物也会；大象等动物也会破坏环境。不过，我们拥有的技术能力，加上爆炸式增长的人口，使这两种倾向的破坏力更令人忧心，其他动物望尘莫及。

"世界末日近了，悔改吧！"这样的预言并不新鲜，新鲜的是这个预言现在可能成真，明显的理由有二。第一，核武器让我们有能力快速消灭自己，过去的人没有这种武器。第二，地球生产净值（地球捕获的太阳能净值）中，人类消费量达40%。现在世界人口每41年翻一番，我们很快就会面临增长的生物极限。到时候，我们为了争夺有限的资源，不得不做殊死斗争。此外，以我们现在消灭其他物种的速率而言，到21世纪，世界上大多数物种会灭绝或濒临灭绝，但我们得依赖许多其他物种才能生存。

这些令人沮丧的事实，其实大家都很熟悉，还说它干吗？追溯人类毁灭倾向的动物根源，又有什么道理？这些倾向果真在人类演化史上源远流长的话，不就是说它们已经铸造在人类的基因组中，说什么人文化成，不是白费心机吗？

说真格的，我们的处境还不至于毫无希望。谋杀陌生人或情敌的冲动，也许是天性，但是所有人类社会都发展出克制那种本能的机制，而大多数人也因此逃过了被谋杀的命运。即使将两次世界大战都算上，20 世纪的工业化国家死于暴力的人口比例也低于石器时代的部落社会，而且许多现代族群都享有较长的寿命。环保主义者在斗争过程中并不总是输给开发商或破坏环境的人。甚至一些遗传因子疾病，例如苯丙酮尿症或幼年型糖尿病，现在都有办法缓解或治愈。

我老调重弹，炒作"我们的处境"这个议题，目的在协助我们避免重蹈覆辙。为了改变我们的行为，得利用我们对过去、对自己倾向的认识与了解，那是蕴含在本书献词中的希望。1987 年，我的双胞胎儿子出生，到 2041 年，他们就会是我这个年纪了[1]。我们现在的所作所为，都在塑造他们的世界。

对我们的困境，本书的目的不是提供特定的解决方案，因为对于应该采取什么样的行动，大体上我们已经掌握了清楚的轮廓。比如遏止人口增长、限制或消灭核武器、发展和平手段解决国际争端、降低对环境的冲击、维持生物多样性与自然生境等，都是具体的解决方案。这些政策的施行细则与步骤，已有许多精彩的著作讨论过，在某些个案中，也具体实践了一些政策。我们需要做的，"只是"一致地普遍施行这些政策。如果今天我们都相信这些政策事关紧要，我们知道的已经足够明天就开始施行。

其实，我们缺的就是必要的政治意志。我在本书中追溯人类的物种史，是为了协助凝聚这个意志。我们面临的问题，的确发轫于动物根源。长期以来，这些问题跟随着我们，与我们的力量

---

① 作者在 1992 年的年纪。——译者注

和人口一起增长，现在更是以惊人的速度膨胀得厉害。过去有许多人类社会，尽管还没有我们所掌握的自毁力量，却摧毁了自己，因为它们摧毁了赖以为生的资源基础。研究这些社会，能让人相信：目前许多短视的做法，会产生不可避免的后遗症。政治历史学家主张研究各个国家与君王的历史，因为研究的结果可以提供向"过去"学习的机会。我深信这个理由更能支持研究人类的物种史，因为得到的教训更单纯、更清晰。

\* \* \*

本书涵盖的范围很广，因此对论述的题材不能不有所取舍。读者一定会有意见，或许一些读者认为非常重要的题材本书割舍掉了，或者认为某个题材处理得尾大不掉。为了不让读者觉得受误导，我先交代一下写作本书的宗旨以及渊源。

我的父亲是名医生，母亲是位音乐家，并有语言天赋。小时候，凡是有人问起我的志向，我的回答总是，我想当医生，就像爸爸一样。到大四那年，我的志向出现了点变化，我想要从事医学研究。于是我踏进了生理学这个研究领域，现在是在美国加州大学洛杉矶分校医学院从事生理学教学和科研工作。

但是，我7岁的时候开始对观鸟产生兴趣，而且很幸运地，后来进入一所让我有机会在语言与历史中沉潜的大学（哈佛大学）。我从剑桥大学获得博士学位之后，开始觉得不想只在生理学这个领域发展事业。就在这时，机缘巧合之下，我到新几内亚高地度过了一个夏天。名义上，到那里为的是测量当地鸟类筑巢的成功率，可是这个研究计划在几周之内就砸锅了，因为我在丛林中连一个鸟巢都找不到。不过这趟旅行倒达成了我真正的目的，我本来就是为了到新几内亚探险、观鸟而蹚这浑水的，世界上已没有几个那样荒凉的地区。当年我看到了新几内亚的奇异鸟类，如园丁鸟与天堂鸟，因而产生了兴趣，发展出第二事业：研究鸟类生态学、演化与生物地理学。自此，我继续回到新几内亚及附近的太平洋岛屿做鸟类研究，已有十几回。

但是新几内亚的开发正以空前的速率进行，森林被大量砍伐，鸟类栖地遭到破坏，于是我不得不参与生物保护的工作。所以我一边从事学术研究，一边担任政府的生物保护顾问，并开始将两者结合起来，例如将我掌握的关于生物分布的知识用于规划国家公园系统与调查国家公园选址。在新几内亚做研究，还有一个困难得克服，那就是语言。在那里，每隔20英里[①]就有一种不一样的语言，若想利用土著对鸟类的详尽知识，得说出鸟的土名。于是我早年对语言的兴趣派上了用场。最重要的是，如果对人类的演化与可能灭绝的命运没有足够的知识，研究鸟类的演化与灭绝也不会有什么慧见，因为人类到底是所有物种中最令人感兴趣的。而对人类感兴趣的人，到了新几内亚不可能不见猎心喜、心痒难熬，因为那里的人类多样性非常丰富。

我在本书中强调了人类的某些方面，以上便是我对这些方面产生兴趣的历程。人类学家与考古学家出版过许多精彩的著

---

① 1英里≈1.6千米。——编者注

作，讨论人类演化史的化石记录，以及工具的演进，因此本书对这些题材仅做简单的摘要。不过，那些著作对我特别感兴趣的题材谈得非常少，例如人类的生命周期、人类地理学、人类对环境的冲击，以及人类的动物性，所以本书详加演绎。这些题材，与传统题材（化石与工具）一样，都是理解人类演化史的核心成分。

本书中，我举了大量新几内亚的例子，读者一开始也许会觉得太多了，可是我相信这些例子都很适切。如果你质问我"新几内亚不过是个海岛，位于世界上某个地方（热带太平洋上），怎么可能提供代表性的人类史（人性）切片"，那么我同意这是个合理的质疑。不过我得指出，新几内亚可是一片很厚的切片，别因为它面积小就低估它的历史所蕴含的信息。现在世界上大约有5 000种语言，其中只有新几内亚的人才会说的就有1 000种左右。现代世界残存的文化差异幅度，新几内亚保存了大部分。新几内亚内陆高地上的族群，直到最近仍是石器时代的农民；许多低地上的游民并不定居，以狩猎-采集或捕鱼为生，他们也会务农，但随遇而安。每个族群都非常仇外，文化差异变本加厉，所以在部落地盘之外游荡，无异于插标卖首。那里与我合作过的土著，许多都是身负必杀绝艺的猎人，他们的童年是弥漫着仇外气氛的石器时代，若无绝艺，根本没机会长大。因此我认为新几内亚像个窗口，可以让我们窥视过去的人类处境，在世界其他地区，那种情境已经消失了。

\* \* \*

　　人类的兴亡史可以分为 5 个部分讨论，每个部分都自成一格。第一部分涵盖几百万年的人类演化史，直到 1 万年前农业兴起前夕打住。这两章讨论的是骨骼、工具以及基因证据，也就是保存在考古记录与生物化学记录中的证据，这些证据是关于人类如何演化的最直接数据。此外，骨骼化石与工具的年代，通常可以测定，我们可以据此推断人类何时发生演变。"我们的基因组中，有 98% 与黑猩猩的一样"，我们会检验这个结论的基础，然后尝试解答 "让人类得以跳跃式演化的 2% 究竟是什么"。

　　第二部分讨论人类生命周期中的变化，这些变化与第一部分讨论的骨骼的变化一样，在语言与艺术的发展中都扮演了关键角色。人类照顾婴儿，断奶后仍继续喂食，不像其他哺乳动物，让幼儿自行觅食；大多数成年男女都成双结对；大多数父亲，与母亲一样，会照顾他们的孩子；许多人都长寿，看得见自己的孙辈；女性会经历更年期。凡此种种，我们习以为常，但是自然界中与我们亲缘关系最近的亲戚会觉得不可思议。这些正是我们最背离祖先的地方，可惜生命周期的特征不会石化，所以我们不知道它们是什么时候出现的。难怪古人类学著作花了大量篇幅讨论脑容量与骨盆的变化，而对生命周期特征的变化，寥寥几笔就交代过去了。可是这些变化关系着人类独特的文化发展，值得我们仔细讨论。

　　第一、第二部分的主题是我们文化发展的生物基础，第三部分接着讨论那些我们认为使人异乎禽兽的文化特征。我们最先想到的，就是引以为傲的语言、艺术、技术与农业，这些都是人类文明的标志。不过使人异乎禽兽的文化特征也包括我们记录上的污点，例如吸毒。尽管对于所有这些文明的标志是不是人类所独有的仍有辩论的余地，但是至少我们可以说，这些特征即使在动物界早已萌芽，也是在人类身上才显得有声有色。不过它们必然已经在动物界萌芽了，因为在生命演化史上，它们很晚才开花结果。它们在其他动物身上是怎样表现的？在地球生命史上，这些文明特征注定会出现吗？那么其他行星的生命系统也会演化出像我们一样的生灵吗？

　　除了吸毒，我们的阴暗特征中，还有两个可能引我们走上毁灭的道路。第四部分讨论其中的第一个：我们仇杀外族的倾向。这个特征的动物原形十分明显：除了人类，还有许多物种的个体或群体相互竞争，往往以谋杀终场。我们的技术发明，只不过增进了我们的杀戮本领。第四部分会讨论：在国家兴起之前，人类情境是以仇外与孤绝建构出来的；国家这种政治体，打破了传统社会的孤绝，遏阻了文化差异的发展，促进了族群的融合。我们会讨论人类族群竞争的结果如何受技术、文化与地理的影响。历史上充满了族群斗争，我只举出大家都很熟悉的两起历史事件做例子。我们也要回顾世界史上的大规模种族灭绝事件。这是个痛苦的题材，但要紧的是，它会警示我们：如果我们不正视历史，就注定要犯同样的错误，其造成的伤痛与祸害会大到可怕的地步。

　　另一个人类的阴暗特征是对环境日渐加速的破坏。这个行为也有不折不扣的动物原形。动物族群有时能逃过捕食者或寄生虫的制衡，如果它们的数量没有内部机制约束，就会不断增加，直到破坏资源基础的地步，偶尔它们会将资源消耗殆尽，然后灭绝。这样的情节套用到人类身上显得特别有力，因为现在人类几乎不受捕食者的威胁，地球上没有一个生境不受人类影响，我们杀戮动物与摧毁生境的能力是空前的。

　　不幸的是，许多人仍然怀抱卢梭式的幻想，以为我们破坏环境的行为是工业革命以来的新鲜事。以前，我们与自然和谐相处，过的是天人合一的日子。果真如此的话，那么我们除了感叹"何昔日之芳草兮，今直为此萧艾也"，无法从过去学到任何教训。在第五部分，笔者为读者细说人类管理环境不当的历史，以戳穿那个幻象。第五部分和第四部分一样，重点都是，我们目前的处境并不新鲜，"古已有之，于今为烈"。"经营社会，却不经营周遭的自然环境"，这戏码在历史上已上演过好多次，结果明摆在那里，就看我们是不是有心学习了。

　　本书以"跋语"作结，回顾了人类从动物界兴起的历程。我们自毁的能力也同时加速成长。要不是我感到迫切的危机，是不会写这本书的；如果我相信我们灭绝的命运已经注定了，也不会写这本书。如果我列举的历史记录令读者感到沮丧，我对困境的描绘令读者感到无助，在跋语中，我指出了令人振奋的迹象，以及向过去学习的方法，请读者留意。

## 第一部分

# 不过是另一种大型哺乳动物罢了

我们什么时候不再只是另一种大型哺乳动物？为什么？怎么发生的？回答这三个问题，有三条不同类型的线索供我们寻绎答案。考古学家搜寻地层中的骨骼化石与古人遗留的工具，那是人类演化的主要证据。第一部分会讨论一些传统的考古学证据，以及分子生物学提供的新证据。

讨论人类演化，一个基本的问题是我们与黑猩猩究竟有多大的遗传差异。我们的基因组与黑猩猩的差别达到10%、50%，还是99%？仅仅以肉眼观察或列举可见的体征比较，无法帮助我们得到答案，因为许多遗传变化并没有可观察到的特征，而其他的遗传变化却有全面性的影响。举例来说，以外形而论，大丹犬与巴哥犬的差别，可比人类与黑猩猩的大多了。然而，所有的狗只要给它们机会，都能交配繁殖，不论品种（当然，双方若体型差异太大，交配不易完成），而生下来的，也还是狗。对一个新手观察者而言，大丹犬与巴哥犬的外形差异，似乎意味着它们的遗传差异比人类与黑猩猩的还大。不同品种的狗，外形上有许多差异，例如体型、身体各部位的比例、毛色等，可是这些外形上的特征仅由少数几个基因控制，这些基因的变化对生殖生理不会产生什么影响。

那么，我们怎样估计我们与黑猩猩的遗传距离呢？这个问题直到 20 世纪 80 年代才由分子生物学家解决。答案不仅令学者惊讶，还可能会衍生出实际的伦理议题，例如我们该如何对待黑猩猩。读者会发现，人类与黑猩猩的遗传差异，虽然比人类各族群之间的差异或不同品种的狗之间的差异要大，但比起其他大家熟悉的亲密物种还是小得多。很明显，在黑猩猩的遗传程序中，只有很小比例的指令发生了变化，却在我们身上产生了巨大的行为结果。学者发现，物种之间的遗传差异也反映了时间深度，因此我们可以大致估算出人类祖先从人-猿共同祖先分化出来的时间，那大约是在 700 万年前，误差几百万年。

虽然这些分子生物学结果告诉我们人类与黑猩猩的总体遗传差异，以及人类与黑猩猩分化的大概时间，但是有些重要的问题无法回答，例如人与黑猩猩究竟有何不同，这些差异是什么时候出现的。因此我们接着要讨论骨骼与工具：形态介于类人猿与现代人之间的生物留下了丰富的数据，从中我们可以抽绎出什么结论呢？骨骼的变化一向是体质人类学的研究主题。人类在演化过程中，最显著的形态变化有：脑容量增加，涉及直立行走的骨骼发生变化，以及头骨骨壁变薄、牙齿缩小和颌面部肌肉变得纤细。

脑容量增加无疑是我们发展语言与创新能力的先决条件。因此你也许会期望从化石记录中侦察到脑容量与工具制作技术平行发展、密切呼应的趋势。事实上，两者并没有什么密切呼应的现象。这是人类演化史上最令人惊讶也最令人不解的发现。即使人类大脑已经演化到接近现代人的水平，石器仍然维持原来的粗糙状态达几十万年之久。4万年前，尼安德特人的脑容量平均值已经超过现代人，可是他们的工具仍没有什么新奇创意，他们也没有艺术品传世。尼安德特人仍然只不过是一种大型哺乳动物。甚至有些人类族群，即使骨骼形态已经与现代人无异，仍然继续使用尼安德特类型的工具达数万年之久。

从分子生物学证据得出的结论，因这些谜团而可以被修饰得更为精确。不错，人类与黑猩猩的基因组只有2%的差异，而且在这个微小的比例中直接涉及创新、艺术与复杂工具的比例必然更小，这些基因与骨骼形态无关。至少在欧洲，那些人类特征是突然出现的，毫无预兆——当时正是克罗马农人取代尼安德特人的时候。从那时起，我们再也不是另一种大型哺乳动物了。是哪一小撮遗传变化使得人类一跃而上，冲破人兽之别的藩篱呢？在第一部分的结尾，我会提出一些推测。

# 第 1 章

# 三种黑猩猩

　　下一回你逛动物园，请记得到各种猿类的笼子前走走。请想象那些猿身上的毛都脱落了，再想象它们附近另有一个笼子，其中关了几个人，他们很不幸，赤身裸体，也说不出话来，可是外表倒没什么大碍。现在请猜猜看，那些猿在遗传上与人究竟有多大的差别？猿与人的基因组中，有多少基因是共有的呢？占基因组的百分之几？ 10%、50%，还是 99%？

　　然后再问自己：为什么那些猿被关在笼子里让人参观？为什么还有些猿被用来做医学实验，可是对人，就不允许这样做？假定学术界有一天发现，黑猩猩的基因组中有 99.9% 的基因与人类的完全相同，那微小的 0.1% 的基因决定了人类与黑猩猩之间的重大差异，你还会同意把黑猩猩关在笼子里供人参观，或者拉去做医学实验吗？再想想我们那些心智失常的不幸同胞，他们解决问题的能力很低，甚至无法照顾自己，无法与人沟通和发展社会关系，对疼痛的感知能力也比不上猿，可是我们无法拉他们去做医学实验，而猿就可以被拉去做医学实验。其中的逻辑是什么？

　　也许你会回答，猿是"动物"，而人是人，这有什么好讨论的。这是一条伦理准则，只有人类适用，不可引申到"动物"身上，不管那是一种什么样的动物，不管它与我们在遗传上有多相似，不管它发展社会关系的能力多强，不管它会不会感知痛苦。这个答案当然是武断的，可是至少它内部有一贯的逻辑，因此不可随便否定。不过这么一来，追溯我们的自然根源便没有什么伦理意义。可是这样的探讨仍能满足我们的求知欲，毕竟"我们从哪里来"这个问题是这么产生的。每个人类社群都对自己的起源有深切的好奇心，每个人类社群都有自己的创世故事，而"三种黑猩猩"的故事，是我们这个时代的创世故事。

＊　＊　＊

　　我们在动物界的地位，大体而言，学者早已确定，不知有多少世纪了。我们无疑是哺乳动物，哺乳动物的特征包括身体有毛发覆盖、哺乳等。在哺乳类中，我们属于灵长类，灵长类包括猴与猿等大类。我们与灵长类的其他成员有许多共同特征，例如指（趾）甲扁平而没有形成爪、有抓握能力的前肢、大拇指可以与其他手指对立、垂下（而不是贴近腹部）的阴茎，这些特征大部分其他哺乳动物都没有。早在 2 世纪，希腊医生盖伦从动物解剖经验中已经正确地推定了人在自然界的地位，他发现猴子"无论在内脏、肌肉、动脉、静脉、神经还是骨骼形态方面，都与人非常相似"。

在灵长类中，我们也很容易找到人类的地位，我们显然与猿（长臂猿、红毛猩猩、大猩猩和黑猩猩）比较相似，与猴的差异比较大。我只要指出一个最明显的特征就够了：猴子有尾巴，猿没有，我们也没有。同样明显的是，长臂猿是最特殊的，它们体型小、手臂长，而其他的猿如红毛猩猩、黑猩猩、大猩猩和人类彼此有很近的亲缘关系，与长臂猿的亲缘关系则比较疏远。但是想要进一步厘清我们与猿的关系非常困难，这也是始料未及的。这个问题还在科学界引发了激烈的辩论，论战围绕着三个问题。

人类、现生猿类与人类已经灭绝的祖先猿类之间有着怎样的亲缘关系？举例来说，现生猿类中，哪一种与人类的亲缘关系最近？

不论哪一种现生猿类与人类的亲缘关系最近，其与人类的最后一个共同祖先，在多久以前仍然存活在地球上？

我们和与我们亲缘关系最近的现生猿类，有多大的遗传差异？

起先，我们很自然地假定比较解剖学早已解答了上述第一个问题。我们与黑猩猩、大猩猩特别相像，可是又与它们有明显的差别，例如我们的脑容量比较大，我们直立行走，我们的体毛极少，还有许多不是那么一目了然的差异。然而，如果我们观察得仔细一点，就会发现这些解剖学事实上并不能一劳永逸地解答我们的问题。对于同样的解剖特征，不同的学者有不同的解读，而他们强调的解剖特征也可能不同。有的学者认为我们与红毛猩猩的亲缘关系最近，而黑猩猩、大猩猩在我们从红毛猩猩中分化出来之前，就已经从猿类族谱中分化出来了（少数派观点）；有的学者认为我们与黑猩猩和大猩猩的亲缘关系较近，而红毛猩猩的祖先更早地分化出来（主流观点）。

在主流派中，大部分生物学家过去认为大猩猩与黑猩猩相似程度较高，也就是说，它们与人类都比较不相似。换言之，大猩猩与黑猩猩还没来得及分化开来，我们就已经与它们分道扬镳了。这个结论反映了一种常识性的观点：黑猩猩与大猩猩可以归为一类——猿，而我们则是人。不过，还有一种可能，那就是我们看上去与其他的猿不一样，是因为我们走上了一条独特的演化道路，我们的祖先自从与其他的猿分化之后，就在几个重要的方面发生了显著的变化，例如直立行走与脑容量增大，而大猩猩与黑猩猩却没有发生过什么重大变化，与当年的人-猿共同祖先的模样没什么大差别。如果那是实情，人类可能与大猩猩亲缘关系最近，或与黑猩猩亲缘关系最近，或者与两者的遗传距离大致相等。

到如今，解剖学家仍在辩论第一个问题，即我们家族树上的细节。不过，不管解剖学家所认为的人类演化家族树长什么模样，仅凭解剖学研究，无法解答第二、第三个问题，也就是人和猿的分化时间与遗传距离。不过，也许化石记录在原则上可以解决家族树与分化时间的问题（遗传距离免谈）。要是我们有丰富的化石，我们可以希望从中发现，一系列已断定年代的古人类化石和一系列已断定年代的黑猩猩化石在 1 000 万年前交会了，也就是找到人类与黑猩猩的共同祖先了。而那一位共同祖先的演化系列，在 1 200 万年前又与大猩猩的演化系列交会。可惜我们没有那么多的化石，我们的化石记录像是断烂朝报。1 400 万—500 万年前是非洲地区猿类演化的关键时期，这个时段的猿类化石尤为稀缺。

* * *

这些关于我们起源的问题，解决的方法来自一个始料未及的方向：用于解决鸟类分类问题的分子生物学。大约 60 年前，分子生物学家开始明白：动植物体内的化学分子可以当作"时钟"，用来测量两个物种的遗传距离和确定它们在演化史上的分化时间。其中的逻辑如下。假定所有生物体内都有一类分子，这类分子在每个物种中都有特定的构造，而那些构造是由遗传密码决定的。再假定分子的构造会因基因突变而逐渐变化，且其在所有物种中的变化率都一样。源自同一共同祖先的两个物种体内的这个分子，起先构造应该完全一样，因为都是从共同祖先那里遗传来的。但是这两个物种分别演化以后，基因组中的基因突变就各自独立累积，使这个分子的结构逐渐变化。因此，这两个物种的这个分子会逐渐出现结构差异。如果我们能够算出平均每 100 万年会发生多少结构变化，任何两个有亲缘关系的物种在分子结构上的差异，就可以被当作一个时钟来计算这两个物种已经和共同祖先分化多久了。

举例来说，假定根据化石证据我们推断狮子与老虎在 500 万年前分化，再假定它们的同一种分子在结构上有 99% 的相同之处和 1% 的差异。如果我们任选两个演化关系并不清楚的物种，发现它们的分子结构有 3% 的差异，那么分子时钟就会告诉我们，它们在 1 500 万年前就分化了。

以这种方法纸上谈兵，看起来漂亮得很，能不能经得起实践的考验呢？生物学家可费心忙了好一阵。应用分子时钟之前，得先完成四件事：找到最适合的分子，找到快速测量分子结构变化的方法，证明分子时钟运行稳定（即分子结构在相关物种体内以同一速率演化），测量分子演化速率。

分子生物学家在 1970 年左右完成了前两件事。他们发现最适合的分子是 DNA（脱氧核糖核酸），詹姆斯·沃森与弗朗西斯·克里克证明这个分子的结构是双螺旋，为遗传学研究开辟了新天地，也使 DNA 成为家喻户晓的分子。每个 DNA 分子包含两条互补的超长链，每条链都由四种小分子组成，这四种分子在链上的顺序蕴含着从父母传递给子女的所有遗传信息。科学家发展了 "DNA 杂交" 技术，可以迅速测量 DNA 的变化。先将两个不同物种的 DNA 分子分离（"融解"）开来，就是使每个 DNA 分子的两条长链分开，再让这些单链 DNA "杂交"，成为双链的 DNA，然后加热，使 "杂种" DNA 再度分离开来。一般而言，需要的温度越高，就表示这两种 DNA 的结合程度越好，也就是彼此的差异越小。两个物种的亲缘关系越近，其 DNA 的差异就越小。以 "融解" 一个物种的 DNA 的温度为基准，融解 "杂种" DNA 所需的温度比基准度每低 1℃，表示两个物种的 DNA 有大约 1% 的差异。

\* \* \*

在 20 世纪 70 年代，分子生物学家与分类学家大多对彼此的研究不感兴趣，只有少数例外。耶鲁大学的查尔斯·西布利是其中之一，他是鸟类学家，当时担任耶鲁大学皮博迪自然历史博物馆馆长和鸟类学教授。鸟类分类学不容易研究，因为鸟类的身体是为飞行设计的，而设计一只鸟也不过就那么几种花样，即使是大自然也出不了新招。所以具有类似习性的鸟，往往形态非常相似。例如在半空中捕食昆虫的鸟，即使亲缘关系疏远，比较解剖学的差异也不大。美洲秃鹰与旧世界秃鹰的形态和行为都很像，可是学者好不容易才搞清楚美洲秃鹰与鹳的亲缘关系较近，而旧世界秃鹰与鹰的亲缘关系较近，它们很相像，是因为相同的生活方式造成的。西布利与乔恩·阿尔奎斯特由于深切体会传统分类方法的短处，在 1973 年开始采用分子时钟技术。当年他们应用分子生物学方法解决分类学问题，就研究规模而言是空前的。他们在 1980 年开始准备发表研究成果，累计以分子时钟测量过约 1 700 种鸟，占现生鸟类的近 1/5。

虽然西布利与阿尔奎斯特的成就已是鸟类分类学的里程碑，但他们起先在学界引发的不是称赞，而是批评。因为当时没有几位科学家有足够的背景知识，能做中肯评论的人少之又少。我就听过科学界的同僚发表过这样的高论：

我对他们那套玩意已没有什么耐心了。不管他们写什么，

我都懒得再理会。(一位解剖学家)

他们的方法倒没问题，可是谁会想做鸟类分类学那样沉闷的研究？(一位分子生物学家)

有意思，可是他们的结论必须通过其他方法的大量验证，我们才会相信。(一位演化生物学家)

他们的结果是"上帝的启示"，你最好相信。(一位遗传学家)

依我之见，尘埃落定之后，那位遗传学家的意见最接近真相。DNA时钟的原理无可挑剔，西布利与阿尔奎斯特使用的方法是最先进的。他们测量过1.8万多对鸟类"杂种"DNA，得到的遗传距离呈现出内部一致性，证明他们的结果是正确的。

当年达尔文在讨论"人类分化"这个爆炸性议题之前，有意识地研究藤壶的分化来作为证据。同样地，西布利与阿尔奎斯特花了10年时间以DNA时钟厘清鸟类的关系。1984年，他们的第一篇以DNA时钟讨论人类起源的论文发表了。此后他们发表了一系列论文，完善了最初的结论。他们研究的DNA，包括人类的，以及所有人类的近亲的——普通黑猩猩、倭黑猩猩、大猩猩、红毛猩猩，以及两种长臂猿、七种旧世界猴。图1-1总结了他们的研究成果。

正如解剖学家预测过的，他们发现的最大遗传距离出现在人类或任何猿类与猴子之间，也就是说，人/猴或猿/猴的杂种DNA"融解"的温度最低。这只不过是把大家都已经同意的看法加上个数字而已。自从科学界知道猿类的存在之后，就认为猿

比猴更接近人类。那个数字是 7%：猴的 DNA 结构与人和猿的
有 93% 是相同的。

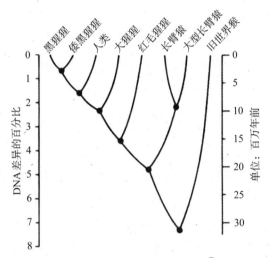

图 1-1  高级灵长类的家族树①

　　每个黑点代表最后一个共同祖先，左边的数字代表这些现代灵长类动物之
间 DNA 差异的百分比，右边的数字代表其最后一个共同祖先存在的时间。举例
来说，黑猩猩与倭黑猩猩的 DNA 差异是 0.7%，所以它们在约 300 万年前分化；
人类与两种黑猩猩的 DNA 差异是 1.6%，大约在 700 万年前分化；大猩猩与人类
和两种黑猩猩的 DNA 差异是 2.3%，大约在 1 000 万年前分化。

　　他们的第二个发现也不令人意外：长臂猿与其他猿类或人类的
DNA 有 5% 的差异。这也证实了学界的共识：长臂猿是最特殊的猿，
与我们亲缘关系较近的是大猩猩、黑猩猩和红毛猩猩。在大猩猩、
黑猩猩和红毛猩猩中，最近解剖学家已经开始认为红毛猩猩很早就
自成一家，这与 DNA 证据也吻合，它的 DNA 与人类和大猩猩、黑

———————

① 本书所有插图系原文插图——编者注

猩猩的有3.6%的差异。地理分布情况也支持人类、大猩猩和黑猩猩与长臂猿、红毛猩猩很早就分化了。现在长臂猿、红毛猩猩只分布在东南亚，它们的祖先化石也只出土于东南亚，而大猩猩与黑猩猩只分布在非洲，早期古人类化石也只出土于非洲。

此外，西布利和阿尔奎斯特发现黑猩猩与倭黑猩猩的DNA最相似，有99.3%是相同的，只有0.7%的差异。这也不令人意外。这两种黑猩猩看上去非常相似，直到1929年才有解剖学家觉得该为它们分别取个名字。生活在刚果（金）中部赤道附近的是倭黑猩猩，因为一般来说它们体型较小、体格稍瘦、双腿较长。普通黑猩猩在非洲分布较广，主要在赤道以北。然而，在对这两种黑猩猩的行为有了比较详细的记录后，学者才恍然大悟，原来它们形态上并不起眼的差异掩盖了生殖生物学上的巨大差异。倭黑猩猩不像黑猩猩，倒像人，它们有很多种性交姿势，包括面对面式；两性都会主动挑逗对方，而不总是雄性主动；雌性并不只在发情期（排卵期）接纳雄性，几乎整个生殖周期都能性交；雌性之间、异性之间都能结盟，而不限于雄性。很明显，那0.7%的遗传差异已在性生理与行为上造成了重大的影响。在本章与下一章，我们会反复强调"少数基因的重大后果"，因为人与黑猩猩之间的遗传差异也很小。

上述所有例子显示比较解剖学足以解答物种关系的问题，根据DNA证据得到的结论，只不过证实了解剖学家早已发现的事实。但是DNA也可以解决解剖学无法解答的问题：人、大猩猩与黑猩猩的关系。如图1-1所示，人类与两种黑猩猩约有1.6%的DNA差异，相同的基因达98.4%。大猩猩与人或两种黑猩猩的差异较大，约有 2.3%。

　　让我们在这儿稍作停留，仔细分析这几个重要数字的意义。

　　在我们的家族树上，大猩猩必然在我们与两种黑猩猩分化前就分化出去了。我们最亲近的亲戚是黑猩猩，而非大猩猩。换句话说，黑猩猩最亲近的亲戚是人，而不是大猩猩。传统分类学将所有猿类放在同一分类类目中（猿科），为人单独另立一个类目（人科），好像人与猿之间有一道不可逾越的自然鸿沟，对我们自居于"万物之灵"的"人本位"偏见有推波助澜之功。现在呢？未来的分类学家也许可以用黑猩猩的眼光来处理高等灵长类的分类问题：把它们分为两群，一群包括三种黑猩猩（人加上另外两种黑猩猩），另一群包括其他的猿（大猩猩、红毛猩猩与长臂猿）。两群之间并没有云泥之别，三种黑猩猩那群只不过有点儿高明而已。传统分类学将人与猿区别开来，不符合事实。

　　人与两种黑猩猩的遗传距离（1.6%），是两种黑猩猩的遗传距离（0.7%）的两倍多，比两种长臂猿的遗传距离（2.2%）小。红眼绿鹃与白眼绿鹃是两种非常相似的北美鸟类，它们之间也有2.9%的遗传距离。我们的基因组中98.4%的基因都与黑猩猩的一样。举例来说，我们的主要血红蛋白是红细胞中携带氧气的分子，其 287 个组成单位与黑猩猩的一模一样。在许多方面，我们不过是第三种黑猩猩，对其他两种黑猩猩有利的，对我们也有利。我们看上去与它们不同，因为我们直立行走、脑容量比较大、能说话、体毛稀少、有奇异的性生活，这些特征必然是我们基因组中那 1.6% 的基因控制的。

如果物种之间的遗传距离以固定的速率累积，遗传距离就可当作正常运转的时钟。将遗传距离换算成绝对时间（两个物种从最后一个共同祖先分化出来到现在所经过的时间），我们得找到一对物种，一方面它们的遗传距离可以测量，另一方面它们有年代确定的化石可供参考。事实上，高等灵长类有两组相互独立的换算数据。一方面，根据化石记录，猿在3 000万—2 500万年前与猴分化，两者的DNA差异达约7.3%；另一方面，红毛猩猩在1 600万—1 200万年前与黑猩猩和大猩猩分化，DNA差异达约3.6%。比较这两组数据可以发现：演化时间增加一倍（从1 200万~1 600万年到2 500万~3 000万年），差异就增加一倍（从3.6%到7.3%）。因此，高等灵长类的DNA时钟运转得相对稳定。

于是西布利与阿尔奎斯特以这些换算尺度估计我们的演化史。由于我们与黑猩猩的遗传距离（1.6%）大约是红毛猩猩与黑猩猩的遗传距离（3.6%）的一半，因此我们与黑猩猩分化的时间是红毛猩猩与黑猩猩分化的时间（1 600万—1 200万年前）的一半。换言之，人类与两种黑猩猩在800万—600万年前分别走上不同的演化道路。同样地，大猩猩与黑猩猩分化的时间和黑猩猩与倭黑猩猩分化的时间，我们都可以算出来，分别是约900万年前和约300万年前。相反，我大一时（1954年）的体质人类学教科书，说人与猿在3 000万—1 500万年前就分化了。因此，DNA时钟支持一个引起争议的结论，其他好几个分子时钟（如蛋白质的氨基酸序列、线粒体DNA、球蛋白假基因DNA等）也支持同样的结论。每一个时钟都指出，人类最近才与黑猩猩分化，是个年轻的物种，比古生物学家过去所推测的年轻得多。

\* \* \*

这些结果对我们在动物界的地位有什么意义？生物学家将现生生物分门别类，各从其类。分类系统是个层级体系：亚种、种、属、科、超科、目、纲、门，一层比一层笼统。《不列颠百科全书》与我书架上的所有生物学教科书，都说人与猿属于同一目（灵长目）、同一超科（人猿超科），但不同科。人属于人科，猿属于猿科。至于西布利与阿尔奎斯特的研究会不会改变这个分类，视学者的分类哲学而定。传统的分类学家将不同物种归入同一个较高层次的类目，使用的方法不免主观，因为得从诸多相似、相异之处分别主从，找出重要的差异（相异之处），忽视其余。这样的分类学家会因为人类拥有独特的功能特征（脑容量较大与直立行走）而为人类单独立一类目，西布利与阿尔奎斯特的结果不会改变他们的结论。

然而，另一个分类学派，叫作支序分类学派，则认为生物分类应该遵循客观一致的程序，遗传距离或分化时间是唯一标准。所有分类学家都同意，红眼绿鹃与白眼绿鹃都属于莺雀属，所有长臂猿都属于长臂猿属。然而，这两个属内部的成员彼此的遗传距离却大于人与黑猩猩的遗传距离，而且早就分化了。因此，人类就不可能独立成科，甚至不应独立成属，而应与两种黑猩猩归入同一属。可是根据《国际动物命名法规》，"人属"（*Homo*）这个属名比"黑猩猩属"（*Pan*）早问世，因此人属这一属应有三个物种，除了人，还有黑猩猩、倭黑猩猩。由于大猩猩只不过稍有差别，因此它几乎可以算成人属中的第四个物种。

即使是支序分类学派的分类学家也免不了怀有"人本位"偏见，想必他们对"人类与黑猩猩为同一属"的结果也觉得难以接受。不过，黑猩猩一旦学会了支序分类学派分类学，或外太空来了个分类学家，就会毫不犹疑地接受新的分类法。

\* \* \*

人与黑猩猩有哪些基因不同？回答这个问题之前，我们得了解 DNA（我们的遗传物质）是做什么的。

我们的 DNA 大部分没有已知的功能，它们也许只是"分子垃圾"：或者是一个DNA分子复制了好几份，其中一份继续发挥功能，其他的几份就无所事事充场面；或者是丧失了功能的基因。总之，它们无功无过，所以没有被自然选择消除。我们的 DNA 中有已知功能的部分，主要与合成蛋白质有关，蛋白质是氨基酸组成的长链分子。有些蛋白质构成我们身体的大部分结构，例如角蛋白（毛发）与胶原蛋白（结缔组织中的成分）。不过还有一些蛋白质负责合成或分解身体里的分子，我们通称其为酶。DNA分子上的碱基，是制造蛋白质的指令。因为碱基的序列指定了组成蛋白质所需氨基酸的序列。其他功能性DNA则负责调节合成蛋白质的工作。

在我们的生物特征中，最容易以遗传机制来理解的，就是来自单一蛋白质和单一基因的那些。例如前文提过的血红蛋白，它包括两条氨基酸链，每一条都由一小段 DNA（一个单一"基因"）负责制造。这两个基因除了制造血红蛋白中的氨基酸链，并没有其他可观察得到的功能。而血红蛋白只有红细胞才有。反过来说，血红蛋白的结构完全是由这两个基因决定的。不管你吃什么，运动量有多少，最多影响身体制造血红蛋白的数量，不会影响血红蛋白的结构。

这是最简单的情况。但是有些基因会影响许多可观察得到的特征。例如泰-萨克斯病是一种致命的遗传疾病，有许多解剖与行为的症状：过度流涎、姿势僵硬、皮肤泛黄、头骨畸形发育等。科学家发现，所有症状都是因为泰-萨克斯基因发生了变化才产生的。至于这个基因怎么捅下这么大的娄子的，科学家还没搞清楚。因为这个基因在许多身体组织中都有，广泛参与了许多细胞成分的分解，难怪一旦改变了，会产生那么多症状，最后让病人送命。不过有些身体性状是由许多基因共同控制的，例如身高，环境因素也起到了一些作用，像发育阶段的营养状况。

科学家已经发现了许多负责制造已知蛋白质的基因，对它们的功能也很了解，不过对涉及复杂性状、特征（如大部分行为）的基因却所知不多。像艺术、语言或暴力等人类特征，绝对不可能只由一个基因负责。人与人之间的行为差异，明显受环境的强烈影响，基因扮演的角色一直受到争议。不过，黑猩猩与人类的行为差异倒可能涉及遗传差异，虽然现在还无法具体指出哪些基因牵涉在内。举例来说，人类能说话，黑猩猩就不能，控制声带构造与大脑神经网络的基因必然是关键。曾有一位心理学家收养了一头黑猩猩婴儿，将它与自己的新生儿一起抚养。他们受到一视同仁的待遇，吃、喝、穿、住都一样，并接受了同样的"教育"。结果，黑猩猩婴儿长大了，不会说话，也不能像人一样直立行走。但一个人长大后说英语还是韩语，就不是基因能决定的了，孩子发育期间的语言环境是唯一的决定因素，在美国出生的韩裔能说一口流利的英语已经不是新闻了。

有了这个基本认识之后，让我们再回头讨论人类与黑猩猩那1.6%的遗传差异。我们知道制造主要血红蛋白的基因并没有差异，其他的基因有一些有很小的差异。人类与黑猩猩都有的9种蛋白质链，共由1 271个氨基酸组成，其中只有5个彼此不同：1个出现在被称为肌红蛋白的肌肉蛋白上，1个出现在被称为德尔塔链的次要血红蛋白链上，3个出现在一种叫作碳酸酐酶的酶上。但是，第2~7章我要讨论一些人类与黑猩猩的重大功能差异，如脑容量、骨盆、声带、生殖器的构造、体毛、雌性月经周期、更年期等，它们由哪些基因负责，我们还没有头绪。上面提到的5个氨基酸差异不可能造成那么重大的后果。现在我们可以肯定的是，我们的DNA中盘踞着大量分子垃圾，我们与黑猩猩那1.6%的遗传差异中也有分子垃圾，我们与黑猩猩的重大功能差异是那1.6%中的一小部分造成的。

我们的DNA中只有极小比例的基因在演化过程中改变了，其中一些对我们的身体产生了重大功能影响。并不是所有的基因变化都会产生同样的后果，因为大部分氨基酸至少可以由两种碱基序列决定。因此 DNA 上的碱基变化"突变"如果不影响对应的氨基酸，就等于没有变化，学者称之为"沉默的"突变。即使突变不沉默，真的造成对应氨基酸的变化，蛋白质的功能会不会因此改变，仍是个开放的问题。有的氨基酸化学性质相似，互换后不影响蛋白质的功能。若不是处于"敏感"地位的氨基酸，即使被性质差异很大的氨基酸替代了，也不会有了不得的后果。

但是蛋白质上决定功能的部分，若有一个氨基酸被性质大不相同的另一个氨基酸替代了，就可能造成明显的后果。例如镰刀型细胞贫血病是可能致命的基因疾病，病人的血红蛋白不正常，只是因为血红蛋白的 287 个氨基酸中有一个被性质大不相同的另一个氨基酸替代了。原来病人的 DNA 上对应那个氨基酸的三个核酸中有一个发生了变化（点突变）。原来的氨基酸带负电，取代它的不带电，血红蛋白分子的电荷因此改变，生化性质也随之变了。

虽然我们不知道哪些基因或碱基是关键基因，但是有许多先例演示了"一个或几个基因突变造成的巨大冲击"。泰-萨克斯基因突变后，造成许多重大而明显的症状，某种程度上只是由一种酶的单一变化引起的一个基因突变，可以使同一物种的成员区分开来（病人／正常人）。有密切亲缘关系的物种呢？最佳例子是鲷鱼。在东非的维多利亚湖，大约有 200 种鲷鱼，这种鱼是淡水鱼，在水族馆常见。根据学者的研究，维多利亚湖的鲷鱼都是从 20 万年前的祖先种演化出来的。这 200 种鲷鱼，按照生境来分类的话，差异堪比老虎与奶牛：以藻类为食的，捕食其他鱼的，以蜗牛为食的，吃浮游生物的，捕食昆虫的，还有的能将其他鱼的鳞片一点一点咬掉，甚至有的专门捕食产卵母鱼身旁的鱼类胚胎。然而，它们的平均遗传差异只有约0.4%。也就是说，使虎型摄食习惯转变成牛型所需的基因突变，甚至比把黑猩猩变成人还要少。

＊　＊　＊

新的遗传证据，除了涉及分类学的技术问题，还有更深远的意义吗？也许最重要的，是让我们重新思考人与猿在宇宙中的地位。名字不只是技术细节的代号，还反映与创造态度。（你若不信，今晚请试试用"亲爱的"或"猪头"招呼你的另一半，记得要用同样的表情和语气。）新证据并不规定我们应该如何看待人与猿，但是可能会影响我们思考的方向，达尔文的《物种起源》就发挥了这样的影响，我们可能还要花上许多年才能把态度调整过来。在可能受到影响并产生争议的领域中，我只讨论一个例子：我们利用猿的方式。

现在我们认为动物（包括猿）与人之间有根本的差别，我们的伦理规范与行为以这个差别为准则。举例来说（我在本章开头已经提过），我们可以将猿关进动物园的笼子里，公开展示，可是不能那么对待人。我常在想，如果动物园黑猩猩的笼子旁的分类名牌上注明的是"人属"的话，观众会有什么感受。然而，要不是公众在动物园里油然生出对猿的同情，保护野生猿类的募款活动也许不会得到热烈的社会响应。

我也提到过，我们在猿身上做医学实验，并没得到它们的同意，实验有时还有致命的风险，可是没有人认为有什么问题。换了人，就不可以。在猿身上做实验，正是因为它们与人在基因上非常相似。它们会感染许多人类的疾病，它们的身体对病原体的反应也与人相似。因此，在猿身上做实验，比在其他动物身上更能得到有用的数据，以增进人类的医疗福利。

这一伦理抉择所引发的问题更棘手，把猿关进动物园笼子里，相形之下还不算什么。因为我们将数以百万计的人类罪犯关进监狱已是例行公事，他们得到的待遇还不如动物园笼子里的猿。可是动物医学实验却没有"人类版本"。我们不是不知道，在人类身上做致命的实验，能得到比黑猩猩身上更有价值的数据。然而，纳粹集中营医生在人类身上做实验却受到各界的批评，认为是纳粹暴行中最可怕的罪行。为什么在黑猩猩身上做这样的实验就可以？

如果所有的生物，从细菌到人，可以排成一长列，我们必须决定在哪儿"杀"变成"谋杀"，"进食"变成"自相残杀"，大多数人将这条界限划在人与所有其他生物之间。不过，有不少人吃素，不吃任何动物，可是吃植物。还有一小撮声音越来越大的人（属于为动物争取权利的阵营）反对在动物身上做实验，或者说，反对在某几种动物身上做实验。他们对猫、狗或者灵长类动物特别关怀，不怎么过问老鼠，而且一般而言，不为昆虫与细菌发言。

如果我们的伦理规范在人与所有其他生物之间划下一条毫无道理的界限，那么这套规范摆明了就是私心作祟的产物，丝毫不含高贵的情操。如果我们的伦理规范强调的是智力、社会关系与感知痛苦的能力，就很难在所有的人与所有其他生物之间划下一条界限。那样的话，在不同的物种身上做实验，就要受不同的伦理规范监督。与我们亲缘关系较近的物种，能不能享有特权呢？也许为它们大声疾呼的人士也是出于私心，只不过戴上了新的面具。可是基于我刚刚提过的那些因素考虑（智力、社会关系等），我们可以提出客观的主张，让黑猩猩、大猩猩享有"最惠物种"待遇。目前医学研究使用的动物中，如果我们可以合理地为任何一种申请保护令，不让它们再用于做医学实验，这种动物一定就是黑猩猩了。

　　动物实验造成的伦理困境，因为黑猩猩是一种濒临灭绝的动物而变得更加复杂。医学研究不仅牺牲个体，还威胁了物种的命运。医学研究并不是威胁野生黑猩猩族群的唯一因素，生境的破坏与动物园的需求才是主要的威胁。但是医学研究的需求已构成一定程度的威胁，这就够医学界反省的了。还有其他因素使这一伦理困境更令人惆怅：活捉一头野生黑猩猩，将它送进医学实验室，整个过程中平均起来会死好几头野生黑猩猩（往往是母亲怀中的幼崽）；保护野生黑猩猩族群，医学家没出过什么力，虽然那么做怎么说都符合自己的利益；用来做研究的黑猩猩往往没有得到人道的待遇。我第一次看见供医学研究的黑猩猩，是在美国国立卫生研究院，它被注射了慢性的致命病毒，单独关在没有任何玩具的室内小笼子里好几年，一直到死为止。

　　人工养殖黑猩猩供研究用，可以逃避危害野生黑猩猩族群的指控，可是仍然无法突破困境。这就像 19 世纪美国废除非洲奴隶贸易，于是有人贩卖出生在美国的黑人子女当奴隶。为什么可以用黑猩猩而不可以用人做实验？反过来说，如果一个孩子得了有致命风险的病，我们正在以黑猩猩研究那种病，我们如何向孩子的父母解释他们的孩子比不上黑猩猩重要？到头来，是大众而不是科学家得做这些痛苦的抉择。唯一可以肯定的是，我们看待人与猿的观点将是关键决定因素。

最后，改变我们对待猿的态度，也许是决定野生黑猩猩命运的关键。现在，它们的生存面临严酷的考验，特别是它们在非洲与亚洲的雨林生境正遭到空前的破坏，它们的族群正遭到合法、非法的捕捉与猎杀。如果目前的趋势持续下去，不出 20 年，山地大猩猩、红毛猩猩、黑冠长臂猿、克氏长臂猿以及其他一些猿类将只能在动物园看到了。呼吁乌干达、刚果（金）与印度尼西亚政府负起道德义务保护境内的猿类是不够的，这些国家都贫穷，而国家公园的设立与维护需要大量资金。如果我们以第三种黑猩猩的立场，决定救助另外两种黑猩猩，那么发达国家的同胞必须挑起主要的财务担子。从猿的观点来看，我们最近才搞清楚的"三种黑猩猩的故事"发挥的最重要功能，是决定我们面对那笔预算的态度。

# 第 2 章

# 跳跃式演化

　　我们与猿类分化之后，足足有几百万年，不过是一种有着特殊生计的黑猩猩罢了。直到 4 万年前，西欧仍住着尼安德特人，他们是原始人，对艺术与进步没什么概念。然后急遽而突兀的变化发生了，解剖学意义上的现代人在欧洲出现，艺术、乐器、灯具、贸易与进步随之而来。在很短的时间之内，尼安德特人就消失了。

　　发生于欧洲的这场跳跃式演化也许是前几万年近东与非洲发生的类似事件的结果。不过，即使是几万年，在我们的独立演化史上也微不足道（连 1% 都不到）。可是如果有人问我，"我们是什么时候变成人的"，我的答案是，从跳跃式演化的那一刻起，我们就变成人了。那一刻之后，不出几万年，我们便驯化动物、发展农业与冶金技术，并发明了文字。从那时起，只消再进一小步，人类便创造出了一连串代表文明高峰的里程碑，拉开了其他动物与人类间本就难以逾越的鸿沟，例如《蒙娜丽莎》《英雄交响曲》、埃菲尔铁塔、人造卫星、达豪集中营的焚化炉与德累斯顿轰炸。

本章的主题是我们人类急遽而突兀的崛起带来了什么问题。是什么促使人类的崛起成为可能，这一崛起为何如此迅速？尼安德特人最后的命运是什么？为什么他们没能跨出那一步？尼安德特人与现代人有过交集吗？如果有过的话，他们如何相处？

了解跳跃式演化并不容易，描述它也难。直接证据是骨骼化石与石器的技术细节。考古学家的报告中充斥着外行人不易理解的术语，例如"枕外圆枕""退缩的颧弓""夏特尔贝龙琢背刀"。我们真正想了解的是各种形态祖先的生活方式与他们的"人性"，这些反而没有直接证据，只能从骨骼与工具的技术细节中推断。大部分证据已经散失了，考古学家对出土的遗存也有不同的解读。本书"拓展阅读"部分列举了专业论著，对退缩的颧弓感兴趣的读者可以找来参考。笔者强调的是从骨骼与工具中所做的推论。

\* \* \*

讨论人类演化，得先对地球生命史的轮廓有正确的认识。几十亿年前，地球上就出现了生命；大约 6 500 万年前，恐龙灭绝；1 000 万—600 万年前，我们的祖先才与黑猩猩、大猩猩的祖先分化，走上独立的演化道路。因此，人类的历史只是地球生命史上的一小节，微不足道。科幻电影中有时出现史前人类躲避恐龙的情节，那是地道的科幻，根本与事实不符。

　　人类、黑猩猩、大猩猩的共同祖先生活在非洲，时至今日，黑猩猩与大猩猩的生存范围仍局限在那里。我们的祖先在非洲生活过几百万年。起初，我们的祖先也只不过是一种猿，但是一连串的变化使我们的祖先朝着现代人的方向演化。第一个变化发生在大约 400 万年前，从化石来看，那时人类的祖先在日常生活中已经以直立的姿态行走。相对地，大猩猩与黑猩猩只是偶尔直立行走，平常四肢并用。直立的姿势让双手空出来，可以做其他的事，双手制作出的工具为人类历史翻开了新的篇章。

　　第二个变化发生在大约 300 万年前，人类分化成两个支系。为了了解这个变化的意义，我们得知道，生活在同一地区的两个物种必须扮演不同的生态角色，而且通常不杂交。举例来说，在北美洲，郊狼与狼很明显是亲缘关系密切的物种，生活在同一地区（后来美国大部分地区的狼灭绝了，这是后话）。可是狼体型较大，以捕食鹿与驼鹿等大型哺乳动物为生，而且往往成群出没。郊狼体型较小，捕食对象是兔子、老鼠等小型哺乳动物，通常以结对或小群体的形式行动。一般而言，郊狼只与郊狼交配，狼只与狼交配。然而，今天每一个人类族群只要与另一个族群有广泛的接触，就会通婚。现代人类的生态分化，是童年教育的产品：没有哪一群人天生就有锋利的牙齿，擅长猎鹿的；也没有哪一群人天生有一口适于嚼食植物纤维的牙，采集浆果，拒绝与猎鹿人婚配的。因此，所有现代人都属于同一个物种。

　　不过，人类在演化史上也许曾经两次分化成不同的物种，就像狼与郊狼一样。最近的一次也许发生在跳跃式演化的时候，我在后文中会讨论。比较早的那次发生在大约 300 万年前，当时人类分化为两个支系：一个支系是头骨粗壮、颊齿巨大、以粗糙的植物为食的粗壮南方古猿；另一个支系是头骨较轻、牙齿较小、食物来源多样的非洲南方古猿。非洲南方古猿后来演化为脑容量较大的"能人"。不过，被认为属于能人的骨骼化石，无论是脑容量还是牙齿尺寸，内部的差异都很大，因此有些古生物学家主张能人化石中有两个物种的标本。也就是说，能人有两种，一种是能人，另一种是神秘的"第三种"。这么一来，到 200 万年前，世上至少已有两种甚至三种原始人。

　　使我们祖先越来越人模人样的第三个（也是最后一个）大变化，就是使用石器的习惯。这是人类的主要特征，但在动物界已有先例：啄木鸟、白兀鹫与海獭分别演化出使用工具捕捉或处理食物的能力，不过它们不像人类那么依赖工具。普通黑猩猩也会使用工具，它们有时使用石头，但还不到搞得生境中遍地都是石器的地步。但是在大约 250 万年前，东非的原始人栖息地已出现大量粗糙的石器。当时有几种原始人，制造石器的是哪一种？也许是头骨较轻的物种，因为它们的演化史从未中断，而石器也在持续演化。

　　今天世界上只有一种人，几百万年前却有两三种，因此其中一两种必然灭绝了。当年的哪一种人是我们的祖先？哪种人在演化过程中被淘汰了？这种淘汰发生在什么时候？头骨较轻的能人是赢家，他们继续演化，体型增大，脑容量增加。他们到大约170万年前的形态变化，令分类学家觉得有必要为他们另取一个新的物种名——直立人，意思是"直立行走的人"。(直立人这个物种名及其化石，在现代古人类学成熟之前就已经问

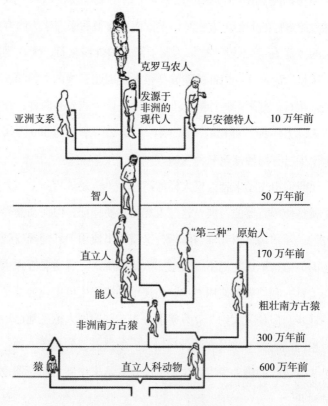

图2-1　人类的家族树

　　家族树上有许多支系都已灭绝，包括粗壮南方古猿、尼安德特人，可能还有一个不为人知的"第三种"原始人和一个与尼安德特人同时代的亚洲支系。一些能人的后裔存活下来，并演化成了现代人。为了用不同的物种名来表示人类演化道路上的变化，我们粗略地将其分为能人、出现于大约170万年前的直立人和出现于大约50万年前的智人。

世，请读者不要误会，以为这时人类祖先才开始直立行走。）粗壮南方古猿在 120 万年前左右灭绝，"第三种"原始人（如果真的存在的话）那时必然也灭绝了。至于为什么直立人存活下来，而粗壮南方古猿灭绝了，我们只能猜测。可能的理由是，粗壮南方古猿竞争不过直立人，因为直立人的食物包括动植物资源，直立人使用的石器与更大的脑容量使他们能更有效地利用植物资源，而粗壮南方古猿却只依赖植物资源为生。也有可能直立人扮演了更直接的角色，将兄弟物种推入灭绝的深渊：宰了他们吃肉。

上面讨论的发展，全发生在非洲大陆。最后，直立人成为非洲演化舞台上唯一的原始人。到大约 100 万年前，直立人终于跨出了既有的舞台。他们的化石与石器开始在近东、远东（北京人与爪哇人的化石是其中的著名代表）与欧洲出现。直立人继续演化，脑容量增加，头骨越来越圆。大约 50 万年前，有些祖先的外观看上去与早期的直立人已大有差别，而与我们十分相似，所以被称为"智人"（意思是"智慧的人"），不过他们的头骨仍比我们的厚，眉骨突出。

不熟悉人类演化细节的读者，也许会以为智人一出现，就发生了跳跃式演化。50 万年前，人类终于以流星般的速度发展至智人的地位，为地球史翻开了灿烂的一页，艺术与精巧的技术终于要为原来的沉闷世界添上新妆。不是吗？不是。智人的出现根本算不上什么历史事件，洞穴壁画、房子、弓箭还得再过几十万年才出现。石器也没什么变化，同样的玩意儿直立人已经使用了近 100 万年了。智人较大的脑容量并没有让他们的生活方式发生戏剧性的变化。直立人与早期智人在非洲以外的世界没搞出什么不得了的名堂,他们留下的文化遗迹只反映了极其缓慢的文化变迁。事实上,如果硬要举出一种代表重大进展的发明,大概只有"控制火的能力"可以考虑。学者在北京人遗址中就发现了灰烬层,其中有烧焦的骨头与炭化的树枝。即使这把火是人类有意点燃、维持而不是雷击意外产生的,那也是直立人的业绩,而不是智人的。

智人的出现,印证了上一章讨论过的悖论:我们人类的崛起,并不反映遗传变化的脚步,两者没有如影随形、如斯响应的关系。早期智人的体质比文化演进得快。那时若要第三种黑猩猩构思出西斯廷教堂中的壁画,还得给他一些重要的素质。

*　*　*

从直立人到智人这 150 万年间,我们的祖先是如何生活的呢?

这一时期留存下来的工具都是石器,可是这些工具与波利尼西亚人、美洲印第安人及其他现代"石器时代"族群制作的精美磨制石器比起来,说它们很粗糙,都算是客气的。考古学家根据早期石器各不相同的形状与大小为它们取了不同的名称,例如手斧、砍砸器、薄刃斧。可是这些名称掩盖了一个事实,那就是这些早期石器并没有一致的形制与功能,与较晚出现的克罗马农人遗留的针或矛完全不一样。石器上遗留的使用痕迹,显示它们曾用于处理肉、骨、兽皮、木头以及植物的非木质部分。但是不论大小与形状如何，任何石器都没有固定的功能。考古学家为石器取的名称，可能只是在连续的大小与形状里任意划分出的单位，而不是石器制作者的本意。

这一时期的"负面证据"也值得注意。跳跃式演化之后出现的许多工具，在直立人与早期智人的工具里从未有过。当时没有骨器，没有结网的绳索，没有鱼钩。所有的早期石器可能都是直接拿在手里使用的，没有证据显示它们曾装在其他器材上以方便着力、增加力道，就像我们在钢制斧头上安装木柄一样。

我们的早期祖先用这些粗糙的工具处理什么食物？他们又是怎样获得食物的呢？对这些问题，过去的人类学著作通常都毫不犹疑地回答"人类自古就是猎人"。书上会说，狒狒、黑猩猩以及其他一些灵长类动物偶尔会猎杀小型脊椎动物，但是现代"石器时代"族群（如布须曼人）经常猎杀大型动物。根据丰富的考古学资料，克罗马农人也一样。因此，我们早期祖先的食物中也有肉，考古学家在动物骨骼上发现了石器遗留的痕迹，并在石器上发现了切肉产生的痕迹。真正的问题是：我们的早期祖先干过多少猎杀大型动物的勾当？猎杀大型动物的技术在这150万年间逐渐改进了，还是在跳跃式演化之后猎杀大型动物才变得比较重要？

过去的人类学家会回答：人类长期以来一直是成功的大型动物猎人。主要证据来自三个大约50万年前有人类居住的考古遗址。第一个是北京周口店的北京人遗址，那里的一个洞穴中出土了直立人（北京人）化石，以及石器和许多动物的骨骼。另外两个遗址分别在西班牙的托拉尔瓦和安布罗纳，是两个非洞穴（露天）遗址，其中出土了石器与大象等大型动物的骨骼。通常学者都假定，制作那些石器的人杀了那些动物，然后把尸体带回遗址处理，并在那里吃掉。但是三个遗址中都有鬣狗的骨骼与粪便，这些动物骨骼也有可能是它们干的好事。西班牙的遗址中出土的动物骨骼，比较像今天非洲水坑周围发现的，而不像人类猎人营地的残迹。死在水坑周围的动物，尸体会遭到水浸、其他动物的践踏，以及不同食腐动物的"清理"。

因此，虽然早期人类的食物中有肉，但是我们不知道他们平常吃多少肉，也不知道他们吃的肉是狩猎得来的还是其他猎食动物残留的。直到很晚以后（大约 10 万年前），我们才有比较可靠的证据可以讨论人类的狩猎技术。很明显，那时人类狩猎大型动物的本领实在不怎么样。因此，50 万年前以及更早的猎人必然更差劲了。

"人类自古就是猎人"这个神话似乎在我们的文化想象中已经根深蒂固，因此我们很难放弃一些随之而来的想法。今天，射杀一头大型动物被当作男子气概的最高表现。男性人类学家特别容易强调狩猎大型动物对人类演化的关键影响。狩猎大型动物使原始男性合作、发展语言与脑容量、组成团队，以及分享食物。男性狩猎大型动物，甚至还影响了女性的性象：女性压抑了每月排卵的外显征象（在黑猩猩身上非常明显），不然的话，男性陷入性竞争的狂乱中，就不能合作打猎了。

有一些讨论人类演化的通俗著作，将"人类自古就是猎人"

这个观点夸张到奇怪的地步。例如罗伯特·阿德里在《非洲创世记》(*African Genesis*)一书中对人类演化的如下描述："在某个被遗忘的荒芜平原上，一群骨瘦如柴的被围困的'未成形人'中，一个来源未知的弧度粒子折断了一个'永不会被遗忘'的基因，一种灵长类食肉动物诞生了。无论是好是坏，是悲剧还是胜利，是最终的荣耀还是最终的诅咒，智慧与杀手的方式结盟，凯恩带着他的棍子、石头，快速奔跑在大草原上。"多么纯粹的幻想！

不仅仅是西方的男性作家与人类学家夸张了狩猎的意义。在新几内亚，我和真正的猎人一起生活过，他们最近才走出"石器时代"。在篝火旁，他们会谈论每一种他们狩猎的动物，包括那些动物的习性，以及最佳的狩猎方法。他们乐此不疲，可以持续聊上几个钟头。坐在旁边听他们谈论，你会以为他们每天晚餐都有新鲜的袋鼠肉吃，每天除了打猎无所事事。事实上，如果你仔细追问详情，大多数新几内亚猎人会承认，他们一辈子也不过打了几头袋鼠而已。

我仍然记得我在新几内亚高地的第一个清晨，我与12个土著一同出发，他们都是男性，带着弓箭。我们经过一棵倒地的树，突然间有人发出兴奋的喊叫，大家都围着那棵树，有人拉开了弓，其他人朝着那堆枝叶丛挤上前去。我以为会有一头愤怒的野猪或袋鼠冲出来攻击人，就四处找爬得上的树想躲好。然后我听到了胜利的欢呼，从那堆枝叶丛中走出两位强壮的猎人，手里高举着猎物。原来是两只鹩鹩幼崽，还不怎么会飞呢，一只连1/3盎司[①]都不到。它们很快就被烤着吃了。那一天的其他斩获，包括几只青蛙和许多蘑菇。

大多数现代狩猎-采集者使用的武器比早期智人精良多了，可是人类学家发现他们主要的热量来源是女性采集的植物食物。男性捕杀兔子或其他绝对不会在篝火旁提到的小动物。偶尔，男性会猎得一头大型动物，而大型动物的确是他们主要的蛋白质来源。但是只有在北极地区，大型动物才是主要的食物来源——那里植物资源稀少，而直到最近几万年，北极地区才有人类生活。

因此，我猜测狩猎大型动物要等到形态与我们完全一样的人（现代人）出现后，才开始对我们的饮食需求有一些贡献。许多人相信人类独特的脑容量与社会是狩猎的演化结果，对此我持怀疑态度。直到最近，我们的祖先仍不是有效率的猎人，不过是拥有特殊技巧的黑猩猩罢了，会使用石器取得与准备食物，而主要食物来源是植物与小动物。男性只是偶尔能俘获大型动物，然后就滔滔不绝地炫耀自己的罕见功绩。

\* \* \*

在跳跃式演化前夕，旧世界至少有三种不同的人类族群在不同的地区生活着。他们是最后的原始人，后来在跳跃式演化时期被现代人取代了。这些原始人中，我们先讨论尼安德特人，因为他们的形态我们了解得最清楚，并且与现代人极其相似。

---

① 　1盎司≈28.35克。——编者注

　　尼安德特人生活在哪里？生活在什么年代？在地理上，他们的分布范围从西欧到欧洲东部的俄罗斯南部与近东，直到中亚的乌兹别克斯坦（近阿富汗边界）。（尼安德特人因发现于德国的尼安德山谷而得名。[①]）至于他们生活的时代，就要看如何定义了，因为有些比较古老的化石已经呈现出尼安德特人的特征。最早的典型的尼安德特人在大约 13 万年前就出现了，可是大多数尼安德特人的标本显示他们生存在 7.4 万年前之后。虽然他们的起源年代还有讨论的余地，但他们是突然消失的：最后的尼安德特人在 4 万年前左右死亡。

　　在尼安德特人繁盛的时期，欧洲与亚洲都笼罩在更新世最后一次冰期中。他们必然能够适应严寒的气候——但是也有个限度，英国南部、德国北部、基辅与里海之北就不见他们的踪迹。西伯利亚与北极地区，要等到现代人出现之后才有人迹。

　　尼安德特人的头骨有非常独特的形态特征，如果尼安德特人还活着，他就算穿上西装或礼服，走在纽约或伦敦街头，见到他的人（同是智人）仍然免不了大惊失色。与现代人相比，他们的头骨前后轴线较长；他们的脸部从鼻梁到下颚都向前突出，眉骨也非常突出，眼窝很深；他们的额头扁平，不似我们现代人这般高又垂直，也没有下巴。尽管尼安德特人有这么多原始的特征，

---

① 1856 年，采石工人在德国尼安德山谷中发现了一些人骨，次年由波恩大学的解剖学家向科学界公布，此后，研究古人类化石逐渐成为一门正式的学问，尼安德特人这个名称也在学界确立。其实在 1856 年之前，已经有一些尼安德特人的化石出土。——译者注

但他们的平均脑容量比现代人还大 10%。

检查过尼安德特人牙齿的牙医也会大吃一惊。成年的尼安德特人，门齿朝外的那一面磨损得非常厉害，现代人的门齿上从来没有发现过这样的磨痕。这种特殊的磨损显示尼安德特人把门齿当工具使用，但是做什么呢？一种可能是，尼安德特人以门齿当钳子来夹住物体，就像我的儿子会用嘴咬着奶瓶，以腾出双手来做些淘气事。另一种可能是，尼安德特人以门齿处理动物毛皮来制作皮革，或用门齿处理木材制造工具。

今天，尼安德特人穿上西装或礼服后会引人注目，而他们若穿上短裤或比基尼将更令人目瞪口呆。他们的肌肉比我们发达得多，特别是肩膀与颈部，大概只有我们的健美运动员有那个水平。他们的肢骨很粗，骨壁很厚，才禁得起那么发达的肌肉拉扯。以我们的标准来看，尼安德特人的四肢粗短，主要因为他们的小腿与前臂所占的比例比我们的小。甚至他们的手都比我们的有力得多，与他们握手得防着别给捏碎了骨头。虽然他们的平均身高只有约 5 英尺[①]4 英寸[②]（约合 163 厘米），可是他们的体重会比同等身高的现代人重 20 磅[③]——那可不是小腹上的脂肪，而是强有力的肌肉。

尼安德特人与现代人可能还有一个解剖学方面的差异，已有学者对这个差异提出非常有意思的解释，但是我们还不能肯定这

[①]　1 英尺≈0.3 米。——编者注
[②]　1 英寸=2.54 厘米。——编者注
[③]　1 磅≈0.45 千克。——编者注

个差异是否确实存在，更无法确信学者的解释是否正确。尼安德特人的产道比现代人的宽，也许胎儿因此可以在子宫中多发育一段时间，等到比较成熟才出生。果真如此的话，尼安德特人的妊娠期可能是 12 个月，而不是我们的 9 个月。[①]

除了尼安德特人的骨骼化石，他们遗留的石器也是我们认识他们的主要资料。如前所述，和早期的人类工具一样，尼安德特人的工具可能也是简单的手持工具，没有安装手柄之类的部件。这些工具也没有特定的功能类型。工具中没有定型的骨器，也没有弓箭。某些石器无疑是制作木器用的，只是木器很少被发现，因为大都腐朽掉了。唯一的一件是一根长达 8 英尺的尖矛，发现于德国的一个考古遗址，它插在一头大象的肋骨间，这种大象早已灭绝。尽管有这么一个成功（幸运?）的例子，但尼安德特人可能在大型动物狩猎上没有突出的斩获，因为从他们遗留的遗址数量判断，尼安德特人的人口密度比后来的现代人低，而且与尼安德特人同时代的早期现代人，在非洲也没什么出色的狩猎表现。

在大众的文化想象中，尼安德特人一直与穴居人牵扯不清。这种刻板印象之所以存在，是因为许多尼安德特人的遗址发现于洞穴中。其实这是因为露天遗址比较容易遭到破坏。因此，尼安德特人是穴居人的印象可能并不正确。我在新几内亚住过上百个营地，其中只有一个在洞穴中，那里最有可能完整地保存下我遗留的易拉罐。未来的考古学家若发现了那个洞穴，会不会也认为

---

① 这个观点已被证实是错误的。——译者注

我是个穴居人呢？尼安德特人必然会搭建遮风避雨的"建筑"来抵御严寒，但是那些建筑必然简陋得很——遗留下来的只是几堆石头和一些柱坑，与克罗马农人的复杂建筑遗迹难以比拟。

现代人还有许多重要特色是尼安德特人所没有的，例子不胜枚举。尼安德特人没有留下真正的艺术品。他们在寒冷的气候中必然有御寒的衣物，但是他们的衣服一定很简陋，因为他们没有针或其他可以证明缝纫技术的证据。他们显然没有船，因为地中海的岛屿上没有发现过他们的遗迹，甚至北非都没有——他们从西班牙只要跨过8英里宽的直布罗陀海峡就可登陆那里了。尼安德特人没有远距离的陆路贸易，他们制造石器的石材在遗址四周几英里的范围内就可找到。

今天，不同区域的不同族群有文化差异，我们认为这是理所当然的。今天每一个人类社群的建筑、家具和艺术都风格各异。如果给你看筷子、吉尼斯啤酒瓶和吹箭筒，并要求你把这三件物品分别与中国、爱尔兰和婆罗洲联系起来，你不难给出正确答案。可是尼安德特人没有什么地域性的文化差异可言，在法国与俄罗斯出土的石器看上去非常相似。

我们也认为文化日益进步是理所当然的。从古罗马的别墅、中世纪的城堡和1990年纽约的公寓中，会找到明显不同的器物。到2000年，我的儿子会以非常惊讶的眼光审视我在20世纪50年代使用的计算尺："爸爸，你真的那么老吗？"但是10万年前尼安德特人的工具，与4万年前的看上去基本没什么差别。简而言之，尼安德特人的工具在不同的时空中都没有变化，因此缺乏人类最重要的素质——创新。一位考古学家做过很中肯的评论：尼安德特人有漂亮的石器，却是愚蠢的工匠。尽管尼安德特人的脑容量很大，但仍然有"缺少一点点"的遗憾。

做过祖父母的人，在尼安德特人中一定也少得很，也就是说他们中很少有人做过"老人"。他们的骨骼显示，大多数人只活到三四十岁，没有超过45岁的。在一个没有文字的社会，如果没有人活得过45岁，试问集体的经验如何累积，智慧如何传递？

尼安德特人"不如人"的方面我已经谈得够多了，可是有三个方面我们仍然可以发现他们的"人性"。第一，几乎所有保存完好的尼安德特人洞穴遗址中都有一小片灰烬与烧焦的木材——简单的火塘。因此，虽然几十万年前北京人可能已经知道用火，但是尼安德特人才给了我们可靠的证据，显示用火已是例行公事。第二，尼安德特人也许也是最早有埋葬习俗的人类。不过学者仍在辩论，至于埋葬习俗是否意味着宗教的存在，就更引人遐思了。第三，尼安德特人会照顾老弱病残。仔细检查他们的骨骼，可以发现年纪大一点的尼安德特人大多身患严重的伤病，例如萎缩的手臂、愈合的断骨（可是并未正确接合，病人因此残废）、牙齿脱落，以及严重的骨关节炎。除非受到年轻人的照顾，不然那些残废老人不可能带病带伤存活下去。在我列举出一长串尼安德特人"不如人"的特征后，我们终于在这一种奇异的冰期生物身上找到了一些东西，令我们对他们产生了一丝物伤其类的同情。尼安德特人，形态上接近人，精神上还不是人。

尼安德特人与我们是同一物种吗？那得看我们能不能与尼安

德特人交配生育，并且生下的孩子也得有生育能力才成。即使没有生理障碍，也得看我们有没有意愿。这是科幻小说家喜欢的题材。许多科幻小说的封底宣传语这么写道："一个探险队闯入了非洲深处一个与世隔绝的幽谷中。谷中住着一个原始人部落，形貌原始得可怕，仍过着石器时代的生活。他们与我们是同一物种吗？回答这个问题的方法只有一个。可是那一群无畏的（当然是男性）探险家中，谁愿意'献身'做这个实验呢？"就在这时，那些啃骨头的洞穴女人中出现了一个"美人"，她美丽性感，散发着原始的诱惑。所以现代读者会觉得探险勇士的困境是可信的：他到底有没有和这个美人交配？

信不信由你，类似的实验事实上发生过。在大约 4 万年前的跳跃式演化时期，就发生了好几次。

\* \* \*

我说过，10 万年前旧世界至少有三个不同的人类族群，他们住在不同的地区，欧洲与西亚的尼安德特人不过是其中之一。东亚出土的一些化石，已足以显示那里的人不是尼安德特人，也不是我们现代人。但是由于发现的化石并不多，我们无法详细描述这些亚洲人。与尼安德特人同时代的人，我们知道得最清楚的，是生活在非洲的那群。在头骨形态上，他们中的一些人简直与我们现代人一个模样。那么，我们是不是 10 万年前在非洲演化到了人类文化发展的分水岭呢？

答案仍然是"不是"。意外吧？这些模样很像现代人的非洲人，制作的石器与模样不像现代人的尼安德特人非常相似，因此我们称他们为"石器时代中期非洲人"。他们仍然没有定型的骨器、弓箭、渔网、鱼钩、艺术品，各地的工具也没有表现出文化差异。这些非洲人尽管身体非常"现代化"，但仍然缺了点什么，因此没有十足的"人味"。我们再一次面临同样的悖论：几乎和现代人一样的骨骼（因此可以假定基因也是几乎和现代人一样的），不足以产生现代人的行为。

人类演化了几百万年，我们的祖先平常以什么果腹？我们掌握的直接证据并不多。可是南非发现了一些洞穴，大约 10 万年前有人类居住过。这些洞穴提供了详细信息，让我们有机会知道当时的饮食内容。类似的信息，没有更早的了。我们对那些洞穴那么有信心，是因为洞穴里到处都是石器、兽骨、人骨，兽骨上有石器的切割痕迹。可是几乎没有肉食动物（如鬣狗）的骨骼。因此，洞穴中的动物骨骼，是人而不是鬣狗之类的野兽带进去的。动物骨骼中，还发现了海豹、企鹅，同时还有帽贝等软体动物。也就是说，我们甚至还有证据显示石器时代中期非洲人懂得利用海岸的生物资源，他们是科学界知道的最早这么做的人类族群。不过，鱼或海鸟的遗骨在洞穴里发现得极少，这无疑是因为当时还没有鱼钩以及捕捉鱼或鸟的网。

洞穴中的哺乳动物骨骼，包括不少体型中等的物种，其中南非大羚羊的骨骼数量最多。令人瞩目的是，洞穴中的南非大羚羊骨骼包括各个年龄段的个体，好像是一整群南非大羚羊都被捉来吃了。起初，南非大羚羊在猎人的斩获中占那么高的比例，让学者非常惊讶，因为当地 10 万年前的环境与现在大体一样，而今天大羚羊在当地是罕见的大型动物之一。当年猎人能捕获那么多大羚羊，成功的秘诀可能是，大羚羊是驯良的动物，没有危险，而且容易成群驱赶。因此，学者推测猎人经常设法驱赶整群大羚羊，让它们冲向悬崖，结果全都跌下深谷。所以在猎人的洞穴中才会发现各个年龄段的大羚羊的遗骨，就像他们猎杀了一整群大羚羊一样。相对地，比较危险的猎物（如南非野牛、猪、大象、犀牛）的骨骼呈现的情况便截然不同。洞中的野牛骨骼，主要是幼年或老年的，至于猪、大象、犀牛的骨骼，则几乎没有。

　　所以我们可以把石器时代中期非洲人看成大型动物猎人，不过他们很少那么做。他们要么对危险的物种敬而远之，要么只针对老弱病孺下手。这些选择表明猎人非常审慎，因为他们的武器只有刺矛，没有弓箭。在我看来，除了喝士的宁调制的鸡尾酒，拿根长矛挑战成年犀牛或南非野牛最能达成找死的目的。即使驱赶大羚羊上悬崖，也不见得总能成功，因为南非大羚羊还没灭绝，继续长伴在猎人左右。我推测石器时代中期非洲人不是很高明的猎人，他们与早期的祖先和现代的石器时代族群一样，以植物与小型动物为主要食物来源。他们当然比黑猩猩高明多了，但是比起现代布须曼人或俾格米人就太逊了。

　　综上所述，10 万—5 万年前的人类世界大概是这样的：北欧、西伯利亚、澳大利亚、大洋中的岛屿以及整个新世界仍然杳无人迹；欧洲与西亚住着尼安德特人；非洲地区的人形态上越来越像我们现代人；在东亚还有一些人类，从仅有的零星骨骼来看，形态既不像尼安德特人，也不像非洲地区的人。这三个族群的工具、行为与有限的创新能力，至少最初都非常原始。这就是跳跃式演化发生的背景。这三个族群中，哪一个能脱颖而出，创造历史呢？

*　*　*

跳跃式演化的证据，在法国和西班牙最明显，年代大概是在4万年前，也就是末次冰期晚期。在先前有尼安德特人的地方，这时形态与我们完全一样的现代人出现了（他们通常被称为克罗马农人，因最早鉴定为其骨骼的化石出土于法国的克罗马农遗址）。如果他们穿上我们的服装，走在巴黎的香榭丽舍大道上，在熙攘的人群中，根本不会引人注目。克罗马农人让考古学家瞩目的，不只是形态，还有他们制造的工具。考古学家在早期的工具中，从来没有发现过那么繁多的式样、那样明确的功能。克罗马农人的工具显示现代形态与现代创新行为终于结合为一体了。

克罗马农人继续用石头制作工具，但是他们会先从大块的石头上小心剥下石片，再以石片制成理想的工具。因此，同样重量的石材可以制造出比先前锋利10倍的石刃。制式的骨器与鹿角器第一次出现。明确的复合工具（如有石枪尖的长矛与装了木柄的斧头）也首度出现。不同类型的工具有容易辨识的功能，例如针、锥、臼、锤、鱼钩、网坠与绳索。绳索可以编织渔网、鸟网，或用来设陷阱，难怪克罗马农人遗址里经常发现狐狸、鼬和兔子的骨骼。绳索、鱼钩与网坠，可以解释南非遗址中出土的鱼骨与鸟骨。

可以使猎人安全地猎杀凶猛动物的长距离武器也出现了，例如带倒刺的鱼叉、飞镖、投矛器和弓箭。南非的洞穴遗址中还出土了成年的南非野牛与猪等异常凶猛猎物的骨骼，欧洲洞穴遗址中则出土了野牛、麋鹿、驯鹿、马与大角羊的骨骼。今天的猎人即使装备了大口径来复枪，枪上还附了望远镜，要杀那些动物也不见得容易。当年的猎人必然对这些动物的行为相当熟悉，而且已经发展出集体狩猎的策略与技巧。

出现于末次冰期晚期的现代人，精于狩猎大型动物，我们有好几种不同类型的证据。他们留下的遗址比较多，这意味着他们比先前的尼安德特人或石器时代中期非洲人更能成功地取得食物。过去活过好几个冰期的大型动物，许多都在最后这个冰期结束前灭绝了，这反映了新狩猎技术的卓越程度。后文中将讨论这些被我们逼入绝境的动物，包括北美洲的猛犸象、欧洲的披毛犀与大角鹿、南非的大水牛与巨型马，以及澳大利亚的巨型袋鼠。很明显，在我们演化史上破天荒的辉煌时刻，已经包藏了可能导致我们衰亡的祸心。

凭着新发展出的技术，现代人不仅在欧亚大陆和非洲繁衍，还进入新环境开发。人类在大约 5 万年前踏上澳大利亚，换言之，那时已有船只，可以渡过 60 英里（从印度尼西亚东部到澳大利亚的距离）的海域。最迟 2 万年前，俄罗斯北部与西伯利亚已有人迹，因为现代人已有缝制衣服的技术，证据是发现了有针眼的骨针和描绘御寒外衣的洞穴壁画，坟墓中遗骸上的装饰品位置显示其原来是衣裤上的饰品。遗址中还出土了集中的狐狸与狼的骨架，它们都缺少足掌，推测是为了方便剥皮，而足掌的骨骼集中在另一处。可见现代人已懂得利用毛皮保暖。他们的房屋也比过去的复杂，有柱洞、铺过的地面、以猛犸象骨骼搭的墙。屋内有构造复杂的火塘，还有以动物脂肪为燃料的石灯，帮助他们度过北极的长夜。先是西伯利亚，然后是阿拉斯加，最后在大约 1.1 万年前，北美洲与南美洲都被人类开辟了。

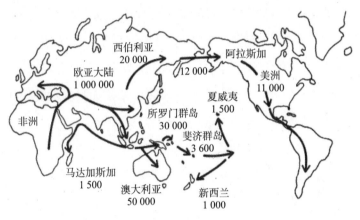

图 2-2　征服世界

这张图显示了我们的祖先由非洲散布到世界各地的过程。数字代表距今的年数。未来的考古发现可能会改变某些数字，例如西伯利亚和所罗门群岛，说不定比图中显示的时间更早就有人居住了。

尼安德特人制造工具都是就地取材，克罗马农人及与其同时代的欧洲各地人群则不一样，欧洲大陆上出现了远距离贸易，货品不只是制造工具的原料，还有没有实用价值的装饰品。制作工具的上品石材，例如黑曜石、碧玉和燧石，往往是从几百英里之外的采石场开采的。波罗的海东岸的琥珀，可以在欧洲东南部发现；地中海的贝壳，可以在欧洲内陆（如法国、西班牙与乌克兰）出现。在现代的"石器时代"新几内亚，我观察到同样的现象：那儿的贝壳是珍贵的装饰品，所以从海岸运上高地，可以交换天堂鸟的羽毛；制作石斧的黑曜石也可以当交易品，所以几个黑曜石矿场都有很高的价值。

末次冰期晚期的装饰品贸易，透露出明显的审美意识，与克罗马农人最令我们赞叹不已的成就（艺术）有密切的关联。世人最熟知的，就是拉斯科洞穴壁画，许多已灭绝的动物都在那里留下了彩色的身形，让人惊艳。同样令人印象深刻的，还有浮雕、项链与吊坠、黏土陶雕、有着巨大的乳房与臀部的维纳斯雕像，以及笛子、响板等乐器。

尼安德特人中能活过40岁的不多，但是根据骨骼鉴定，有些克罗马农人能活到60岁。许多克罗马农人有机会含饴弄孙，尼安德特人就很难活到那时候。我们已经习惯于从印刷品或电视上获得信息，很难体会文字发明前老年人对社会的重要性，哪怕一两个老人都可能掌握着社会的命脉。在新几内亚，当我对一些罕见的鸟类或水果有疑问时，年轻人往往带我去找村子里最年长的老人。例如，1976年，我造访所罗门群岛的伦内尔岛，许多岛民告诉我哪些野果好吃，但是只有一位老人能告诉我如果遇到紧急情况，还有哪些野果可以食用。在他小的时候（1905年左右），有一次飓风来袭，岛上农园全毁，岛民差点饿死，那位老人还记得当年让他们幸存下来的野果。在文字发明以前，他这样的一个人就能影响整个社会的存亡。因此，克罗马农人比尼安德特人长寿 20 年的事实，可能就是克罗马农人成功的重要因素。活到较高的年纪，不仅需要生存技巧，还涉及体质的变化，也许包括人类女性更年期的演化。

前面描述的跳跃式演化，读来好像工具与艺术的所有进展全都在 4 万年前一起发生。其实不然，不同的创新在不同的时期出现。投矛器先发明，然后才有鱼叉或弓箭，而珠子与吊坠也在洞穴壁画之前出现。也许读者会误以为我描述的变化在世界各地都一样，但事实并非如此。在末次冰期晚期，只有非洲的人以鸵鸟蛋壳做珠子，乌克兰的人以猛犸象的骨骼搭建房屋，而法国的人在洞穴墙壁上画披毛犀。

这种文化的时空差异，与尼安德特人文化的静滞单调大异其趣。这些文化差异构成了人类在跳跃式演化之后最重要的创新，从此以后，人类最重要的特质就是创新能力。对我们现代人而言，创新完全是自然的。我们不能想象 1991 年的尼日利亚人与拉脱维亚人使用同样的物品，他们与公元前 50 年的罗马人也不可能打扮得一样。对尼安德特人来说，创新才是难以想象的。

尽管克罗马农人的艺术让我们一见倾心、悠然神往，但他们的石器与狩猎–采集的生活形态让我们难以消受。我们觉得他们仍是原始人，心中浮现的形象是动画片中挥舞着木棒、嘴里咕噜着拖女人进入洞穴的男人。不过，为了对克罗马农人公平一点，我们得想象：如果未来的考古学家到新几内亚发掘一个 20 世纪 50 年代的村落遗址，会得出什么结论？他会发现一些形制简单的石斧。所有其他的物品都是木质的，都会腐朽。楼房、美丽的编织篮子、鼓与笛子、有舷外浮木的独木舟，以及世界级的漆雕品，全都会消失无踪，更别说村落里复杂的语言、歌曲、社会关系，以及对自然界的知识了。

新几内亚的物质文化直到最近仍然很"原始"（石器时代），有历史的原因，可是新几内亚土著与我们一样是现代人，不折不扣。现在的新几内亚人，有的开飞机，有的操作计算机，还创建了一个现代国家，尽管他们的父辈是在石器时代成长的。如果我们乘坐时光机器回到 4 万年前的世界，我想我们会发现克罗马农人也是同样的现代人——学会开喷气式飞机不成问题。他们制作石器与骨器，只因为其他的工具还没有发明。世上只有那种勾当可学，你还能要求他们怎么样？

\* \* \*

过去有许多学者主张欧洲的克罗马农人是从尼安德特人演化来的。现在看来，他们几乎必然错了。最后的尼安德特人（生存于大约 4 万年前）仍然是十足的尼安德特人，而那时欧洲最早的克罗马农人已经出现了，他们的形态与我们完全一样。由于现代人在非洲与近东早了好几万年出现，因此欧洲的现代人比较可能是"外来的"，而不是当地演化出来的。

入侵的克罗马农人遇见原住民尼安德特人之后，发生了什么事？我们能确定的只有最终结果：在很短的时间之内，尼安德特人就消失了。克罗马农人使尼安德特人走上了灭绝之路——这似乎是难以避免的结论。但是许多考古学家对这个结论难以消受，宁愿相信环境变迁是尼安德特人灭绝的主因。例如《不列颠百科全书》第十五版在"尼安德特人"这一条的结尾写道："尼安德特人最后消失的年代仍无法确定。他们之所以消失，可能是因为他们是适应间冰期的生物，难以承受末次冰期的蹂躏。"事实上，尼安德特人是在末次冰期中兴起的族群，他们在冰期中生活过 3 万多年，而且他们消失了 3 万年之后，冰期才结束。

依我看来，跳跃式演化时期欧洲发生的事，在现代世界中反复发生过：人口众多、技术高超的族群侵入人口少、技术落伍的族群的领地，就会发生同样的事。举例来说，欧洲殖民者侵入北美洲之后，北美印第安人因为欧洲人带来的传染病大量死亡。大多数幸存者不是被杀就是被驱逐出家园，有些幸存者采用欧洲人的技术（马与枪）抵抗了一阵子，许多幸存者被驱逐到欧洲人不屑一顾的地区，还有一些则与欧洲人"融合"了。澳大利亚土著遭到欧洲殖民者的驱逐，南非土著桑人（其中有一些过去叫布须曼人）被北方来的铁器时代班图人驱逐，都遵循同样的模式。

以上面的例子类推，我猜想克罗马农人带来的疾病，以及直接的谋杀、驱逐，使尼安德特人踏上了灭绝之路。果真如此的话，尼安德特人与克罗马农人的消长，预示了后来的发展———旦胜利者的后代为当年的"真相"争论不休，会发生什么呢？因为尼安德特人体格比克罗马农人结实得多，一开始读者可能会难以想象克罗马农人居然是赢家。不过，武器扮演了决定性的角色。同样地，今天在中非，是人类威胁大猩猩的生存，而不是大猩猩威胁人类。肌肉发达的人，需要更多的食物，和苗条、聪明的人使用工具做同样的事，仗着肌肉的人是占不了便宜的。

就像大平原印第安人一样，有些尼安德特人可能也学会了克罗马农人的一些本领，能够抵抗一阵子。这是我对令人困惑的夏特尔贝龙文化唯一觉得合理的诠释。夏特尔贝龙文化的主人是尼安德特人，这种文化与典型的克罗马农人文化（所谓的奥瑞纳文化）在西欧共存过一段时间。夏特尔贝龙石器，混合了先前的尼安德特类型与奥瑞纳类型，但是夏特尔贝龙遗址中没有出土过典型的克罗马农骨器与艺术品。起初考古学家为夏特尔贝龙文化的主人争论不已，后来在法国圣塞萨尔发掘出典型的尼安德特人遗骨，上面带有夏特尔贝龙文化的器物，真相终于大白。也许有些尼安德特人学会了制造克罗马农人的工具，因而比同胞多撑了一段时间。

至于科幻小说中尼安德特人与克罗马农人杂交的情节是否真的发生过，他们能否生出有生育能力的子女，仍不清楚。现在还没有发现明确的"混血"化石。如果尼安德特人的行为相对而言比较原始，而且体质与我猜想的一般十分独特，我相信没有几个克罗马农人会对他们有"性趣"。同样地，人与黑猩猩今天仍然共同生活在世界上，我却从未听说过两者交配之事。虽然尼安德特人与克罗马农人之间没有那么大的差异，但我仍然觉得他们之间的差异已足以让他们不会迸发火花。就算"饥时易为食"，尼安德特女性较长的妊娠期也有可能使"混血儿"难以顺利发育。对这个问题，我的态度是，认真看待"负面证据"——只要还没有发现，就是事实上不存在。换言之，杂交的情事要么根本没发生过，要么很少发生。我不相信现在欧洲人的体内有任何尼安德特人的基因。

以上是西欧发生的跳跃式演化。在东欧，克罗马农人取代尼安德特人的过程发生得稍早一点，近东就更早了。在近东，9万—6万年前，尼安德特人与现代人在同一地区发生过此消彼长的情况。现代人在近东地区的进展那么缓慢，与他们在西欧的表现恰成对比。这表示近东的现代人在6万年前还没有发展出足以将尼安德特人驱逐出去的现代行为模式。

现在我们可以对10万年前在非洲出现的现代人做个回顾了。起初，他们制作的石器与尼安德特人的一样，所以不能占尼安德特人什么便宜。到了大约6万年前，他们在行为上发生了某个神奇的变化。这个变化（一会儿还会谈到）使现代人拥有创新的天赋，发展成十足的"人"。于是现代人开始大胆西进，侵入欧洲，迅速取代了欧洲的尼安德特人。我相信他们也东进侵入亚洲与印度尼西亚，取代了那里的原住民。不过我们对那里的原住民所知有限。有些人类学家认为早期的亚洲人和印度尼西亚人，与现代的亚洲人和澳大利亚土著有相似的头骨形态特征。果真如此的话，入侵的现代人可能没有消灭原住民，而是与原住民融合了。

200万年前，好几个原始人支系同时生存在地球上，最后只有一个存活了下来。现在看起来，最近6万年之内，同样的情节又上演了一次。今天世上的人都是当年赢家的后裔。我们的祖先究竟靠什么赢的？

＊＊＊

　　帮助人类祖先完成跳跃式演化的，究竟是什么？这是个考古学上的谜，学者对谜底没有共识。在骨骼化石上，我们没找到线索。那也许只涉及 0.1% 的 DNA 变化。哪些微小的基因变化可以造成那么巨大的后果？

　　我与一些臆测过这个问题的科学家一样，相信唯一的可能答案就是复杂语言的解剖学基础。黑猩猩、大猩猩甚至猴子都能以符号沟通——当然，不是以说话的形式。黑猩猩与大猩猩能学会用手语沟通，黑猩猩也能学会通过由大型计算机控制的控制台上的按键沟通。受过训练的猿类，有的能学会使用上百个符号。虽然科学家辩论过那样的"沟通"与人类的语言有何相似之处，但没有人怀疑那也是一种"象征沟通"的形式。也就是说，一个特定的手势或按键象征着一个特定的其他事物。

　　灵长类动物不只能使用手势和按键当作符号，还能使用声音。举例来说，野生绿猴发展出一种自然的"象征通信"形式，利用嘴里发出的咕噜声表示三种不同的动物：豹子、老鹰与蛇。一头一个月大的黑猩猩，叫作维基，被一位心理学家收养了，当成他们夫妇的女儿抚养，结果学会"说"出四个词：爸爸（papa）、妈妈（mama）、杯子（cup）、上面（up）。（她发出的音只是近似人声而已，因为黑猩猩的发声器官与人类的不同。）既然猿类都有能力以声音传递信息，为什么没有继续朝这个方向演化，发展出它们自己的复杂语言呢？

答案似乎涉及控制发音的解剖构造，包括喉咙、舌头，以及相关肌肉的结构。就像一块瑞士手表，它能够准确计时，是因为所有零件都是精心设计的，我们的声道依赖许多构造与肌肉的精密配合。科学家认为黑猩猩不能发出寻常的人类元音，是受解剖构造的限制。如果我们也只能发出几个元音与辅音，说话的词汇就会大量减少。

所以，我才认为促成跳跃式演化的“东风”，是人类的“原始型”声道变成了“现代型”声道。从此人类能够更为精密地控制声道，创造更多的语音。声道的肌肉经过这样细微的调整，未必会在头骨化石上留下迹象。

我们很容易想象解剖学上的一个小变化带来语言能力的提高，从而在行为上产生巨大的变化。“前面第四棵树，向右转，把公羚羊赶向红色的巨石，我会在那儿埋伏，等着用矛刺它。”有了语言后，传达这样的信息只不过费时几秒钟而已。如果没有语言，这样的信息根本无法传达。没有语言，我们的祖先就无法集思广益，找到改进石器的办法，或者讨论一幅洞穴壁画的意义。没有语言，一个原始人自己也很难想出改良工具的办法。

舌头与喉咙的解剖构造会发生变化，涉及基因的突变，但是我并不认为一旦这些突变发生了，跳跃式演化就发动了。即使有了合适的声道，人类也必然要花几千年完善各种语言结构，发展词序、词尾变格及时态等语法概念，还要累积词汇。我会在第8章讨论语言演化的一些可能阶段。但是，如果跳跃式演化前夕人类已经演化到了“只欠东风”的关口，我猜想这东风就是改变我们祖先的声道，为语言的演化铺路，然后创新的本领才能接踵而至。把我们从传统中解放出来的，是语言。

依我来看，这也解释了尼安德特人和克罗马农人为什么没有杂交。在男女关系和亲子关系中，语言的作用至关重要。这并不是说聋哑人士在我们的社会中无法立足，但聋哑人士也通过学习发声或手语来进行沟通。如果尼安德特人的语言较为粗糙或者根本不使用语言沟通，那么克罗马农人不选择与其交配也是情有可原的。

＊　＊　＊

我已经论证过，4万年前，无论在体质、行为还是语言方面，我们都已是现代人；克罗马农人只要有机会学，也能开喷气式飞机。果真如此的话，跳跃式演化之后为什么还要那么久我们才能发明文字系统、建帕特农神庙？这个问题的答案可能与下面这个问题的答案有异曲同工之妙：我们都知道古罗马人是伟大的工程师，那么为什么他们不能造原子弹呢？凭古罗马人掌握的技术，根本造不了原子弹，人类还必须累积2 000年的技术成就，例如发明火药与微积分、发展原子理论、从矿物中分离出纯铀等。同样地，文字系统与帕特农神庙也依赖自克罗马农人出现后就开始累积的各种成就，包括弓箭、陶器、驯化动植物等，不一而足。

直到跳跃式演化前夕，人类文化以蜗牛的速度发展了几百万年。这个速度受制于遗传变化的缓慢步伐。跳跃式演化之后，文化发展不再依赖遗传变化。在过去的4万年中，我们的体质变化微不足道，可是文化的演化幅度比过去几百万年大太多了。如果在尼安德特人时代，外星人来访地球，人类不会在芸芸众生中显得锋芒毕露、卓尔不群。外星访客最多将人类当作行为奇特的物种，与海狸、园丁鸟及行军蚁殊途同归。他能预见我们很快就会发生变化吗？因为那个变化，我们成为地球生命史上第一个有能力毁灭所有生物的物种。

第二部分

# 奇异的生命周期

我们刚刚追溯了我们的演化史，直到体质和行为都与我们无异的现代人出现为止。但是这个背景不足以让我们继续讨论语言与艺术等人类的文化特征的发展。因为我们只讨论了骨骼与工具方面的证据。是的，大脑与直立姿势的演化是语言与艺术的先决条件，但不是充分条件。骨骼形态像人，并不能保证就有人性。我们要攀上人性的高峰，还得在生命周期上做彻底的改变。第二部分的主题，就是生命周期。

　　任何一个物种都有"生命周期"。生物学家以生命周期指涉物种特定的生物特征，例如每胎生产的子女数目、亲代抚育行为（如果有的话）、成年个体间的社会关系、两性关系、两性互动的模式、性行为的频率、停经（如果有的话）以及寿命。

　　我们认为人类的这些特征都是理所当然的，从未怀疑它们需要解释。但我们的生命周期，如果以动物的标准来衡量，是离谱的、奇异的。我刚才提到的那些特征在物种之间差异很大，可是在大多数方面，我们是极端的例子。就举几个明显的例子：大多数动物一胎生一个以上的子女；大多数雄性动物不照顾子女；其他的动物，很少有活到70岁的，这个数字即使打个折扣，也只有几种动物有机会活那么长。

在我们诸多离谱的特征中，有些猿类也有，这表明我们不过保留了猿人祖先的特征。例如，猿类通常一胎也只生一个，而且可以活到几十岁。其他我们最熟悉（但遗传上较不亲近）的动物都不是这样，例如猫、狗、鸣鸟和金鱼。

在其他方面，我们甚至与猿类都大不相同。下面是几个功能我们都很清楚的例子。人类婴儿即使在断奶之后，所有的食物仍由父母供应，而猿类断奶后就自行觅食。大多数人类父亲密切参与子女的抚育，母亲就更不用说了，而黑猩猩中只有母亲这么做。我们生活在密集的繁殖社群中，名义上社群内遵守一夫一妻制，可是有些人也会寻求婚外性行为，这与海鸥比较相似，与猿类或大多数其他哺乳类动物不同。这些特征与较大的脑容量一样重要，都与子女的生存和教育有关。因为我们取得食物的方法既复杂又依赖工具，刚断奶的婴儿根本无法喂饱自己。我们的婴儿在出生后需要得到长期的喂养、训练与保护——比猿类母亲需要付出的多太多了。因此，人类父亲只要期望子女存活、长大，通常就会协助配偶养育子女，而不只是贡献一颗精子——雄性红毛猩猩对孩子唯一的贡献就是一颗精子。

我们的生命周期与野生猿类在更为细致的方面还有差异，但是它们的功能仍是可以辨别的。我们许多人比大多数野生猿类活得久：甚至狩猎-采集部落都有一些老人，他们是经验的宝库，对社会的存续非常重要。男人的睾丸比大猩猩的大很多，比黑猩猩的小，后文会对此做出解释。我们认为女性更年期是不可避免的，我将说明为什么它对人类有意义，而在动物界几乎史无前例。最接近的哺乳类动物例子，包括澳大利亚的一些类似老鼠的小型有袋类动物，但它们不是雌性而是雄性停经。我们的寿命、睾丸尺寸与更年期也同样是我们臻于人性的先决条件。

相比睾丸大小，我们的生命周期还有些特征与猿的差异更大，但是关于它们的功能，学者仍在激烈辩论。我们主要在私密的空间中性交，而且性交的目的是作乐，不像其他动物，公开性交，而且目的明确，只在雌性可能受孕的期间性交。母猿会广而告之它们的排卵期，而女人甚至可能都不知道什么时候是自己的排卵期。解剖学家了解男人的睾丸尺寸适中的价值，但是对于为什么男人的阴茎相对来说十分雄伟就没有定论了。无论正确的解释是什么，所有这些特征也是塑造人性的成分。有些雌性灵长类动物的外阴部在排卵期会变得亮丽红艳，也只在那期间接受性交，她们利用生理机制做"广告"，吸引雄性，然后与任何路过的雄性公然性交。当然，如果女人在这一点上与它们一样的话，我们就很难想象父亲与母亲如何和谐地分担养育子女的工作了。

因此，人类社会的生存与生殖，不仅依赖第一部分讨论过的那些骨骼变化，而且依赖我们生命周期的这些显著的新特征。讨论人类的骨骼变化，我们可以追溯其演化史，弄清楚演变的时间，以及演变的方向与幅度，但是生命周期特征的变化不会留下直接的化石证据，因此，古生物学书籍里最多简单提一下，根本没有深入讨论这些变化的深刻意义。考古学家最近发现了尼安德特人的舌骨，而舌头在我们说话的过程中扮演着重要的角色。可是到目前为止，我们还没发现过尼安德特人的阴茎。我们在化石记录上可以清楚地观察到：我们脑容量的增长，是偏离猿类祖先性状的演化发展。对偏爱在私密的空间中性交这一变化，我们就不容易这么肯定了。相反，我们只好依赖比较法，即我们的生命周期不仅与现生猿类相比是特殊的，而且与其他灵长类相比也是特殊的，从而得出以下结论：我们人类偏离猿类祖先性状最多。

19世纪中叶，达尔文提出进化论，主张动物的形态构造是进化的产物，而进化的机制是自然选择。20世纪的生物化学家发现：动物的化学组成也会演化，机制仍然是自然选择。但是动物的行为也受自然选择的调控，包括生殖生物学，尤其是性习俗。生命周期特征有某种遗传基础，同一物种成员之间会表现出数量上的差异。举例来说，有些女性有生产双胞胎的体质，而我们都知道某些家族史反映了长寿基因的作用。生命周期特征影响我们的生殖成功率，因为吸引异性、怀孕、抚育子女与成年后的生存概率都受生命周期特征的影响。正如自然选择驱使动物的形态构造适应它们的生态生境，自然选择也能塑造动物的生命周期。留下最多子女的个体，对基因库的贡献不仅仅是涉及骨骼、化学组成的基因，还有涉及生命周期的基因。

这个推理必须解决的一个困难是：我们的有些特征，例如更年期与衰老，会降低（而不是提高）我们的生殖产能，因此它们应该早就被自然选择淘汰了。"失之东隅，收之桑榆"的逻辑可以帮助我们理解这一类"矛盾"。在动物的世界，天下没有免费的午餐，任何事都涉及得与失。空间、时间与精力的利用方式，都是机会成本。对于任何机会成本，都可以追问：做别的事是否更有利？也许你会认为，未经历过更年期的女性比经历过更年期的女性子嗣多。但是我们会发现：如果考虑到不经历更年期的隐性成本，就容易理解演化为什么没有将它内建在我们的生殖策略之内。例如，我们为什么会衰老与死亡，（以狭隘的演化意义而言）我们对配偶忠诚有利还是追求婚外情有利，同样的逻辑也能帮助我们面对这些痛苦的问题。

我以下的讨论，都假定人类独特的生命周期特征有某种遗传基础。我在第 1 章中对基因的一般功能所做的说明，大体而言仍旧适用。身高以及大部分可观察到的生物特征，并不只是由一个基因控制的。更年期、睾丸尺寸与一夫一妻制也不会只由一个基因控制。事实上，我们对人类生命周期特征的遗传基础所知有限。不过以老鼠与绵羊做实验，的确发现睾丸的尺寸受遗传控制。人类养育子女与寻求婚外性行为的动机，也的确受文化的强烈影响，人类在这些特征方面的差异，不能完全用基因来解释。可是，人类与其他两种黑猩猩的生命周期特征有着系统而一致的差异，其中人类与黑猩猩的遗传差异应该扮演了重要的角色。没有一个人类社会，男人的睾丸与黑猩猩的一样大，或女性不停经，这与文化传统无关。在我们与黑猩猩 1.6% 的遗传差异中，就其中有实际功能的部分而言，可能有一小部分涉及我们的独特生命周期特征。

在讨论人类独特的生命周期时，我们先从人类社会组织以及性象（与生殖直接有关的解剖、生理与行为）的特征开始。如前所述，使我们在动物界显得突兀的性状包括：社会的基本单位由两性配对组成，名义上是一夫一妻制；外生殖器的构造；两性经常、持续的性交，而且在私密的空间中进行。我们的性生活不仅反映在外生殖器的构造上，还反映在两性身体的相对尺寸上——比起大猩猩与红毛猩猩，人类两性的身体在尺寸上平等多了。这些熟悉的人类特征，有些我们已经知道它们的功能，其他的仍然难以理解。

讨论人类的生命周期，光撂下一句"人类实行的一夫一妻制只是名义上的"并不够。我们必须承认：对婚外性行为的追求与否受到个人成长环境和社会规范的重要影响。可是人类社会之间尽管有巨大的文化差异，但是婚姻制度与婚外性行为在所有社会中并存，这是个无可推诿的事实。长臂猿也是两性长相厮守、合作养育子女的物种，可学者没发现它们有过婚外性行为。至于黑猩猩，婚外性行为是个没有意义的概念，因为它们的认知中没有婚姻这一概念。因此，讨论人类独特的生命周期，必须解释人类社会中婚姻与婚外性行为并存的事实，才算周延。我会指出，事实上，我们的这种特征在动物界已有先例，那些先例能帮助我们了解自己的特征的演化意义——对婚外性行为的态度，男女有别，正如公鹅与母鹅。

然后我们将讨论另一个独特的人类生命周期特征：我们如何

选择性伴侣（无论是结婚对象，还是露水情缘的对象）？这个问题在狒狒队群中很少出现，其实也没什么选择可言：每个雄性都想与任何一个发情的雌性交配。黑猩猩有选择性地进行交配，不过在这方面，它们仍然与狒狒比较接近，而不像人。在人类的生命周期中，择偶是个有重大影响的决定，因为在婚姻中，两性得分担亲职，而不只是性交而已。正因为人类养育子女涉及沉重而长期的亲职投资，所以我们得慎选投资伙伴，狒狒就没有这样的顾虑。即便如此，我们还是能在动物界发现可以比拟人类择偶过程的"先例"，只不过我们必须跳出灵长类，到啮齿类（老鼠）与鸟类中找。

我们的择偶标准也涉及人类的人种变异——我们难以回避的棘手问题。地球上不同地区的人类在外貌上有明显的差异，不同地区的大猩猩、红毛猩猩以及其他物种也有这种情况，只要一个物种的地理分布足够广阔，就会发生地理变异。人类外貌上的地理变异，有一些是自然选择的结果，与适应生活环境（如气候）有关，正如生活在寒带的鼬，在冬天皮毛会变成白色，方便在雪地隐藏身形。但是我认为，人类外貌上的地理变异，主要是性选择塑造的，也就是我们的择偶过程造成的。

最后，我要问的问题是：为什么我们会死？以这个问题结束对人类生命周期的讨论再适合不过了。衰老是我们生命周期的另一个特征；满镜新霜奈老何！我们有谁追究过其中的"道理"？况且生老病死，众生平等。不过，不同物种的寿命和老化的速率并不一样。在动物界，人类是相对长寿的物种，在克罗马农人取代尼安德特人之后寿命更长了。长寿是另一个塑造人性的因素，因为长寿，每个世代才能有效地将经验、技术与知识传递下去。但是人类也会衰老。为什么衰老不可避免？我们的身体不是拥有广泛的自我修复能力吗？

　　为了解答这个问题，我们会发现以"失之东隅，收之桑榆"的演化逻辑来思考非常有用，本书其他的例子都不见得让我们把这一点看得更清楚。以个人的生殖成就来衡量的话，为了活得更长而不断修复身体，就投资或报酬率而言，其实并不划算。我们会发现同样的逻辑也适用于更年期之谜：自然选择为女性身体编写了停经程序，看来似乎降低了女性的生殖成就，但是女性的生殖机能提早关闭了，反而能使女性顺利抚养更多的子女成人。

# 第 3 章

# 人类性象的演化

每个星期都有讨论性事的书出版。我们对这类书的兴趣盎然，只有上床实践的冲动可以超越。因此，你也许会认为，人类性象的基本事实，一般人必然朗朗上口，而科学家了解得十分透彻。请回答下列 5 个问题，看看你对性有多少认识。

在各种猿类与人类中，哪个物种的雄性阴茎最大？为什么？

为什么男人比女人身材高大？

为什么男人的睾丸比黑猩猩的小多了？

为什么人类在私密的空间中性交，而其他的社会动物却公然为之？

为什么几乎所有其他哺乳动物的雌性都有明显的排卵期，而且只在排卵期接受性交，女人却不是这样？

对于第一个问题，如果你不假思索就回答"大猩猩"的话，就错了。正确的答案是人类。至于其他 4 个问题，你要是有什么有趣的点子，赶快发表，反正科学家还在争论，并没有达成共识。

这 5 个问题足以显示我们的性象多么难以解释，连最明显的事实（不管是解剖学还是生理学）我们都没搞明白。当然，我们对性的态度也造成了认知的障碍：科学家直到最近才开始认真研究性，而且他们仍然觉得性难以客观地研究。科学家也无法以实验方法研究人的性行为，研究胆固醇摄入量或刷牙习惯就没问题。最后，性器官并不是孤立的存在：性器官适应主人的社会习惯以及生命周期，而社会习惯以及生命周期又与采食习惯有关。以人类为例，人类性器官的演化与人类使用工具、脑容量增大、养育子女的行为都有密切关联。因此，我们从一种普通的大型哺乳类动物演化成独特的人类，不只是因为骨盆与头骨重新调整过了，性象的演变也扮演了重要角色。

\* \* \*

从一种动物的进食方式，生物学家往往可以推测它们的交配系统以及生殖器的构造。具体来说，如果我们想了解人类的性象，就必须从我们的饮食与人类社会的演化入手。我们的猿类祖先是素食动物，人类分化出来后，在几百万年内演化成荤素不忌的社会动物。不过我们的牙齿和爪子仍然是猿式的，而不是虎式的。我们的猎食本领得益于增大的脑容量：我们的祖先利用工具，以及成群合作打猎，尽管他们并没有什么适于打猎的形态特征，而且经常相互分享食物。我们采集食物（根茎类或果实）也依赖工具，换言之，也需要大的脑容量。

结果，人类的孩子得花好些年学习与练习，才能成为高效的狩猎-采集者，他们今天仍然要花许多年学习当农民或计算机程序员。我们的孩子在断奶之后仍然幼稚而无助，许多年都无法自行觅食，他们完全依赖我们这些父母的照料、喂食。我们觉得这些习惯是天性，所以没有注意过幼猿一断奶就得自行觅食。

人类婴儿无法自行觅食的理由，其实有两个：一方面是机械因素，另一方面是心理因素。首先，觅食所需的工具，无论制作还是使用，都需要手指能够灵巧地合作，婴儿的手还得发育多年才能胜任。我4岁大的孩子还不会系鞋带，狩猎-采集社会中的4岁孩子也不能磨石斧或造独木舟。其次，人类觅食比较依赖脑力，而不像其他动物以体力取胜，因为我们的食物种类比较繁杂，取得食物的技术也比较复杂。举例来说，与我一起工作过的新几内亚土著通常认得居所附近大约1 000种不同的动植物，且能叫出它们的名字。他们都知道每一种生物的分布与生命史，以及怎样识别它们，它们可不可以食用或有没有其他用途，怎样捕捉这些动物或采集这些植物。所有这些信息得花好多年才能掌握。

断奶之后的人类婴儿无法自求生存，因为他们没有这些机械与心理技能。他们需要成年人的教导，受教育的一二十年间也需要成年人喂养。我们的这些问题，就像许多其他的人类特征一样，在动物界也有先例。例如狮子与许多其他肉食动物，父母都得训练幼儿狩猎的技巧。黑猩猩的食物也很复杂，有种种不同的觅食技术，它们会协助幼儿取得食物，而且能使用工具做一些事（但倭黑猩猩不会）。在这些方面，人类显得突出，但是与其他动物并没有质的不同，只有程度的差异：对我们而言，必须学会的技巧，也就是父母的负担，比狮子、黑猩猩多得多。

由于人类父母的负担极重，父亲的亲职付出与母亲的同样关乎婴儿的存亡。红毛猩猩父亲对子女的付出，不过是当初的一颗精子；大猩猩、黑猩猩与长臂猿父亲的付出，还包括保护子女；但是狩猎-采集社会的人类父亲，还得提供一些食物，负起主要的教育责任。人类的觅食习惯需要一个社会系统的支持，也就是说，男人射精之后，还得和那个女人保持关系，等到孩子落地，负起协助养育的责任。不然的话，孩子存活的概率不大，父亲的基因就难以遗传下去。红毛猩猩的系统——父亲只负责射精，可这在人类社会就行不通。

但黑猩猩的系统——几个成年雄性都可能与同一个发情的雌性交配，这在人类社会也行不通。这个系统的结果是，没有一个父亲清楚队群里的婴儿里谁是他的骨肉。不过黑猩猩父亲也没有什么损失，因为他们对队群里的婴孩并没有什么付出。对人类父亲而言，由于他得费力劳心照顾"自己的"骨肉，他最好搞清楚孩子的确是他亲生的，例如不允许孩子的母亲出轨其他男人。不然的话，他费心抚养的可能是别人的亲生孩子而不是自己的。

如果人类像长臂猿一样，每一对配偶都生活在自己的地盘上，彼此分散，不相往来，每一个雌性除了自己的配偶不大可能遇上其他的雄性，那么男性就不必担心被"戴绿帽"了。那么，为什么几乎所有人类族群都由一群成年人组成，即使男人因此陷入浓密的"绿帽"疑云中也在所不惜？这当然有令人不得不服的理由：人类的狩猎-采集活动需要群体合作，或者男人与男人合作，或者女人与女人合作，或者男女搭配；人类大部分的野生食物在自然界中分布得很散，不过会在一些地点集中，足以供养许多人；结群生活易于抵御猛兽与外敌，尤其是其他的人类。

简而言之，我们的社会系统，是为了我们与猿不同的饮食习惯而发展出来的。我们看来似乎非常正常的饮食习惯，以猿的观点来看就奇特得很，在哺乳动物中更是独一无二的。成年的红毛猩猩是独行客；成年的长臂猿在雌雄配对后孤独地生活在自己的地盘上；成年大猩猩采取"一夫多妻制"，其中有好几头成年雌性，并由一头成年雄性支配它们；黑猩猩社群可以描述成杂交群，其中以一群雄性为核心，雌性分散在四处；倭黑猩猩的社群是更混乱的杂交群。但是我们的社会与狮子、狼的相似（饮食习惯也一样）：许多成年男性与成年女性一起生活。至于社会的组织方式，我们与狮子、狼的就不同了，人类社会中两性配对并组成家庭，可是在狮群与狼群中，每个成年雄性都能与任何成年雌性交配，谁都不知道新生幼崽的"父亲"是谁。人类奇特的社会，硬要在动物界找可以模拟的例子的话，只能到群居的海鸟中去找，例如海鸥与企鹅也以成对的雌雄配偶为基本单位。

在大部分现代国家中，一夫一妻制是法定的，大概也是常态。可是，在大多数残存的狩猎-采集社会中，"轻微的"一夫多妻制似乎是常态——我们讨论人类社会在过去100万年中的演进，这类社会才是比较好的模型。(在这里我略去了婚外性行为,下一章我会仔细讨论这个有趣的题材。)我所谓"轻微的"一夫多妻制,指的是在狩猎-采集社会中,大多数男人只能供养一个家,可是有少数强者能娶好几个老婆。象鼻海豹实行的"一夫多妻制",是一个强者独占数十个雌性,这对狩猎-采集社会中的男人来说是不可想象的,因为男人得协助抚养子女,而雄性象鼻海豹不必。历史上有些统治者以妻妾成群著名,那是农业兴起、集权的统治机器发明之后才可能出现的现象——统治者征税,等于让万民供养他的子女。

* * *

现在我们要讨论这种社会组织如何塑造了男人与女人的身体。首先,就拿男人的身材比女人的高大一些来说吧。平均而言,男人比女人高8%,重20%。一位来自外太空的动物学家看一眼5英尺10英寸(约合178厘米)的我和5英尺8英寸(约合173厘米)的我太太,就会猜测我们这个物种实行的是"轻微的"一夫多妻制。也许你会问:从两性的相对身材推测交配模式可行吗?

其实,在实行一夫多妻制的物种中,"后宫"的大小与两性身材的差异成正比。也就是说,"后宫"较大的物种,通常是雄性身材比雌性高大很多的物种。例如,长臂猿,雌雄性身材没有差别,实行一夫一妻制;雄性大猩猩,通常有3~6个雌性配偶,它们的体重大约是雌性大猩猩的两倍;而南半球的雄性象鼻海豹,平均每个有 48 个雌性配偶，它的体重可达 3 吨，而雌性的体重只不过 700 磅。怎么解释呢？是这样的，在实行一夫一妻制的物种中，每个雄性都能赢得一个雌性；在实行一夫多妻制的物种中，大多数雄性都输掉了赢得配偶的机会，只有少数雄性占据了支配地位，将所有雌性纳入"后宫"。因此，"后宫"越大，雄性之间的竞争就越激烈，这时身材就成为制胜关键了，因为身材高大的雄性通常都会获胜。人类男人的身材只比女人高大一点，实行"轻微的"一夫多妻制，完全符合这个模式。（不过，在人类演化过程中，男人的智力与人格成为比身材更重要的生殖因素：男性篮球运动员与相扑手，比起赛马骑手或赛艇选手，不见得老婆比较多。）

因为在实行一夫多妻制的物种中，竞争配偶的压力比较大，所以在实行一夫多妻制的物种中，两性之间除身材以外往往还有别的差异。这些差异表现在吸引异性的第二性征上。例如实行一夫一妻制的长臂猿，从远处看，两性之间没有什么分别，可是雄性大猩猩即使远远望过去，也一眼分明，因为它们的头顶有一道向上突出的骨脊，而且背上的毛是银色的。在这方面，男人和女人形态，也反映了我们实行的是"轻微的"一夫多妻制。男人与女人的外貌差异，并不像大猩猩或红毛猩猩那么明显，可是来自外太空的动物学家也许仍然能分辨男女，例如男人的体毛和面部的胡须、男人的阴茎（在动物界这种尺寸并不寻常），以及女人的乳房（在第一次怀孕前就有较大尺寸，这在灵长类动物中是独一无二的）。

* * *

我们现在要讨论性器官了。男人睾丸的平均重量大约为 1.5 盎司。如果大男子主义者发现体重 450 磅的雄性大猩猩的睾丸比男人的还稍微小一点，可能会更加自负。可别得意得太早，看看体重只有 100 磅的雄性黑猩猩，睾丸却有 4 盎司重。为什么会有这样的差异呢？

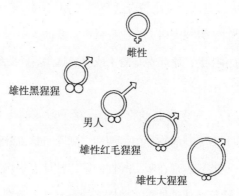

图 3–1　雌性眼中的雄性

人类和类人猿在雄性和雌性的相对身材大小、阴茎长度和睾丸大小方面有所不同。主圆圈代表每个物种的雄性相对于同一物种的雌性的身材大小。雌性的身材大小在右上方，随意表示所有物种都一样。因此，雄性黑星和雌性黑猩猩的体重差不多；男人比女人略高大；雄性红毛猩猩和大猩猩比雌性大得多。雄性符号上的箭头与勃起的阴茎长度成正比，而双圈代表睾丸相对于身体的重量。男性的阴茎最长，黑猩猩的睾丸最大，而红毛猩猩和大猩猩的阴茎最短，睾丸最小。

睾丸尺寸理论是现代体质人类学的重要成就。英国科学家测量过 33 种灵长类动物的睾丸之后，发现了两个趋势：性交次数频繁的物种，睾丸比较大；杂交的物种，多个雄性经常与同一雌性性交，特别需要大的睾丸（因为射精量最多的雄性使雌性怀孕的概率最大）。由于授精成为竞争性的比赛，较大的睾丸使雄性能够提高中奖概率。

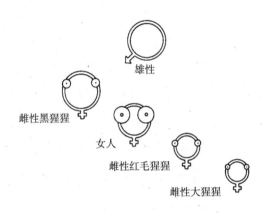

雄性

雌性黑猩猩

女人

雌性红毛猩猩

雌性大猩猩

图3-2 雄性眼中的雌性

女人的独特之处在于她们的乳房，甚至在第一次怀孕之前就比猿类的乳房大得多。主圆圈表示每个物种的雌性相对于同一物种的雄性的身材大小。

因此，大猩猩与人类睾丸尺寸的差异，可以这么解释：雌性大猩猩在产后要过三四年才能恢复性交，而且在再次怀孕之前，雌性大猩猩每个月只有几天能性交。即使一头成功的雄性大猩猩"妻妾成群"，性交也是少有的"放纵"机会：如果它运气好，一年大概有几次。相对于体型而言，它的睾丸毫不起眼，可是既然需求那么稀少，应付起来也就绰绰有余。雄性红毛猩猩的性交相对频繁一点，但也不怎么样。相比之下，黑猩猩杂交群中的成年雄性，性交频率就多很多，每个雄性黑猩猩大概每天都有机会性交，倭黑猩猩每天可能有好几次性交。因此，为了使雌性黑猩猩受孕，每个雄性黑猩猩都得设法射更多精子，"淹没"其他雄性黑猩猩的精子。于是黑猩猩的睾丸特别发达，这便是"精子竞争"的结果。男人的睾丸的确没有雄性黑猩猩的大，因为男人性交的次数平均比大猩猩、红毛猩猩多，但是比黑猩猩少。此外，一般来说，在一个月经周期中，一个女性不会迫使几个男人为了授精而进行"精子竞争"。

因此，灵长类的睾丸大小完全符合"失之东隅，收之桑榆"的原则，以及计算得与失的演化分析（见第二部分导言）。每个物种的睾丸都很合适，足以完成任务，绝不大到没有必要。身体制造更大的睾丸，需花费更多成本，而收益不见得成比例增加。因为身体有了更大的睾丸，就必须牺牲其他组织的空间与能量，得睾丸癌的风险也增加了。

这个科学解释，精彩万分，却凸显了一个难以忽视的失败：20世纪的科学不能提出令人信服的阴茎长度理论。大猩猩阴茎勃起后的平均长度为1.25英寸，红毛猩猩为1.5英寸；黑猩猩为3英寸，人类为5英寸。视觉上的突出程度，也是同样的顺序：大猩猩的阴茎即使勃起了也毫不起眼，因为是黑色的；黑猩猩的阴茎勃起后呈粉红色，由于周围是无毛的白色皮肤，所以比较抢眼。但雄性猿类的阴茎若不勃起，根本看不见。为什么男人需要巨大、显眼的阴茎？为什么男人的阴茎在灵长类中是最大的？既然雄性猿类也能成功繁衍后代，男人为什么不把花费在阴茎上的"成本"节省下来，投资在其他的地方（例如增加大脑皮质，或更灵活的手指）？

我向生物学家朋友提出这个疑问，他们通常举出一些人类性交的独特特征，然后假定长阴茎有利于这些特征：人类常以面对面的姿势性交；人类会摆出姿势来性交；人类在性交的过程中讲究不疾不徐、动静有度。可是这些解释都禁不起推敲。面对面的性交姿势不是人类的专利，红毛猩猩与倭黑猩猩也喜欢，大猩猩偶尔也会那样。红毛猩猩在性交时，除了面对面的姿势，还会变换背入式（雄后雌前）以及侧进式，它们可是悬吊在树枝上进行性交的：比起人类常在舒适的卧室中性交，它们更需要长阴茎。人类的平均性交时间，大约是 4 分钟（美国人），大猩猩是 1 分钟，倭黑猩猩是 15 秒，黑猩猩是 7 秒，而红毛猩猩可达 15 分钟。比起有袋鼠类（12 小时），人类的表现"如露亦如电"。

因此，"雄伟的阴茎才能使人完成有人类特色的性交"，这一理论根本禁不起事实的检验。于是有人另外想出了一个理论，认为雄伟的阴茎是用于炫耀的器官，和雄孔雀的尾巴、雄狮的鬃毛一样。这个理论还不错，但是我们不得不问：炫耀什么？对谁炫耀？

自负的男性人类学家毫不迟疑地回答：炫耀吸引力，向女性炫耀。但是这不过是一厢情愿。许多女人说男人的声音、腿与肩膀，比较容易激起她们的性欲，见到男人的阴茎，倒不见得。有一个重要的例子，可供参考。美国女性杂志《生机》（*Viva*）起先会刊出裸男照片，但是市场调查发现女性对裸男照片不感兴趣，就不再刊出。于是杂志的女性读者增加了，而男性读者减少了。很明显，男性读者购买《生机》杂志，是为了其中的裸照。我们同意男人的阴茎是用于炫耀的器官，但是炫耀的对象不是女性，而是其他的男性。

其他的事实也证实，男人雄伟的阴茎是威胁其他男人用的，或是向其他男人炫耀自己地位的器官。请回想一下，所有蕴含阴茎崇拜的艺术品，都是男人创造给其他男人看的，并且所有男人都对自己阴茎的尺寸在意得不得了。男人阴茎演化的唯一限制，是女性阴道的长度：如果男人的阴茎太大了，会伤害女性。如果男人的阴茎不受女性解剖学的限制，而且男人能够揽下阴茎设计权的话，阴茎会变成什么德行？我想我能猜得到，阴茎会像"阳具鞘"一样。在我做田野调查的新几内亚高地，当地的男性会用一个有装饰的套子套在阴茎上，叫作阳具鞘。每个套子的长度（可长达 2 英尺）、直径（可达 4 英寸）、形状（弯曲或笔直）、与身体之间的角度、颜色（黄色或红色）、装饰（例如尖端有一簇毛），都可以别出心裁。每个男人都有一组阳具鞘行头，尺寸与形状各不相同，每天任他选择，视当天早晨他的心情而定。觉得尴尬的男性人类学家认为阳具鞘是用来表示"谦逊"或隐匿"羞耻"的工具。我妻子第一次见到阳具鞘之后，简洁地答复了那些人类学家："那可是我见过的最不谦逊的表现谦逊的方式。"

所以，男人阴茎的重要功能仍然不清楚，你也许会很惊讶吧？这是一个值得研究的领域。

\* \* \*

前文谈解剖学，下面让我们进入生理学。我们首先要面对的，是人类的性活动模式——以其他哺乳动物的标准来衡量，人类是个"怪胎"。大多数哺乳动物一生中的大部分时光过的是无性生活。只有在雌性发情的时候，它们才会性交。雌性在发情期中会排卵，可以受孕。雌性哺乳动物看来"知道"自己什么时候排卵，因为它们会向周遭的雄性展露阴部，吸引雄性。为了不让雄性错过机会，许多雌性灵长类动物会更进一步：阴道四周的区域会肿胀，变成红色、粉红色或蓝色，有的雌性物种的臀部与乳房也会有类似的变化。这种雌性"视觉广告"对雄性猴子的影响，和穿着性感的女人对男人的影响是一样的。视野中若出现了阴部肿胀鲜艳的雌性，比起不发情的雌性，雄性猴子猛盯着雌性阴部的概率大增，血液中的睾酮逐渐增加，更想要性交，阴茎插入得更快，插入前的预备动作越少。

　　人类的性周期则非常不同。女人在整个周期中几乎都可以性交，并不会局限在一个短暂的发情期。真的，科学界已经使用了大量资源，想找出女人"性趣"的变化周期，可是仍然没有达成共识。也没有人知道女人的"性趣"是否有高潮期与低潮期。

　　女人排卵没有征兆，科学家直到1930年左右才搞清楚女性的排卵周期。此前，许多医生认为女人随时可以受孕，还有医生认为女性在经期最易受孕。雄性猴子为了传宗接代，只要搜寻阴部肿胀鲜艳的雌性就可以了，男人则根本无从判断周遭的女人哪个正在排卵，能够受孕。女人自己也许可以学会辨识一些排卵的征兆，例如感觉身体的变化，或借助科学仪器如温度计或阴道分泌物试纸，但是并不容易，误判的概率很大。此外，现代女性以这些方法确认自己是否处于排卵期，以避孕或求子，是在冷静而理性地应用后好不容易才得来的科学知识。女人别无选择，其他雌性哺乳动物的体内有天生的冲动并发出"视觉广告"，以吸引雄性，而女人没有。

女人排卵没有征兆，几乎随时都能性交，可是每个月经周期中只有短短几天可以受孕，因此人类的大多数性交都发生在"错误的"时刻，没有生殖意义。更糟糕的是，与其他雌性哺乳动物相比，女人的月经周期长短不一，不同女性，甚至同一位女性的月经周期并不一致。因此，即使一对年轻新婚夫妇想生孩子，他们高频率地做爱，每个月经周期的受孕概率也只有28%。如果养牛人家发现他们高价买来的种牛只有那么低的生殖率，必然非常懊恼，不过他们能够在适当的时机以人工授精的方式一次就达成75%的受孕率。

无论人类性交的主要生物功能是什么，都绝对不是生孩子，怀孕只是偶尔一见的副产品。在人口日益膨胀的今天，最反讽的悲剧之一就是：天主教会仍然主张人类性交的自然目的是生孩子，而安全期避孕法是唯一可以接受的避孕法。安全期避孕法对大猩猩与大多数其他哺乳动物是最佳避孕法，对人类可不是。人类以外，没有一个物种性交的目的与怀孕不相干，也没有一个物种不适用安全期避孕法。

对其他的动物来说，性交是非常危险的奢侈行为。当陷入忘我之际，动物必须燃烧珍贵的卡路里，舍弃采集食物的机会，说不定天敌在一旁虎视眈眈，竞争地盘的对手也可能伺机下手。因此，性交是为了繁殖后代才做的事，花的时间越少越好。人类的性行为就不一样了，以受孕来衡量的话，简直浪费时间与精力，是演化的失败。如果女人保持祖先的发情特征的话，我们的狩猎–采集者祖先就不会浪费那么多时间交媾，说不定能多杀几头乳齿象也不一定。从这个观点来看，在任何一个狩猎–采集群体，如果女人全都有明显的发情期特征，就能多生一些孩子，形成比较大的社群，将邻近的竞争群体甩在后头。

因此，人类生殖演化的热门问题，就是解释隐性排卵的演化缘由，以及没有生殖意义的性交的功能。学者就此仍在热烈辩论。对科学家而言，仅仅说性交带来快感算不上答案。当然，性交能带来快感，那是演化的结果。如果频繁性交没有巨大的演化利益，那么没有性趣的突变人就会演化出来并占领世界。

与隐性排卵相关的另一个谜团，是"私下性交"。所有其他的群居动物都公开交配，无论它们是杂交，还是实行一夫一妻制。成群的海鸥在海岸上栖息，每一对佳偶都在光天化日下交配；一头发情的雌性黑猩猩，可以在五头雄性黑猩猩都在场的情况下与它们公开交配。为什么人类那么独特，特别讲究性交的私密性？

对于隐性排卵与私下性交，目前至少有 6 种理论可以参考，生物学家还在辩论，并未达成共识。有趣的是，这场辩论像是心理学的罗夏克测验，反映的是科学家的性别与世界观。以下是这6 种理论及其支持者。

1.许多传统男性人类学家偏爱的理论。根据这一理论，隐性排卵与私下性交可以促进男性猎人之间的合作，减少他们之间的敌意。如果这些男人一大早起来，发现有个女人发情了，难保不争先恐后，说不定打起架来，误了当天的狩猎大事。须知狩猎猛犸象等大型哺乳动物，需要精确的计划、部署，和谐相处是培养默契、冷静分工的基础。在团体中，争风吃醋会导致团队上下产生裂痕，最后使团体瓦解。这一理论的寓意是：女性生理会影响男人之间的团结，所以很重要；男人才是社会的真正推手。不过，我们可以拓展这个理论，让它看起来不那么大男子主义：明显的发情表征与公开性交会颠覆社会，因为那会影响女人之间、男女之间以及男人之间的团结。

这个理论经过拓展之后，可以通过一个例子来说明它的要义。如果我们没有隐性排卵，不私下性交，我们的生活会变成什么样子？请大家想象这样一出肥皂剧，这出肥皂剧中有6个角色：鲍勃、卡萝尔、特德、艾丽斯、拉尔夫、简。其中鲍勃、艾丽斯、拉尔夫、简在同一个办公室工作，男人负责外务，女人负责会计。拉尔夫与简是夫妻，鲍勃的太太是卡萝尔，艾丽斯的老公是特德。卡萝尔与特德在别的地方工作。

一天早晨，艾丽斯、简睡醒后，都发现自己的阴部和臀部肿胀鲜艳起来，这表示她们正处于排卵期，并且可以接受与男人性交。于是艾丽斯与特德在出门上班前性交。简与拉尔夫在一起上班，一天下来在办公室的沙发上公然性交了好几次。

鲍勃看见艾丽斯、简肿胀鲜艳的阴部，又看见简与拉尔夫公然性交，不由自主地对艾丽斯与简想入非非。他无法专心工作。

他不断向艾丽斯与简示意。

拉尔夫将鲍勃从简身边赶开。

艾丽斯对特德非常忠实，拒绝了鲍勃。但是鲍勃的骚扰不停打断她的工作。

一整天下来，卡萝尔在办公室里都闷闷不乐，她一想到艾丽斯与简就妒火中烧，因为她知道艾丽斯与简已经发情，让鲍勃魂不守舍，而且鲍勃瞧都不瞧她一眼。

结果，这间办公室的效率大幅降低。同时，其他办公室的效率提高了，因为工作人员的排卵是隐性的，性交是在私下进行的。最后，鲍勃、艾丽斯、拉尔夫、简的办公室灭绝了。能够继续存活的办公室，只有隐性排卵与私下性交的工作人员。

这个肥皂剧表明，传统理论（隐性排卵与私下性交都是为了提升社会的凝聚力演化出来的）颇为可信。不幸的是，其他的理论也一样可信，以下就是简短的介绍。

2.许多其他的传统男性人类学家偏爱的理论。隐性排卵与私下性交，巩固了夫妻间的联系，奠定了家庭的基础。女人一直维持对男人的性吸引力，又可以随时满足男人的性需求，就能将男人拴在身边，协助抚养子女。随时可以享受交媾，是男人协助抚养子女得到的回报。这一理论非常大男子主义，意指女人是为了使男人快乐而演化的。这一理论无法解释长臂猿的例子。长臂猿雌雄成对，终身厮守，共同抚养子女，可以作为道德多数派的婚姻典范。可是长臂猿小两口大概隔几年才性交几次，所以性不可能是它们的"婚姻"黏合剂。

3.一位比较现代的男性人类学家（唐纳德·西蒙斯）提出的理论。西蒙斯注意到：雄性黑猩猩在猎到一只小动物后，比较可能与发情的雌性黑猩猩分享，和没有发情的雌性黑猩猩分享的概率比较小。于是西蒙斯推测：女人也许是为了能够长期分享到鲜肉而演化出"长期发情"的生理状态。女人以性交换猎人的鲜肉。西蒙斯的理论另有一个版本。他注意到大多数狩猎-采集社会中的女人都没有选择丈夫的自主权。那些社会都是由男性支配的，父系宗族相互交换女儿，以巩固宗族间的盟谊。但是，由于女人处于长期发情的状态，女人即使嫁给地位较低的男人，也能够私下色诱地位较高的男人，使自己的子女拥有比较优秀的基因（假定男人凭本事打天下）。西蒙斯的理论虽然仍以男性为中心，但是在他眼中，女性懂得利用自己的身体追求利益，代表男性学者向"自主女性"形象跨出了一步。

4.由一位男性生物学家（理查德·亚历山大）与一位女性生物学家（凯瑟琳·努南）共同提出的理论。根据他们的理论，如果男人能够辨识女性身体的排卵信号，利用这项知识，他可以只与妻子在排卵期性交，便可成功受孕。然后，他就能弃妻子于不顾，出轨其他女人。反正他的妻子即使没怀孕，也不再容许男人亲近了。因此，女人演化出隐性排卵的生理机制，迫使男人接受永久性的婚约，因为男人无法确定女人生的孩子就是自己的。由于男人不知道妻子的排卵时刻，只好长伴左右、频繁性交，以求妻子受孕。这么一来，他就没空出轨其他女人了。这样的安排使妻子获益，而丈夫也获益。他有信心妻子生的孩子就是他亲生的；他也不必担心早上一觉醒来，发现妻子的臀部变得鲜艳，引得其他男人上门。我们终于等到了一个讲究男女平等的理论。好不容易啊。

5.一位女性社会生物学家（萨拉·赫尔迪）的理论。她注意到"杀婴"在许多灵长类动物社群中频率都很高，包括猴子、狒狒、大猩猩与黑猩猩。当然，被杀死的都不是凶手的幼崽。不过幼崽的母亲因此就会恢复正常的生殖周期，再度发情。往往她会与凶手性交，增加其生殖成就。（这种暴行在人类历史上也很常见：男性征服者将战败部族的男人与小孩杀了，只留女人活口。）于是赫尔迪推论：女性演化出隐性排卵特征，作为反制男性暴力的手段。因为没有人知道她的排卵期，搞不清楚状况的男性也搞不清楚她生的究竟是谁的孩子。女人只要"水性杨花"，就能引诱一堆男人帮助她抚养孩子，或者至少不杀她的孩子，因为男人都自以为自己是孩子的父亲。无论这一理论是对是错，我们必须为赫尔迪喝彩，她颠覆了历来的男性本位观点，让女性掌握了性权力。

6.另一位女性社会生物学家（南希·伯利）的理论。伯利指出一个明显的事实：人类新生儿的平均体重为 7 磅，大约是大猩

猩新生儿体重的两倍，可是大猩猩母亲的体重却达200磅。由于
人类新生儿与母亲的体重比，比大猩猩的大得多，因此女人分娩
的过程特别痛苦且风险很高。在现代医学兴起以前，女人经常死
于分娩，可是我从未听说大猩猩或黑猩猩母亲遭受同样的命运。
人类的智力不断演进，一旦了解受孕与性交的关系，发情的女人
就可能会避免在排卵期性交，以求逃避分娩带来的痛苦与风险。
但是这样的女人就会留下比较少的子女，甚至不会留下子女，于
是不能察觉自己排卵的女人逐渐成为人类族群中的"主流"，最
后所有女人都不能察觉排卵期了。在男性人类学家看来，隐性排
卵是女性为了男性演化出的生理特征（理论1和理论2），伯利
却认为这是女性为了欺骗自己而演化出来的。

\* \* \*

　　这6种理论中，哪一种是正确的？生物学家并不清楚。事实
上，生物学界最近才开始认真研究隐性排卵这个问题。这个困境
可以用来说明演化生物学家只要从事因果分析就一定会面临的问
题：无法进行控制实验，以操纵变量找出因果关系。其实不只演
化生物学，任何研究领域，只要无法进行控制实验，研究人员就
会面临同样的困境，例如历史学、心理学等。控制实验能提供最
令人信服的证据，显示因果关系或功能。如果我们能够改造一个
部落，其中所有的女性都有明确而显著的发情状态，例如阴部变
得肿胀鲜艳，那么部落、夫妻的凝聚力就会崩溃吗？这里的女性
会利用排卵期的知识避孕吗？不能做这样的实验，我们就无法确

定如果女性没演化出隐性排卵的性状，人类社会今天会是什么样的。

今天许多事就在我们眼前发生，但是我们很难确定它们的功能，那么对于过去发生的事，就更难确定它们的功能了。我们知道过去人类的骨骼和工具都与现在的不同，而且各时代都不同，而隐性排卵是在过去演化出现的，至于其究竟在过去的哪一阶段出现，我们完全不清楚。也许人类的性象，包括隐性排卵的功能，在过去与现在不同，可是我们现在难以把握。对于过去的解释，免不了得冒些风险，让人觉得不过是"吟唱古事的诗"：从一些化石碎片中编织出来的故事，透露的只是研究者的偏见，不能反映过去的真相。

然而，既然我已经列举出了6种听来合理的理论，我就不能一走了之，至少得试试贯通折中的手段，看看能不能自成一家。这里我们就必须面对另一个因果分析必然会遭遇的问题。像隐性排卵这样复杂的现象，不大可能只由一个因素造成。说隐性排卵是由某一个因素导致的，就像主张第一次世界大战是由某一个因素导致的一样是个笑话。其实，1900—1914年，有许多可以说是独立的因素将欧洲局势推向战争，也有许多因素导向和平。最后战争爆发了，因为推向战争的因素占了上风。但是那并不表示我们应该走向另一个极端：对于复杂的现象，列举出所有相关因素，就算解释了，而不分主次。

为了从这6种理论中，分清主次、刊落枝节，首先我们必须了解：我们独特的性习惯不论是在什么样的情况下演化的，必然有些因素支持它们继续存在。但是过去的起源因素与目前的支持因素不必相同。具体地说，理论3、5、6也许在过去是主要因素，在现在就不是了。只有少数现代女人利用性在多个男人那里换取食物或其他资源，或同时引诱多个男人，使他们搞不清楚生下的孩子是谁的，甚至帮助她抚养孩子。对于隐性排卵与私下性交在过去的角色，这三个理论在今日世界都不再适用，尽管听上去很合理。让我们将注意力转移到目前的支持因素上：隐性排卵与私下性交在现在有什么功能？回答这个问题，我们即使必须猜测，也要有点根据——内审诸己，外察众人。

　　我觉得理论1、2、4揭示的因素至今仍在起作用，它们是同一个人类社会组织特征的不同面向。这个特征其实吊诡得很：每一对男女，若希望自己的子女（基因）顺利长大成人，就必须长期合作，共同担负起抚养的责任，但是他们也必须与附近的其他夫妻合作，经营经济生活。每对夫妻在日常生活中都会与其他的成年男女经常互动，但是规律的性生活将夫妻关系拉近，凸显了夫妻关系与其他社会关系的差异，我想这一点用不着多说。隐性排卵与随时可以性交的女性生理，加强了性交的这个新功能——增进夫妻关系（其他哺乳动物性交的功能只有一个——繁殖）。理论1、2的传统版本流露出的大男子主义，不能彰显这个新功能的全貌。性不是冷静、狡诈的女人敷衍有性欲男人的手段，而是维系夫妻关系的黏合剂，两性都受益。在众目睽睽下消失的，不只是女性的排卵信号，还有夫妻性生活。夫妻关系是私密的、非比寻常的，不能与大众分享，其他的关系无法比拟。那么，长臂猿的例子怎么说呢？长臂猿雌雄长相厮守、共同抚育子女，可是一辈子却没性交几次。我认为那很容易回答：长臂猿夫妇不必与其他成年长臂猿"搅和"在一起，它们没有什么社会与经济互动。

男人睾丸的尺寸似乎也是人类社会同一个吊诡特征的后果。人类的性生活比大猩猩的活跃多了，因为人类性交不只为生殖，还为了寻欢作乐，所以男人的睾丸比较大；可是黑猩猩的睾丸比男人的还大，因为人类不像黑猩猩那么滥交，比较谨守一夫一妻制的规范。至于男人的雄伟阴茎，可能只是炫耀用的性征罢了，而性征的演化不见得有什么逻辑，雄狮的鬃毛、女人的乳房，又有什么道理？为什么雌狮没有大乳房，雄狮没有大睾丸，而男人不长出鬃毛呢？如果有的话，我看功能不会有什么不同。为什么不那样呢？那可能只是演化的意外，也许雄狮演化出鬃毛比人类容易得多。

但是，到现在为止，我们的讨论仍有未竟之处，还有一个基本面向没有触及。我谈过人类性象的理想型：一夫一妻（以及少数的一夫多妻）共同生活，丈夫对妻子生下的孩子没有任何疑虑，不会认为是别人亲生的并尽心尽力协助妻子抚养子女。我描述这一"虚构"的理想型，绝非无的放矢，而是人类性象的实况的确非常接近这一理想型，而不同于狒狒或黑猩猩。但是理想终归是理想，难免虚构。任何一个有行为规范的社会系统，都无法防止作弊，只要作弊的利益大于风险就成了。因此这是个"数量"问题：作弊的人有多少？要是太多，整个系统会垮掉；或者作弊的人不多，不至于影响一个系统；甚至几乎没有人作弊。就人类性象而言，这个问题可以这样问：人类的新生儿，有多少是婚外情的产品？90%、30%，还是1%？现在让我们面对这个问题及其后果吧。

# 第 4 章

# 婚外情的逻辑

　　许多理由让人说谎，掩饰婚外情。因此我们很难得到坚实的科学数据，显示婚外情流行的程度。目前只有几份资料可信，其中一份是始料未及的副产品——半个多世纪以前的一个医学研究计划，为了别的目的收集到的资料。那个计划的发现，从未发表过。

　　那个研究计划的主持者是个非常著名的医学研究者，我最近才从他那里得知那些事实。(由于他不愿曝光，所以我在这儿称他为 X 医师。)那是在 20 世纪 40 年代做的一个研究，X 医师想研究的是人类血型的遗传学。血型指的是红细胞细胞膜上的分子，大约有几十种，我们从父亲或母亲那里遗传了制造那些分子的基因。那个研究的执行步骤非常直截了当：到一所著名医院的妇产科病房，收集 1 000 名新生儿及其父母的血液标本，鉴定所有血样的血型，然后使用标准的遗传推理，找出血型的遗传模式。

　　结果令 X 医师十分震惊，他发现将近 10% 的婴儿是婚外情的结晶。证据不容置疑，只要婴儿的血型中有与"父母"都不相符的基因，那就是了。有时仅凭一种血型还看不出来，几种血型的资料摆在一起，就真相大白了。婴儿的母亲是谁，毋庸置疑：因为血样是在产房采取的。婴儿的血型，若母亲体内没有相应的基因，那必然是从父亲那里遗传来的。如果母亲的丈夫体内也没有呢？必然就是另一个男人的。婚外情的实际发生率当然高于10%，因为在20世纪40年代，还有许多未知的血型，所以没有检验，而且大多数性交不会制造结晶。

　　在X医师发现那个事实的年代，调查性行为在美国仍是个禁忌，所以他决定按下不表，从未披露过他的数据。我花了好大的工夫才说服他让我公布他的数据，可是他仍然拒绝现身，不许我泄露他的名字。不过，后来有好几个同样的遗传学研究证实了他的发现，在那些研究的结果都公开发表了。根据那些研究，美国与英国的新生儿，有5%~30%是婚外情的产物。同样地，在那些接受调查的夫妻中，妻子出轨的实际比例可能更高，理由我已经提过了。

　　还记得第3章结束时我抛出来的问题吗？婚外情在人类社会中是罕见的异例、不算少见的"例外"，还是普遍流行的现象？婚姻是否形同虚设？现在我们可以回答了。正确答案是第二个。大多数父亲抚养的是自己的骨肉，人类的结婚证也不是废纸一张。我们可不是乱搞男女关系的黑猩猩。可是，婚外情又的的确确是人类交配系统的一个"组件"，尽管从未得到社会的祝福。在交配系统类似我们的其他动物（两性长期结合，共同抚养后代）中，学者也观察到"婚外情"的情形。黑猩猩和倭黑猩猩的交配系统都与我们的不同，因此讨论它们的"婚外情"并无意义。黑猩猩与我们有过共同祖先，我们的祖先想来也没有婚外情，因此我们的祖先必然在演化的道路上"重新发明"了婚外情。所以，我们讨论人类性象，以及性象在我们演化成"人"的过程中扮演的角色，不能不仔细研究婚外情的逻辑。

我们有关婚外情发生率的信息，大多是研究性生活的专家从访问调查中得到的，而不是从鉴定婴儿的血型下手。20 世纪 40 年代以后，一连串的调查报告显示美国人不像大家想象的那么忠贞，婚外情不是罕见的例外。《金赛性学报告》是最早的研究成果。然而，即使是在 20 世纪 90 年代的"解放年代"，我们对于婚外情仍然耿耿于怀，难以释然，可是其致命的吸引力又让人莫名的焦虑与兴奋。大家都觉得婚外情令人兴奋：肥皂剧中如果缺了这个"组件"，观众就不捧场。在笑话的题材中，比得上婚外情的，绝无仅有。可是，弗洛伊德指出过，我们往往以幽默应付极端痛苦的事。在人类的历史上，由婚外情导致的谋杀与不堪的伤痛，大概无出其右者。描写这个题材，不可能十足地一本正经，也不可能对社会处置婚外情的各种野蛮机制保持冷静、无动于衷。

\* \* \*

已婚人士有什么理由玩或不玩婚外情的游戏呢？科学家对许多其他的事都有一套理论，所以关于婚外情也有科学理论应该不会让人感到惊讶。许多动物从来没有"婚外情"，因为它们根本没有婚姻。以地中海地区的巴巴利猕猴为例，雌性一旦发情，就会与队群中的每一位雄性交配，平均每17分钟它就性交一次。不过，有些哺乳动物与大部分鸟类都选择了"婚姻"，即两性长期相守并共同抚养或保护子女。只要有"婚姻"，就等于为"混合型生殖策略"开了大门。混合型生殖策略是社会生物学家使用的"科学"术语，以日常用语来说，就是已婚人士搞婚外情。

在有"婚姻"的动物中，实行混合型生殖策略的程度有很大的差异。较小的猿长臂猿似乎没有任何"婚外情"的"科学记录"，可是雪雁搞"婚外情"却是常态，见怪不怪。人类各社群也有很大的差异，但是我不信有哪个社群的人会像长臂猿一样"忠贞"。为了解释所有这些差异，社会生物学家发现博弈论的逻辑非常有用。换句话说，生命可以看作一场演化竞赛，留下最多存活子女的个体才是赢家。

竞赛规则是由物种的生态学与生殖生物学设定的。参赛者面临的问题是该如何规划赢的策略：忠贞不贰、杂交还是混合型生殖策略？但是我话得说在前头：虽然这个社会生物学路径可以帮助我们了解动物的"婚外情"行为，但是对于人类的外遇问题，社会生物学能不能提供睿见，颇有争议，我会在后面讨论。

我们一旦从竞赛的角度看待问题，立刻就会恍然大悟——两性的最佳策略不同。因为两性的生殖生物学在两方面有深刻的差异：为达到生殖目的最低必要投资和受骗的风险。我会在下面进一步说明，其实我们人类对这两方面的差异并不陌生，它们给人类带来了痛苦。

对男人来说，生育的最低投资是性交的行动，所消耗的时间与精力有限。今天让一个女人受孕的男人，明天可以让另一个女人受孕，他做得到。不过，对女人来说，为了生孩子，她除了性交，还得怀胎，并花上几年抚育（人类历史上几乎没有女人逃得掉），这可是一笔巨额投资。所以，男人的生殖潜力比女人大多了。19 世纪有人访问印度南部海得拉巴邦的宫廷，这是个容许一夫多妻制的小国。根据他的报道，在他逗留此地的 8 天之中，后宫就有 4 位嫔妃生产，而且还有 9 位正在待产，预产期在下个星期。最高的男性生殖纪录，是摩洛哥皇帝“嗜血暴君”伊斯梅尔创下的，据说他有 888 个孩子。最高的女性生殖纪录，是 19 世纪的一位莫斯科妇女创下的，她生了 69 个孩子，不过其中有许多三胞胎。生下超过 20 个孩子的女性很少，可是在一夫多妻制的社会中，有些男人很容易达成那个目标。

由于两性的生理差异，如果从生殖成就（子女的数目）来说，男性从婚外性行为或一夫多妻制中能够得到的好处比女性多太多了。（女性读者如果觉得非常愤怒，准备把本书丢开了，或者男性读者觉得“受到鼓舞”，我要告诉你：请继续读下去，婚外性行为问题比你想象的复杂多了。）人类婚外性行为的统计数据并不容易建立，但是人类一夫多妻制的数据是现成的。世上唯一有记录可考的一妻多夫制在中国西藏，学者发现：有两个丈夫的女性的平均子女数目比较少。相对地，19 世纪美国摩门教教徒中的男性，从一夫多妻制中得到巨大的生殖利益：只有 1 个妻子的男人，平均有 7 个孩子；有 2 个妻子的男人，平均有 16 个孩子；有 3 个妻子的男人，平均有 20 个孩子。摩门教男人平均有 2.7 个妻子、15 个孩子。至于摩门教的男性领袖人物，平均有 5 个老婆、25 个孩子。西非塞拉利昂的滕内人也实行一夫多妻制，男人的平均子女数目与妻子的数目成正比：有 1 个妻子的男人，平均有 1.7 个孩子；有 5 个妻子的男人，平均有 7 个孩子。

另一个与生殖策略有关的两性"不对称"，是当事人对"亲生子女"的信心。任何一个动物，要是花时间、精力照料的是别人的孩子，就是演化竞赛中的输家，孩子的亲生父亲才是赢家。女人不可能遭到欺骗，养育别人的孩子，因为孩子是自己生的，除非在医院里被掉包了。实行体外受精的动物，雄性不可能被"戴绿帽"。举例来说，某些鱼种的雄鱼会看着雌鱼产卵，立刻跟上授精，并将受精卵藏好照顾，以确定"自己的后代"能安全孵化。然而，实行体内受精的动物，包括人类，雄性就很容易受欺，"戴上绿帽"而不自知。男人唯一能确定的，就是授精这回事，然后那位女士就生了个孩子。除非那位女士的受孕期受到全程监控，确定没有别的男人授精，不然他无法确定生出来的真的是他的后代。

解决这个"不对称"问题的一个极端方法，是印度南部的纳亚尔族发展出来的。在纳亚尔社会，女性非常自由，爱交多少男朋友就交多少，同时交或者轮流交，百无禁忌，因此丈夫无法确定妻子生的孩子究竟是谁的后代。纳亚尔族男性不与妻子同住，也不照顾妻子生的孩子；他与姐妹同住，照料外甥。至少，他的基因平均有 1/4 可以在外甥体内找到。

请记住这两个性别不对称的事实，然后我们才可以务实地讨论最佳生殖策略，以及有利于婚外性行为的情况。让我先列举三个男人可以采纳的"作战计划"，它们一个比一个复杂。

计划1：男人应随时随地寻求婚外性行为的机会，反正本小利大，何乐不为！让我们以狩猎-采集社会的实况来谈，因为人类在演化过程中基本上过的就是那种生活。在狩猎-采集社会，女性一辈子最多可以养大4个孩子。她原本的丈夫只要多性交一次，就能提升1/4的"终生生殖成就"：几分钟"付出"就有那么大的"收益"，谁不心动？这个计划天真得可以，请读者想想问题在哪里。

计划2：计划1有个致命缺陷，稍微动点脑筋就可以发现，它只列举了婚外性行为的潜在利益，却忽略了潜在代价。显而易见的可能代价有：如果被发现了，可能会被对方的丈夫打伤或杀害；自己的妻子有可能离家出走；在你与别人的妻子出轨的时候，可能有别人爬上自己妻子的床；花心的人可能没时间照顾自己妻子生的孩子。因此，花心的人得"花"得高明，计划2就是提高收益、降低风险的计划。不是吗？

计划3：蠢男人的计划2，就是从一而终，拒绝任何诱惑。更蠢的是，他从来没想过，人类的常态性交模式，需要两个人才能完成，而且是一男一女。换言之，每一个有婚外性行为的男人，床上都有一个女人。计划 1 与计划 2 的共同缺陷，就是忽略了女性策略，而如果不考虑女性策略，任何男性策略都注定失败。计划 3 就是将女性策略与男性策略合并考虑的产物。但是，由于一个丈夫已足以满足女性的最大生殖需求，那么吸引女性出轨的会是什么呢？这个问题由来已久，考验着每个时代的男人，可是现在的理论社会生物学家却把它当作一个知识的挑战，正在大伤脑筋。

＊ ＊ ＊

为了对计划 3 做进一步的理论探讨，我们需要坚实的婚外性行为数据。由于调查人类的性习惯极不容易得到正确的信息，让我们先研究最近发表的鸟类资料。那些鸟儿成对地筑巢生活，抚育子女，交配系统与我们的非常类似。（亲缘关系和我们最近的两种黑猩猩的交配系统与我们的反而不同。）以那些鸟儿与我们比较，我们研究不透的就是它们出现婚外性行为的动机，但是我们不会有什么损失，反正我们访问搞婚外情的人也得不到真相。研究那些鸟儿最大的好处，是研究者收集资料非常方便。因为那些鸟群聚在一起生活，研究者坐在一旁，花几百个小时观察，就能弄清楚谁对谁做了什么。从来没有一个人类族群有过同样质量的科学数据可供参考。

最近发表的鸟类"婚外情"资料，来自 5 种水鸟，包括几种苍鹭、海鸥、鹅。它们都群聚在一起，雌雄成对筑巢、生育子女，一夫一妻制是基本的社会制度。没有成鸟照料的巢容易遭到侵袭，所以单亲无法抚育幼雏，因为它必须离巢觅食。一只雄鸟也无法同时照料或守护两个巢。因此，这些鸟儿的生殖策略的基本准则如下：禁止一夫多妻制；与单身雌鸟交配并无意义，除非那雌鸟马上就要和另一个雄鸟配对，一起抚育幼雏；雄鸟偷偷与已经有配偶的雌鸟交配，倒值得尝试。

第一个研究是在美国得克萨斯州的霍格岛上做的，观察的对象是大蓝鹭与大白鹭。它们都是雄鸟筑巢，然后守着巢追求造访的雌鸟。双方看对了眼，就会交配20来次。然后雌鸟在巢里产卵，并且白天大部分时间在外觅食，雄鸟负责守着巢与卵。在配对后的头一两天，一旦雌鸟外出觅食，雄鸟往往会立即追求其他过往的雌鸟，但是不会发生"婚外性行为"。雄鸟半途而废的花心行为，反而像是"离婚保险"——万一妻子一去不回，还有"备胎"。（根据观察资料，雌鸟一去不回的可能性可达20%。）被雄鸟当作"备胎"追求的雌鸟，对雄鸟的做法毫不起疑：它正在找配偶，也无由得知热烈追求它的雄鸟已经有了佳偶，直到"女主人"返回后将它赶走（"女主人"会经常回家探望一下）。最后，雄鸟终于放下心来，相信雌鸟不会弃它而去，就不再追求过路的雌鸟了。

第二个研究是在美国密西西比州做的，观察的对象是小蓝鹭。这种鸟的行为可能是"离婚保险"的行为演化而来的更为"严重"的形式。研究者记录了62次"婚外性行为"，大部分是雄鸟闯入邻家，趁雄鸟出门觅食，雌鸟独自守巢时寻求交配机会。大多数雌鸟半推半就，有些雌鸟对"婚外情"还更热衷。花心的雄鸟为了降低自己被"戴绿帽"的风险，出门觅食总是行色匆匆，不忘随时回家探望，免得自己的雌鸟遭人勾引。至于它们自己若想有"婚外情"，也只觊觎邻家雌鸟，为的也是可以随时回家探望。雄鸟"婚外情"的对象，通常是尚未完成产卵、仍然能够受孕的雌鸟。不过，交配时总是草草了事（8秒，而与自己的雌鸟平均用时12秒），所以受孕率可能低些。有过出轨记录的巢，大约一半后来都被遗弃了。

密歇根湖畔的鲱鱼鸥，35%的有家室的雄鸟有"婚外性行为"。这个数字与1974年美国《花花公子》杂志公布的美国男人的32%几乎一致。但是这种水鸟中的雌性与人类中的女性有不同的行为。根据那份《花花公子》杂志上的数据，24%的美国少妇有婚外性行为，而雌鲱鱼鸥有了配偶之后，就坚拒诱惑，也不勾引其他雄性。所有雄鸟的外遇对象都是单身的异性。为了降低被"戴绿帽"的风险，雄鲱鱼鸥花比较多的时间守着还能受孕的妻子，它能让妻子保持忠贞，秘诀就是像追求混合型生殖策略的已婚男性一样：勤于喂养妻子，并在妻子接受的时候多进行交配。

最后一组坚实的数据，是在加拿大南部的马尼托巴省搜集的。与前面提过的小蓝鹭一样，那里的雪雁的"婚外性行为"大部分是雄鸟趁邻家雄鸟不在之时，与雌鸟进行交配。雌鸟也是半推半就；它的配偶不在家，是因为在外面勾引别的鸟的配偶。表面上看起来，雄鸟似乎所得有限，不过它可不是笨蛋。只要雌鸟还在下蛋，它就会守在巢里，看着自己的妻子。（有雄鸟守在身边的雌鸟，遭到勾引的可能性是雄鸟不在时的1/50。）一旦妻子产完卵，雄鸟能肯定产下的卵是它的后代，它就外出风流去了。

这些鸟类行为研究可以证明以科学方法研究婚外情的价值。它们揭露了花心的雄鸟采用的策略，这些策略都经过精心算计，退可守（甜蜜的家庭），进可攻（"播种"让别人养），占尽了便宜。这些策略包括："离婚保险"——只要有妻子不忠的疑虑，就引诱单身雌鸟做"备胎"；看管还能受孕的妻子；把妻子喂饱并经常与其交配，让其"死心塌地"，即使独守空闺，也能忠贞不贰；精密计算外出风流的时机——邻家雌鸟可以受孕，而自家妻子不能。不过，即使有科学方法的辅助，我们也不清楚雌鸟从"婚外性行为"中获得了什么。一个可能的答案是：雌鸟在寻找更合适的配偶。另一个可能的答案是：在一些水鸟中，雄鸟数目较少，找不到配偶的雌鸟"借种"产卵。这类雌鸟也可以两两"配对"，互相扶持，养育幼雏。

这些鸟类研究的局限在于：雌鸟往往看来半推半就，对于"婚外性行为"并不积极进取。为了了解比较主动的女性角色，我们得回到人类社会——虽然研究人类的行为必须克服各种困难，例如文化差异、观察者的先入之见，以及受访者的可信程度。

\* \* \*

根据世界各地不同文化社群的调查资料比较两性的差异，通常会得到以下结论：男人比女人对"婚外性行为"更感兴趣；男人比较喜好尝试不同的性爱"口味"；女人陷入外遇，主要是因为对婚姻不满，并（或）期望能与新欢长长久久；对露水姻缘的对象，男人比较不挑剔。举例来说，我认得的新几内亚高地族群，男人搞外遇的理由，通常是觉得妻子（甚至是一夫多妻制下的多个妻子）不再有趣；女人搞外遇，很少是因为老公不能满足她的性需求（例如，年老力衰的结果）。在一家计算机择友中心，几百个美国年轻人回答了问卷，结果显示：几乎每个方面女性都对伴侣有比较强烈的偏好：智力、地位、舞技、宗教信仰、种族等。男人唯一比女性重视的是：外貌和身材。约会之后，男女双方再填写一份问卷，结果显示：觉得计算机选的伴侣散发着强烈的浪漫吸引力的男人是女人的 2.5 倍。简而言之，对于挑选伴侣，女人挑剔，男人随缘。

显然，对于婚外性行为的态度，如果我们期望大家都能诚实回答访谈人员的问题，未免不切实际。然而，人们会在法律与行为中表达他们的态度。特别是，人类社会中普遍存在虚伪与幸灾乐祸的特征——因为男人只要动念出轨，就得面对两个根本的困境。第一，采取混合型生殖策略的男人，企图鱼与熊掌兼得：他勾搭别人的妻子，却禁止自己的妻子出轨。因此，有些男人必然会占其他男人的便宜。第二，我们已经讨论过，男人普遍有担心被"戴绿帽"的偏执，这是生物学的现实（体内受精）导致的。

通奸法律是一个清楚的例子，显示男人处理这些困境的方式。直到最近，几乎所有此类法律都是"不对称的"，不论是希伯来、埃及、罗马、阿兹特克、伊斯兰世界、非洲、中国、日本还是其他地区的，只要你找得到。这些法律只有一个目的：让已婚男子放心，自己的妻子生下的是自己的子女。所以这些法律对于"通奸"的定义，只着眼于女方的婚姻状况，而不管男方的。已婚女子出轨，无异于对自己的丈夫实施犯罪行为，因此丈夫有权要求赔偿损失，甚至包括暴力报复，否则离婚，女方退还彩礼。已婚男子出轨，不算损及妻子的利益。如果被捉奸，女方若已婚，女方的丈夫是利益相关者；女方若未婚，利益相关者就是她的父亲或兄弟（因为她的"价值"被奸夫破坏了）。

自古以来，已婚男子不忠甚至不算犯罪（刑事犯罪），直到1810 年法国才有法律规定：未得发妻的同意，男人不得将婚外情对象养在家中。纵观人类历史，现代西方几近"平权"的通奸法律，其实是个新鲜事物，是在最近 150 年间发展成形的。即使在今天，如果丈夫将妻子捉奸在床，当场愤而杀人，美国与英国的检察官、法官和陪审团，往往会将凶手的罪名减轻，不以谋杀罪名起诉、审判，而改以较轻的罪名，例如过失杀人，或者无罪释放。

为了让男人肯定妻子生的子女是自己的后代，中国唐朝皇帝发展出的一套复杂无比的制度。宫内有宫人专门负责记录后宫嫔妃的月经周期，皇帝可以在嫔妃最易受孕的时候临幸嫔妃，每次召幸也都有记录。皇帝的后宫佳丽众多，当然得设法防止其他男人觊觎。

其他文化中的男人，为了确保妻子生的子女是自己的后代，也许采用的方法没那么复杂，却可能更恶劣。这些方法限制妻子"红杏出墙"的能力，或者使女儿或姐妹"守宫"，以便待价而沽。相对来说温和一些的措施，包括监护甚至监禁女性的身体。地中

海国家广泛流行的"荣辱"规约，也是为了同一目的而形成的
（出轨是我的权利，不是你的；如果是你，会使我蒙羞）。更过分
的措施，还有野蛮的毁阴手术——把阴蒂或者大部分外阴部都割
除，以降低女性的性趣（无论婚内还是婚外）。还有一种名副其
实的锁阴术，更万无一失，就是将大阴唇缝上，让女人无法性交。
在分娩或孩子断奶后再剪开缝线，以便丈夫与妻子性交；如果丈
夫远行，也可以再缝上。目前世界上仍有 23 个国家保存着割礼
或锁阴的习俗，分布在非洲、沙特阿拉伯与印度尼西亚群岛。[①]

**表 4-1　性嫉妒造成的谋杀案（1972 年，美国底特律）**

| |
|---|
| 共计：58 起 |
| 由嫉妒的男性所引起的：47 起 |
| 16 起：由嫉妒的男性杀死不忠的女性 |
| 17 件：由嫉妒的男性杀死情敌（男性） |
| 9 起：由遭指控的女性杀死嫉妒的男性 |
| 2 起：由遭指控的女性的亲属杀死嫉妒的男性 |
| 2 起：由嫉妒的男性杀死不忠的同性爱人 |
| 1 起：由嫉妒的男性杀死无辜的旁观者（意外） |
| 由嫉妒的女性所引起的：11 起 |
| 6 起：由嫉妒的女性杀死不忠的男性 |
| 3 起：由嫉妒的女性杀死情敌（女性） |
| 2 起：由遭指控的男性杀死嫉妒的女性 |

---

① 　本书英文版于 1992 年出版。——编者注

如果通奸法律、内宫记录甚至强制禁锢都无法保障男人的"父权"，最后的绝招就是谋杀了。美国许多城市的谋杀统计显示：性嫉妒是最常见的谋杀动机。通常是被"戴绿帽"的丈夫杀掉自己的妻子，甚至第三者；不然就是丈夫被第三者杀了。我将美国底特律 1972 年的统计数据列出来，让读者对真实世界有个概念。在人类史上，性嫉妒一直是战争的导火线，希腊史诗《伊利亚特》描述的特洛伊战争（木马屠城记），是个典型的例子。在现代新几内亚高地，性嫉妒仍然可以引发战争，只有猪的所有权发生异议了，才可能产生同样程度的暴力冲动。直到中央集权的统治机器出现后，"职业军人"才改变了战争史的轨道。

不平等的通奸法律，召幸后的记录，以及各式各样监控女人"性象"的方法（包括割礼和锁阴），全是人类独有的特色，都是人性的成分，就像文字一样（文字也是人性的成分）。更精确地说，在雄性自然史上（或者两性斗争史上），雄性已经演化出种种散布体内基因的方法，可是人类的这些手段是史无前例的、崭新的。我们倒没有放弃"传统"，许多其他动物会的把戏我们一样也不少：谋杀、暴力、杀婴、强暴、战争，以及通奸。男人搞出来的锁阴手术，有些昆虫也会——一旦交配完毕，就将雌性的阴道封死。

动物两性战争的细节，各物种之间有很大的差异，社会生物学家对那些差异已有相当深入的了解。从他们最近的研究成果看来，动物的行为也由自然选择打造，而不只是受身体的解剖结构影响。几乎没有科学家怀疑自然选择塑造了我们的身体。可是生物学界却因社会生物学而分裂，双方以尖锐的言辞互批，争论的焦点是：自然选择能不能塑造我们的社会行为？本章讨论的大部分行为都被西方人认为是野蛮的、不文明的。有些生物学家对这些行为感到义愤填膺，社会生物学家以进化论解释那些行为，更让他们寒心。对他们来说，解释某些行为与为这些行为辩护两者之间似乎没有明确的界限，这样的"不确定"令人不安。

社会生物学就像核物理学以及所有其他的人类知识一样，会遭到滥用。对于虐待或谋杀别人，我们从来不缺借口，但是自从达尔文发表了进化论之后，演化逻辑也成为现成的借口。对人类性象的社会生物学讨论，可以当作男人虐待女人的借口，就像传统体质人类学被用来支持白人奴役黑人、纳粹杀害犹太人一样。生物学家批判社会生物学的文字中，由两方面的担心不断回荡、交织着：证明某种野蛮行为的演化根源，无异于主张这种行为是正当的；证明某一行为有遗传基础，无异于宣告不可能改变这种行为。

在我看来，这两方面的担心都没有根据。就拿第一个来说吧，任何事物的起源都可以研究，无论其令人厌恶还是令人钦羡。研究谋杀犯的动机，就是为他们开脱吗？那么警察大学为什么要设置犯罪学研究所呢？至于第二个方面的担心，我们不只是演化结果的奴隶，甚至不仅是遗传特征的奴隶。现代文明已经成功阻遏了一些古代的恶习，例如杀婴。现代医学的主要目标就是阻遏人体内有害基因和微生物的作用，事实上，如果没有深入了解这些基因与微生物，就不可能想出对抗的办法。社会生物学家说明锁阴习俗是一种雄性生殖策略,反对锁阴习俗的呼吁与运动并不会因此丧失立场。我们谴责锁阴习俗,是基于人道的关怀:没有人有权毁坏别人的身体。

因此,尽管社会生物学能帮助我们理解人类社会行为的演化脉络,但我们切不可认为它是唯一的路径。人类行为的目标(或动机),不可一概而论,"留下更多的子孙"不是唯一的考虑因素。一旦人类发展了文化,文化就有了自己的生命、自己的目标。今天许多人在辩论要不要生孩子,而且已经有许多人决定做丁克,他们要把时间、精力用于其他活动。我认为演化推论可以帮助理解人类社会行为(与习俗)的起源;可是对于理解人类社会习俗的现状,我不认为演化推论是唯一的路径。

简而言之,我们与其他动物一样,在演化过程中必须赢得生殖竞赛。我们过去发展出的生殖策略,塑造了我们(人性)。但是我们也发展出了道德意识,为了追求道德目标,即使得违反生殖竞赛的目标与方法,也在所不惜,无怨无悔。我们能有天人交战的经验,就是人与其他动物最根本的差异。

# 第 5 章

# 人类如何选择配偶和性伴侣

异性美与性感有没有普遍的标准？（东亚）中国人、（北欧）瑞典人与（南太平洋）斐济群岛岛民在外形上有很大的差异，他们有共同的美感、性感标准吗？如果没有，每个族群都有自己的审美，那么这些审美从何而来？基因？还是向同一社群中的其他成员那里学来的？究竟我们是如何挑选配偶与性伴侣的？

这是个在人类演化过程中重新出现的问题，或者至少可以说，比起另外两种黑猩猩，这个问题对我们更为重要。也许你会觉得惊讶吧？我们已经讨论过，人类的婚配系统（理想上一男一女维持长期的关系）是人类创造的。倭黑猩猩与人类完全相反，从不挑剔性伴侣：雌性与许多雄性轮流交配，同性之间也有频繁的"性交"。黑猩猩并不那么滥交，有时一雌一雄会离群"幽会"，过好几天才回来。不过以人类的标准来衡量，黑猩猩也算滥交动物。人类对于性伴侣非常挑剔，因为把孩子拉扯大，光靠单亲（通常是母亲）非常困难，尤其是在狩猎-采集社会。另一个原因是：对一对共同抚养孩子的男女来说，性是黏合剂，使他们的关系显得与众不同。对配偶或性伴侣很挑剔，在自然界并不是人类独有的特色，其他许多（名义上）实行一夫一妻制的物种，由于"配偶"关系是长期的，所以对择偶也颇为讲究。但是我们类似黑猩猩的祖先，已经丧失了这个特色，我们是在演化过程中重新发明这个特色的。许多鸟类，以及我们的远亲长臂猿，都讲究择偶。

在第 4 章我们讨论过，尽管理想中的一夫一妻制家庭是人类社会的基本单位，婚外性活动仍有很大的空间。我们挑选婚外情的对象，比我们挑结婚对象更讲求"性感"；出轨的女性往往比出轨的男性更挑剔。所以，无论为了结婚还是露水姻缘，我们挑选性伴侣的方式是人性的另一块重要基石。我们的自然根源是黑猩猩之类的动物，人类演化的过程涉及的不只是改造骨盆结构，还有择偶的方式，两者都是人类演化的基本面向、塑造人性的基本力量。甚至人类的"人种"，都可能是我们的审美标准的副产品。挑选床伴，牵涉至广，岂仅是一家一姓之兴亡？

\* \* \*

除了上述理论上的兴趣，我们择偶的方式本就是个令人感兴趣的题目。大多数人的大部分人生，念兹在兹的就是寻找意中人。我们之中的孤家寡人，每天都会梦想着自己的意中人。如果我们比较同一社群中的人对意中人的不同审美，这个问题就更有意思了。只要问问自己对什么样的人有"性趣"就成了。如果你是男人，请问你喜欢金发还是黑发、苗条还是丰腴、小眼睛还是大眼睛的女人？

如果你是女人，请问你中意的男人是留胡子的还是不留胡子的、高的还是矮的、笑面迎人的还是愁眉冷峻的？你可能不会任何人都看得上，只有某些类型的人吸引你。有些离过婚的人，再婚的对象活脱脱是前妻或前夫的翻版。你也许也有这样的朋友：我的一位同事，交过很多女朋友，她们都是貌不出众、瘦小、棕发、圆脸的女性。最后他终于找到一位合得来的结婚。不论你对异性的审美如何，你一定已经注意到：你有些朋友的审美与你完全不同。

　　我们在人海中浮沉，每个人都在寻觅自己的意中人，正是心理学家所谈的"搜寻意象"的一个例子。（所谓搜寻意象，是一个心灵意象，我们在搜寻过程中不断将身边的人和物与那个印象比较，以便迅速识别出自己想要的。）我们如何在心中发展出对意中人的搜寻意象？我们寻觅的是熟悉的类型，即与我们相似的人，还是陌生的类型，即与我们很不一样的人？如果有机会的话，大多数欧洲男人会对波利尼西亚女子倾心吗？我们寻觅的对象是拥有与我们互补的特质的吗？举例来说，有些有依赖性男人的确娶了像个妈妈似的女人，享受母性的温暖。可是这样的配对是典型的吗？

　　心理学家对这个问题已经研究了许多年。他们收集了许多对夫妻的资料，分析了许多变量，只要想得到的，巨细靡遗，包括外貌特征与其他条件，目的在找出"做夫妻"的"道理"（或是无以名之的"缘分"）。他们的结论，可以用统计学的"相关系数"简明地表达出来。如果你以某个标准（如身高）将100个丈夫排成一行，再以同样的标准将他们的妻子排成一行，相关系数描述丈夫在他那一行中的位置与妻子在她那一行中的位置的对应倾向有多大。相关系数如果为 1，就表示双方有完美的对应关系：最高的丈夫匹配身材最高的妻子，身高排在第 37 名的丈夫匹配身高排在第 37 名的妻子，以此类推。相关系数如果为-1，则关系正好相反：最高的丈夫匹配最矮的妻子，身高排在第 37 名的丈夫匹配身高倒数第 37 名的妻子，以此类推。最后，如果相关系数为零，那么男女的配对就没有逻辑可言，至少身高与做夫妻扯不上关系。其他的项目也可以计算相关系数，比如收入、智商。

如果你找到的夫妻够多，测量的项目也够多，你会发现相关系数最高（约为 0.9）的项目是宗教、种族、社会地位和经济条件、年龄与政治观点。换言之，大多数夫妻有相同的宗教信仰，是同一族裔等。你也许不会惊讶，相关系数次高（约正 0.4）的项目包括个性与智力的测量，例如内向还是外向、讲不讲究整洁，以及智商高低。邋遢的人与邋遢的人有配对的倾向，但是邋遢的人也可能与有洁癖的人结婚，且概率不会比政治保守派与左派联姻小。

那么夫妻的体质特征有没有配对关系呢？如果你只观察过几对夫妻，答案大概不会令你立即有会心之感。因为我们选择配偶，并不着重身体特征，倒是在为自家的赛级犬、赛马或肉牛配种时非常挑剔。但是我们的确会挑。如果你观察过许多对夫妻，答案就会出奇的简单：平均而言，夫妻间稍微有点相似；可是在体质上，几乎每一项特征都显著相似。

如果有人问你理想型的模样，你一定会首先设想所有显著的体质特征：身高、体重、发色、瞳孔的颜色与肤色。但是对于理想型的许多其他体质特征，你一定一时列举不出来，这些特征种类繁多，包括鼻宽、耳垂长度、中指长度、手腕的周长、两眼间距以及肺活量等。学者在各地调查，都得到同样的结果，如波兰的波兰人、密歇根州的美国人、中非乍得的非洲人。如果你不相信，下次出席有多对夫妻参加的聚会，记得仔细观察一下他们瞳孔的颜色（或测量他们耳垂的长度），然后用计算器计算相关系数。

夫妻体质特征的相关系数，平均为 0.2，不比个性（0.4）与宗教信仰（0.9）高，可是仍然显著地大于零。有几项体质特征甚至高于 0.2，其中最令人惊讶的是中指长度，相关系数为 0.61。至少在潜意识中，大家似乎对意中人的中指长度非常在意，对发色或智商倒没那么在意。

\* \* \*

一言以蔽之，物以类聚，人以群分。造成这个结果的原因有许多，在重要方面，显而易见，空间距离非常重要：住得相近的人，通常在社会地位、经济条件、宗教信仰与族裔方面有高度的同构性。举例来说，在美国的大城市中，你可以指出富人区在哪里，贫民区又在哪里，而且犹太人区、华人区、意大利人区、黑人区等也都历历可辨。我们走进教堂，遇见的是宗教信仰相同的人；我们在日常活动中总是遇见社会地位、经济条件、政治观点相似的人。由于在这些场合遇见与我们在好几方面都相似的人的机会比较多，难怪我们比较可能与背景相似的人结婚。但是人类组成社区，并不以居民的耳垂长度为准，因此必然还有其他的因素，使得配偶间在耳垂长度这类体质特征上表现出相关性。

配偶间有相似的倾向，另一个明显的原因是：婚姻并不只是选择，而是协商的结果。我们不会出门在众人里盲目寻觅，发现一个人，他拥有合适的瞳孔颜色、合适的中指长度，于是我们走上前去，向那人宣布：我们结婚吧。对大多数人而言，婚姻是求婚的结果，而不是单边宣言的结果，而求婚是一种协商的典型戏码。协商的双方在政治观点、宗教信仰与人格特质上越相似，协商的过程越顺利。一般来说，已婚夫妻比热恋中的男女在人格特质上更为接近，而婚姻美满的夫妻比婚姻不美满的夫妻、未离婚的夫妻比离婚的夫妻在人格特质上也更为接近。但是，这并不能解释夫妻间耳垂长度为什么相关，夫妻间闹离婚很少以耳垂长度不匹配为理由的。

除了空间距离与协商过程顺利，让人们决定结婚的因素就剩下体貌的性感程度了。这不该令人惊讶。大多数人都知道，我们对显而易见的体质特征，例如身高、体型与发色，都有特别的偏好。乍听之下会让人惊讶的，倒是许多其他体质特征的重要程度，例如耳垂长度、中指长度与两眼的距离，因为我们通常并不觉得自己在意这些特征。然而，我们一见到一见钟情的对象，就立刻惊为天人、情难自已，内心充满"蓦然回首"的惊喜，所有那些其他特征都在潜意识中促成了我们的决定。

举个例子好了。当年我对我太太玛丽一见倾心，她对我也有同感。回想起来，我能了解原因何在：我们两人都是棕色瞳孔，身高、体格相仿，发色都相同。但是，我也总感觉玛丽不知怎的不太符合我理想中的女友形象，可是我说不上来哪儿不对劲。直到我们第一次约会，一起去看芭蕾舞表演，我才解开了谜团。我把我的望远镜借给玛丽，让她仔细欣赏舞者的舞技，她看了一会就还给我，让我也能欣赏。可是我拿起她还给我的望远镜，却无法将目镜对准眼睛，原来她将望远镜调整了一下，使两个目镜的水平距离缩小了，才对得上她的双眼，这样一来，我得将望远镜恢复原状，才能让眼睛对准两个目镜。我这才恍然大悟，原来玛丽两眼的距离比较近，而过去我追求过的女孩的眼睛都和我一样，分得比较开。还好玛丽的耳垂长度与其他特征吸引住了我，不然，我和她的两眼距离不相配，还真不容易妥协。要不是那副望远镜，我也不会觉悟到我喜欢两眼距离比较远的女孩，我从来没有发现这个特征有那么大的魅力。

我们会与和自己相似的人结婚，你现在明白为什么了吧？但是——且慢。与一个女人最相似的男人，是拥有这个女人体内一半基因的男人，也就是这个女人的父亲或兄弟。同样地，与一个男人最速配的女人，是他的母亲或姐妹。然而我们大部分人都遵守乱伦禁忌，不会与自己的父母或兄弟姐妹结婚。

依我看，我们结婚的对象并不是与自己相似，而是看来与自己的父母或兄弟姐妹相似的人。我们对未来的性伴侣的“搜寻印象”从小就开始发展，这个印象深受我们身边异性的影响。对大多数人而言，父母、兄弟姐妹与童年密友，是日常生活中与我们互动最频繁的人。对于我们的行为，20世纪20年代一首流行的歌曲中有精要的描述。

我要一个女孩

就像那

嫁给我亲爱的老爹的女孩一样……

各位，现在可不要找自己的另一半，弄出把尺来量两人的耳垂长度，看看究竟差了多少。或者你找出父亲（或母亲）与兄弟（或姐妹）的照片，仔细对照老伴的面容，居然看不出丝毫相似之处。如果你的妻子唤不起你对母亲的记忆，可别丢下书不读了，也不必担心自己必须请教一下心理分析师，看看自己的"搜寻意象"是不是出了差错。请记住：

1.所有研究都显示，宗教与人格特质之类的因素比体貌更强烈地影响我们择偶的决定。我前面所谈的，只是指出体貌特征有某些影响。事实上，我相信一夜情的双方之间，比起夫妻之间，体貌特征的相关系数更高。因为我们挑选露水姻缘的对象，可以完全以体貌特征为标准，完全不理会宗教信仰或政治观点。这个预设仍有待检验。

2.除了父母、兄弟姐妹，你的搜寻意象也受其他人的影响，只要他们在你成长期间经常出现在你的周围，例如你的童年玩伴。也许你的妻子比较像你童年时期的邻家女孩，而不是你的母亲。

3搜寻意象容纳了许多彼此不相关的体貌特征，因此大多数人找到的配偶是在许多特征上总体来说与搜寻意象接近的人，而不是在少数特征上最接近搜寻意象的人，这就是所谓"丰满的红发女郎理论"。如果一个男人的母亲与姐妹都是丰满的红发女郎，他也许长大后对丰满的红发女郎特别感"性趣"。但是红发女郎本就不多，丰满的红发女郎就更少了。而且，这个男人即使找一夜情对象，也可能讲究其他的体貌特征，挑起配偶来就更吹毛求疵了，包括她对孩子、政治、金钱的态度都得考究。结果，一群身材丰满的红发女郎生的男孩子，长大后只有少数幸运儿能找到条件与其母亲一样的女人结婚。有些人娶了身材丰满但发色不是红色的女郎，有些人娶了红发但身材不丰满的女郎；大多数人娶的老婆身材不丰满，头发也是深色的。

读到这儿，你也许要抗议，指出我的论证只适用于婚恋自由的社会。从印度来的朋友立即提醒我：婚恋自由是美国与欧洲在20世纪的特殊习俗。在过去，美国与欧洲婚恋不自由，今天世界上大部分地区仍然婚恋不自由，婚姻都由双方家长做主，是家族的事。甚至有时新人在婚礼之前连面都没有见过。我的论证怎么可能应用在那样的婚姻上？

如果我们只谈论合法婚姻，当然不成。但是我的论证仍然适用于婚外情对象的挑选。婚外性行为也能产生数量不少的孩子，正如英国和美国新生儿的血型调查所透露的。事实上，如果在女性已经享有婚姻自主权的社会中，婚外性行为都能创造出那么多孩子，那么在女性没有婚姻自主权的社会中，婚外性行为可能会创造出更高比例的新生儿，因为只有通过婚外性行为，女性才能伸张性自主权。

\* \* \*

　　所以，我并不主张斐济群岛的男人偏爱斐济群岛的女人，而不是瑞典女人，或者斐济群岛的女人偏爱斐济群岛的男人，而不是瑞典男人。我们的搜寻意象具体得多。不过，这些睿见仍然没有回答所有的问题。我们寻觅伴侣的搜寻意象是遗传得来的还是学习得来的？如果让我从我的妹妹与一位陌生女子中挑一个性伴侣，我一定不会挑我的妹妹，也许连表妹都不会选。如果让我从远房表妹与一位陌生女子中选择呢？我会不会因为远房表妹比较像我而选择她呢？我们可以设计一些判决性实验来解答这些问题。例如将一个男人关在笼子里，让他与亲疏等级不同的表妹在一起，看他最宠爱哪一位，并详细记录下来。这个实验得多找几个男人，然后再以女性为主导，把女性与她们各自的表哥们关在一起。当然，我们无法用人来做这样的实验。但是科学家已经用好几种不同的动物做过这样的实验，结果发人深省。下面我会举出三个例子：喜爱表亲的鹌鹑、喷过香水的小白鼠与大老鼠。（无法以我们的近亲黑猩猩做这样的实验，因为它们太不挑剔了。）

　　第一个例子是日本鹌鹑。这种鸟在正常情况下，由亲生父母抚养，与亲手足一起长大。科学家在鹌鹑蛋没有被孵化之前，将其从亲生母亲的巢里移到另一个巢里，由"养母"孵化、养育，与没有血缘关系的"兄弟姐妹"一起长大。然后拿它做实验，看它的"性偏好"如何表现。

　　为了测验雄鹌鹑的性偏好，科学家将其与两只雌鹌鹑一起放入笼里，然后观察雄鹌鹑对哪一只雌鹌鹑比较好，相处较久，或交配次数较多。结果这只雄鹌鹑和陌生的雌鹌鹑（虽然有些是亲兄弟姐妹，但从未见过）在一起，只要它有选择的机会，它会偏爱表妹，而不是亲缘关系较远的远房表妹或没有亲缘关系的"陌生人"。但是，如果和它一起关在笼子里的是表妹与亲妹妹，它仍偏爱表妹。很明显，雄鹌鹑成年后记得一同长大的姐妹（或母亲）的长相，因此找的配偶与姐妹有点像，却又不会太像，暗合"中庸"要旨。就像生命中的其他事情，族内婚只要不过分，似乎是好事——少量族内婚是有益的，多了则有害。举例来说，在没有亲缘关系的雌鹌鹑中，雄鹌鹑偏爱不熟悉的，对与它一起长大的"姐妹"较没有"性趣"（虽然不是亲妹妹，但是仍然能触动雄鹌鹑体内"不可恣意乱伦"的机制）。

小白鼠与大老鼠都在童年掌握择偶的诀窍，不过它们不凭体貌，而凭气味。幼年雌鼠由被反复喷过香水的父母养大，成年后对带有香水味的雄鼠比较感"性趣"。在另一个实验中，幼年雄鼠母亲的乳头与阴道都被喷了柠檬味香水。雄鼠长大后，与雌鼠被关入同一个笼子，有的雌鼠身上有柠檬味，有的雌鼠身上没有。雄鼠与雌鼠的互动，都由摄像机拍下，科学家通过回放记录关键情节的时间。结果发现：由身上有柠檬味的雌鼠养大的雄鼠，遇上身上有柠檬味的雌鼠，插入与射精比较快，而遇上身上没有柠檬味的雌鼠，插入与射精则比较慢；由身上没有柠檬味的雌鼠养大的雄鼠，表现则相反。例如，由身上有柠檬味的雌鼠养大的雄鼠，遇上身上有柠檬味的异性，就兴奋得不得了，11.5 分钟就射精了，可是遇上身上没有柠檬味的异性，就要 17 分钟才射精。但是，由身上没有柠檬味的雌鼠养大的雄鼠，遇上身上有柠檬味的异性，得花 17 分钟才射精，而遇上身上没有柠檬味的异性，只花 12 分钟就射精了。雄鼠受母亲体味的挑逗而兴奋，显然是学会的，这个知识不是通过遗传获得的。

* * *

这些鹌鹑、小白鼠与大老鼠的实验，告诉了我们什么？它们传递的信息很清楚：这些物种的成员，在成长过程中学会辨认自己的父母与兄弟姐妹，成年后，体内便形成了一个程序，引导它们寻觅理想的配偶。它们的理想配偶与父母、兄弟姐妹中的异性相似，但绝不会是父母或兄弟姐妹——不得乱伦。它们也许遗传了某种搜寻意象，告诉它们老鼠大概的长相与构造，但是很明显，对谁是漂亮、性感的老鼠，它们的搜寻意象是学来的。

我们可以立即评估：需要什么样的实验，才能得到确凿的证据，显示这个理论也适用于人类。我们应该选一个中等幸福的家庭，父亲每天在身上喷香水，母亲哺乳期间每天都在乳头上涂抹柠檬油，然后等待 20 年，看他们的子女会和什么样的人结婚。算了，别提了，为了建立关于人类的科学真理，我们还得过五关斩六将，想起来就令人丧气。但是有些观察与意外实验仍然能让我们蹑手蹑脚地接近真理。

就谈乱伦禁忌好了。科学家一直在辩论：人类的乱伦禁忌是先天本能还是后天学习掌握的？就算我们不知怎的掌握了乱伦禁忌，它的应用范围是需要后天学习的还是遗传组中储藏着的信息？通常，我们在我们最亲近的亲人（父母与兄弟姐妹）身边长大，所以我们后来回避他们，不把他们当性伴侣，不管是先天的遗传机制，还是后天的学习机制，都一样说得通。但是养子女在养父母家中成长，也有发展出乱伦禁忌的倾向，这意味着回避亲人的行为是后天养成的。

以色列合作农场的一组有趣的观察资料支持这个结论。以色列的合作农场实行"集体制"，成年人各司其职，可是所有的孩子组成一个大团体，由成年人共同照顾、教养。农场上的孩子自出生到青少年时期都紧密地生活在一起，就好像一个大家庭中的兄弟姐妹。如果空间距离是主要影响婚配对象的因素，大部分农场孩子的嫁娶对象应该是"自己人"。事实上，研究人员分析了2 769个农场上长大的孩子的婚姻，发现只有13对新人来自同一个农场，其他孩子在成年后都与"外人"结婚。

甚至这13对新人都应该当作例外，也证实了"不与自己人结婚"是规则：在这13对新人中，每个人都是6岁以后才迁入集体农场的。自出生起就在农场上的同一群体中生活的人，不仅没有人结为连理，在青少年时期或成年后，他们中也没有人发展过恋爱关系。这真是令人惊讶的自制力。各位，那里可有近3 000名年轻男女，每天都有机会发生性关系，而且他们与"外人"谈情说爱的机会较少。这项研究戏剧化地说明了6岁前是我们形成性偏好的关键期，在这段时期，我们学习了以下规则：在这段时间的亲密伴侣不可以在我们成年后当作性伴侣。虽然这是在潜意识中进行的。

在我们的搜寻意象中，有一部分告诉我们"什么人必须回避"，我们在生命的第一个 6 年内不仅学习了这一部分，还似乎学习了"什么人必须追求"。举个例子。我有一个朋友，她有 100% 的华人血统，却在一个白人社区中成长，整个社区其他的家庭都是白人。等到她成年了，就搬到一个华人多的社区。有很长一段时间，她与华人、白人都约会，最后才觉悟：她觉得白人才能吸引她。她结过两次婚，对象都是白人。她的经验使她对其他华人女性的情况感到好奇，于是询问她的华人女性朋友的背景。结果她的女性朋友中，凡是在白人社区成长的，大多数最后都嫁给白人，可是那些在华人社区长大的就嫁给了华人，虽然她们年轻时交往的朋友中白人、华人都有。因此，在我们成长期中出现在我们周遭的人，虽然不能当作成年后的性伴侣，但是塑造了我们的审美标准和搜寻意象。

请你思考以下问题：你觉得什么样的人性感？你是在什么地方发展出这种审美的？我敢说，大多数人都像我，可以将自己的审美追溯到父母、兄弟姐妹或青梅竹马的体貌。所以，别因为那些有关性感的老掉牙的谚语而沮丧，比如"绅士喜爱金发美女"，"戴眼镜的女生没人看"等。每一条这样的"规则"都只对一些人有效，而且母亲近视且发色深的男人，数量很多。我和我太太都很幸运，我们两个都是发色深又需要戴眼镜的人，我们的父母也是这样的人。真是情人眼里出西施。

# 第 6 章

# 性选择与人种

"嗨！白种人，看看那三位老兄！第一个，是布卡岛来的；第二个，是马基拉岛来的；第三个，是斯凯亚纳岛来的。你看不出来？你没好好看吧？要不然，你的眼睛可能有毛病了？"

才怪，我的眼睛好得很。那是我第一次访问太平洋西南部的所罗门群岛的第一"印象"。我以当地流行的洋泾浜英语告诉导游：那三个人的体貌不一样，我看得很清楚。第一个人皮肤黝黑，卷发；第二个人肤色较浅，也是卷发；第三个人是直发，眼睛比较像蒙古种。我唯一搞不清楚的是他们打哪儿来。这怪不得我，我可是头一回来这儿，怎么知道各岛上的人各有特色？等我游历各岛，快要打道回府时，心里也就有谱了，通过肤色、发色与瞳孔的颜色，就可以判断一个人是哪个岛来的。

以那些体征而言，所罗门群岛上的岛民可以当作人类的缩影。从一个人的外表，你往往就能判断出他从世界上哪个地区来，受过训练的人类学家甚至能精确地说出他是从哪一国哪一地来的。

举例来说，如果从瑞典（北欧）、尼日利亚（中西非）、日本（东亚）各来一个人，没有人会搞错他们的国籍，只要看一眼就够了。穿了衣服的人，区别最大的体征当然是肤色、瞳孔的颜色和眼睛的形状、发色与发型、体型，以及（男人）脸上的胡须。对于没穿衣服的人，我们也许还会注意到体毛的量，女人乳房和乳头的大小、形状与颜色，女人阴唇与臀部的形状，以及男人阴茎的尺寸与角度，也不是整齐划一的。所有那些不稳定的体征构成了人类种族差异的基础。

人类种族的地理差异，早就是人类经验的一部分，旅行家、人类学家、偏执狂与政治家一直很感兴趣，一般人也一样。对于大家不熟悉的、不起眼的生物，科学家已经解开了许多关于它们的谜团，因此大家也许会以为：关于我们自己的最明显的问题——为什么不同地方的人长相不同，科学家早已成竹在胸，掌握了解答的钥匙。如果我们连不同的人类种族怎么会有那么大的差异都搞不清楚，还谈什么人与其他动物的差别呢？尽管如此，"人种"在达尔文的时代仍然是个敏感的题材，因此他在划时代的《物种起源》（1859年）中根本没有触及。即使在今天，也没有几个科学家敢研究人种起源的问题，他们担心：只要一碰触这个问题，就会被戴上种族主义者的帽子。

但是，我们不了解人类种族差异的意义，还有一个原因：这是一个极为困难的问题，出乎大家的意料。在达尔文发表了阐释"物种起源"的自然选择理论12年后，又出版了一部898页的巨著，以我们的性偏好（即第5章所谈的择偶偏好）解释人种起源，完全忽视自然选择的作用。尽管达尔文言之凿凿，但是许多读者并不信服。直到今天，达尔文的性选择理论在学界仍有争议。现代生物学家一般都以自然选择解释各人种之间的体貌差异，尤其是肤色，它与阳光曝晒之间的关系似乎显而易见、毋庸置疑。不过，生物学家对自然选择为什么会在赤道地带创造出黑色人种，甚至没有共识。我相信在人种形成的过程，自然选择扮演的是次要的角色，而达尔文的性选择理论是正确的。因此，大体而言，人种之间的体貌差异只是人类的生命周期经过改造之后的副产品。

* * *

首先，让我们扩大视野，千万不要以为种族差异现象是人类独有的。大多数动物与植物，只要分布得足够广泛，都会有地理差异，包括所有高等猿类（只有倭黑猩猩是例外，因为它们的分布范围很小）。有些鸟类族群差异非常分明，例如北美洲的白冠雀和欧亚大陆的黄鹡鸰，有经验的观鸟专家凭羽色图案就可以分辨每只鸟的出生地点，八九不离十。

猿类的族群差异也包括许多人类表现出的种族差异的特征。举例来说，大猩猩分布在三个不同的地区：西方低地大猩猩体型最小，毛色呈灰色或棕色；山地大猩猩毛最长；东方低地大猩猩的毛色是黑的，与山地大猩猩一样。白手长臂猿各族群也一样，体毛颜色有差异（黑色、棕色、红色、灰色），还有体毛长度、牙齿大小、下巴突出的程度、眼眶上脊发达的程度也不同。所有这些体貌特征不只在大猩猩族群或长臂猿族群间有差异，人类种族在这些项目上也表现出差异。

各个体貌不同的族群，属于不同的物种（生物分类的基本单位）还是同一物种的不同"亚种"（就是我们所谓的"种"）？我们怎样断定呢？我已经解释过，同一物种的成员在正常情况下可以交配，并生育有繁殖能力的子女；不同物种的动物，就不会那么做了。（亲缘关系很近的物种，虽然正常情况下不会在野外交配，但是在人工饲养的环境中可能交配，例如狮子与老虎。）根据这个标准，所有的人类种族都是同一物种的成员，因为各地的人类一旦接触，就会发生"混血"的事例，即使双方外貌看上去很不一样，例如非洲的班图人与俾格米人。人类与其他物种一样，各种族之间会交配，所以往往难以区分出血统纯粹的种族。以是否交配为衡量标准，被称为合趾猿的大型长臂猿是一个不同于小型长臂猿的物种，因为它们在野外不会交配。许多学者推测尼安德特人是一个与智人有别的物种，因为尽管克罗马农人与尼安德特人有过接触，但是没有留下"混血"的证据。

人类的种族差异现象，至少已有几千年的历史；不过人类的地理族群，可能更早的时候就已经形成了。古希腊历史学家希罗多德在公元前 450 年左右描述过西非的俾格米人、埃塞俄比亚的黑人（班图人）与一个俄罗斯的蓝眸、红发族群。埃及、秘鲁的古代绘画与木乃伊，以及欧洲泥炭沼泽中保存的古代尸体，都证实：与现代人类种族一样，几千年前的人类在发型、发色以及长相上就存在差异。现代人类种族的起源，可以进一步追溯到至少1 万年前，因为世界各地出土的化石显示那时各地的族群已经表现出今日当地人的头骨形态特征了。至于人类种族究竟是什么时候形成的，目前古人类学界仍在争论。有些人类学家认为人类种族的头骨形态特征在几十万年前就形成了，这一观点受到其他人类学家的质疑。如果这一观点是正确的，那么我们今日所见的人类种族差异的形成可能早于跳跃式演化时期，且可以追溯到直立人时期。

\* \* \*

现在让我们回到地理差异形成的机制问题。自然选择与性选择，哪一个比较能够解释我们的种族差异现象？先讨论自然选择吧，自然选择就是"有利于生存的体征会在演化过程中脱颖而出"的过程。今天没有科学家会否认物种之间的差异是由自然选择打造的，例如狮子脚上有利爪，我们手上有灵活的手指。也没有科学家会否认自然选择打造了同一物种的一些地理差异（种族差异）。以鼬鼠来说，生活在北极冬季积雪地区的族群，体毛随季节变化——夏季为棕色，冬季为白色；而生活在比较南边的族群，整年维持棕色。这一地理差异有生存意义，因为在棕色背景下，白色皮毛容易被猎食者捕猎，而在雪地，白色是保护色。

同样的自然选择逻辑也可以解释某些人类种族的地理差异。许多非洲黑人体内带有导致镰刀状血红蛋白的基因，因为他们生活在疟疾流行的区域，而这种异常基因似乎可以保护他们抵抗疟原虫侵袭，今天疟疾仍是非洲的主要传染病。其他的人类区域特征，可以用自然选择解释的还有南美安第斯山脉印第安人的大胸腔（适应高山稀氧的环境）、因纽特人的矮胖体型（减少散热）、南苏丹人的苗条体型（适于散热）、北亚族群眯缝眼（保护眼球少受寒气侵袭和避免雪地强烈反光的照射）。所有这些例子都很容易了解。

那么，自然选择能不能解释我们一想到种族差异就浮上心头的那些体征呢，例如肤色、瞳孔的颜色以及头发方面的差异？如果答案是"能"，我们应该期望只要居住地的气候一样，不同地区的不同族群应该会演化出同样的体征（例如蓝色的瞳孔）。果真如此的话，科学家对那个特定体征的功能就不会言人人殊、没有共识了。

表面看来，肤色是最容易了解的体征了。人类的肤色，从各种色调的黑色、棕色、古铜色、黄色到粉红色（长雀斑的或不长雀斑的）都有。用自然选择解释肤色的这种差别，通常是这么说的：非洲因为烈日当空，所以那儿的人皮肤都是黑色的；其他地区（如印度南部与新几内亚）的人，皮肤也是黑色的，因为那里也有同样程度的日晒；如果你从赤道向南或向北移动，遇见的族群皮肤会越来越白，直到你到达北欧——那儿全是白人。显而易见，暴露在强烈阳光下的族群，演化出深色的皮肤，以保护身体最重要的防御器官（皮肤）。这就好像白人在日光浴（或照射太阳灯）之后皮肤会变黑一样，只不过"晒黑"是皮肤针对阳光的可逆反应，而不涉及肤色基因的变化。同样显而易见的是深色皮肤在日照充足地区的功能：防止晒伤与皮肤癌。白人花太多时间在户外活动，容易得皮肤癌，而且通常癌症都发生于暴露在阳光下的身体部位，如头部和手部。你觉得这个解释合理吗？

可惜，事实没有这么简单。首先，皮肤晒伤与皮肤癌不会使人衰弱，死亡率并不高。作为自然选择的媒介，它们对族群人口的冲击，比起各种儿童传染病，瞠乎其后。学者提出了许多其他理论来解释肤色从极地到赤道的渐次差别。

一种颇受瞩目的理论，将焦点放在阳光中的紫外线与维生素D之间的关系。原来皮肤的色素层之下，有维生素D的前驱物，受到紫外线照射后，就会转化为维生素D。因此，热带地区的族群演化出黑皮肤，为的是避免受到过多紫外线的照射，否则肾脏容易衰竭——身体如果制造了太多维生素D，肾脏的负担就会增加。斯堪的纳维亚人演化出白皮肤，因为斯堪的纳维亚的冬天漫长而昏暗。为了充分捕捉阳光中的紫外线，生产足够的维生素D，免得患佝偻症，就得消除皮肤的黑色素。另外两种流行的理论是：在热带地区，深色皮肤可以过滤掉红外线，保护内脏，免得过热；或者，相反地，深色皮肤帮助热带族群在气温骤降后保暖。如果这4种理论还不能满足你的求知欲，我还可以举出4种来：深色皮肤在丛林中是最好的保护色；浅色皮肤比较不容易冻伤；在热带地区，深色皮肤可以防止铍中毒；在热带地区，浅色皮肤会造成另一种维生素（叶酸）不足。

热带地区的族群，为什么皮肤是深色的？既然至少有8种理论在流传，我们就没有理由说自己知道答案。光凭这一点，倒不足以否定（深色皮肤的）自然选择说。深色皮肤可能有多重功能，说不定有一天科学家能搞清楚。自然选择说的最大缺陷是：深色皮肤与日晒的关系并不完美。有些地区的土著，肤色很深，可是当地的日晒并不怎么严重，例如塔斯马尼亚岛岛民；热带东南亚地区的土著，肤色却不怎么深；新大陆的土著（印第安人）中没有肤色深的，甚至在南美洲赤道地区都没有。如果一并考虑大气云系，世界上有几个地区日照量非常小，平均每天日晒 3.5 个小时而已，例如西非赤道国家、中国南部、斯堪的纳维亚半岛，可是这些地方居民的肤色，分别是最深、最黄、最白的。所罗门群岛各岛屿都在同一个气候区中，可是肤色深与肤色浅的族群相邻而居。从证据上说，阳光并不是影响肤色的唯一自然选择因素。

　　人类学家对上述论证的第一反应是提出反证：时间因素。这个论证的目的是应对热带地区有肤色浅的居民的事实。他们声称这些族群不是热带地区的原住民，而是最近才从纬度高的地区迁入热带的移民，还没有足够的时间演化出深色皮肤。举例来说，现在美洲印第安人的祖先移民到新世界才不过 1.1 万年，也难怪美洲热带地区还没出现肤色深的族群。但是，如果你用时间因素来解释热带地区的浅肤色族群（肤色的气候理论的反例），那些支持肤色的气候理论的例子似乎也必须接受时间因素的检验。

　　斯堪的纳维亚人是支持气候理论的一个例证。斯堪的纳维亚半岛寒冷、黑暗、多雾，因此土著的肤色浅似乎与气候理论契合。然而，今日斯堪的纳维亚人的祖先很晚才在斯堪的纳维亚半岛定居——比印第安人的祖先进入美洲热带地区还晚。直到大约 9 000 年前，斯堪的纳维亚半岛仍然覆盖着冰层，人类根本不能在那里居住，不管是肤色深还是肤色浅的人。现代斯堪的纳维亚人在四五千年前才抵达斯堪的纳维亚半岛——近东农业族群与俄罗斯南部印欧语系族群扩张的结果。要么斯堪的纳维亚人是在其他地区变白的（换言之，这与斯堪的纳维亚半岛的气候无关），要么他们在斯堪的纳维亚半岛演化出白皮肤——但印第安人在热带美洲花了两倍时间还演化不出黑皮肤就是个谜了。

　　世界上唯一一个我们可以肯定其在过去 1 万年一直定居在一个定点的族群，就是塔斯马尼亚岛岛民了。这个岛位于澳大利亚南部，纬度与北半球的芝加哥、符拉迪沃斯托克相当，气候属于温带。这里曾经与澳大利亚相连，直到 1 万年前海平面上升，其与澳大利亚之间的陆路断绝，塔斯马尼亚岛形成。由于现代塔斯马尼亚岛岛民不会建造能够航行几英里的船，因此我们可以相信他们的祖先是当年从澳大利亚走过来的拓垦民。他们一直居住在那里，直到 19 世纪才被英国殖民者灭族。如果世界上有一个族群有足够时间演化出与温带气候契合的肤色，非塔斯马尼亚岛岛民莫属。可是他们的皮肤是黑色的——"应该是"适应热带气候的肤色。

　　好了，我们必须承认肤色的自然选择理论很容易被推翻，不过，更麻烦的是，发色、瞳孔颜色的自然选择理论连影子都没有。别说它们与气候没有一贯的相关性，连个勉强算得上合理的"说法"都没有。在寒冷、潮湿又昏暗的斯堪的纳维亚半岛，金发很常见，可是在炎热、干燥又明亮的澳大利亚中部沙漠，土著中也有许多人是金发。这两个地方有什么共同之处？金发有何特殊性，有利于瑞典人与澳大利亚土著在这两个地方生存？蓝色瞳孔在斯堪的纳维亚半岛上常见，据说能令人在昏暗朦胧的光线中看得较远。但是这个猜测并没有得到证实，我在新几内亚的朋友生活在光线更昏暗、更朦胧的环境中，他们的黑色瞳孔一样管用。

坚持以自然选择理论解释各种种族特征，最后可能产生荒谬的解释，最荒谬的是针对外生殖器与第二性征的差异所做的解释。半球状的乳房与圆锥状的乳房有什么不同的适应功能？半球状的乳房适应夏季的暴雨，圆锥状的乳房适应冬季的寒雾，还是相反？南非布须曼人女性的小阴唇非常突出，功能是保护她们不受狮子追猎，还是让她们在卡拉哈里沙漠中减少水分流失？男人的胸毛是在北极不穿衣服的情况下御寒用的，你相信吗？果真如此的话，女人为什么没有胸毛？她们不怕冷吗？

\* \* \*

前面讨论过的事实，使达尔文对自然选择概念不抱希望，解释人类种族差异，必须另起炉灶。他最后以简明的一句话，直指问题核心："人类种族间的体貌差异，没有直接或特别的生存功能。"达尔文用来解释人类种族差异的理论，是"性选择"，与自然选择相对，他写了一本书来专门讨论性选择。

这一理论的基本观念很容易理解。达尔文注意到许多动物都有一些形态特征，虽然没有明显的生存价值，但是有利于赢得配偶，或者吸引异性，或者威吓同性（竞争者）。大家熟悉的例子，有雄孔雀的尾巴、雄狮的鬃毛与雌狒狒发情时红艳的臀部。一头雄性能够成功吸引异性，或逐退同性竞争者，就能留下更多子女，它的基因与体貌特征就更有机会流传后代——这是性选择的结果，而不是自然选择的。这个论证也适用于雌性。

性选择的运作，有赖于一个性别的成员演化出某个特征，而异性对这个特征产生偏好。雌狒狒的红屁股若令雄狒狒厌恶，甚至提不起劲，性选择就发挥不了作用，不久红屁股的雌狒狒就会消失了。只要雌性有，而雄性喜欢，性选择可以导致任何"没道理的"体貌特征——只要它不太妨碍生存。事实上，许多性选择创造的特征的确很随意。一位外太空来的访客，如果从来没见过人类，没有理由预测男人而不是女人应该有胡须，胡须应该在脸上而不是在肚脐上方，女人不该有红色和蓝色的臀部。

性选择确有其事。瑞典生物学家马尔特·安德森以非洲的长尾寡妇鸟做过一个精彩的实验，证实了性选择。雄性长尾寡妇鸟在繁殖季节尾巴可以长达 20 英寸，而雌性的尾巴只有 3 英寸。这种鸟实行一夫多妻制，有些雄鸟可以找到 6 个配偶，而其他的雄鸟可能一个都找不到。生物学家早先猜测：雄鸟的长尾是吸引雌鸟的信号，除此之外，长尾似乎并无其他功能。因此安德森将 9 只雄鸟的尾巴剪短，只剩下 6 英寸长，再将剪下的部分粘贴到其他 9 只雄鸟的尾巴上，为它们创造了长达 30 英寸的超级长尾。然后安德森在一旁等待，看雌鸟在哪些雄鸟的地盘上筑巢。结果发现，超级长尾雄鸟吸引到的雌鸟，平均是被人工剪短尾巴的雄鸟的 4 倍以上。

我们对安德森实验的第一反应也许是：一堆傻鸟！你能想象吗？择偶只凭尾巴长度！可别太自得，请回想一下第 5 章谈过的我们的择偶标准。我们的择偶标准是比较好的基因质量指标吗？有些男人与女人不是也对身体某些部位的形状和尺寸特别重视吗？那些部位的形状和尺寸没什么大不了，不过就是供性选择作用的随意信号罢了。美貌在物竞天择中毫无用处，可是我们为什么对漂亮面孔那么感"性趣"？

在动物界，族群差异的某些特征是性选择创造的。举例来说，狮子的鬃毛长度与颜色有族群差异。同样地，雪雁有两种颜色，蓝色的在北极西部常见，白色的在北极东部常见。每一种颜色的鸟都找同色的异性为配偶。那么，人类的乳房形状与肤色会不会同样是性偏好的结果，而不同地区族群的性偏好不同也没什么道理？

达尔文在写完那本 898 页的书之后，确信这个问题的答案是个响亮的"是！"。他指出，我们选择配偶或性伴侣时对乳房、头发、眼睛与肤色的关注实在过分。他还指出，世界上不同的族群，以他们熟悉的事物界定乳房、头发、眼睛与肤色的审美标准。于是，斐济人、霍屯督人与瑞典人从小就学习那些"没道理的"审美标准，这个过程使整个族群都向那些标准靠拢，因为离经叛道的人不容易找到另一半。

在达尔文过世之前，还没有人好好研究过我们的择偶方式，以验证性选择理论。最近几十年这样的研究日益增加，在第 5 章我总结了这些研究的结果。我阐述过人们择偶有同气相求的倾向，也就是寻觅与自己相似的人做终身伴侣，这里谈的是每一个想得出来的特质，包括头发、瞳孔与皮肤的颜色。我们为什么那么

"自恋"呢？依我推测，我们发展审美标准的方式，是在童年时将身边的人"铭印"在脑海里，特别是父母与兄弟姐妹，也就是我们接触最频繁的人。可是父母与兄弟姐妹也是与我们体貌最相像的人，因为大家的基因组中至少有50%是共有的。于是，一个肤色浅、金发碧眼的人，在一群肤色浅、金发碧眼的人中间成长，就会认为肤色浅、金发碧眼的人最美，因而容易与这样的人坠入情网。

为了严格验证我这个择偶的铭印理论，你也许会希望将一群瑞典新生儿送到新几内亚寄养家庭去，或者将他们的瑞典父母永远涂成黑色。20年后，等他们长大了，再研究他们找什么人做性伴侣，瑞典人（肤色白）还是新几内亚人（肤色黑）？再一次，我们面临不可逾越的困难，即使寻找关于人性的"真"，也无法违抗人性中"善"的指令。但是我们可以用动物做同样严格的实验。

就拿雪雁来说吧。这种鸟有两种颜色：蓝色和白色。白雪雁与白雪雁交配，蓝雪雁与蓝雪雁交配，这种性偏好是后天学来的还是先天遗传的？加拿大的科学家先用保温箱将雪雁孵化，再将幼雏放入"寄养家庭"的巢里。结果那些幼雏长大后，选择毛色与养父母相同的异性交配。如果将孵化的幼雏放进一个"大家庭"，两种颜色的雪雁各占一半，它长大后，选择性伴侣就没有颜色偏好。最后，如果将父母染成粉红色，幼雏长大后就会偏爱染成粉红色的异性。看来雪雁对颜色的偏见是学来的，而不是遗传的，从父母（与手足和玩伴）"铭印"，是一种学习机制。

\* \* \*

　　那么，世界各地的种族是如何演化出彼此之间的差异的呢？我们看不见身体内部的构造，身体内部的构造是由自然选择塑造的，所以生活在热带疟疾肆虐地区的人，体内有抗疟基因——镰刀状血红蛋白，瑞典人体内就没有。我们外表的许多特征，也是自然选择塑造的。但是，我们与其他动物一样，性选择塑造了外表令人觉得性感的特征，我们凭这些特征择偶。

　　对人类而言，这些特征不外乎皮肤、眼睛、头发、乳房与生殖器。在世界各地的种族中，这些特征受我们自小铭印的审美的驱策而不断演化。演化的终点由审美决定，而审美是没什么道理的。一个种族的瞳孔颜色或发色，可能部分原因是意外，即生物学家所谓的"创始者效应"。也就是说，如果一块空地上最初只有几个人，那么这几个人的基因在许多世代之后还会是整个种族的"主流"。有的天堂鸟的羽色是黄的，有的是黑的。人类也一样，有的种族的发色是黄色，有的是黑色；有的种族的瞳孔颜色是蓝色，有的是绿色；有的种族的乳头颜色是橘色，有的是棕色。

　　我无意主张肤色与气候不相关。我承认热带地区的种族平均而言肤色比温带地区的深，虽然有许多例外。这可能与自然选择有关，可是我们不清楚确实的机制。我主张的是，性选择是个强大的力量，足以磨灭自然选择的痕迹，使肤色与阳光曝晒的关联变得不那么紧密。

　　如果你仍然怀疑体征与审美偏好能够一道演化，最后到达差异很大、没什么道理的终点，请想想流行风尚的变化吧。20世纪 50 年代初，我还是个小学生，女性认为英俊的男人是寸头、胡子刮得干净的那一型。从那时起，已经出现过一系列男人的时髦造型，从留胡子、长发、戴耳环、染紫色头发，直到莫西干发型（头顶留一道头发，两旁理光）。在 20 世纪 50 年代，如果哪个男人敢这样打扮，女人一定退避三舍，他就很难找到伴侣。难道寸头在斯大林晚年特别适应大气状况，还是紫色莫西干发型在切尔诺贝利事故之后有比较高的生存价值？都不是。男人的外表与女人的审美一起变化，它们变化起来比肤色的演化快得多，因为不需要基因突变。要么女人喜欢理寸头的男人，是因为好男人都理寸头；要么男人理寸头，是因为淑女喜欢理寸头的男人；或者两者都是。女性的外表与男性的审美也可做如是观。

对一位动物学家而言，性选择创造出的不同种族外貌的地理差异非常惊人。我已经论证过，人类的大部分变异是人类生命周期的一个特色副产品，这个特色就是我们对配偶或性伴侣十分挑剔。没有一种野生动物的不同族群的瞳孔颜色有绿色、蓝色、灰色、棕色、黑色，而且肤色的地理差异从苍白到黝黑，发色有红色、黄色、棕色、黑色、灰色、白色。性选择以颜色装扮我们的能力，也许没有止境，唯一的限制只有演化时间。如果人类能再生存 2 万年，我预言世上会出现天生绿发红眼的女人，而且男人会认为这样的女人最性感。

# 第 7 章

# 死亡与衰老的奥秘

死亡与衰老是个谜，小孩子追问，青年人否认，中年人无奈地接受。上大学的日子里，我很少想到衰老。既然写下这些文字时我已经 54 岁了，当然就对衰老这个问题感兴趣了。美国白人男性的预期寿命约为 78 岁，女性约为 83 岁。但是我们没有几个人能活到 100 岁。为什么活到 80 岁不难，活到 100 岁就难了，活到 120 岁更难如登天？得到最佳医疗服务的人，被关在笼子里不愁吃喝又不必担心天敌的动物，都免不了老死，为什么？这是我们的生命周期最显著的特征，但它没有显而易见的理由。

对的，我们会老，我们会死，和其他动物没什么两样。但是在细节上，我们与其他动物不同，我们在演化过程中发生了许多变化。猿类的预期寿命从来没有达到美国白人的水平，只有少数几头活到过 50 岁——那是例外，而非常态。用不着多说，我们比猿类老化得慢，别忘了它们是我们最亲近的亲戚。我们老化得非常缓慢，这个特征可能是最近才演化形成的，大约在跳跃式演化前夕，因为不少克罗马农人可以活到 60 岁，而尼安德特人几乎没有活过 40 岁的。

在人类的生活方式中，缓慢衰老是个至关重要的因素，与婚姻、隐性排卵，以及我们在前文讨论过的其他生命周期特征一样。因为我们的生活方式依赖人与人之间信息的流通。随着语言的逐步发展，流通信息的量越来越空前。在文字发明之前，老年人是信息与经验的数据库，在今日的部落社会中，他们仍在扮演那种角色。在狩猎-采集时代，宗族中即使只有一个年过 70 岁的人，他的知识也能决定整个宗族的命运。因此，长寿是我们越过兽界、进入人境的本钱。

不用说，我们能够活得越来越长，凭的无非是先进的文化与技术。面对狮子的威胁，手上握根长矛，总比抓块石头心里踏实，如果有一杆大威力步枪在手，就更没什么可担心的了。不过，先进的文化与技术也得有配套设施才管用——为了长寿我们的身体已经重新设计过了。动物园饲养的猿，享受了人类技术与兽医学的成果，仍然不能活到 80 岁。在本章中我会说明，我们的生命机理已经改造过了，因此我们的文化进步所容许的长寿才能实现。特别是克罗马农人的平均寿命比尼安德特人长，我猜克罗马农人制作的工具并不是唯一的因素。在跳跃式演化前后，我们的生命机理必然发生了变化，使我们的衰老速度变慢了。可能就是在那个时候，绝经演化出来了——绝经是衰老的指针，但它的功能是让女人活得更长，矛盾吧？

* * *

　　科学家探讨衰老问题的切入点，视他们感兴趣的是近因还是终极因而定。两者有什么区别呢？举个例子。"为什么北美洲的臭鼬闻起来很臭？"一位化学家或分子生物学家会回答："因为臭鼬分泌的化学物具有某种特定的分子结构。这些结构导致难闻的气味，而化学物的分子结构是由量子力学决定的。总之，这些化学物气味难闻，因为它们有特定的分子结构。至于难闻的气味有什么生物功能，另当别论。"

　　但是演化生物学家会这样回答："臭味是臭鼬的防御武器，如果它们身上没有这种臭味，就容易被其他动物猎食。臭鼬分泌的化学物臭气熏天，是演化出来的特征——分泌的化学物越臭，存活概率越大，越可能生养下更多的后代。这就是自然选择。这些化学物的分子结构细节不过是巧合。任何其他的化学物，只要气味不好，都能发挥同样的功能。"

　　化学家提出的是近因，也就是直接导致观察到的现象的机制。演化生物学家提出的是终极因：促成那个机制演化的功能或一连串事件。这两位专家彼此不服气，会驳斥对方的解释并不中肯。

　　同样地，有两组科学家在对衰老进行研究，他们互不隶属，各做各的，鲜少交流。一组只对近因感兴趣，另一组探究终极因。演化生物学家想了解自然选择怎么会容许衰老发生，他们认为他们已经找到了答案。生理学家深入衰老的细胞机制，承认他们还没有找到答案。但是我主张，我们得双管齐下，才能了解衰老现象。特别是，我预期演化（终极因）解释会帮我们找到生理解释（近因），而科学家直到现在还没有头绪。

＊＊＊

在展开论证之前，我必须先回答生理学家朋友必然会提出的反对意见。他们往往认为我们的生理系统中的某些东西不可避免地会衰老，与演化毫不相干。举例来说，有一种生理学理论认为，我们衰老是因为我们的免疫系统越来越难以区分自己的细胞与外来的"异物"。支持这个理论的生理学家等于暗中假定：没有这种致命的缺陷，自然选择无法创造一个完美的免疫系统。这个假定有根据吗？

为了评估这个反对立场，我们得研究一下生物修理机制，因为衰老也许被简单地视为无法修理的损害或退化。一提到"修理"，读者也许就会想到最令人沮丧的修理经验——汽车修理。我们的汽车会老化，最后报废。但是我们可以花钱，推迟它们不可避免的结局。同样地，我们也在不断修理自己的身体，从分子、组织到器官的各个层面，无时稍歇，只是我们没有意识到罢了。我们的自我修理机制有两种，与我们的汽车修理策略一样：损害控制与定期更新。

以汽车修理而论，损害控制的例子就是修理保险杠。除非保险杠受到损伤，我们不会修理保险杠；我们不会定期更换保险杠，像更换机油一样。身体进行损害控制最明显的例子，就是伤口愈合——修补皮肤的伤口。许多动物都有非凡的损害控制本领：蜥蝎的尾巴切断了，可以再生；海星的臂足、螃蟹的脚、海参的肠子、带状蠕虫的毒针棘，都可以再生。在肉眼看不见的分子层面，我们的遗传物质DNA完全以损害控制机制修理：细胞内有专门的酶，负责找出DNA分子的受损部位修理，根本不理会完好的部位。

另一种修理机制，即定期更新，每一个有车的人都不陌生：在汽车并未发生故障时，我们就会定期更换机油、空气滤芯、滚珠轴承。在生物界，牙齿有固定的更换时间：人类共有2副牙齿——乳齿与恒齿，大象有6副牙齿，鲨鱼一生不断换牙。虽然人类一生就一副骨架，但是龙虾和其他节肢动物定期更换外骨骼——它们蜕去旧骨，再长新的。另一个明显的定期更新的例子，就是我们的头发：不论我们把头发剪得多么短，头发总会再长出来。

定期更新也在细胞与分子层面进行。我们不断更新许多身体细胞：肠内壁细胞每几天更换一次，膀胱内壁细胞每两个月更新一次，红细胞每四个月更新一次。在分子层面，我们的蛋白质分子也会不断更新，每一种都有独特的速率。这样才能避免受损的分子在体内堆积。拿你爱人的面容与他（她）一个月以前的照片比较，可能看不出什么变化，但是他（她）体内的许多分子都已经更新了。大自然将我们拆散了又组合起来，每一天我们都是个"新"人。

在这种情况下，动物身体的大部分组织、器官一旦受损就可以修理或是定期更新，但是究竟可以更新到什么程度，视组织、器官而定，而且物种间也有很大的差异。我们人类身体的自我修理能力很有限，这是事实。可是，这并不是什么不可避免的生理限制。既然海星的臂足斩断之后能够再生，我们为什么不行？大象可以有 6 副牙齿，我们为什么只有 2 副？要是有了那 4 副，我们年纪大了之后就不必补牙、戴牙套、装假牙了。老年人常受关节炎的折磨，如果我们像螃蟹一样，可以定期更换关节，那多好？如果我们能定期更换心脏，还担心什么心脏病呢？带状蠕虫不是能更换毒针棘吗？我们也许会认为，自然选择偏爱的人，是 80 岁不但不发心脏病而且还能继续生养孩子，至少活到 200 岁的人。如果我们的身体什么都能修理，什么都能更换有多好！这样的身体为什么演化不出来呢？

　　答案当然与修理的代价有关。在这儿，汽车修理仍然是个有用的比喻。如果奔驰汽车的广告可信的话，奔驰车造得非常坚固，即使你不保养（连换机油、润滑油都免了）也能开上好些年。当然，好些年之后，奔驰车还是会因为累积了太多不可逆的损伤而报废。因此开奔驰车的朋友通常都会定期保养爱车。他们告诉我，奔驰车保养起来贵得很：每次进场要花费数百美元。不过他们都认为值得：奔驰车好好保养的话，寿命长得很，而且定期保养旧车，比隔几年就换辆新车划得来。

　　美国与德国的奔驰车车主，大多那样盘算。但是如果你住在巴布亚新几内亚首都莫尔兹比港呢？莫尔兹比港是世界车祸之都，任何车到了那里，不论怎么保养，都可能在一年之内报废。新几内亚的许多有车一族根本不肯费事保养车子：他们宁肯省下钱，买下一辆车。

借着这个比喻，我们也可以讨论：一个动物"应该"投资多少在生物修理方面？要考虑的是修理的代价，以及维修对预期寿命的影响。但是"应不应该"的问题，属于演化生物学而不是生理学领域。自然选择往往使生物生养最多的子女——只要它们也能顺利生养自己的子女。因此，我们可以把演化当作一种策略游戏，参与游戏的生物个体，必须筹划有效的策略以生养子女，子女最多者获胜。因此，博弈论运用的推论方式能帮助我们了解我们的生殖策略是怎样演化出来的。

* * *

寿命，以及生物修理的投资问题，是更广泛的演化问题之一：任何一个有利的生物特征，都有演化的极限，这个极限怎么设定的？博弈论能帮助我们理清其中的关键。除了寿命，还有许多生物特征都令人不免怀疑：为什么自然选择不让它们更长、更大、更快或更多？举例来说，体格魁梧、聪明、跑得快的人，当然比体格瘦小、愚笨、跑得慢的人占优势——别忘了，人类演化史的大部分时间里，我们的祖先都需要抵御狮子、鬣狗。为什么我们没有演化成体格更魁梧、更聪明、跑得更快的物种？

乍看之下，这些演化的设计问题似乎十分简单，麻烦的是：自然选择的对象是生物个体，而不是个体的各个零件。必须存活、生养子女的，是你这个人，而不是你的大脑或飞毛腿。若改善一个动物身体的某个零件，也许在某一方面这个动物可以享受明显的好处，但是在其他方面可能对它有害。举例来说，一个零件改善了之后，可能会与身体的其他零件不再相适应，或它会消耗更多的能量，使其他零件得不到充分的能量。

对演化生物学家来说，用于表达这一"麻烦"的关键词是"优化"。针对生物个体的基本设计，自然选择对每一个性状都会仔细推敲，使个体的寿命与生殖率达到最高水平。各个性状不会朝向最佳状态演化，它们会向最佳的中庸状态汇聚，既不太大，也不太小。生物个体因此变得更为成功，如果某个特质更大或更小，就不会那么成功。

如果上面以动物为例的讨论显得抽象了点，那我们谈谈日常生活中常见的机器好了。人设计机器（工程设计），与自然选择打造动物的身体（演化设计）基本上遵循同样的原理。举例来说，在我拥有的机器中，最令我骄傲、喜悦的，就是那辆1962年出厂的大众甲壳虫车，那是我唯一拥有的车（车迷大概不需要提醒：1962年，大众汽车首度加大了甲壳虫车的后车窗）。在平坦、顺畅的高速公路上，我的甲壳虫车若在顺风情况下，时速可达65英里。开宝马车的朋友，也许会认为我的爱车实在太逊了。为什么我不把它4汽缸40马力的发动机拆掉，换上宝马750IL的12汽缸296马力的发动机呢？我的邻居开宝马750IL，在圣迭戈高速路上狂飙时速可达180英里。

好吧，即使我承认玩车我早已落伍了，我也知道那行不通。首先，那巨大的宝马发动机根本装不进我的甲壳虫车。其次，宝马车的发动机是前置的，而甲壳虫车的发动机是后置的，所以我即使把甲壳虫车的发动机扩大了，还得更换变速箱、传动轴等组件。我也必须改变避震器、刹车，因为它们原来是为了时速65英里而不是180英里设计的。等到改装完毕，甲壳虫车上原来的零件所剩无几。而且这样的改装必然要花上一大笔钱。我想，我原先小巧的40马力发动机是"最佳的"，因为如果我想增加车速，就不能不牺牲这辆车的其他性能，并牺牲我的生活方式中其他费钱的项目。

虽然市场机制最终会消灭"工程怪胎"，像是宝马发动机配甲壳虫车，但是我们还能想到许多花了好一阵子才绝迹的怪胎。熟悉海战史的朋友，一定会同意英国的战列巡航舰是个好例子。第一次世界大战前后，英国海军建造了13艘战列巡航舰，这些军舰的特征是战列舰的吨位与火力加上巡航舰的速度。由于战列巡航舰既有火力又有速度，立刻抓住了大众的眼球，成为宣传重点。不过，要是一艘军舰的最大排水量是2.8万吨，为了加强火力及速度，火炮与发动机的重量势必得增加，其他零件的重量就受到了极大的限制。于是战列巡航舰牺牲了装甲强度，其他方面也得牺牲，例如小型火炮、内部隔间和对抗空袭的装备。

这种未达最佳水平的设计产生了不可避免的后果。1916年，在日德兰海战中，英国皇家海军"不倦号""玛丽女王号""无敌号"几乎一被德军的炮弹击中就爆炸沉没。1941年，英国皇家海军"胡德号"与德舰"俾斯麦号"遭遇，仅8分钟就被击沉。日本偷袭珍珠港之后，几天内英国皇家海军"反击号"就被日本轰炸机击沉，它似乎是海战史上第一艘被空军击沉的大型战舰。

这一连串"战绩"显示：战舰中有些零件特别巨大，不足以使整艘战舰处于最佳状态，英国海军这才放弃了战列巡航舰。

简而言之，在一部机器中，工程师不会只修补单一零件而不顾及整体，因为每一个零件都需花钱、占空间、摊重量，这些都可能挪用到其他零件上。工程师得考虑如何组合零件才能使机器的效能达到最佳状态。同样的逻辑，演化不会只修补单一生物特征而不顾及动物的整个身体，因为每一个结构、酶或 DNA 片段都耗能量、占空间，这些都可以挪作他用。任何特征组合，只要能带来最大生殖成就，就会受自然选择的青睐。工程师与演化生物学家都必须评估体系内增加任何东西之后的得与失：必须付出的代价与可能的收益。

\* \* \*

运用这套逻辑解释我们生命周期的特征，最明显的困难是，有许多特征似乎在降低而不是增加我们生养子女的能力。衰老与死亡就是一个例子，其他的例子还有女性绝经、一胎只生一个孩子、最多一年生一个孩子、12~16 岁以后才能生孩子。如果女人 5 岁就进入青春期、怀孕三个星期就瓜熟蒂落、以五胞胎为常态、不会停经、投入大量资源修理身体、活到 200 岁、一生至少生养上百个孩子，自然选择会不喜欢吗？

但是这样问问题等于假定演化可以一个零件一个零件地改变我们的身体，并且忽略了隐藏的代价。举例来说，女性妊娠期果真缩短成三个星期的话，孕妇的身体与胎儿都得有配套的改变。

记住，我们只能获得有限的能量供应。即使是运动量大、饮食丰富的人，例如伐木工人、马拉松选手等，一天消耗的能量也不可能超过 6 000 卡路里。如果我们的目标是生养尽可能多的孩子，我们应该如何调配这些卡路里呢？多少该用来修理身体？多少用来生孩子？

如果我们将所有能量都用来生孩子，一点也不留，不顾修理身体，那我们的身体会很快衰老、崩溃，等不及第一个孩子出生了。如果我们花费所有能量修理身体，我们也许可以活得较长，却没有能量制造、生养孩子——这是一个十分消耗能量的过程。自然选择必须做的是，调配修理身体与生殖的相对花费，求得最大生殖率（终身生殖成就除以寿命）。对那个问题的答案，各个物种不同，许多因素都必须考虑，例如意外死亡的风险、生殖生理的特征、修理的代价（修理有许多形式，代价各不相同）。

动物的修理机制与衰老速率有何差别，有何理由？我们可以利用这个（能量分配）观点建构可以测验的预测。1957 年，演化生物学家威廉·威廉姆斯引用了一些惊人的衰老事实，指出只有从演化的观点来看，它们才有其道理。让我们先看看威廉姆斯举出的一些例子，再以生物修理的生理学语言来重新表达。如果衰老的速率低，就表示修理机制有效。

第一个例子讨论动物第一次生殖的年纪。这个年纪在不同的物种之间有很大的差异：人类几乎没有在 12 岁前生孩子的，老鼠两个月大就能怀孕生产。动物如果很晚才首次生殖，就必须花费许多能量修理身体，这样才能活到生殖年龄。据此我们推测，第一次生殖的年龄越大，花费在修理身体上的能量越多。

　　举例来说，我们人类衰老得非常缓慢，也就是说，我们的生物修理机制非常有效，与我们很晚才开始生殖相关。老鼠比我们早生殖，衰老得也快，它们的修理机制可能不太有效。即使食物供应充足，并得到最好的医疗服务，老鼠也很难活到 2 岁。可是人类如果活不到 72 岁，就要怪运气不好了。演化的理由是，如果人花费在修理身体的能量比老鼠还少，就会夭折，活不到青春期。因此，与修理老鼠的身体相比，修理人的身体值得花费能量。

　　我们推测人类花费了较多能量维修身体，这些花费的明细可能是怎么样的？乍一看，人类的修理能力似乎不怎么样。我们截肢后，不会从断肢处长出新肢，我们也不会定期更换骨架，而一些短命的无脊椎动物就可以。然而，整个结构的更新虽然壮观但不常见，可能也不是动物修理账单上花费最大的项目。最大的支出发生在肉眼不可见的细胞与分子层面——我们的身体每天都得更新许多细胞与分子。即使一个人每天只是躺着不动，男性一天也要消耗 1 640 卡路里（女性 1 430 卡路里）维持基本的新陈代谢——大部分能量花在肉眼不可见的定期更新上。因此我猜想，我们的日常能量开销中有很大的比例花在例行性的自我修理上，这类开支比老鼠大很多。至于其他的目的，例如保暖或照顾幼儿，所占的比例不高。

　　我要讨论的第二个例子，涉及"无法修复的伤害"的风险。有些生物损伤可以修复，但是有些伤害绝对无法恢复原状，例如被狮子吃掉。如果你明天可能会被狮子吃掉，今天付钱给牙医做牙齿矫正就毫无意义。你最好别理牙齿，立刻去生孩子。但是，如果一个动物因为无法恢复原状的意外而死亡的概率很低，那么就值得在昂贵的修理机制上投资，以推迟衰老。同理，德国与美国的奔驰汽车车主愿意斥巨资保养汽车，新几内亚的车主就不会那么做。

生物界的例子则有：遭到（天敌）猎杀的风险，鸟类比哺乳动物低（因为鸟儿可以飞行），乌龟比大多数其他爬行动物低（因为有龟壳保护）。于是，鸟类与乌龟投资昂贵的修理机制可以获得较高的回收。那些容易遭猎杀的哺乳动物与爬行动物，就省省吧。事实上，各种人类宠物都过着饮食充足、安全无虞的生活，相比而言，鸟类比身材相近的哺乳动物活得长（衰老比较缓慢），乌龟比身材相近的无壳爬行动物活得长。鸟类中，海燕与信天翁都在孤绝的大洋岛屿上筑巢，即使有天敌也难接近。它们的生命周期节奏悠闲，可与我们的媲美。有些信天翁甚至到10岁才开始生殖，我们仍不知它们可以活多长：几十年前生物学家为它们装了金属脚环，以便追踪，可是那些脚环腐朽了，鸟儿仍健在。一只信天翁花10年发育，这10年内一个老鼠族群可以繁殖60代，但它们绝大多数不是葬送在猎食动物的五脏庙里，就是老死了。

我们的第三个例子是同一物种两性的寿命差异。我们预期两性中意外死亡率较低的那一方投资修理机制的收益较大（寿命因而延长）。在许多或大多数动物种中，雄性的意外死亡率比雌性高，部分原因是雄性从事高风险的竞争，例如打斗或危险的雄风表演。今天的男人也一样，也许在整个人类演化史上男人都一样：无论部族间的战争还是部族内的竞争，男人都必须与其他的男人对抗，是最容易死于非命的性别。而且，许多物种的雄性身材比雌性魁梧，可是研究红鹿与美洲黑鸟，却发现雄性因为体型较大，一旦缺粮就不容易存活。

与男人较高的意外死亡率相关的是，男人衰老得较快，非意外死亡率也比女人高。目前，女人的预期寿命大约比男性多 6 岁。这个差异的部分原因是男性吸烟者比女性多，但是即使在不吸烟的人口中，也可以发现预期寿命有性别差异。这些差异意味着：演化为两性写下了程序，让女性花较多的能量修补身体，男性花较多能量斗争。换句话说，修理男人的身体划不来，不如修理女人的身体。但是我无意贬抑男性间的斗争，男性斗争其实有演化意义：赢得妻子以及为子女与族群夺取资源，至于其他的男人及其子女与族群，就是他家的事了。

\* \* \*

某些关于衰老的惊人事实，从演化的观点才能理解，前面已经谈过几个例子。现在我要举最后一个例子，这完全是人类独有的特色，就是人类在生殖期结束之后仍然能活很长一段时间，尤其是女性在绝经后。由于演化的动力是传递基因，其他动物物种很少有在生殖期结束之后还能存活的。相反，大自然的生命程序在动物生殖机能停顿的那一刻安排了死亡，因为动物既然停止生殖了，继续修理身体就没有演化意义，而显得多余。女人在绝经后仍然能活几十年，男人可以活到不再对生儿育女感"性趣"的年纪，这似乎是动物界的例外，得费一番唇舌才能令读者明白，人类现象也是自然选择规划的。

但是，稍做思量，就会发现人类现象其实不难解释。人类发育、成长很不容易，得花上近 20 年。在人类社群中，老年人扮演着非常重要的角色，即使他们的子女已经成年，他们对整个社群（不只是自己的子女）的生存仍能发挥攸关生死的功能。特别是在没有文字的时代与社群中，老年人扮演的是知识库的角色，保存、传递极为重要的经验与智慧。在大自然的规划之下，我们获得了一种特别的本领：女人即使在生殖机能终止之后，仍然继续修理身体。

此外，我们还是想知道：为什么自然选择最初会在女人的生命周期中安排绝经这档子事？我们不能将绝经视为生理上不可避免的现象，就像我们早先以为衰老是生理上不可避免之事一样。大多数哺乳动物（包括男人与黑猩猩和大猩猩的两性）的生殖机能都是逐步退化的，最后身体衰老、生殖机能全面停摆。但女人的停经是生殖机能突然关闭。为什么这种奇特的、似乎违反生殖利益的人类生理特征竟然会演化出来？为什么自然选择不让女人一直保持生殖能力，直到生命的尽头？

女人绝经的演化渊源，也许是其他两个明显的人类特征：女人分娩必须承受的风险、母亲死亡对婴幼儿的生存造成的危险。如前所述，人类的初生儿相对于母亲的身体来说实在太大了：一个体重 100 磅的母亲，要生下 7 磅重的婴儿，而体重 200 磅的大猩猩母亲，生下的婴儿才不过 4 磅重。因此，分娩对女人来说凶险万分。特别是在现代产科兴起之前，分娩可能会致命，大猩猩与黑猩猩母亲则从未遭遇过这种厄运。学者研究过 401 只怀孕的恒河猴，只有 1 只死于分娩。

现在我们要讨论人类婴儿对双亲尤其是母亲的极度依赖。由于人类婴儿发育得非常缓慢，断奶后也无法自行觅食（黑猩猩就可以），在狩猎-采集社会中，母亲一旦撒手人寰，她的孩子就会面临生存问题，性命都可能不保，除非他们已经长到了青春期。其他的灵长类动物父母死亡造成的生存风险，对还没断奶的幼崽比较大。狩猎-采集社会的母亲，生了几个孩子后，若继续生孩子，每一次都等于赌博，而赌注是她先前生下的孩子。由于她对先前生下的孩子之投资与日俱增，她死于生产的概率也随着年龄的增长而增长，因此她进场赌博的赢面，随着年龄的增长而降低。如果你已经有三个孩子，他们活得好好的，可是依赖你抚养，为什么要冒风险生第四个孩子呢？

收益递减/风险升高的现实，也许是导致女性绝经（关闭女性的生殖机能）的脉络。自然选择在这样的脉络中运作，终于创造了特异的人类性象特征——绝经，目的是保护母亲先前在孩子身上的投资。但是男性不生产，不直接承受性伴侣的生产风险，因此男性没有演化出绝经的特征。我们的生命周期特征，若不以演化的观点探讨，就会显得莫名其妙，先前讨论的衰老和现在讨论的绝经，都是好例子。我甚至怀疑绝经是 4 万年前才演化出的人类特征，那时克罗马农人与其他现代智人族群才能活到 60 岁。

尼安德特人与更早的人类通常活不到 40 岁，因此现代女性身上发生在四五十岁的绝经并不会给当时的女性带来什么利益。

　　讨论至此，读者应该明白：现代人的寿命比猿类长，不只是因为文化适应，例如使用工具取得食物、对抗猎食动物，我们的生物适应亦功不可没，例如绝经，以及对身体修理机制的大量投资。无论这些生物适应是在跳跃式演化前夕还是更早的时候演化出来的，在促成第三种黑猩猩演化成人的生命史变化中，它们是不可或缺的。

* * *

　　以演化路径研究衰老，我希望得出的最后一个结论是，这个路径削弱了长久以来把持衰老研究的生理学路径。老年学文献中弥漫着追寻衰老原因的狂热——最好只有一个原因，即使不止一个原因，也最好只有三五个主要原因。我进入生物学研究这几十年来，荷尔蒙变化、免疫系统功能退化以及神经退化都被提出来过，竞逐衰老原因的桂冠，至今没有一个有令人信服的证据。但是演化推理显示，这个搜寻终究不会产生什么结果。衰老的主要生理机制本来就不应该只有一个或几个。自然选择应该会让身体所有生理系统的老化速率彼此相匹配，结果是衰老涉及无数同时发生的变化。

　　这一预言的基础是这样的：如果身体的大部分零件都损耗得很快，那么只对某一个零件做特别的修理根本没有意义。反过来说，允许身体的一小部分零件提早耗损也没有意义，因为修理那些零件所付出的代价节省下来，可以提升预期寿命。自然选择不会犯下那样无意义的错误。打个比方，奔驰汽车车主不应买便宜的滚珠轴承，却花大钱在其他的零件上。如果他们真的那么笨，他们也许也会相信，多花几美元购买比较好的滚珠轴承，他们爱车的寿命就会延长一倍。但是买一个钻石滚珠轴承装上也没有什么好处，因为虽然钻石滚珠轴承寿命长，但是其他零件的寿命并不那么长。因此，奔驰汽车车主的最佳策略就是使车子所有零件都保持同样的磨耗速率，最后一起报废，丝毫也不浪费。我们的身体也一样。

我觉得这个令人沮丧的预言已被证实，用"同时全面崩溃"的演化理想来描述我们身体的命运十分贴切，生理学家长久以来追寻的衰老原因是比不上的。衰老的迹象在每一个方面都能发现。我已经发现我的牙齿有磨损，肌肉的控制与力量大不如前，感官（听觉、视觉、嗅觉与味觉）的功能也逐渐退化。所有这些感官，任何一个年龄层的女性都比男性敏锐。在前头等着我的可以列出一张大家熟悉的清单：心脏衰弱、血管硬化、骨骼逐渐疏松、肾脏功能退化、免疫系统退化，以及记忆丧失。这张列表上面的项目可以增加到无限。演化似乎真的已经将我们的身体打造成同时全面衰退的状态，而我们的身体只会在值得修理的地方投资。

从一个实际的观点来看，这个结论令人非常失望。如果衰老是一个主要因素造成的，针对这个因素对症下药，等于为人类找到了青春源泉。由于衰老一度被想象成主要是荷尔蒙的问题，这样的想法使许多人尝试给老年人注射荷尔蒙或移植年轻人的性腺，希望能产生奇迹般的效果，让他们返老还童。《福尔摩斯探案全集》中，《爬行人》就以荷尔蒙的"青春泉"效果为主题。年老的普利斯瑞伯教授爱上了一位年轻女子。为了弥补年龄间的差距，他疯狂地找寻恢复青春的秘方，结果他被人发现半夜顺着常春藤攀爬上高墙，像个猴子。最后，福尔摩斯为读者揭露了谜底：老教授给自己注射了叶猴血清，当作回春药。

普利斯瑞伯教授如果事先请教我，我会警告他：他对近因的短视执着会令他误入歧途。如果他考虑过终极演化因素，他就会想到：自然选择绝对不会允许衰老机制有简单的灵丹妙药可以回春。福尔摩斯就非常忧虑：如果这种回春药问世了，会造成什么后果？"那很危险——是对人性的真正威胁。华生，想想看，要是拜金的人、耽于感官欲望的人、俗人都能延长他毫无价值的生命……不就是'不适者生存'了吗？那样一来，我们这个贫乏的世界可能变成什么样的污水池呢？"

福尔摩斯担心的事似乎不可能发生。如果他知道了这一点，会松一口气吧？

第三部分

人为万物之灵

第一部分与第二部分讨论的，是人类独特的文化特征的生物基础。这些生物基础包括我们熟悉的骨骼特征，例如我们较大的脑容量与直立行走的姿态，还包括我们软组织、行为的特征，以及与生殖和社会组织有关的内分泌系统。

不过，如果这些遗传决定的特征是我们唯一的特点，我们就不会在动物界脱颖而出，也不能威胁其他物种与我们自己的生存。其他动物也能在地面直立行走、奔跑，例如鸵鸟。有些动物的脑容量也很大，尽管还比不上我们。有些动物也实行一夫一妻制，并聚居在一起，许多海鸟就是那样。信天翁、乌龟也很长寿。

其实，我们成为万物之灵，凭的是文化特征，这些特征建筑在我们的遗传基础上，赋予我们力量。我们的文化特征包括语言、艺术、基于工具的技术，以及农业。但是如果我们止步于此，难免让人怀疑我们已陷入片面的自我陶醉。刚刚列举的文化特征都令我们骄傲。可是，考古记录显示，农业对人类功过难论，它给许多人带来灾难，同时让其他人受惠。滥用化学品（吸毒）是人类独有的丑陋特征，但并没有威胁我们的生存，可是另外两种文化行为就不同了：种族灭绝以及大规模的消灭其他物种。这两种行为究竟是偶发的病态表现，还是与其他我们感到特别骄傲的特征一样，是人性的基本元素？想到这里，我们不免感到不安与尴尬。

所有这些文化特征都是人性的组件，其他动物似乎没有表现过，连与人类亲缘关系最近的"亲戚"都没有。它们必然是我们祖先的"独见创获"，在大约 700 万年前与黑猩猩分化后演化出来的。此外，虽然我们仍不清楚尼安德特人是否会说话、滥用药物以及实施种族灭绝，但是他们肯定没有发明农业、艺术或制造收音机的本领。因此农业、艺术与制造收音机的本领必然是最近几万年的人类创新。但是它们不可能凭空出现。它们必然有动物根源（"前身"），就看我们认不认得出来了。

对每一个人类独有的文化特征，我们必须问：它们在动物界的"前身"是什么？在我们的演化史上，这些特征什么时候开始接近其现代的形式？这些特征在演化的早期阶段是什么模样？能不能找到考古学证据？我们在地球上是"万物之灵"，在宇宙中呢？

在这一部分，我们要针对我们的特征回答上述部分问题，这些特征有的高贵，有的像是"双刃剑"，有的稍具毁灭潜力。我们首先讨论语言的起源，在前文中我指出过，也许跳跃式演化是语言铺的路，任何人讨论人与动物之间的关键差异，必然会举出语言。起初，我们会觉得追溯人类语言的演化似乎根本不可能。在文字发明之前，语言不会留下考古遗迹，而人类一开始尝试艺术创作、农业与制造工具，就有考古遗迹可供凭吊。人类语言也找不到可以代表早期阶段的样本，例如简单的人类语言或动物语言。

事实上，以声音传讯的通信系统在动物界有无数"前身"：许多动物都演化出声音传讯系统。有些声音传讯系统复杂而精密，我们还没有完全搞清楚。如果它们代表人类语言演化的第一阶段，那么最近几十年训练猿类学习语言的实验结果透露了猿类的"语言潜能"，可以代表第二阶段。人类儿童学习说话的过程也许能提供更多线索，让我们重建从第二阶段起步之后的发展细节。我们也会发现，世上的确还能找到一些简单的语言，那是现代人类无意识发明的，研究这种语言为我们研究人类语言的演化提供了意想不到的线索。

在我们独特的文化特征中，艺术也许是最高贵的人类发明。人类的艺术似乎与任何一种动物行为都不一样，艺术创作似乎是纯粹的娱乐，与传播基因毫不相干。不过，被关在笼子里的猿与大象都能创作图画，与人类的艺术创作非常相似，可以瞒过专家，还有艺术收藏家收藏——虽然我们难以窥探这些动物艺术家的用心。如果你认为这些动物创作是"不自然的产品"，那么你怎么看野外的雄性园丁鸟费心建造色彩缤纷的花亭？这些花亭是雄鸟传递基因的本钱——吸引雌鸟。我将论证：人类艺术原来也有这种功能，今天往往仍扮演这个角色。艺术与语言不同，考古遗址中时有发现，所以我们知道，直到跳跃式演化时期，才有丰富的艺术品问世。

　　农业是另一个人类特征，在动物界可以找到先例，而无"前身"，例如切叶蚁会"种植"真菌，可是它们与人类的亲缘关系毕竟太远。根据考古学证据，人类在1万年前"重新发明"了农业。那已是跳跃式演化之后很久的事了。从狩猎–采集的生活形态到农耕的转变，一般被认为是人类史上的关键事件——从此以后人类就有了稳定的粮食供应，并有闲暇打造现代文明。事实上，仔细梳理这一转变，真实的情况反而是：对大多数人而言，这一转变带来了传染病、营养不良、平均寿命缩短。一般而言，人类社会中女性命运恶化，阶级不平等开始形成，都是农业出现的后果。我们从黑猩猩演化为人，发展出许多人独有的特征，农业造成的后果祸福相倚、难以拆解，其他人类特征都比不上。

　　滥用有毒化学品成为普遍的人类现象，最近5 000年才有文献可稽，它的根源可能可以追溯到农业发明以前。滥用有毒化学品与农业不同，沾上了一点好处也没有，是纯粹的"恶"——威胁个人的生命，好在威胁不到整个物种的生命。与艺术一样，滥用有毒化学品乍看似乎在动物界没有先例，也没有生物功能。不过，我会论证：在动物界，有一类动物构造与行为都对主人有危险，矛盾的是，若不是这种危险，它们也不能发挥功能，滥用有毒化学品是其中之一。

　　虽然所有人类特征在动物界都找得出先例或"前身"，但它们仍然算人类特征，因为地球上只有人类将它们表现得淋漓尽致。

那么，人类在宇宙中有多么独特呢？行星上适于生命演化的条件一旦成熟，一定会演化出聪明又掌握高科技的物种吗？人类在地球上崛起，是不可避免的吗？在无数其他的行星系统中，都有他们的踪影吗？

宇宙中是否还有会说话、能绘画、以农耕维生并耽于药物滥用的生物呢？我们没有直接证据，因为即便是距离太阳系最近的行星系统对我们来说也太遥远了，仪器也探测不到这些特征。不过，我们也许可以侦察宇宙其他地方的高科技——如果这些高科技中包括发射太空探测器与星际电磁信号，我们就可能侦察到。最后，我会讨论仍在进行的"地球以外智慧生命"的长期搜寻。我将论证，从一个不同的领域（啄木鸟在地球上的演化）获得的证据对我们思考"智慧生命必然演化"的问题颇有启发，因此，关于我们的独特地位也有启示——不只在地球上，还有我们可触及的宇宙。

# 第 8 章

# 语言的演化

我们是如何成为独一无二的物种的？语言是关键。人类语言的起源，是我们了解自己最重要的谜团。毕竟，语言让我们彼此沟通，精确的程度其他动物完全比不上。语言让我们共同草拟计划、彼此教导，学习别人的经验，包括不同时空的经验。有了语言，我们能将世界精确地"再现"在心中，并储存起来，而且具有比其他动物更强的信息编码与加工能力。没有语言的话，我们根本不可能设计、建造沙特尔大教堂或是V-2火箭。所以我猜测，我们熟悉的人类语言形式（说话）演化出来之后，跳跃式演化（人类史到了这个阶段才出现创新与艺术）才有可能。

人类的语言与任何动物的呼叫之间的鸿沟，似乎难以跨越。自达尔文时代以来，大家都很清楚，人类语言起源的谜团其实是个演化生物学的问题：无可跨越的鸿沟是如何跨越的？如果人类是从不会说人话的动物演化而来的，那么我们的语言必然是演化出来的，而且与人类的骨盆、头骨、工具与艺术一样，在演化过程中经过锤炼、逐渐改善。也就是说，在猴子的低沉咕噜声与莎士比亚的十四行诗之间，必然有过"类似语言"的中间阶段。达尔文观察自己孩子的语言发展，做过详细的笔记，他也仔细考虑了"原始"族群的语言，期望解开这个演化谜团。

　　不幸的是，语言的起源显然比骨盆、头骨、工具与艺术的起源更难以追溯。因为骨盆、头骨、工具与艺术都可能留下遗迹，这些遗迹可以在考古遗址中找到，也可以测定年代，但是说出的话立刻就在风中消散了。在沮丧中，我偶尔梦想有架时光机器就好了，那样我就可以在古代人类营地中放置录音机。也许我会发现：南方古猿发出的咕噜声与黑猩猩的没有多大差别；早期直立人使用可以辨认的单词，100万年后演进成有两个单词的句子；跳跃式演化之前，智人说的句子长了很多，但是仍然没有什么语法；语法与现代人使用的整套语音在跳跃式演化时期才出现。

　　可是我们没有逆溯时光的机器，也没有理由相信有一天我们能弄到一架。没有这么一架时光机器，我们怎能希望追溯语言的起源呢？直到不久之前，我仍不抱希望，认为我们只能猜测。不过，在这一章，我要利用两个正在爆炸式增长中的知识，那两个知识也许能帮助我们构筑桥梁，或可跨越人类语言与动物呼叫之间看似难以跨越的鸿沟。巧的是，那两个知识正在这一鸿沟的两岸分别累积。

　　以新技术、新方法研究野生动物尤其是我们的灵长类"亲戚"的呼叫，已经产生了新颖的睿见，足以透视人类语言演化的根源。动物呼叫必然是人类语言的"前身"，但是直到现在，我们才稍微弄清楚"动物的语言之路"已经走到什么地步了。此外，研究人类的语言似乎不能提供语言演化的线索，因为所有的人类语言都比动物呼叫先进。尽管如此，最近有学者指出，有一组大多数语言学者所忽略的人类语言，的确可以代表人类语言演化的两个原始阶段。

\* \* \*

许多野生动物以声音彼此沟通，鸟鸣、狗吠是我们特别熟悉的例子。大多数人一辈子难得几天清静，听不见动物的声音。科学家研究动物的声音也有几百年了。尽管有这么长的亲密接触的历史，我们最近才对这些处处可闻的熟悉声音有比较深入的了解，而且知识累积得非常快，因为学者应用了新的技术研究：使用现代录音机记录动物呼叫；利用计算机分析动物呼叫，侦察人耳无法知觉的细微变化；将录下的动物呼叫播放给野外的动物听，观察它们的反应；播放剪辑过的呼叫声，测试动物的反应。这些方法透露出，动物的声音交流和人类语言的相似程度，超乎30年前的学者的想象。

目前最精密的"动物语言"研究，是针对非洲绿猴的呼叫做的。这种猴子体型与猫差不多大，无论树上还是地面、草原或雨林，它们都能生活，是东非野生动物公园中最容易碰上的猴子。几十万年来，非洲的智人必然对它们非常熟悉。它们大约3 000年前在欧洲出现，可能被当作宠物；19世纪探索非洲的欧洲生物学者对它们一定不陌生。一般大众即使没到过非洲，也能在动物园中看见绿猴。

　　与其他动物一样，野生绿猴经常遇上一些状况，需要有效的通信方式与通信符号才能顺利存活。绿猴的死亡事故中，大约有 3/4 是猎食动物造成的。如果你是一只绿猴，分辨猛雕（主要的绿猴杀手）与白背兀鹫（以腐肉为食）的差别，是攸关生死的大事。如果猛雕出现在天际，你得采取适当的行动，并通知亲人。如果没认出猛雕，你就死定了；如果没及时通知亲人，它们就死定了，而它们的身体里带着一部分你的基因；如果你错把兀鹫当猛雕，你就会浪费宝贵的时间、精力防御，而其他的绿猴则放心采集食物，大快朵颐。

　　除了猎食动物造成的问题，绿猴的社会关系非常复杂。它们成群生活，与其他的队群竞争地盘。因此有必要分辨自己人（有亲缘关系，而且在危急时可以依赖的）与其他队群的入侵者（没有亲缘关系，而且会偷走你的食物）。遭遇麻烦的绿猴必须能够通知亲人，而且让亲人能够分辨陷入麻烦的是谁。关于食物的知识是重要的生存资源：生境中的动植物不下千百种，哪些可以吃，哪些有毒？食物的时空分布如何？这些知识也必须能够传达给亲人。总之，关于世界的知识，若能通过有效的符号进行有效的传播，必然对绿猴有利。

　　尽管有这些合理的理由，尽管我们与绿猴有长期而亲密的接触，直到 20 世纪 60 年代中期，学者才开始研究绿猴对世界的复杂知识，以及它们的呼叫声。从那时起，学者到野地观察绿猴，已经发现它们能够分辨不同类型的猎食动物，也能分辨彼此。当它们受到豹、鹰与蛇的威胁时，会采取不同的防御策略。它们对自己人可区分阶级高下，也能分辨敌对队群不同阶级的成员，还能分辨不同敌对队群的成员。对自己人，它们能分辨母亲、外祖母、手足，以及没有亲缘关系的成员。它们知道谁是谁的亲人：如果一个绿猴婴儿呼叫起来，它的母亲会转向它；可是同一队群中的其他母亲会转向这位母亲，看它会怎么做。绿猴似乎能为不同的猎食天敌取不同的名字，不同的成员也有不同的名字。

关于绿猴传达这些信息的方式，第一条线索来自生物学家托马斯·斯特鲁萨克在肯尼亚安博塞利国家公园的观察资料。他注意到，三种不同的猎食动物会使绿猴采取三种不同的防御措施，而且绿猴会发出三种不同的警告呼叫，这三种呼叫各有特色，不需要任何电子分析，人耳就能分辨。如果绿猴遇上的是豹子或其他的大型猫科动物，雄绿猴会发出一连串响亮的吠叫声，雌绿猴则发出高亢的喳喳声，其他的绿猴一听到警告声，可能会立即爬上树。看见猛雕或冠鹰盘旋在头顶上，绿猴会发出两个音节的短暂咳声，听见的绿猴就会抬头仰望天空或跑进灌木丛中。绿猴一发现蟒蛇或其他危险的蛇类，就会发出一种"叽叽喳喳"的叫声，附近的绿猴一听到就以后腿直起身子，四下张望（看蛇在哪里）。

1977年起，科学家夫妇多萝西·切尼与罗伯特·赛法特以实验证明，这些呼叫声的确有不同的功能，符合斯特鲁萨克的观察。他们的实验步骤如下。首先，当绿猴发出斯特鲁萨克描述过的特定呼叫（如"豹子呼叫"）时，他们用录音机录下。然后，过了一天后，他们找到同一个绿猴队群，一人将录音机与扬声器藏在附近的灌木丛里，另一人将猴群的活动拍摄下来。大约 15 秒后，录音带开始播放，并继续拍摄猴群的活动达一分钟，以记录猴群对录音的反应。结果，如果播放的是"豹子呼叫"，群猴听见了就会爬上树；同样地，换了"猛雕呼叫"或"蛇呼叫"，猴子也会有自然的反应，与斯特鲁萨克的观察吻合。因此，猴子的反应与呼叫之间的联系不是偶然的，这些呼叫的功能确如观察数据所示。

前面提到的三种呼叫声并不是绿猴仅有的"词汇"。除了那些响亮而常听到的警告呼叫，至少还有三种不那么响亮且不常听到的警告呼叫。第一种是狒狒出现时的呼叫，附近的绿猴听见了，就会保持高度警惕。第二种针对豺狼、鬣狗之类的哺乳动物，绿猴听见了，就会密切注视这些猎食动物，也许还会缓缓向一棵树走去，因为那些猎食动物偶尔会捕杀绿猴。最后一种微弱的警告呼叫，针对的是不熟悉的人类，它们会朝向灌木丛或树顶移动。不过，这三种警告呼叫的功能还没有经过实验证实。

绿猴互动的时候也会发出类似咕噜声的呼叫。这些呼叫，即使是研究绿猴多年的科学家也听不出玄机。将这些呼叫记录下来，以频谱仪分析，也看不出差别。可是以更精细的方式分析之后，切尼与赛法特有时可以分辨出呼叫声对应的四种不同的社会背景：接近占支配地位的同伴，接近地位低下的同伴，观察同伴，看见敌对队群。

回放这四种背景下的咕噜声，可以看到绿猴的反应有些微细的差别。举例来说，如果播放的是"接近头领"的咕噜声，它们会向扩音器的方向张望；如果播放的是"看见敌对队群"的咕噜声，它们会向扩音器播音的方向张望。后来在大自然中，学者观察到，自然的呼叫也会引起同样的反应。

很明显，绿猴对自己的呼叫比我们敏感多了。只是听与看，我们对它们的呼叫摸不着头脑，必须录音、分析，再做实验，才能发现四种不同的咕噜声——说不定还有更多。赛法特写道："观察绿猴彼此咕噜，就像观察几个人正在谈话，可是我们听不到他们说什么。我们观察不到对于咕噜声的明显反应或回答，因此整个系统显得非常神秘——直到你回放那些咕噜声之前。"这些发现显示，我们很容易低估动物的呼叫声负载的信息量。

\* \* \*

所以，安博塞利国家公园的绿猴至少有 10 个"词汇"（暂且这么说吧），用来表达"豹子""鹰""蛇""狒狒""其他猎食性哺乳动物""陌生的人类""居高位的同伴""低阶同伴""观察其他的同伴"，以及"看见敌对队群"。不过，任何学者只要宣布观察到动物的某些行为似乎表现出人类语言的某些元素，就会遭到怀疑的质问，因为许多学者都相信人类与动物之间有语言鸿沟。他们认为比较简单的假设是，人类是世上唯一拥有语言的物种，不信的人有举证义务。对他们来说，"动物有类似人类语言的沟通能力"是比较复杂的假设，除非有积极证据，否则不应予以考虑。不过，这些学者用来解释相关现象的假说经常让我觉得过于复杂牵强，而主张"人类不是世上唯一以语言沟通的物种"比较简单、可信。

绿猴针对豹子、猛雕与蛇发出的呼叫，就是指涉这些动物，或目的是让同伴知道它看见了什么，这个观点在我看来是保守的。可是怀疑论者倾向于认为，只有人类才能有意识地发出信号，指涉外界的事物。怀疑论者认为绿猴的警告呼叫是不由自主地内心情绪宣泄（"可把我吓死了！"），或不由自主地意向表示（"我要爬上树了！"）。我们人类也会有这样的表现，不是吗？如果我看见一头豹子朝我跑来，即使我身边没有人，我也可能尖叫起来。我们在进行某些体力活动的时候，也会发出咕噜声，例如举起重物。

假设从外太空先进文明来了一位动物学家，他观察到我一看见豹子，就发出"啊，豹子"这两个音节的尖叫，然后爬上一棵树，这位动物学家很可能也不相信我们人类除了情绪与意向还能表达什么——更不用说什么象征通信了。为了验证这个假说，这位动物学家必须做实验并详细观察。如果不管身边有没有人，我都会尖叫，那就支持"情绪/意向表达说"。如果我只在身边有人的时候尖叫，而且只有豹子（而不是狮子）逼近时才发出那种尖叫，那就表示"我尖叫"是指涉外界特定事物的通信行为。如果那头豹子出现时，我会对我儿子尖叫，而在豹子潜近一个常与我斗争的人时，我却保持缄默，那么这位动物学家就会非常肯定"我尖叫"是一种有目的的通信行为。

同样的观察也让地球上的动物学家相信，绿猴的警告呼叫具有通信功能。一只绿猴落了单，被豹子追了将近一小时，在整个痛苦的历程中，一直保持沉默。绿猴母亲如果身边有子女，发出警告呼叫的次数较多，而如果身边没有亲人，则较少发出警告呼叫。绿猴偶尔会在没有豹子的情况下发出"豹子呼叫"，那是在和其他队群打架且打输了的时候。假警报让双方立刻停手，向最近的树木奔去——功能等于"暂停"信号，只不过是假的。因此，这种呼叫是明显的通信行为，并不是因看见豹子害怕而不由自主地叫出来。这种呼叫也不是爬树的条件反射，因为呼叫的绿猴也许正在爬树，也许正从树上跳下，也许什么事也没做，不可一概而论，得视情况而定。

至于绿猴的每种警告呼叫都有特定的外在指涉，"老鹰呼叫"最能证明这一点。绿猴一看见天空展翅盘旋的老鹰，如果那是猛雕或冠鹰，就会发出"老鹰呼叫"，因为绿猴常遭猛雕与冠鹰猎食。如果是茶色雕，绿猴通常不理会；如果是黑胸短趾雕或白背兀鹫，绿猴几乎从不理会，因为它们并不猎杀绿猴。在地面朝天空看，黑胸短趾雕与猛雕非常相似，都是腹面苍白、束尾、头胸黑色。绿猴必然是赏鸟玩家，否则很容易送命。

这些例子表明，绿猴的警告呼叫并不是"恐惧或意向的无意识表现"（自然流露）。它们有外界的指涉，而且可能相当精确。它们都是对象明确的通信行为。如果发声者关心听众的安危，它发出的信息比较可能是诚实的，针对敌人它也可能"谎报"。

关于动物发声与人类语言之间的比拟，怀疑论者还会指出，人类必须学习"母语"，而动物发出的声音都是本能，不用学习。不过，绿猴自幼年起，似乎必须学习适当的呼叫模式和适当的反应，与人类的婴儿一样。幼年绿猴的咕噜声与成年绿猴不同。它们的"发音"逐渐改进，大约到了2岁就与成年绿猴无异（再过两年多，它们才进入青春期）。人类儿童大约要到5岁，语音才能与成人无异；我的孩子 4 岁的时候，说话仍然不易听懂。可见绿猴与人类的语音发展模式是一样的。幼年绿猴要到六七个月大才能对成年绿猴的呼叫做出正确的反应。在那之前，幼年绿猴听见成年绿猴的"蛇呼叫"，可能会跳进灌木丛中——那是听见"猛雕呼叫"的正确反应，可是对于"蛇呼叫"却是自杀式的反应。直到 2 岁，绿猴才会正确地判断情况并发出适当的警告呼叫。在 2 岁之前，幼年绿猴不仅见到猛雕或冠鹰在头顶盘旋会发出"鹰呼叫"，任何鸟飞过头顶甚至树叶飘落都可能让它们呼叫起来。人类儿童也有同样的表现，例如孩子见着了狗，会学着"汪汪"地叫，可是有时见到了猫或鸽子也那么叫，儿童心理学家认为那是"过度推广"——举一反三过了头。

\* \* \*

到目前为止，我讨论绿猴的呼叫时粗略地应用了人类的概念，例如"词汇"与"语言"。现在让我们进一步比较人类与其他灵长类动物的声音通信。具体地说，我们要回答三个问题。绿猴的呼叫可以当作"词汇"吗？动物的"词汇量"有多少呢？哪一种动物的呼叫有"语法"（因此可以算作"语言"）？

首先，关于词汇的问题，至少我们很清楚：绿猴的每一种呼叫都指涉一类特定的外在危险。当然，那并不是说绿猴的"豹子呼叫"传达给同伴的信息与"豹子"（某一个特定生物种的成员）传达给动物学家的一样。科学家已经知道，绿猴不只看见豹子会发出"豹子呼叫"，其他两种常见的肉食猫科动物（狞猫与薮猫）

也会让它们发出"豹子呼叫"。因此，"豹子呼叫"即便是一个
"词汇"，它的意思也不是"豹子"，而是"中等体型的猫科动物，
它们可能会攻击我们，攻击的手法相同，躲避它们的最佳办法是
爬上树去"。然而，许多人类的"词汇"也是这么使用的——有
同样的意义。举例来说，我们大多数人都不是鱼类学家或专业的
渔民，因此"鱼"这个词，是被当作通用词来用的——凡是在水
中生活的动物，只要冷血、有鳍、有脊椎，而且说不准可以吃的，
我们都叫作"鱼"。

其实，真正的问题是：绿猴的"豹子呼叫"究竟是一个词
汇（"中等体型的猫科动物，它们……"）、一个叙述句（"来了一
头中等体型的猫科动物。"）、一个感叹句（"注意！一头中等体型
的猫科动物来了！"）还是一个动议（"大伙儿爬上树，或采取必
要措施，以躲避那头中等体型的猫科动物。"）？目前，我们还没
有清楚的答案，也许是其中之一，也许包含上述的几种功能。同
样地，我的儿子马克斯 1 岁时说出" juice"（果汁）的时候，我
感到非常兴奋，非常骄傲，认为那是他最早说出的单词。不过，
对马克斯来说，那个单音节的"juice"不只表示他正确地指出
了某种具有特定性质的外界事物，而是用来提出动议的："我要
果汁！"等到他再长大一些，才会加上更多音节（给我果汁！），
区分单词和动议。没有证据显示绿猴到达这一阶段。

至于第二个问题"词汇量"，据我们目前所知，即使是最先
进的动物的词汇量也很小，与我们根本不能比。在英语国家，一
般人在日常生活中需要 1 000 个单词。我书桌上的简明英文字典，

搜罗了 14.2 万个单词。但是绿猴只有 10 种不同的呼叫——我得提醒读者，绿猴可是经过仔细研究的哺乳动物。动物与人类的词汇量的确有很大的差异，可是数量不见得准确地反映了差异的程度。还记得学者花了多少时间才区分绿猴不同的"警告呼叫"吗？直到 1967 年，学者还不知道这些寻常的动物有什么具有特定意义的呼叫声。要不是借助仪器分析，经验最丰富的绿猴观察者也区分不出好几种呼叫声；即使借助仪器分析，那 10 种呼叫中仍有几种有待证实。很明显，绿猴（以及其他动物）可能还有许多种呼叫，只是我们分辨不出罢了。

我们很难分辨动物的声音，其实没有什么好奇怪的，只要想想我们也很难分辨人类的发音就明白了。婴儿呱呱坠地，头几年大部分时间在学习、模仿身边成年人的发音。长大后，我们对不熟悉的发音仍感到难以分辨。我中学学过四年法语，可是我听懂法语的本领比在巴黎长大的 4 岁小孩差得远了，简直令人惭愧。但相比新几内亚湖泊平原的依瑶语，法语容易多了，依瑶语中一个元音可能有 8 种不同的意思，视声调而定。声调微小的变化，可以让一个依瑶单词的意思从"岳母"变成"蛇"。不用说，如果你把自己的岳母叫成蛇，无异于找死。那里的孩子从小就学会分辨声调的变化，并学习发出适当的音——即使是一个专业语言学家，全心全意学习依瑶语几年之后，仍然不易掌握他们的语调变化。我们学习不熟悉的人类语言都有这么大的困难，别说辨认其他动物的呼叫词汇了。

不过，研究绿猴大概不可能发现动物声音传信的极限，因为可能表现出那些极限的是猿类而不是猴类。虽然黑猩猩与大猩猩发出的声音在我们听来不过是咕噜声与尖叫声，没有什么特别的，但别忘了绿猴的警告呼叫是经过仔细研究之后才分辨出来的。即使是人类的发音，不熟悉的人听来也像是含糊的声音浆糊。

　　不幸的是，从来没有人运用研究绿猴的方法研究过野生黑猩猩或其他猿类的声音传信，因为有实际的困难。绿猴队群的地盘通常直径不到 2 000 英尺，可是黑猩猩就有几英里了，这导致在野外搬运、安放摄像机和扬声器变得非常困难。研究动物园中的黑猩猩也无法克服那些实际的困难，因为动物园里的黑猩猩不是自然的族群——每一头可能都是从不同的地点捕获的。本章后面我会讨论到，从非洲不同地点抓来的黑人本来说不同的语言，把他们集中起来当奴隶，最后他们也能相互沟通，使用的媒介是一种极为粗糙的"语言"，没有语法可言——只是形似人类语言罢了。同样地，动物园里的黑猩猩必然也不能完整展现野生黑猩猩以声音沟通的本领。总之，还没人用切尼与赛法特夫妇研究野生绿猴的方法来研究野生黑猩猩，因此我们对黑猩猩以声音沟通的本领所知极为有限。

　　但有好几组科学团队使用人工语言，花许多年时间训练捕获的大猩猩、黑猩猩与倭黑猩猩，例如用塑料片（不同尺寸、颜色的塑料片代表不同的字）或聋人用的手语，或打字机键盘（每个键上有一个不同的符号）。这些动物都学会了数百个符号的意义，而且学者最近观察到有一头倭黑猩猩似乎懂得许多英语口语（尽管不会说）。研究这些受过训练的猿，至少透露了它们具有的智力足以掌握大量词汇，因此我们难免怀疑它们在自然生境中已经演化出这样庞大的词汇量。

灵长类行为学家在野外观察过大猩猩的队群行为：它们可能会在一个地点停留很长时间，只是坐在一起，彼此以难以分辨的模糊声音咕噜来咕噜去，直到突然间，所有大猩猩同时站起身来，朝同一个方向行进。看过这一幕的人，不免会在心中嘀咕：或许在那一团模糊声音中，隐藏着沟通的细节。猿类受到声道解剖构造的限制，无法像人类一样发出那么多元音、辅音，因此猿类的词汇量不可能像我们那么多。不过，我相信野生黑猩猩和大猩猩的词汇量一定比绿猴多得多，可能包括几十个"词汇"，也许还有队群中每个成员的名字。这是一个令人兴奋的研究领域，新知识正在迅速累积，我们对猿类与人类的词汇鸿沟应保持开放的态度。

现在让我们面对最后一个还没回答的问题：动物的声音通信究竟有没有句式或语法？人类不只是拥有几千个不同意思的词汇，还会根据语法规则组合不同的词汇造句，必要时变化词汇的形式。句子的意义，也由语法规则规定。根据语法，我们可以利用数量有限的词汇构造数量无限的句子。为了说明这一点，请看下列两个句子，字都一样，可是意义完全不同：

你那小狗咬了我老妈的腿。

你那老妈咬了我小狗的腿。

如果没有语法规则，这两个句子的意思就会完全一样。大多数语言学家不管动物的词汇量有多大，除非其有语法，否则不会承认动物也有"语言"。

研究绿猴的呼叫，至今没有发现过语法。它们的大部分咕噜声与警告呼叫都是"单声"。如果绿猴发出一串（一个以上的）单声，所有的分析都显示：它们只是重复同一单声罢了。绿猴回应其他绿猴的发声也一样，或只发单声，或重复同一单声。卷尾猴与长臂猿的呼叫声的确包括好几个元素，而且似乎有固定的顺序或组合，但是我们仍然不清楚这些组合的意义（我们人类弄不清楚，不代表它们自己也不清楚）。

我不大相信人类以外的灵长类动物会演化出什么声音通信的语法，与人类语言的语法差堪比拟，有介词、动词时态、疑问词。不过，其他动物是否演化出语法，目前这仍是个开放的问题，尚无定论。果真有野生动物演化出了语法，最有可能的就是倭黑猩猩和黑猩猩了，可是目前还没有人针对它们研究过这个问题。

简而言之，人类与动物的声音通信之间诚然有很大的鸿沟，科学家对动物语言的研究正在迅速累积经验与知识，使我们有机会窥见动物声音通信的极限。现在我们应该回到人类身上，观察人类的语言究竟可以"原始"到什么地步。我们已经发现了动物有复杂的"语言"，那么人类最原始的语言会是什么样子的？

\* \* \*

原始的人类语言听起来会是什么样子的？为了回答这个问题，

比较人类说话与绿猴呼叫的差异可以获得有用的线索。其中一个差异是语法，我刚刚提到过。人类有语法，绿猴没有。也就是说，人类说话时，语法和句式都与语义相关。第二个差异是绿猴的呼叫（就算是"词汇"吧）仅仅指涉你可以用手指指出的东西或行动。你可以主张绿猴的呼叫包括名词（"老鹰"）与动词或动词词组（"小心老鹰"）。我们的词汇中，显然包括名词、动词，还有形容词。在我们的话语中，指涉特定的物（名词）、行动（动词）或性质（形容词）的部分，合起来叫作"词汇项"。但是典型的人类话语里还有将近一半的"词汇"纯粹是"语法项"，没有可以用手指出的外界对应物。

英文中的语法词包括介词、连接词、冠词与助动词。了解语法项的演化，比了解词汇项的演化难多了。对一个不懂英语的人，你可以指着自己的鼻子，解释"nose"这个单词的意思。同样地，猿类也可能彼此了解代表名词、动词与形容词的咕噜声。但是你如何对不懂英语的人解释属于语法项的那些单词呢？我们的祖先怎样发明种种语法项词汇的？

绿猴呼叫与人类语言之间还有一个差异，那就是人类的语言有阶层结构，因此低层次的少数元素能在上一个层次建构许多项目。我们的语言利用许多不同的音节，所有的音节都是由同一组声音构成的。我们组合这些不同的音节就能创造几千个词汇。这些词汇并不是杂乱地连成一串，而是先组织成词组，再以词组组成句子，因此句子的数量可以是无限的（语音、音节、词汇、词组、句子，是语言的 5 个基本阶层）。相对而言，绿猴的呼叫无法分解成更小的构成单位，事实上，绿猴呼叫连一个组织层级都没有。

我们从小学习所有这些人类语言的复杂结构，从来没有觉察其中的支配规则。除非我们到学校学习母语或外语，不然我们不会接触语法。人类语言的结构非常复杂，专业语言学家找出的许多规则是最近几十年才提出来的。大多数语言学家从不讨论人类语言从动物界演化出来的可能，正是因为人类语言与动物呼叫之间的这条鸿沟。他们认为这个问题无法回答，甚至不值得去猜想答案。

\* \* \*

最早的文字在 5 000 年前出现，它们与现代文字一样复杂，因此人类语言必然在更早的时候就已经像今天这般复杂了。为了追溯语言演化的早期阶段，我们能不能找到说原始语言的原始族群？今天世上还有些狩猎–采集族群，其生活仍处于石器时代的水平。19 世纪许多记载异域风情的书中充满了关于落后族群的故事，说他们只有几百个词汇，或根本发不出适当的语音，只会发"啊"的音，依赖手势沟通。那是达尔文对火地岛印第安人语言的第一印象。但是所有这样的故事纯属虚构。达尔文与西方探险家只是很难从不熟悉的土著话语中分析出容易辨识的语音罢了，非西方人听西方人说话也有同样的困难，与动物学家"听不懂"绿猴的呼叫声、咕噜声是同样的。

事实上，语言的复杂程度与社会的复杂程度毫无关系。技术原始的族群说的语言并不原始，我在与新几内亚高地上的佛尔族人相处的第一天就发现了这一点。佛尔族语言语法复杂得有趣，有芬兰语、斯洛文尼亚语的特征，动词时态与动词词组的规则又与所有我知道的语言不同。我前面提过，新几内亚的依瑶语有 8 种元音声调，专业语言学家即使学了好些年，仍然难以察觉有些语音的微细变化。

因此，有些族群虽然仍然使用原始的技术，但是他们的语言可不原始。此外，克罗马农人遗址出土了许多当年的器物，可是没有留下当时的语言。既然找不到语言演化的缺环，我们就缺乏适当的证据讨论人类语言的起源。于是我们被迫尝试比较间接的路径。

\* \* \*

路径之一是观察那些没有机会听见人类说话的人，看他们会不会自然地发明一种原始的语言。根据古希腊历史学家希罗多德的说法，埃及法老普萨美提克一世做过这样的实验，目的是确认最早的人类语言是哪一个。法老将两个新生儿送交一位独居的牧羊人抚养，命令他不得发出任何声音，不得与婴儿说话，并仔细聆听孩子说的第一个字。牧羊人忠实尽责地回报法老：两个孩子起先只会吐露无意义的含糊语音，可是到了 2 岁，两人会向他跑去，开始反复地说"becos"。由于那个字当时在弗里吉亚语中是"面包"的意思，据说普萨美提克一世因此同意：弗里吉亚人是最古老的人类。

　　这个实验确实严格遵循了法老的指示吗？很不幸，希罗多德的简短叙述并不能使怀疑论者信服。一些学者反而振振有词，拿这个故事当证据，尊他为"谎言之父"，而不是"历史之父"。当然，我们都知道，婴儿若在与世隔绝的环境中成长，长大后就一直不能说话，也不会发明或发现语言，例如著名的"狼孩"阿韦龙。但是，在现代世界，普萨美提克一世实验的变体已经发生过几十次。参与实验的人是整个族群中的小孩，他们身边的成年人说的语言极为简化又不稳定，与正常 2 岁孩子说的话颇为类似。这些孩子会无意识地继续演化他们自己的语言，比绿猴的呼叫系统更为先进，但比正常的人类语言简单。结果就是一种叫作克里奥尔语的新语言。克里奥尔语与它的前身皮钦语，也许可以提供有用的线索，让我们可以据此建构人类语言演化过程中的缺环。

　　我第一次接触到的克里奥尔语，是新几内亚的通用语，叫作新美拉尼西亚语或者皮钦语。（皮钦语不是个正确的词，会让人产生不正确的观念，因为新美拉尼西亚语并不是一种皮钦语，而是从一种先进的皮钦语发源、演变而成的克里奥尔语，我会在后文中解释两者的区别，许多不同的克里奥尔语都被误称为皮钦语。）巴布亚新几内亚的面积与瑞典差不多，可是有 700 种土著语言，没有一种语言的使用者超过其总人口的 3%。在这种情况下，难怪会需要一种通用语言；于是在 19 世纪初英国商人与水手到达这里之后，就出现通用语言了。今天，新美拉尼西亚语在巴布亚新几内亚不仅是会话用语，许多学校、报纸、广播以及议会讨论都用到它。

　　我到达新几内亚，第一次听到新美拉尼西亚语的时候，对它嗤之以鼻。它听来像是孩子话，又臭又长，没有章法。可是当我以自以为是的"孩子话"说英语时，却发现当地人根本不知道我在说什么。我假定新美拉尼西亚语中的词汇与英语中的同源单词意思相同，结果这个假定导致了可怕的后果。例如我不小心推挤了一位妇人，于是当着她先生的面向她道歉。我哪里知道在新美拉尼西亚语中"pushim"的意思，并不是英语中的"push"（推），而是"性交"。

　　事实证明，新美拉尼西亚语和英语一样，有严谨的语法。它是一种灵活的语言，你想说什么都成，能用英语说的，也能以新美拉尼西亚语说出来。你甚至可以表达不容易用英语表达的意思。举例来说，英语代词"we"（我们），事实上有两种不同的意思，一种包括听者，一种不包括听者。新美拉尼西亚语用两个代名词"yumi"与"mipela"区分这两种"我们"。我使用了几个月新美拉尼西亚语之后，再与使用英语的人交谈，每当他说到"we"，我就不由得想：他说的"we"究竟包不包括我？

　　新美拉尼西亚语看似简单（其实不然），以及灵活的特性，有词汇的原因，也有语法的原因。它的词汇以一组数量不多的词汇为核心，核心词汇的意思随语境的变化而变化，并有比喻性的延伸意义。例如新美拉尼西亚语中的"gras"，既相当于英语中的"grass"（草），也可延伸为"头发"的意思。

　　新美拉尼西亚语的语法看似简单，因为它缺乏某些规则，而以绕圈子的办法表达意思。它缺的包括一些似乎不可或缺的语法项，如名词的复数格式与词格、动词的词尾变化、动词的被动语态，以及大多数介词与动词时态。然而，在许多其他方面，新美拉尼西亚语先进的程度，孩子话与绿猴呼叫声远远比不上，例如它有连接词、助动词与代名词，它还有表达动词情态与面向的各种方式。

新美拉尼西亚语的音素、音节与词汇构成井然的层级组织，与正常、复杂的语言一样。它也允许以词组、句子建构层级组织，所以巴布亚新几内亚的政客能以新美拉尼西亚语发表竞选演说，其架构之复杂曲折，可与德国作家托马斯·曼的德文散文媲美。

\* \* \*

起先，我以为新美拉尼西亚语是人类语言中的"怪胎"，尽管是个可爱的"怪胎"。由于英国船19世纪初才经常停靠新几内亚，因此新美拉尼西亚语问世还不到200年。但是我假定这种语言是从孩子话发展出来的——当年到新几内亚殖民的人认为土著无法学会英语，就以孩子话和土著说话，我这么猜想。结果我发现，世界上有几十种与新美拉尼西亚语结构相似的语言，它们在全球各地分别独立发展，词汇大部分借自英语、法语、荷兰语、西班牙语、葡萄牙语、马来语或阿拉伯语。它们出现的场景主要与大农场、市集、贸易站有关，因为在那些地方，各种说不同语言的人会聚一堂，沟通的问题亟须解决，可是当地的社会环境又不允许大家学习对方的语言。许多例子可以在美洲热带地区、澳大利亚，加勒比海上的热带岛屿、太平洋岛屿、印度洋岛屿上发现——欧洲殖民者在当地输入了远方来的工人，他们说不同的语言。其他的欧洲殖民者在中国、印度尼西亚或非洲人烟稠密的地方建立了市集或贸易站。

占支配地位的殖民者与输入的工人或当地土著之间有坚固的社会藩篱，使前者不愿、后者不能学习对方的语言。即使没有这些社会藩篱，工人也没有多少机会学习殖民者的语言，因为工人的数量比殖民者多得多。此外，殖民者也发现学习工人的语言非常困难，因为工人来自不同部族，语言也不同。

大农场或市集成立后，简化的、稳定的新语言于是从混乱的语言情境里产生了。以新美拉尼西亚语为例。大约 1820 年，英国船只开始造访新几内亚东方的美拉尼西亚诸岛，掳岛民到（澳大利亚）昆士兰与萨摩亚的甘蔗农场做工，在那里，说不同语言的工人在一起劳动。在这一巴别塔情境中，不知怎的就出现了新美拉尼西亚语，它的词汇有 80% 源自英语，15% 源自托莱语（一种美拉尼西亚语，在工人中，说这种语言的人占的比例颇高），其余的是马来语及其他语言。

\* \* \*

在新语言形成的过程中，语言学家区分出两个阶段：刚形成的粗糙语言，叫作皮钦语；后来形成的比较复杂的语言，叫作克里奥尔语。殖民者与工人说不同的母语（第一语言），可是因为沟通的需要，学习皮钦语当作第二语言。双方都继续说母语，与自己人沟通；双方通过第二语言彼此沟通。此外，农场上说不同语言的工人也可以用皮钦语沟通。

与正常的语言比较起来，皮钦语的发音、词汇及语法都贫乏得很。皮钦语的发音通常只保留几种语言的交集部分。例如许多新几内亚人觉得英语中的f与v很难发音，而我与许多以英语为母语的人觉得许多新几内亚语里带声调的元音与鼻化音很难发音。皮钦语丢掉了大部分这类发音后发展出的新美拉尼西亚语也不使用。皮钦语的词汇主要是名词、动词与形容词，至于冠词、助动词、连接词或介词，不是很少就是没有。至于语法，早期的皮钦语主要只有短字符串，很少有词组，词汇的顺序并无规律，没有附属从句，没有字尾变化。除了上面谈的贫乏，多样化是早期皮钦语的特色，同一个人说的话，不同的人说的话，都富有变异性，简直是语言的无政府状态，"只要我喜欢，没什么不可以"。

如果只有成年人说皮钦语，而且不必很正式地说，这种语言就会停留在原始阶段，不会进一步演化。例如有一种叫作挪威俄语的皮钦语，让俄国渔民与挪威渔民可以在北极圈内进行以物易物的交易。整个19世纪，这种通用语言都在流通，从未进一步演化，因为它只用在单纯交易的短暂过程中。双方大部分时间都与自己的同胞在一起。此外，在新几内亚，皮钦语一个世代又一个世代流传下去，逐渐变得越来越规律、越来越复杂，是因为越来越多人在日常生活中使用它。但是新几内亚的大多数孩子继续跟父母学习母语作为第一语言，直到第二次世界大战之后，这种情形才改变。

不过，如果有一个世代开始以皮钦语做母语（第一语言），皮钦语就会很快地演化成克里奥尔语。（后面我会讨论那个世代中哪些成员会以皮钦语做母语，以及他们那么做的原因。）那个世代就会以皮钦语达成所有社会目的，不再只以皮钦语讨论农场事务，或从事以物易物的交易。与皮钦语相比，克里奥尔语的词汇量多得多，语法复杂得多，同一个人说的话，不同的人说的话，也一致得多。克里奥尔语可以表达正常语言所能表达的思绪，可是以皮钦语表达稍微复杂的意念，都得奋斗个老半天。也不知怎的，虽然没有语言学院的专家创制明确的规则，一种皮钦语就扩张并稳定下来，演化成一种严谨而完全的语言。

这个形成克里奥尔语的过程，是语言演化的自然实验，在现代世界中开展过几十次，各不相干。实验场所分布在南美大陆，经非洲到达太平洋诸岛。参与实验的劳工有非洲土著、葡萄牙人、中国人和新几内亚土著，殖民者有英国人、西班牙人、其他的非洲人与葡萄牙人。实验的时间范围从最晚17世纪起直到20世纪。引人注目的是，所有这些实验的语言产品，无论在进步与不足的方面，都有很多相似之处。在不足的方面，所有克里奥尔语都比正常语言简单，大部分缺乏动词时态与人称的联动变化、名词词格与单复数的变化、大多数介词，以及与性别有关的变化。在进步的方面，克里奥尔语比皮钦语在许多方面先进得多：词汇的次序统一，第一人称、第二人称、第三人称有单复数区别，有关系从句、相对的前一时态，以及表达否定、时态、假设、连续动作的助动词。此外，大多数克里奥尔语都采取"主语-谓语-宾语"的排序，而且助动词位于主动词的前面。

　　克里奥尔语显得出奇地一致，是哪些因素造成的？语言学家仍然没有定论。这就好像从一副洗好的牌里抽出 12 张牌，连续50 次没有抽中红心或方块的牌，反而每次都有一张皇后、一张小丑、两张 A。我觉得最可信的解释是语言学家德里克·比克顿提出的，他认为克里奥尔语有许多相似之处，是因为我们控制语言发展的遗传蓝图是相同的。

　　比克顿的观点源自他在夏威夷做的克里奥尔语形成研究。19世纪晚期，夏威夷的甘蔗种植园雇用过大批外地工人，有中国人、菲律宾人、日本人、朝鲜人、葡萄牙人与波多黎各人。1898 年夏威夷被美国兼并后，在那个语言混沌的环境中，一个以英语为基础的皮钦语发展为成熟的克里奥尔语。移民工人仍然保留自己的母语，他们会说皮钦语，但是并没有发展、改进它，尽管这种皮钦语要当作主要沟通工具的话仍有许多改进的余地。不过，对于移民工人的第一代子女，用什么当沟通工具却是个大问题。虽然孩子的父母来自同一族群，他们可以跟着父母学习正常的语言，但是与其他族群的孩子或成年人沟通，他们在家里学会的正常语言就毫无用处了。如果父母亲不属于同一个族群，他们即使在家里也只会听到皮钦语。孩子也没有适当机会学习英语，因为社会藩篱将他们与说英语的种植园主人隔离开来。夏威夷的外籍工人子女只有皮钦语这种贫乏的、不一致的语言模型可凭借，却能在一代之内将皮钦语自然地扩张成一种严谨、复杂的克里奥尔语。

　　到了 20 世纪 70 年代中期，比克顿访问 1900—1920 年在夏威夷出生的工人阶级，仍然能够追溯这种克里奥尔语的形成历史。

这些人与我们一样，在早年吸收的语言技巧终其一生都不会改变，因此他们年纪大了之后，说的话仍能反映他们年轻时听见的别人说的话。（我的孩子很快也会好奇为什么他们的父亲称冰箱为"icebox"而非"refrigerator"，虽然现在离我父母的童年——称冰箱为"icebox"的年代已经过去几十年了）比克顿在20世纪70年代访问的老人，由于年纪不同，所以可以代表这种皮钦语转变成克里奥尔语过程中的不同阶段的切片。因此，比克顿能够得出结论：整个过程大约从1900年开始，1920年完成，创造新语言的人是当年正在牙牙学语的儿童。

实际上，这些夏威夷儿童实现了普萨美提克一世的实验，只是实验设计修改过了。与普萨美提克一世实验的儿童不同，夏威夷儿童可以听见身边成年人说的话，也能学习他们听见的词汇。但是与正常的儿童不同，夏威夷儿童听见的语法不多，他们听见的语法既不一致，又很原始。所以，他们创造了自己的语法。他们成功地为自己创造了语法，而不是用从中国工人和英国种植园主那里听来的语料东拉西扯、拼凑出来。从夏威夷克里奥尔语的许多特征可以看出，它们与英语或各种工人所说的其他语言都不相同。新美拉尼西亚语也有这个特征，它的词汇大部分来自英语，但许多语法特征是英语中没有的。

\* \* \*

我不想夸大克里奥尔语在语法上的相似程度。克里奥尔语的确有变异，这与克里奥尔语形成期的社会史有关，特别是当初种植园主人与劳工的人数比例变化的速度以及变化的幅度，以及早期的皮钦语有多少世代可供利用（从既有语言逐渐采借更多复杂的特征）。但它们还是有许多相似的地方，尤其是那些从早期皮钦语迅速演化而来的克里奥尔语，相似程度最高。每一个克里奥尔语的儿童创作者，怎么能那么迅速地就语法达成共识呢？为什么不同克里奥尔语的儿童创作者会一再发明相同的语法特征？

　　这不是因为他们以最简单的或唯一的方式设计语言。例如，和英语等一些语言一样，克里奥尔语使用介词（置于名词前面的短词），但也有一些语言不使用介词，而在名词后面加后缀。克里奥尔语的句式在主语、谓语和宾语的排序上与英语很类似，但并不能说明它是从英语中借用的这种排序，因为克里奥尔语源自句式排序不同的语言，有些语言的句式仍然使用"主语–谓语–宾语"这一排序。

　　这些克里奥尔语的相似之处很可能源自大脑在童年用以学习语言的遗传蓝图。语言学大师诺姆·乔姆斯基早就指出，人类语言的结构非常复杂，小孩子不可能短短几年就学会，因此在儿童大脑中必然有一内建的语言学习线路。在语言学界，这个主张流传甚广，可以说是主流意见。举例来说，我的一对双胞胎儿子，2 岁才开始使用单词。我写下这一段的时候，他们还不满 4岁，可是已经精通大部分英语语法规则，而母语不是英语的成年人，在移民到英语国家几十年后，往往还不能掌握这些规则。我的儿子甚至在 2 岁以前已经学会分辨大人对他们发出的语音（刚开始的时候，这些语音在他们听来也是含糊笼统、殊不可解的），学会辨认构成单词的音节，以及学会将音节组与单词对应起来（虽然人在不同的时候，或不同的人，同一个字会有不同的发音）。

这类困难使乔姆斯基相信，正在学习第一语言的儿童，面对的是一个不可能完成的任务，除非这种语言的大部分结构已经内建在他们的脑子里了。于是乔姆斯基得出结论：我们生来大脑中已内建了一套"通用语法"，这套语法允许我们建构各种可能的语法模型，以涵盖真实语言的语法范围。这个内建的通用语法像是一组开关，每一个开关有好几个可能的位置。所以开关的位置最后可以固定，以契合孩子听到的语言的语法。

然而，比克顿比乔姆斯基更进一步，他主张我们不仅生来已内建了一套通用语法———一组可调整的开关，而且这组开关已经预先设定了一再在克里奥尔语语法中浮现的那些特征。如果幼儿学习的第一语言与预置的内建语法设定有冲突，那么预先的设定能够被修改。但是，如果幼儿学习的第一语言并不"正常"，是一种没有结构的皮钦语，那么克里奥尔语设定就会是幼儿长大后所说的语言的设定。换言之，克里奥尔语的语法特征就是天生的"普遍语法"的预先设定。

根据比克顿的看法，我们天生的语法设定就是学者观察到的克里奥尔语的语法特征。可是那些天生的设定会受幼儿第一语言的影响。如果他是对的，那么幼儿在学习语言的过程中听到的语言的语法特征，若与克里奥尔语设定符合，就很容易学会，若与克里奥尔语设定冲突，就很难（很慢）学会。这一推理可以用来解释母语为英语的孩子在学习表达否定时遇到的那个臭名昭著的困难：他们坚持使用克里奥尔语式的双重否定，比如"没有人没有这个（Nobody don't have this）"。同样的道理可以用来解释母语为英语的孩子在理解疑问句的排序时遇到的困难。

以后一个例子来说，普通的英语陈述句是克里奥尔语式的"主语-谓语-宾语"排序，如"我想要果汁"（I want juice）。包括克里奥尔语在内的许多语言在疑问句中保留了这一排序，只是通过改变声调加以区分［"你想要果汁吗？"（You want juice?）］。但是，英语中不是这样的，而是通过互换主语和谓语的位置［"你在哪里？"（"Where are you？"，而不是"Where you are？"）］或者把主语置于助动词（如"do"）和主动词之间［"你想要果汁吗？"（Do you want juice?）］。我和我的妻子在我们的儿子很小的时候就使用语法正确的疑问句和陈述句来与他们进行日常交流，他们很快就掌握了正确的陈述句排序，但他们仍然使用错误的克里奥尔语式的疑问句排序，尽管我和我的妻子每天都为他们演示数百个正确的例子。今天马克斯和乔舒亚说的错误疑问句包括"Where it is？""Where that letter is？""What the handle can do？"，以及"What you did with it？"。就好像他们还没接受耳听为实的事实证据，因为他们仍然认为他们被预先设定的克里奥尔语语法是正确的。

\* \* \*

现在让我们把本章讨论过的证据综合一下，试着对人类语言的演化做一个融贯的说明。绿猴呼叫可以代表早期的阶段，我们有很好的研究结果可以参考。绿猴至少有 10 种不同的呼叫，每一种呼叫都有具体的外界指涉，被绿猴用来传递信息，而所有的呼叫声都是有意发出的，不是体内的条件反射。这些呼叫的功能，也许是"词汇"，也许是"说明"或者"动议"，或同时兼具几个功能。科学家花了许多心力，才辨识出这 10 种呼叫，因此说不定还有许多有意识、有意义的呼叫没有被辨识出来。我们还不知道其他动物在声音通信方面会比绿猴高明到什么程度，因为声音通信最可能比绿猴高明的物种，是黑猩猩和倭黑猩猩，而科学家还没有仔细研究它们在自然生境中的通信行为。至少在实验室中，经过科学家耐心的教导，黑猩猩能学会几百个符号的意义，这显示出它们至少有掌握符号意义的能力。

正在发育中的幼儿说出"果汁"一词，代表超越动物呼叫的下一阶段。孩子说出的"果汁"也许与绿猴的呼叫一样，有多重功能，除了是个有具体指涉的名词，还包括"说明"或者"动议"的意思。不过，幼儿会说"果汁"，已经比绿猴高明了不知多少倍，因为他说这个词，必须先学会适当的辅音与元音，再以那些音素组成大人听得懂的语音"果汁"。几十个音素（基本的发音单位）可以组成大量的字、词，是人类声音通信的关键特色。模块组织（基本音素组成语音，语音组成字、词，最后字、词组成句子）让我们更能描述世界万物以及内心感受。举例来说，绿猴只有 6 种动物名称（每一个指涉的也许是一类，而不是一种），我们却有近 200 万种。

再进一步的例子，可以观察人类 2 岁的孩子，那时正是他们开始从单字（词）进入两字（词）或多字（词）的阶段。但是他们说的多字（词）话语，仍只是将字词串在一起，没有复杂的语法，他们使用的字（词）只有名词、动词与形容词，都有具体指涉。正如比克顿指出的，这些字词串与皮钦语类似，而皮钦语是成年人在必要时自然地发明的。这些字词串与实验室里黑猩猩使用符号的表现也很相似（当然，黑猩猩必须先受过训练）。

从皮钦语到克里奥尔语，或从 2 岁幼儿的单字（词）话语到 4 岁幼儿的完整句子，是迈向正常成年人语言的另一大步。那一大步包括：话语中出现缺乏外界指涉的字词，它们只有语法功能；许多语法要素，例如字词顺序、字根变化等；更为复杂的词组、句子，包括多重层级构造。也许本书第一部分讨论的跳跃式演化正是由这一步触发的。不过，现代世界中各地独立发明的克里奥尔语仍然可以提供线索，让我们寻绎走出那一步的过程。

我承认克里奥尔语与正常的语言仍有很大的差异。可是从绿猴呼叫到莎士比亚的十四行诗，克里奥尔语已走完全程的 99.9%。克里奥尔语已经是复杂的语言。举例来说，印度尼西亚语就是从克里奥尔语发展出来的，现在是当地会话与官方语言——请别忘了（当我写下这些文字时）这个国家的人口居世界第五位，现在也有人以印度尼西亚语创作严肃的文学作品。

在动物通信与人类语言之间似乎有一条不可跨越的鸿沟。过去我们就是这么想的。现在我们在动物身上与人身上都发现了可供建造桥梁的材料。不错，人类的语言是我们独有的特征，使我们与其他动物活在不同的世界里，可是我们已经开始了解：在动物界，可以找到人类语言的前驱物。

## 新美拉尼西亚语的简单一课

尝试理解这则用新美拉尼西亚语写的百货公司广告：

Kam insait long stua bilong mipela—stua bilong salim olgeta samting—mipela i-ken helpim yu long kisim wanem samting yu laikim bikpela na liklik long gutpela prais. I-gat gutpela kain kago long baiim na i-gat stap long helpim yu na lukautim yu long taim yu kam insait long dispela stua.

如果有些单词看起来非常熟悉，但看上去又没有意义，大声读给自己听，专注于它的发音，忽略奇怪的拼写。下面是用英文重写的这则广告：

Come inside long store belong me-fellow—store belong sellim altogether something—me-fellow can helpim you long catchim what-name something you likim, big-fellow na liklik, long good-fellow price. He-got good-fellow kind cargo long buyim, na he-got staff long helpem you na lookoutim you long time you come inside long this-fellow store.

下面的解释应该会帮助你理解上述英文中存在的奇怪之处。

在这段新美拉尼西亚语的例子中，几乎所有的单词都来自英语，除了"liklik"表示"little"（小），源自新几内亚的托莱语。新美拉尼西亚语只有两个纯介词："bilong"（与英语中的"of"、"in order to"相近，意思是"……的"或"为了……"），"long"（涵盖几乎所有其他英语介词的意思）。英语中的辅音f在新美拉尼西亚语中变成了p，比如"stap"代表"staff"（员工），"pela"代表"fellow"（同伴）。后缀"-pela"可以加在单音节形容词后面(例如"gutpela"表示"good"，意为好，"bikpela"表示"big"，意为大)，也可使单数代词"me"（我）和"you"（你）变成复数形式，表示"we"（我们）和"you"（你们）。"Na"的意思是"and"（和）。因此，这则广告的意思是：

Come into our store—store for selling everything—we can help you get whatever you want, big and small, at a good price. There are good types of goods for sale, and staff to help you and look after you when you visit the store.

（来我们的商店——一个出售所有东西的商店——我们可以帮你以一个好的价格买到你想要的大大小小的任何东西。这里出售的商品种类繁多，品质优良，店员会向到店购买的顾客提供服务和帮助。）

# 第 9 章

# 艺术的自然史

美国画家乔治亚·奥基夫的作品,一开始并不受艺坛青睐,与西丽比较起来,遭遇有如云泥。西丽的作品,甫问世就令见多识广的艺术家倾倒。"它们天才洋溢、果决自信又富有创意。"这是著名的抽象表现派画家威廉·德·库宁的第一印象。抽象表现派权威、雪城大学艺术教授杰尔姆·威特金的反应更热情:"这些画抒情奔放,美极了。它们看来自信、沉稳又有力量,感情丰沛却收放得宜,太不可思议了……这些画太优雅、精致了……这些画表现出画家善于以画笔寓情,信手捻来,皆有情致。"

威特金称赞西丽的画笔善于营造虚实对比,物象布局浑然天成。他只见其画,未见其人,可是正确地猜出了画家是位女性,而且对亚洲书法颇有心得。但是威特金没想到这位画家身高 8 英尺,重 4 吨。她是一头亚洲象,以象鼻握笔作画。

德·库宁一听说西丽是一头象,就说:"它可是一头天才象！"事实上，西丽在象群中并不出众。野生象偶尔会以象鼻在沙尘上做出绘画的动作，动物园中的象也会在地上用小棍子或石头涂鸦。许多医师、律师的办公室都挂着卡罗尔的画——它也是一头母象，卖出过几十幅画，有的画作卖到 500 美元。

许多人都认为，人类独有的特征中，以艺术最高贵——它就像说话的能力一样，使人超拔于动物之上，为人兽之分确定了明确的界限；在最基本的层次上，艺术与语言都不是动物所能企及的。艺术甚至比语言还高贵，因为人类的说话通信模式说穿了"不过是"一种动物通信系统，只是复杂得不得了罢了，而且说话的生物功能很明确——帮助我们生存，况且，其他的灵长类动物不是也会利用声音通信吗？相对地，艺术可没什么明显的生物功能，艺术的起源一向被认为是个崇高的谜题。但是我们也很清楚，大象的艺术作品对我们也有意义。至少，人与大象创作的身体活动相似，而创作出来的产品，连专家都分辨不出。当然，西丽的作品与我们的有很大的差别，例如西丽可没想过以它的作品向其他的象传达些什么信息。可是我们无法对它的创作视若无睹，认为只是一头野兽的"瞎扯"。

在这一章，除了大象，我还会讨论一些其他动物，它们都有类似人类艺术创作的活动。我相信以人类的艺术与动物的做比较，能帮助我们了解人类艺术的原始功能。虽然常识中艺术是科学的"对立物"，但是真有一门"艺术的科学"，也未可知。

* * *

我们的艺术在动物界必然有"前驱物"。如果这个论点令你难以消受，请别忘了，700万年前人类才与咱们的兄弟黑猩猩分化。以人的寿命来衡量，700万年当然长如万古，可是以地球生命史来衡量，700万年不过沧海一粟。我们与黑猩猩相同的遗传基因比例仍高达98%。因此，艺术与其他我们认为人类独有的特征，必然是我们基因组中一小撮基因的杰作。在演化时钟上，这一小撮基因必然才出现不久。

许多我们原先以为的人类特征，最近的动物行为研究已经揭开了它们的前世今生。因此，人与其他动物之间不再有不可跨越的鸿沟。人与其他动物之间的差异只是程度上的，而不是本质上的。举例来说，第8章我就描述过绿猴的初级语言。说起吸血蝙蝠，你也许不认为它们会有什么高贵的德行，但是它们能够相濡以沫、互利共生，这一点学者已经证实。至于人性的阴暗面，谋杀并非人类专利，许多动物都有谋杀暴行：狼与黑猩猩进行灭族斗争，鸭子与红毛猩猩有强奸行径，蚂蚁有组织地从事战争与奴役俘虏，全都铁证如山、无可推诿。

人类与其他动物之间当然有差异，可是这些发现使我们再也不能自以为是"天地自我开生面"的物种——除了艺术。我们相信艺术是人类别开生面的发明，时间是4万年前。也就是说，在700万年前与黑猩猩分化之后，我们花了696万年蜕化猿性，终于在4万年前修成正果。也许最早的艺术是木刻或体绘，但是它们已经消失，我们无从考证。人类艺术最早的迹象，包括保存在尼安德特人骨架上的花、在尼安德特人营地遗址找到的带刻痕的动物骨骼。不过，很难证实它们是有意创作的遗迹。直到4万年前克罗马农人出现，我们才有了确凿的证据，显示他们从事艺术创作，例如著名的拉斯科洞穴壁画、雕像、项链，以及笛子等乐器。

如果我们主张真正的艺术只有人类才能创作，那么那些类似人类艺术创作的动物表现（如鸟鸣）与真正的艺术有什么差别呢？论者通常从三个特征着手论证：人类的艺术是为艺术而艺术，没有实用价值；人类的艺术创作冲动受美感的支配，而美感是愉悦的源泉；人类的创作天赋须受艺术传统的熏染浸润，而不是镂刻在基因中的机械操作。让我们逐一讨论这几个特征吧。

第一个特征，正如王尔德所说，"艺术无用"。生物学家对这句话的理解，就是艺术并不"实用"。所谓"实用"，是从动物行为与演化生物学的角度来说的。换言之，人类的艺术不能协助创作者取得生活资源，以及传递基因——大多数动物行为最容易察觉的功能，也不过生存与生殖二事。当然，人类的艺术创作者以作品向同胞表达他们的感受与想法，从这个角度来观察，人类的艺术品有沟通的功能，可是这终究与传递基因不同。相对来说，鸟鸣有明显的功能——吸引异性前来交配、守御地盘，以达成传递基因的目的。

至于第二个特征——人类通过艺术追求美感的愉悦经验。根据辞典中的定义，艺术是"创作具有形式与美感的活动"。虽然我们无法问嘲鸫与夜莺能不能欣赏自己鸣唱的形式与美感，但是它们只在繁殖季节鸣唱，这个事实已经令人怀疑答案是否定的。因此，它们大概不是为了美感经验而鸣唱的。

人类艺术的第三个特征：每个人类族群都有独特的艺术风格，创作与欣赏这种风格的知识是学会的，而不是遗传得来的。例如今天在东京与巴黎流行的歌曲，很容易分辨，但这些风格上的差异不是遗传密码决定的。东京街头的人的眼眸颜色与巴黎街头的人不同，那才是遗传的结果。巴黎人与日本人可以互相访问和交流关于流行音乐的点子。可是许多鸟类的鸣唱及其对于鸣唱的反应，都由遗传决定。这些鸟类，即使从未听见过同类的鸣唱，或只听过其他鸟类的鸣唱，也能正确地发出自己的鸟鸣。这就好像一对法国父母生下的婴儿，被日本人收养了之后，在东京长大、受教育，可是他仍然说的是法语，自然地唱出《马赛进行曲》。

于是，我们与大象艺术之间似乎有一条巨大的鸿沟，相去不知多少光年。大象与我们甚至还没有亲近的演化关系。与我们有关的，应该是两头黑猩猩（孔戈与贝齐）、一头大猩猩（苏菲）、一头红毛猩猩（亚历山大）以及一只猴子（巴勃罗）的画作。这些灵长类动物分别精通不同的绘画媒介，包括画笔、手指、铅笔、粉笔、蜡笔。孔戈一天画过33幅画，看来只为了愉悦自己——从未见它拿画给其他的黑猩猩看，如果你没收它的铅笔，它可不依，准大闹一番。对人类艺术家来说，开个人作品展是地位的象征——证明自己的成功。孔戈与贝齐开过一次"双猿展"，那是在 1957 年的伦敦现代艺术馆。次年，孔戈也在伦敦开了一次"个人作品展"。并且，它们的画全都卖出去了（买主当然是人类）。许多人类艺术家都没有那么成功。还有许多猿类的画，神秘地混入了人类艺术家的展览中，让许多不明就里的评论家惊艳不已，他们盛赞那些画的张力、韵律与平衡感。

同样不明就里的儿童心理学家，受邀欣赏巴尔的摩动物园黑猩猩画的画并据以诊断画家的（心理）问题。一幅 3 岁雄性黑猩猩画的画，被心理学家认为是一名七八岁的男童画的，而且反映男孩有偏执倾向。一头 1 岁雌性黑猩猩画的两幅画，被心理学家认为是两名 10 岁女孩画的。一幅反映女孩是精神分裂症患者，充满暴力倾向；另一幅则反映女孩有偏执倾向，并强烈地认同父亲。这些心理学家也真有两下子，创作者的性别都搞对了，搞错的只不过是物种而已。

咱们近亲的这些画作，看来的确模糊了人类艺术与动物活动之间的界限。与人类的画一样，猿类的画并没有传递基因的实用功能，而是愉悦自己的作品。你也许会反对说，和大象西丽一样，猿类艺术家画画只是为了愉悦自己，而大多数人类艺术家画画旨在向其他人表达自己。猿类不会为了以后拿出来欣赏而收藏自己的画，而是直接丢弃了它们。但我认为这些反对意见不具备说服力，因为最简单的人类艺术（涂鸦）也经常被丢弃，而我拥有的最好的艺术品之一就是一件被丢弃的木雕，那是一位新几内亚村民雕刻的，他在制作完这个木雕后就将其丢在自己家的房子下面。甚至一些知名的人类艺术品也是艺术家为了愉悦自己而制作的：

作曲家查尔斯·艾夫斯很少发表自己的作品；小说家卡夫卡不仅没有出版他的三部伟大的小说，而且叮嘱他的遗嘱执行人不要出版（幸好他的遗嘱执行人没有听从，使这三部小说在卡夫卡死后面世）。

但是，对于猿类艺术与人类艺术之间存在相似之处这一观点，有一种更强烈的反对观点。猿类画画，只是动物关在兽栏里的"不自然"活动。有人会坚称，正因为这些画不是"自然的"作品，所以不能提供什么线索，让我们寻绎人类艺术的动物起源。因此，让我们现在仔细研究一个毫无疑问的"自然"行为，也许能提供我们需要的线索：园丁鸟建造花亭——世界上构造最复杂、装饰最华丽的动物作品，只有人类的作品足以媲美。

\* \* \*

我第一次见到园丁鸟建造的花亭之前，已经听说过它们，不然的话，我一定会与19世纪到新几内亚探险的西方人一样，以为那是人造的玩意。那天早晨，我从一个新几内亚村落出发，村落里尽是圆形的茅屋、成排的花圃，人们戴着装饰珠子，孩子带着小弓小箭，模仿大人的行为。突然间，我在丛林里看见了一间编织得异常美丽的小屋，它是圆形的，直径8英尺，高4英尺，有一扇门，足可供一个孩子穿过，坐在屋中。小屋前面有一小块长满了绿苔的地面，没有杂物，可是有上百件五颜六色的自然物摆着，一看就知道是故意安排、用来装饰的。其中主要是花、果、叶，但是也有蝶翼与真菌。颜色一样的东西集中在一起，例如一堆红果子旁边摆着一堆红叶。装饰品中最大的一件，是高高堆起的一堆黑色真菌，正对着门，几码①外有一堆橘色真菌。所有蓝色的东西堆在屋里，红色的在外面，其他地方还有黄色的、紫色的、黑色的，以及几个绿色的。

这间小屋不是儿童玩耍的地方，而是一种不怎么起眼的园丁鸟建造、装饰的。园丁鸟是分布在澳大利亚、新几内亚的一群鸟，共有18个种类。花亭是雄鸟建造的，唯一的目的就是吸引雌鸟。筑巢与抚育幼雏则是雌鸟的责任。雄鸟实行一夫多妻制，吸引的雌鸟多多益善，它们贡献给雌鸟的不过是精子罢了。雌鸟在花亭间穿梭，寻找中意的雄鸟，它们有时成群行动，一旦看中了，就与建造花亭的雄鸟交配。

雌园丁鸟选择性伴侣，以花亭的质量为准——花亭装饰的数量以及契合当地风格的程度。不同的园丁鸟（不论是不同的种类还是不同的群体）发展出不同的花亭风格。有的群体偏爱蓝色，有的则偏爱红色、绿色、灰色，有的不造圆屋，而造一个或两个塔，有的建一条两边有墙的小路，有的建四面有墙的盒子。有的族群还会以嚼碎的彩叶"粉刷"花亭，有的会分泌油来"漆"花亭。这些地方性的风格似乎不是由基因决定的，而是园丁鸟在漫长的成长过程中从成鸟的作品中学来的。雄鸟学习当地的花亭风格，雌鸟也要学习，以便知道如何从中挑选雄鸟。

起先，这个系统让我们觉得荒谬。毕竟，雌鸟找的是配偶。

① 1码≈0.91米。——编者注

在这场择偶选秀大赛中，存活子女的数量是胜负的唯一衡量标准，雄鸟生养存活子女的能力，才是雌鸟应该弄清楚的，一个找来一堆蓝色果子的家伙，有啥好处？

所有动物，包括我们，择偶时都面临同样的问题。有些物种，例如欧洲与北美的鸣鸟，雄性占据地盘，不让其他雄性侵入，然后吸引雌鸟飞来交配、产卵。雌鸟在雄鸟的地盘上产卵、孵卵，日后更以地盘上的资源抚育幼雏。因此，雌鸟得评估雄鸟地盘的质量。如果雄鸟会分担喂养、保护幼雏的责任，与雌鸟合作狩猎，那么雌鸟雄鸟都要评估对方的亲职能力、猎食本领，以及双方关系的质量。所有这些需要评估的事，对雌鸟来说已经够难的了，如果雄鸟除了交配什么都不做的话，那就更难了。园丁鸟就是这么一种鸟。如何评估可能的配偶的基因呢？蓝色果子与基因的质量又有什么关系呢？

动物没有时间与许多配偶各生 10 个孩子，然后看谁的孩子长得又快又好，将来生养得最多（存活的成年子女数量，是唯一的衡量标准）。动物必须依赖交配信号（例如歌唱或仪式化的表演）作为评估的方便依据。现在动物行为学家正在热烈辩论：为什么这些交配信号是优良基因的指针，甚至有人怀疑它们是优良基因的指标？只要想想我们自己择偶时遭遇的困难，怎样评估可能对象的真实财富、亲职能力与遗传质量呢？

从这个角度切入，想一想：雌园丁鸟发现了一个它喜欢的花亭，这个花亭代表了什么？它立刻可以断定的，是"建造这个花亭的是只很强壮的雄鸟"，因为这个花亭的重量是雄鸟体重的几百倍，而且有些装饰品重达它体重的一半，必须从数十米外拾回来。它知道雄鸟非常灵巧，因为把几百根树枝编成小屋、塔或墙并不容易。雄鸟必然很聪明，不然无法依据复杂的设计建造成品。雄鸟的视力、记忆力都不错，不然无法在丛林中找到适当的建材、装饰品。雄鸟必然懂得生存之道，不然无法活得长久，学会足够的技巧，建造吸引雌鸟的花亭。并且，这只雄鸟必然社会地位很高，因为雄鸟没事就较量高低，而且会互相偷取建材、装饰品，甚至破坏别的雄鸟的花亭。威震群雄的雄鸟，地位才高，建造的花亭才不受破坏。

　　因此，花亭全面地反映了雄鸟的基因质量。就好像女人让她的追求者经受一系列的考验，先是举重测验，然后缝纫、下棋、视力、拳击，最后的胜利者才有权成为入幕之宾。与园丁鸟相比，我们人类为了择偶而设计的基因质量测验简直莫名其妙。我们太看重外表的细枝末节，例如脸蛋和耳垂长度，或身材性感与拥有豪车，这些都不能反映基因的质量。美丽、性感的女人，或潇洒、拥有保时捷跑车的男人，往往体内有些糟糕的基因，表现出其他吹嘘的质量，这是个事实，尽管令人哀伤。请想一想，这个事实造成过多少人间悲剧。难怪那么多婚姻以离婚收场，我们直到最近才觉悟：我们选择的本领太差，而我们的标准太肤浅。

　　园丁鸟以艺术创作考验配偶的真材实料，它们怎么会那么聪明？这样的择偶本领是怎么演化出来的？大多数雄鸟追求雌鸟，炫耀的是身上的彩色羽毛、动听的鸣唱、肢体表演，或者供应食物，作为基因质量的保证。新几内亚的两种天堂鸟则进了一步，雄鸟会在丛林地面清理出地盘，像园丁鸟一样，加强它们肢体表演的视觉效果，并炫耀身上的彩色羽毛。其中一种更进一步，雄鸟会在清理出的地面上摆放一些雌鸟筑巢用得着的材料：小块蛇皮，可以作为巢的衬里；粉笔或哺乳动物的干粪便，可以当矿物质补充剂；可以当作食物的水果。最后，园丁鸟知道，有些用作装饰的物品本身没什么用处，可是由于它们难得或稀少，仍然可以当作优质基因的指标。

我们很容易理解这个概念。只要想想我们日常见到的广告，例如英俊的男人拿着闪闪发光的钻戒，送给似乎有生育能力的年轻女人。钻戒有什么用？又不能吃。但是任何一个头脑清醒的女人都知道，钻戒代表这个男人动员资源的能力（以及他供应子女和她的资源的数量）。如果他拿出来的是一盒巧克力，即使可以吃，也逊色多了。是的，巧克力含有有用的热量，那又怎样？谁都买得起巧克力。此外，既然男人买得起不能吃的钻戒，就养得起他的妻子以及她生的孩子，而且他的赚钱能力，如智慧、坚毅、精力等，也能遗传给孩子。

于是，在演化过程中，雌园丁鸟就把注意力从雄园丁鸟身体上天生的装饰转移到雄园丁鸟建造的装饰。虽然在大多数动物中，性选择的作用都是强化两性身体装饰的差异，但在园丁鸟中，性选择让雄鸟强调"身外物"而不是身体上的装饰。从这个角度来观察，园丁鸟与人非常相似。我们也一样，很少裸露身体、不假装饰地追求异性，或者至少可以这么说：很少以裸体示人以追求异性。我们穿戴整齐，非常讲究色彩搭配，还以香水、各种涂料

（化妆品）装饰，并以珠宝甚至跑车强化"美色"。我有一位开跑车的朋友，他一定要我相信，平庸的年轻男人总想弄台花哨的跑车装点自己。如果那是真的，园丁鸟与人类就更相像了。

*　*　*

谈过了园丁鸟的例子之后，让我们再回顾那三个人类艺术的特征，看看它们是否仍然能够作为区分人类艺术与动物作品的标准。花亭的风格与人类艺术的风格都是后天学来的，而不是天赋遗传的，因此第三个特征就算不上特征了。至于第二个特征（美感愉悦），无法得到答案。我们无法问园丁鸟：观赏自己的作品，可觉得赏心悦目？我怀疑许多人说他们欣赏艺术不过是附庸风雅、装腔作势罢了。现在只剩下第一个特征了，王尔德说艺术无用，这是以狭隘的生物学观点来看艺术。以园丁鸟的花亭来说，他的论断绝对不能适用，因为花亭有吸引雌性的功能，那可是生殖大业，没有什么事比它更重要了。但假装我们的艺术品没有生物功能也是荒谬的。艺术品能协助我们生存以及传递基因，办法不少。

第一，拥有艺术品的人经常能享受直接的"性利益"。想要勾引女人，不妨邀请她来观赏你收藏的蚀刻版画。这可不是个笑话。在真实世界里，跳舞、音乐与诗，都是性的前奏。

第二（更重要的），拥有艺术品的人享受很多间接利益。艺术品是地位的方便指标，无论在人类社会还是动物社会，地位都是取得食物、土地与性伴侣的钥匙。"身外物"比"身上物"更能可靠地反映地位。没错，园丁鸟发现了这个原则，但将这个原则发挥得淋漓尽致的是人类。克罗马农人以手镯、坠子以及（赭石磨成的黄、褐、红）颜料装饰身体，今日的新几内亚土著用的是贝壳、毛皮以及天堂鸟羽毛。除了装饰身体的艺术品，克罗马农人与新几内亚土著都会创作世界级的大型艺术品（如洞穴壁画与绘画）。我们知道，在新几内亚，艺术品代表卓越与财富，因为天堂鸟不容易捕捉，美丽的雕像没有天赋做不出来，两者都非常昂贵。在新几内亚，娶妻非要有这些象征特异品质的玩意不可：在那里，妻子是买来的，代价的一部分是昂贵的艺术品。在其他地方也一样，艺术品通常代表天赋、金钱，或兼具两者。

在一个艺术品可以交换"性"的世界里，艺术家能够以创作糊口就不稀奇了。有些社会就以制作艺术品为生，以艺术品与生产食物的族群交换食物。例如锡亚西岛岛民根本没有可耕种的土地，可是他们能够雕刻美丽的木碗，其他部落的人以食物与其交换木碗，用来当作彩礼。

在现代社会中，这些原则更为根深蒂固。在新几内亚，身体上装饰的鸟羽，以及住屋上挂着的巨大贝壳，是地位的象征；在我们的社会，换成了钻戒与毕加索的画。锡亚西岛岛民出售木刻碗，换取相当于20美元的食物；理查德·施特劳斯以歌剧《莎乐美》赚来的钱盖了一栋别墅，《玫瑰骑士》更让他赚翻了。现在，我们经常读到艺术品的消息，越来越多艺术品以天价卖出，动辄千万美元，艺术品盗窃案也层出不穷。简而言之，正因为艺术品象征优质基因与大量资源，所以艺术品可以换得更多优质基因与资源。

　　到目前为止，我只讨论了艺术品为个人带来的好处。其实，艺术品也可以成为族群的标志。人类总是分成互相斗争的群体，任何一个群体失败了，传递基因的机会就渺茫了。人类历史充满了族群间杀戮、奴役与驱赶的细节。胜者夺取败者的土地，有时也霸占败者的女人——败者传递基因的机会。族群的凝聚力有赖于族群独有的文化特征，尤其是语言、宗教与艺术（包括神话传说与舞蹈）。因此，艺术是支持族群生存的重要力量。没有族群，哪来个人？即使你的基因比同胞的都好，如果你所在的族群被异族灭了，你也就没有机会传递基因了。

＊　＊　＊

　　现在，也许你会向我提出抗议，说我硬给艺术添上用途太过分了。你说，我们欣赏艺术，追求的是美感，是纯粹的美学经验，压根儿没想到什么地位、美女。况且，有些艺术家一辈子独身，没近过女色。学钢琴得花工夫，谁会练10年钢琴，只为求偶，难道没有更容易的法子？难道愉悦自己不是创作的主要理由，甚至唯一的理由，就像大象西丽与黑猩猩孔戈一样？

　　当然。能够有效觅食的动物，由于生活不虞匮乏，"闲暇"不少，所以将许多行为模式推广到极致，超越了原先的目的，是常见的（升华）现象。人类面对艺术品的态度，就是一个例子。园丁鸟与天堂鸟悠闲得很，因为它们体型大，以野果为食，体型小的鸟不敢上前争食。我们人类也很悠闲，因为我们以工具取食（无论采集、狩猎、耕种）。有闲的动物，就有闲暇为了生殖竞争而争奇斗艳。这些行为可能后来会衍生出其他的目的，例如保存信息（克罗马农人的洞穴壁画，画的是狩猎的对象，有人推测其功能之一是保留信息）、打发时间（动物园里的猿与大象就有这个问题）、释放心理压力（我们与动物园里的动物都有这个需要）或者愉悦自己。我主张艺术有用，并不等于否定艺术的娱乐价值。的确，如果我们没有欣赏艺术的天分，艺术也不会有那么多有用的功能了。

　　为什么艺术是人类的而不是其他动物的特征？现在我们也许可以回答这个问题了。既然人类饲养的黑猩猩会作画，那么它们在野外为什么不作画呢？我认为，野生黑猩猩没有闲暇作画，它们得解决许多生活的问题，包括觅食、谋生，以及打退敌对队群。如果野生黑猩猩行有余力，又有工具，它们会作画的。我的理论是有根据的：别忘了我们的基因组里有 98% 与黑猩猩是一样的。

# 第 10 章

# 农业：福兮祸之所伏

我们自命万物之灵，妄自尊大、目空一切，这等吹嘘，却禁不起科学戳穿。天文学让我们知道，地球不是宇宙的中心，而不过是太阳系中的一颗行星，而太阳又不过是几十亿颗恒星中的一颗，没啥出奇之处。生物学让我们面对自己的自然史——我们与千万种其他物种一样，是演化而来的，而不是上帝特意创造的。现在考古学拆穿了另一个神圣的信仰：过去 100 万年的人类历史，是个漫长的进步故事。

特别是，最近的发现显示，农业（包括畜牧业）兴起的确是个里程碑，可是农业给人类带来的不只是传统教科书中大书特书的那些好处，随之而来的是更多的苦难。不错，农业社会的粮食产量与粮食储备都大大增加了，但是社会、性别的不平等，以及疾病与独裁暴政，也随农业的出现而出现，至今我们仍难以摆脱它们的诅咒。所以，在本书第三部分讨论的人类文化特征中，农业功过相参，位于两极之间，一边是代表我们高贵质量的语言与艺术（第8章、第9章讨论过了），另一边是不能原谅的恶癖（本书后面几章将会讨论的药物滥用、种族灭绝与环境破坏）。

一开始，支持进步史观的证据（也就是反对我这种"修正派"观点的证据），对生活在20世纪的美国人与欧洲人来说，简直铁案如山、不容置疑。我们的生活几乎在任何一方面都比中世纪的人过得好。中世纪的人又比冰河时期的穴居人过得好。穴居人比猿类过得好。如果你有点儿愤世嫉俗，请想想我们的优势吧。我们的食物数量丰盛、种类繁多，我们有最精良的工具、物资，我们享受的寿命与健康在人类历史上是空前的。我们大多数人都没有冻馁之忧，也不受猛兽的威胁。我们主要以石油与机器的能量做工，而不依赖肌肉与汗水。真有人宁愿放弃这样的生活方式，回到中世纪、冰河时期，甚至到丛林中与猿类同栖吗？

在我们的历史中，我们大部分时间过的都是一种原始的生活模式——"狩猎-采集"，狩猎野生动物，采集野生植物。过去人类学家常描述这种"狩猎-采集"生活为"恶劣、野蛮、短命"。由于那时食物都得到野外去找，粮食储备不可能多，所以（根据这种看法）每天的时间都花费在觅食上，根本没有喘息的机会。我们直到上一个冰期结束后，才从这种悲惨的境地中解放出来——分别在世界上几个不同的地点，独立地发明农耕与畜牧的技术。农业革命逐渐扩散、分布全球，今天世上只有少数几个族群仍然过着狩猎-采集的生活。

　　我从小耳濡目染的就是进步史观，因此乍听有人问"为什么几乎我们所有的狩猎-采集祖先都采纳了农业"，不免觉得他们太天真了。他们当然会采纳农业，因为农业比较高效，花较少的精力就能获得大量的食物。我们的农作物，以单位面积产量而论，比野生的根茎类或浆果大多了。只要想象一下，当年驰骋于原野丛林的野蛮猎人，整日忙着采集坚果、追逐野兽，无暇喘息，突然间闯进了一片硕果累累的果园，或发现一大群驯良的绵羊徜徉在绿油油的草地上。试问：这些猎人得想几毫秒才会领悟农业的好处？

　　信仰进步史观的人并不就此打住，他们更进一步，认为农业是艺术的温床，而艺术是人类精神的瑰丽绽放。由于农作物收成后可以储藏，而且耕作所得比到丛林里狩猎还好，所以农业让人类享受的闲暇是狩猎-采集者难以想象的。闲暇是创作艺术与欣赏艺术的先决条件。没有闲暇，一切免谈。因此，说到底，雅典的帕特农神庙、巴赫的《B小调弥撒》，是农业给人类的最佳献礼。农业使我们有闲暇创作与欣赏艺术。

＊　＊　＊

　　在我们的主要文化特征中，农业出现得特别晚，大约不到1万年。我们的灵长类亲戚，没有一种从事过类似农业的活动，即使只是形似的都没有。动物界中最类似人类农业的生产活动，必须到蚂蚁群里去找。蚂蚁不只发明了农业，也发明了畜牧业。

　　美洲有一群蚂蚁，不下几十种，它们之间除了有亲缘关系，还有一个共同点是务农。这些蚂蚁都会在蚁巢里种植特定品种的酵母菌或真菌。它们不使用自然的泥土，而是调制特别的堆肥：有的蚂蚁收集毛虫的粪便，有的找昆虫尸体或死亡的植物，还有的（切叶蚁）利用新鲜树叶、树枝以及花朵。例如，切叶蚁会切下树叶，把叶片切碎，除去不需要的真菌与细菌，再将碎叶片搬到地下蚁巢中。在那里，叶片再进一步被切碎，形成均匀的叶糊，掺以蚂蚁的唾液与粪便，最后种植蚂蚁喜爱的真菌种，这种真菌就是它们的主食。切叶蚁也会在它们的"田"里"除草"——清除异类真菌孢子。新蚁后离巢另建新巢的时候，会带着它们辛苦培育的菌种，就像离乡寻找新殖民地的人带着家乡农作物的种子一样。

至于畜牧，蚜虫、水蜡虫、介壳虫、毛虫、角蝉、沫蝉等昆虫会分泌含糖量很高的蜜露，蚂蚁可以当作食物。它们常发展出互利共生的关系，例如有些蚜虫演化成蚂蚁的"奶牛"：它们身上没有防身装备，全靠蚂蚁保护；它们从肛门分泌蜜露，而且肛门经过特殊的解剖学设计，方便蚂蚁汲饮。蚂蚁需要的时候，只消抚弄蚜虫的触角，蚜虫就会分泌蜜露了。有些蚂蚁会将蚜虫卵搬进巢里过冬，春天来了就带孵化的蚜虫外出"放牧"——让蚜虫到它们喜爱的植物上进食。最后蚜虫长出翅膀，四散找寻新的生境，幸运的会被蚂蚁发现、"收养"。

毋庸置疑，我们农耕、畜牧的本领不是从蚂蚁那里遗传来的，而是自己发明的。事实上，"发明"这个词太夸张了，因为人类务农、畜牧在早期阶段并没有明确的目标——一言以蔽之，不是有意的发明。农牧业的发生涉及人类的行为，以及动植物的反应与变化，最后导致动植物的"驯化"。举例来说，动物驯化部分源自人类把野生动物当宠物的习惯，同时动物也学会利用与人类接近的好处（例如狼跟随猎人捕捉受伤的猎物）。同样地，驯化植物的早期阶段，包括人类利用野生植物、丢弃种子——因而意外地"播种"了。不可避免地，这些植物、动物，无论物种、品系、个体，只要对人类有用，就会被"选择"，整个过程无须涉及意识或计划。最后，有意识的选择与计划终于出现了。

\* \* \*

现在让我们回头讨论抱持进步史观的人看待"农业革命"的眼光。本章一开头我就解释过，我们往往不假思索地认为，从狩猎-采集生活形态转变成农业社会，随之而来的是健康、长寿、安全、闲暇与伟大的艺术。虽然这种观点似乎铁案如山，但是难以证实。1万年前，放弃狩猎-采集生活而务农的人们生活真的变好了吗？你怎么知道？直到最近，考古学家都无法直接验证这个观点。他们只好采取间接证据，令人惊讶的是，他们没有得到"农业代表进步"的结论。

让我举个例子，说明他们使用的间接验证方法。假如务农果真是个绝妙的点子，那么农业一旦兴起，应该就会迅速传播开来。事实上，考古记录显示，农业在欧洲的"进展"简直犹如蜗牛爬行，一年勉强可达1 000码。公元前8000年左右，农业自近东兴起；公元前6000年左右，向西北到达希腊；再过了2 500年，

才进入英国与斯堪的纳维亚。这完全算不上"热烈响应"。直到
19 世纪，美国加州的印第安人仍过着狩猎-采集的生活，他们并
不是不知道农业这回事，因为他们会与农耕族群交换物品。然而
加州现在是美国的果园，难道这些印第安人都不知道为自己谋福
利？或者，他们太聪明了，看穿了农业虚有其表、包藏祸心，大
部分人类陷溺其中，脱身不得？

另一个间接验证进步史观的例子，是研究现代的狩猎-采集
族群，看看他们是否过得比农耕族群差。目前世界上还有几十个
所谓的"原始民族"，主要居住在不适合农耕的地区，像南非卡
拉哈里沙漠中的布须曼人，直到最近仍过着狩猎-采集生活。令
人惊讶的是，这些族群过的生活非常惬意，闲暇的时间很多，睡
眠的时间不少，也不用为了果腹像邻近的农民一样辛苦劳动。举
例来说，布须曼人每周觅食所费的时间，平均不过 12~19 个小
时。请问读者，你每周要工作多少个小时呢？有人问一位布须
曼人为什么他不学邻近族群去耕种，他的答案是："为什么要耕
作？世上不是有那么多蒙刚果吗？"

当然，找到食物并不代表就能填饱肚子。食物到手后，还得
处理，像蒙刚果这种食物，处理起来得花不少时间呢。因此，放
弃进步史观，认为过狩猎-采集的生活才能闲适惬意，也大可不
必（有些人类学家就那么浪漫）。不过，认为布须曼人比农民还
辛劳，必然是错的。与今日我的医生、律师朋友或我开店铺的祖
父母相比，布须曼人的确悠闲得多。

农民集中精力生产高糖分农作物，如水稻与地瓜，可是今

日狩猎-采集族群的食物包括各种野生动植物，含有更多蛋白质，营养也比较平衡。布须曼人日均摄入 2 140 卡路里的热量和 93 克蛋白质，以他们娇小的身材与剧烈的活动量而言，远高于美国食品药品监督管理局的建议摄入量。狩猎-采集族群身体健康，疾病少，食物内容丰富，也不会像农民一样，每隔一段时间就遭遇饥荒——因为农民依赖少数农作物为生。布须曼人能利用 85 种可食用的野生植物，他们难以想象饿死是怎么回事，而 19 世纪 40 年代爱尔兰因为马铃薯传染病导致歉收，死亡人数达百万以上。

因此，现代残存的狩猎-采集族群的生活绝不是"恶劣、野蛮、短命"的，别忘了，他们是被农耕族群逼入世界上最糟糕的角落里的。过去的猎人居住在肥沃的土地上，绝不可能过得比现代的猎人还差。但是，所有的现代狩猎-采集社群已经受农耕族群的影响不知几千年了，对于农业兴起之前的生活形态，他们所能提供的线索大概不多。进步史观实际上对远古时代的生活质量做出了一个判断，那就是世界各地的人都因为采纳农业而改善了生活。考古学家在史前垃圾堆中经常发现动植物的遗留，只要鉴定它们是野生种还是家生种，就可以判断农业兴起的时间。当年那些制造垃圾的人的健康状况是怎么样的？我们可以判断吗？如果农业兴起后他们的健康状况明显改善了，不就是支持进步史观的直接证据吗？

\* \* \*

那个问题直到最近才有了答案，多亏了新近出现的"古病理学"：在古代人遗骨上侦察病征的学问。在幸运的情况下，古病理学家可以找到足够的材料来研究古人的病理，就像病理学家研究现代人一样。举例来说，考古学家在智利沙漠中发现了保存良好的木乃伊，经过病理解剖，我们可以了解这些人临死前的身体状况，就像今天在医院里检验新鲜的尸体一样。美国内华达州一些干燥洞穴中，过去有印第安人居住，他们留下的粪便保存得十分理想，因此我们还能在其中找到钩虫与其他的寄生虫。

虽然古人的遗骸通常只剩下骨骼供古病理学家研究，但是他们仍然能从骨骼中找到许多线索，推断他们生前的健康状况。首先，骨骼能透露性别，以及身高、体重与死亡年龄。因此，如果能够找到足够的骨架，就能制作那个社群的"生命表"——保险公司用其计算各个年龄的平均预期寿命与死亡风险。古病理学家测量不同年龄的骨架，可以计算生长率；检验蛀牙（高糖食物的指标）与釉质缺陷（表示童年的食物质量粗劣程度）；还能辨认许多疾病在骨骼上留下的痕迹，例如贫血、结核病、麻风病与关节炎等。

古病理学家从骨架上发现了什么？先举个直截了当的例子，谈谈身高的历史变化吧。在许多现代社群中，我们都观察到，改善童年的营养，成年后才会长得高。我们到欧洲的中世纪古堡观光，得弓着身子穿过里面的房门，可见那些古堡是为了身材矮小、营养不良的族群建造的。古病理学家研究希腊、土耳其出土的古代人骨，发现了一个类似的现象，令人惊讶。冰期结束之前，在那里生活的狩猎-采集族群，男性平均身高是 5 英尺 10 英寸（177.8 厘米），女性是 5 英尺 6 英寸（167.6 厘米）。农业兴起后，身高急遽降低，到公元前 4000 年，男性平均身高是 5 英尺 3 英寸（160 厘米），女性是 5 英尺 1 英寸（155 厘米）。到了古典时代，身高又开始缓慢上升，但是现代希腊人与土耳其人还没有"恢复"到祖先的水平。

另一个例子是美国伊利诺伊河谷与俄亥俄河谷印第安人冢中的人骨。玉米是几千年前在中美洲驯化的农作物，大约在 1000 年成为这两个河谷的主要农作物。在那以前，印第安人遗留的骨骼"看起来非常健康，简直没什么好研究的"。一位古病理学家这么抱怨过。玉米传入了之后，印第安人的骨骼突然变得"有意思"了。成年人牙齿蛀洞的数目从平均不到 1 个跃升到近 7 个，牙齿脱落与牙周病极为猖獗。儿童乳牙的釉质缺陷，表明母亲在妊娠期与哺乳期间严重营养不良。贫血病例增加了 4 倍，结核病已经是风土病，人口中有一半患螺旋菌感染或梅毒，2/3 有风湿性关节炎或其他退化性疾病。每一个年龄的死亡率都增加了，活过 50 岁的人只占人口数量的 1%——在玉米传入前的黄金年代却有 5%。全体人口中，1/5 在 1~4 岁就夭折了，这也许是因为幼儿断奶后营养不良，再加上传染病。这样看来，一向被认为给新世界带来福祉的玉米，实际上却是公众健康的灾祸。农业兴起之后，世界其他地区也在骨架上留下了相同的痕迹。

农业对人类健康有害，至少有三组原因可以解释。首先，狩猎-采集族群的食物种类繁多，蛋白质、维生素以及矿物质的含量适当，而农民的食物大部分是富含淀粉的农作物。结果，农民得到的是廉价的热量，付出的代价是营养不良。今天，人类消费的热量中，单单是三种高糖植物（小麦、水稻、玉米）供应的就超过50%。

其次，由于农民依赖一种或几种作物维生，如果庄稼歉收，饿死的风险比猎人大得多。爱尔兰大饥荒就是个例子。

最后，大多数今天主要的人类传染病与寄生虫，若不是农业兴起，根本不会在人类社会中生根。这些人口杀手只有在拥挤、营养不良与定居的社群中才能长存，因为在这样的社群中很容易反复传染，或者是人与人之间相互传染，或者是通过排泄物与污水传染。例如霍乱菌在人体外不能长期存活。它的散播方式是病人的粪便渗入饮水。麻疹在小族群中会自然消失，因为没有抵抗力的人都被杀死了，而剩下的人又有了免疫力。只有在人口至少几十万的社群中，它才能永远蔓延下去。规模小又散居的猎人队群，经常变换营地，各种“拥挤人口传染病”无法持续蔓延。结核病、麻风病与霍乱必须等到农业兴起才能“出头”，而天花、黑死病与麻疹直到最近几千年才出现在人类社会，因为拥挤的城市才是它们大显身手的地方。

\* \* \*

除了营养不良、饥荒与传染病，农业还给人类带来了另一个天谴：阶级分化。狩猎-采集族群几乎没有余粮，谈不上粮食储存，也没有集中的食物资源，比如果园、奶牛群。他们以野生动植物为食，每天都得出门觅食。除了老弱病孺，人人都得自力更生。所以他们没有君主，没有全时专业人员，没有社会寄生虫阶级——专门夺取他人找来的食物，吃得脑满肠肥。

只有在农耕社群中，才会分化出为疾病所困的普罗大众，以及健康、坐享其成的精英阶级。迈锡尼岛上公元前 1500 年的古希腊墓葬中出土的骨架显示：皇族的饮食比平民来得好，因为他们的身高高出 2~3 英寸，而且牙齿状况比较好（人均只有 1 个牙齿蛀洞或脱齿，平民有 6 个）。在 1000 年左右的智利墓葬中出土的木乃伊，我们发现精英阶级不只拥有装饰品与金发夹，传染病造成的骨损伤也只有平民的 1/4。

这些健康分化的迹象，不仅在地域社群中可以发现，在现代世界中也是个全球现象。对大部分美国人与欧洲人来说，"狩猎-采集的生活，平均而言，比我们的现代生活好一些"，这样的论调听来荒唐得很，因为在今天的工业化社会中，大多数人都比狩猎-采集者健康。不过，美国人与欧洲人是今日世界的精英阶级，依赖的石油与其他物质，必须从其他国家进口，那些国家的人民主要是农民，健康水平很低。如果有机会选择，你愿意当哪一种人？中产阶级的美国人、南非布须曼人，还是东非埃塞俄比亚的农民？无疑，中产阶级的美国人健康状况最好，但是东非的农民健康状况可能是最差的。

阶级分化是农业的结果，但是性别不平等可能由来已久，农业只是进一步地加深了不平等的程度。农业兴起后，女人往往沦为役畜般的存在，又因为更频繁的怀孕、生产而透支体力（详见下文），健康日益恶化。例如，1000年的智利木乃伊，风湿性关节炎的病例以女性居多，传染病导致的骨损伤也是女性骨架上比较多。在今日新几内亚的农业聚落中，我经常看见妇女背负沉重的蔬菜与柴火，步履蹒跚，而他们的男人却空着双手。有一次，我出钱招募村民，将我的补给物资从简易机场搬运到山上的营地，男人、妇女与孩子都愿意干这差事。最重的一件是一包110磅的米，我把它捆在一根棍子上，指定了4个男人一起抬。后来我赶上了村民，发现男人只拿着比较轻的行李，而一位体重不足110磅的小妇人却背着那包米，借着一条绳子以额头撑着，腰弯得像虾米似的。

至于"农业创造了闲暇，奠定了艺术的基础"这种说法，事实上，平均而言，现代狩猎-采集者的闲暇至少不比农民少。我同意，工业社会与农耕社会中有些人拥有的闲暇，任何狩猎-采集者都比不上，可那是因为他们有其他的人供养，而那些人的闲暇就少得多了。农业无疑创造了专业工匠与艺术家的生存空间，如果没有他们，大规模的艺术创作是不可能完成的，例如梵蒂冈的西斯廷教堂、德国的科隆大教堂。然而，我觉得解释不同类型的人类社会在艺术表现上的差异，过分强调"闲暇"是关键因素并不明智。我们今天没有创造出超越帕特农神庙的艺术品，并不是因为没有时间。农业兴起后，技术的进步的确促成新的艺术形式，并使艺术品易于保存，可是克罗马农人早在农业出现之前1.5万年就创作了精美的壁画与雕塑，只是形制没有科隆大教堂那么大罢了。现代的狩猎-采集者也创作了传世的精美艺术品，例如因纽特人与美国西北太平洋岸的印第安人。此外，我们计算农业兴起后社会所能支持的专门职业，不但要将米开朗琪罗、莎士比亚算上，还应算上逐渐成军的"职业杀手"。

\* \* \*

　　农业兴起后，精英阶层变得更健康，但是许多人的健康恶化了。即使我们将进步史观抛开，不再相信"我们选择农业是因为务农对我们好"，一位愤世嫉俗的人可能会追问我们：如果农业给人类带来的是祸福相倚，那么我们怎么会陷溺于农业呢？

　　答案可以归结为一句格言：强权就是公理。农业能供养的人口比狩猎多得多，至于平均说来是否每一个人都分配到更多的粮食，则是另一个问题（狩猎-采集族群的人口密度，每平方英里不到一人，可是农耕族群的人口密度至少高 10 倍）。部分原因在于：一英亩种满了庄稼的田地，比起一英亩森林（其中可食用的野生植物并不集中）能生产更多吨的食物，因此可以喂养更多的人。另一部分原因在于：游牧的狩猎-采集族群必须采取杀婴或其他手段来维持四年的生育间隔，因为母亲必须照顾幼儿，直到他们长大，跟得上大人。定居的农耕社群就没有这样的问题，妇女可以两年生育一次。也许我们难以摆脱传统智慧（农业是人类历史上的好事）的主要理由，是农业的单位面积生产量比较高。我们忘了农业也创造了更多人口，而健康与生活质量与平均食物摄取量成正比。

　　到冰期结束时，狩猎-采集族群的人口已经逐渐增加。为了

养活更多的人口，无论有意识地还是无意识地，各个队群都必须
"选择"是迈出发展农业的第一步，还是设法控制人口增长？有
些队群采取了前一个方案，可是他们无从预见农业带来的负面作
用，他们追逐眼前的近利，享受农业提供的丰饶，直到人口增长
到既有的粮食生产系统无法负荷为止。于是他们就会驱逐、杀戮
邻近的狩猎-采集族群，以扩张农耕面积。他们通常能成功，因
为农民占数量的优势：10 个营养不良的农民对付一个健康的猎
人，应无问题。狩猎-采集族群并不是自愿放弃传统生活形态的，
而是头脑清醒、不肯放弃传统的狩猎-采集族群被迫放弃祖先游
憩的土地，移居到农民不要的土地上。现在世界上仍有狩猎-采
集族群，他们主要生活在零星的地区，农民根本不会想去开发，
例如北极圈与沙漠。

　　讨论到这里，笔者想到世俗对于考古学的"评价"，说这是
一门奢侈的学问，只关心遥远的过去，对现代人毫无启发，不禁
觉得讽刺。人类采纳农业，是影响历史的关键决定，研究农业起
源的考古学家已经为我们重建了那个过程。想当年，我们的祖先
被迫在限制人口与增加粮食生产之间做出选择。他们选择了后者，
结果导致饥馑、战争与暴政。今天我们也面临着同样的选择，我
们能从过去学习到什么吗？

＊＊＊

　　在人类史上，狩猎-采集是最成功、最持久的生活形态。相
对地，我们仍然身陷于农业兴起以来所带来的问题中，现在还不

清楚我们能否解决这些问题。如果一位从外太空来访的考古学家回去后向同胞解释他的发现，他也许会用一个 24 小时的时钟，说明人类在地球上最近 10 万年经历的沧桑。在那个时钟上，人类历史于午夜开展，现在的我们正处于这一天结束的时刻。这一天里，几乎 24 小时我们都是狩猎-采集者，从午夜、清晨、中午到黄昏。最后，到了接近午夜的 11 点 54 分，我们采纳了农业。回顾起来，这个决定几乎是不可避免的，现在也不可能走回头路了。但是午夜时分就快到了，现在非洲农民的凄惨状况会不会逐渐扩散，最后将我们全都吞噬呢？或者，我们终会获得农业当年用以诱惑我们祖先的那些"福分"？迄今，农业炫人眼目的模样，带给我们的只是祸福相倚，让人无计回避。

# 第 11 章

# 为什么麻醉自己：烟、酒与毒品

切尔诺贝利事故、装修后的甲醛、铅中毒、雾霾、"瓦尔迪兹号"油轮漏油事故、拉夫运河废物污染事件、石棉、橙色剂……我们几乎每个月都会听说，我们或我们的孩子会受到有毒化学品的侵害，那都是因为别人的疏忽。公众的愤怒、无助感以及要求变革的呼号日益高涨。然而，我们对自己却会做些不允许别人对我们做的事，为什么？许多人故意饮用、注射、吸食有毒的化学品，例如酒、可卡因与烟草中的化学品，这怎么解释呢？这种任性自残有各种形式，许多现代社会都不陌生，从原始部落到高科技都会区都可以观察到，向古代追溯的话，自有文字以来，史不绝书。地球上的芸芸众生，滥用药物其实是人类独有的特征，这是为什么？

我问的问题不是为什么我们一旦开始服用有毒的化学品，就会继续服用。部分原因是滥用药物会上瘾。更大的秘密是我们为什么愿意尝试。酒、可卡因与烟草对身体有害，甚至致命，证据确凿、不容推诿、人所共知。若不是有更强烈的动机，我们怎么会愿意甚至渴望服用毒品？这就好像我们脑子里有些程序（可是我们并不知道）驱使我们去做一些我们知道对自己很危险的事。这会是什么样的程序？

当然，不会只有一种解释：不同的人有不同的动机去做这些事，不同的社会也有不同的动机系统。举例来说，有些人喝酒是为了壮胆或与朋友打成一片，有些人喝酒则是为了麻醉自己或一醉解千愁，还有些人贪杯是因为喜爱酒的味道。当然，不同的族群、不同的社会阶级对达成人生目的这件事有不同的想法，因此在滥用化学品一事上也表现出地理差异、阶级差异不足为奇。自毁性酗酒案例在失业率高的爱尔兰构成比较严重的社会问题，而英国东南部则不然；吸食可卡因与海洛因在纽约哈林区比较猖獗，在富裕的城郊则不然。这都不令人惊讶。也许读者会认为药物滥用有明显的社会与文化肇因，不应当作人类的特征，更没有必要到动物界寻找先例。

不过，我刚刚提到的这些动机没有一个切中谜团的核心，这个谜团是为什么我们会主动做一些我们知道对自己有害的事。我在本章将提出另一个动机，它会切中谜团的核心。这个动机将我们以化学品自毁的行为和其他动物似乎也是自毁的特质联系起来，这些行为概括起来又可以用一个"动物发送信号"的一般理论解释。我要提出的这个动机可以将我们文化中许多不同的现象整合在一起，从吸烟、酗酒到吸毒。它甚至可以用来做跨文化的研究，因为它也许不只能解释西方的现象，也可以解释世界其他地区的奇风异俗，例如印度尼西亚武术大师喝煤油的习俗。我还会回溯过去，以这个理论解释古代玛雅文明的仪式性灌肠习俗，表面上看起来，那真是个怪异的风俗。

\* \* \*

让我先说说我是怎样想出这个点子的。有一天，我突然面临一个令我感到大惑不解的现象：生产有毒化学品供人使用的公司，公开广告它们产品的用途。这个经商策略似乎是条破产之路。然而，尽管我们不会容忍可卡因的广告，烟酒广告却到处可见，以至我们不再认为它们不可思议。烟酒广告让我觉得大惑不解，只因为我先前在新几内亚与土著猎人在丛林中待了几个月，那里是个没有广告的世界。

我的新几内亚朋友每天都要我给他们说说西方的风俗，他们惊愕的反应让我领悟到我们的许多风俗都没什么道理。然后，那几个月的田野工作以迅速的"时空穿梭"做结——现代交通运输业创造的奇迹。6月25日，我在丛林中观察一只色彩斑斓的雄性天堂鸟，它拖着一束3英尺长的尾羽，笨拙地拍打着翅膀，飞过林中一小片空地。6月26日，我坐在波音747喷气式飞机上阅读杂志，企图追上西方文明层出不穷的新奇事物。

我翻阅到手的第一本杂志。我翻到一页，上面有张男人的照片，他长相粗犷，骑在马上，追逐牛群，照片下面是一种香烟的牌子，以大字印出。我是个美国人，我知道那张照片是做什么的。但是我有一部分仍在丛林中，那个我正天真地看着那张照片。如果你对西方社会完全不熟悉，也是第一次看见这则广告，正在摸索骑马追牛与吸烟（或不吸烟）的关联，你就不会觉得我的反应特别奇怪。

那个天真的我，满脑子都是丛林，是这么想的：这真是一则精彩的反烟广告！我们都知道吸烟有害健康，导致癌症与早死。大家都认为牛仔充满运动细胞，人人仰慕。这则广告颇有新意，必然受反烟团体垂青，它告诉我们，如果我们抽那个牌子的香烟，我们（的身体）就会不配做牛仔。对年轻人，这是多么有效的信息！

但是不一会儿我就弄清楚了，这则广告其实是香烟公司刊登的，香烟公司希望读者从这则广告读到的信息与我先前的理解正相反。这是怎么回事？香烟公司的公关部门怎么说服公司采用这则广告的？这真是个巨大的失算！任何人只要关心自己的身体与形象，就会被这则广告说服：远离香烟。

我有一半思想仍在丛林中，把手中的杂志翻过一页。我看见一张照片，一瓶威士忌放在桌上，有个男人正以玻璃杯啜饮，杯中盛的应当是从酒瓶中倒出来的酒。他身旁有个妙龄女郎，宜室宜家。她正以钦慕的眼光望着男士，仿佛就要投怀送抱。这怎么可能？我问自己。人人知道酒精会妨碍性功能，让男人不举，让人容易摔跤，损害判断力，导致肝硬化与其他使身体衰弱的状况。对于酒，莎士比亚通过《麦克白》的一位看门人做出了不朽的论定："（酒）激发欲望，却剥夺事功。遇见心仪的女性，任何想要求偶的男人，如果担心难以克竟全功，或有失态的顾虑，就应该设法藏拙，不计任何代价，全身而退，不可献丑。"为什么照片中的男人却故意自暴其短？这个人健康已受损害，威士忌酒商难道认为他的照片能够促销他们的产品？你会以为"反对酒驾"组织是这则广告的赞助者，而生产那瓶威士忌的酒商应该出面控告，要求禁止刊出这则广告。

一页又一页的广告，招摇吸烟与喝酒，并暗示烟酒带来的利益，甚至还有年轻人在魅力四射的异性面前吸烟的照片，似乎意味着吸烟可以招徕艳遇。然而，任何不抽烟的人，如果被烟客吻过，不论成功与否，都知道烟客口中的刺鼻味道足以令人毫无兴致。这些广告实在令人不解，不仅暗示了艳遇的机会，还有柏拉图式的友情、商机、活力、健康与幸福，而直接从广告里演绎出的结论却截然相反。

等到日子一天天过去，我又完全沉溺在西方文明里了，才逐渐对这些明摆着自毁招牌的广告习以为常、视而不见。我专心分析田野数据，开始对另一个完全不同的谜团着迷起来——鸟类的演化，这个谜团最后引导我发现了烟酒广告背后的一个基本原理。

\* \* \*

对于这个新谜团，我在 6 月 25 日观察的那只雄性天堂鸟可以当作例子来说明。那只雄性天堂鸟拖着一束 3 英尺长的尾羽，行动不便，为什么它要演化出妨碍行动的长尾巴？其他的雄性天堂鸟种演化出了不同的妨碍行动的装备，例如从眉毛上长出来的长羽饰，倒挂在树上炫耀尾羽的招式，以及亮丽的彩色羽毛与嘹亮的叫声——可能会吸引老鹰的注意。所有这些特征必然会妨碍雄鸟的生存，但它们也是雄鸟用来引诱雌鸟的"广告"。我与许多其他生物学家一样，对于雄性天堂鸟的这些装配与招数感到大惑不解：为什么用累赘的装饰、自陷绝境的招式当广告呢？雌鸟又为什么觉得这些残障特征有吸引力呢？

就在那时，我想起以色列生物学家阿莫茨·扎哈维 1975 年发表的一篇精彩论文。在那篇论文中，扎哈维提出了一个新颖的一般理论，讨论代价高昂或自毁信号在动物行为中的角色，而生物学界目前仍在争辩这一理论。例如，他指出，有害的雄性特征之所以能够吸引雌性，正是因为那些特征使雄性无异于残障，他试图解释那是怎么回事。经过仔细考虑，我决定以扎哈维的假说解释天堂鸟的残障特征。突然间，我觉悟到，也许他的理论也可以引申来解释"我们使用有毒化学品"的谜团，以及我们以有毒化学品招徕的广告。

扎哈维理论的本意是探讨动物通信这个广泛的问题。所有动物都必须设计传递迅速、容易了解的信号，以便传递信息给性伴侣、可能的性伴侣、子女、父母、对手以及可能的猎食者。举例来说，如果一头瞪羚注意到一头狮子向它潜行过来，瞪羚最好发出一个信号，让狮子一看就懂："我是一头跑得飞快的瞪羚！你休想抓着我，想也别想，免得浪费时间、精力。"如果那头瞪羚真的跑得过狮子，发出清楚而明确的信号，让狮子知难而退，大家都省时省力。

但是什么信号可以明确地告诉狮子"想也别想"？瞪羚不能

抽空在每一头狮子面前表演一次百米冲刺。也许瞪羚任意约定了一个信号，可以迅速传达某个意思，而狮子学会了它的意思，例如以左后脚扒地，意思是"我告诉你，我跑得很快"。不过，任意约定的信号易于用来欺骗：任何一头瞪羚都能使用那个信号，不管它是不是真的跑得很快。然后狮子就会了解，许多瞪羚虽然发出过那个信号，但是跑得很慢，也就是说，那些瞪羚撒谎。于是狮子就学习不理会那个信号。所以，发展出可信的信号，狮子与真正跑得快的瞪羚均蒙其利。那么什么样的信号可以让狮子当真，认为瞪羚说的是实话？

在前文讨论过的性选择与择偶的问题上，也有同样的困境。特别是雌性选择雄性的问题，因为雌性在生殖大业上投资较多，若有闪失，损失较大，不可不慎。理想上，雌性挑选雄性是因为雄性有优质基因，后代遗传了父亲的优质基因，就有较高的存活机会、较大的生殖成就，雌性的基因也受益。由于基因很难评估，所以雌性应该寻找一些方便辨认的指标，那些指标显示雄性体内有优质基因，而优异的雄性身上应带有那些指标。实际上，指标通常都是雄性特征，例如羽毛、歌声与求偶的仪式行为。为什么雄性愿意特别"广告"那些特定的指标呢？为什么雌性信任雄性，认为雄性身上的指标并无造假之虞，而且发现那些指标很性感呢？为什么那些指标意味着优质基因呢？

我对这个问题的描述，好像一头瞪羚或求爱的雄性有意识地从众多候选指标中选定一个，或者一头狮子或雌性经过深思熟虑之后，确定这个指标是速度或优质基因的有效指标。现实中，那些"选择"当然是演化的结果，由遗传掌控。选对了真正具有优质基因的雄性的雌性，以及以明确的优质基因指标招徕雌性的雄性，会留下最多的子女，那些不浪费体力的瞪羚与狮子也一样。

事实证明，许多动物演化出来的"广告信号"让人觉得一头雾水、殊不可解，与香烟广告一样。动物的"广告"指标经常不像在炫耀速度或优质基因，反而构成累赘、浪费或风险。举例来说，瞪羚见到狮子潜行过来后，对狮子释放的信号包括一种奇异的行为，叫作"弹跳"。瞪羚不但不立即亡命似的逃走，还一边慢跑，一边不断伸直四肢向空中弹跳。它们在做什么？弹跳看来颇有自寻死路的意味，不但费时费力，还让狮子有赶上的机会。或者你也可以想一想许多动物中的雄性，它们身上长着累赘的装备，例如孔雀的尾巴或天堂鸟的羽毛，都妨碍行动。还有更多动物中的雄性，体色斑斓、歌声嘹亮或有着夸张的求偶仪式动作——可能将猎食者吸引过来。为什么雄性要"广告"它们的累赘？为什么雌性喜欢那些累赘？在动物行为学中，这些谜团至今仍是待解决的重要问题。

扎哈维的理论直指这一谜团的核心。根据他的理论，那些有害的身体构造与行为构成了有效的指标，显示发出信号的个体是诚实的：正因为那些外形特征或行为特征令个体陷于残障的境地，所以那个个体必然是优越的。无须花费成本就能发出的信号，容易用来欺骗对方，因为跑得慢的、基因质量低劣的个体都能发出那个信号。只有高成本的、有害的信号才能保证诚实。举例来说，一头跑得慢的瞪羚，如果朝潜行过来的狮子表演弹跳，一定逃不出狮子的手掌心，而一头跑得快的瞪羚，在表演过弹跳之后仍然跑得过狮子。所以瞪羚以弹跳向狮子示威："我跑得很快，就算让你先跑，你也追不上我。"因此狮子觉得有理由相信瞪羚是诚实的，没吹牛。于是瞪羚与狮子双赢，因为大家都省时省力。

同样地，应用扎哈维的理论解释雄性对雌性的求偶仪式表演，思路是这样的：任何一个雄性，如果背负着那么大的累赘装备，如孔雀的尾巴，或冒着生命危险大声唱情歌，居然还能活着，必然在其他方面有优质基因。它已经证明了它特别优秀，不然无法逃脱猎食者、寻觅食物以及抵抗疾病。累赘越大，它受到的考验越严苛。选择这样的雄性，雌性就像中世纪的未婚少女考验她的骑士追求者一样，她得看他们屠龙的本领。如果一位骑士凭独臂就能屠龙，她立刻就知道他体内有优质基因。那位骑士以独臂招摇，其实是在招摇自己的实力。

我觉得扎哈维的理论可以用来解释许多代价高昂的或危险的人类行为，那些行为的目的一般而言是攫取社会地位，特别是追求艳遇。举例来说，男人追求女人，或者赠以昂贵的礼物，或者以其他方式展示财富，事实上他想表达的是："我有很多钱可以供养你和孩子，你可以相信我不是吹牛，因为你见过我一掷千金，面不改色。"以昂贵珠宝、名牌跑车或艺术品炫富的人，都会受人尊重，因为他发出的信号不可能是假的，其他人都知道那些东西究竟多值钱。太平洋西北部的美洲印第安人会举行夸富宴拼家当，将累积的财富与亲友一起吃光，剩下的让亲友拿光，其实他们竞争的是社会地位。在现代医学兴起之前，文身不仅痛苦，而且很危险，因为有感染之虞，因此文身的人事实上是在招摇他们的力量——抵抗感染与忍受痛苦。太平洋上的马拉库拉岛岛民发明了蹦极，用以卖弄勇气，引得其他地方的人效仿这种行为。马拉库拉岛上的男人先建造一座高塔，然后用藤蔓编织成的绳索的一端绑在自己的脚踝处，另一端绑在塔顶，以头朝下的姿势往下跳。绳索的长度经过精心计算，使人在跳下去后头部距离地面仍有几英尺。能够在蹦极后活下来的男人用行动证明了自己优异的计算能力和建筑能力。

扎哈维的理论也能用来解释人类滥用化学品的行为。特别是在青春期与青年期（那是最可能开始滥用药物的年龄段），我们花费大量精力维护自己的地位。我认为，我们与一些鸟类一样，有同样的无意识本能，鸟类会沉溺于危险的仪式性表演，在1万年前，我们以挑战狮子或部落敌人的形式表现自己的勇武。今天我们以其他的方式表演，例如飙车或服用危险的药物。

不过，我们想要传递的信息仍然一样：我很强，我很优秀。虽然我只用过一两次药，我抽过一根烟，但是那烧灼、呛人的感觉没把我打倒，或者我熬过了第一次宿醉的痛苦，都是我强健过人的证据。长期那么干，仍然活着，而且身体健康，我必然是最棒的（至少我这么想象）。这一信息传送的对象是我们的对手、同龄人或可能的配偶——或自己。吸烟者的吻可能气味很糟、酗酒的人可能在性交中表现不佳，但是他（她）仍希望让同龄人印象深刻，或吸引异性，因为他（她）传送出的信息的字里行间透露着"我最棒"。

好吧，也许这个信息对鸟来说是妥当的，对我们来说却是假的。这个本能，与我们许多其他的动物本能一样，已经与现代人类社会格格不入，并不适应。如果你灌下一瓶威士忌之后，仍然能够走路，那也许证明你肝脏中乙醇脱氢酶的含量比较高，但是并不意味着你在其他方面很优异。如果你是老烟枪，一天得抽好几包烟，却没得肺癌，你也许有一个抵抗肺癌的基因，但是这种基因与智力、商业眼光或者创造家庭幸福的本事无关。

寿命与求偶过程比较短的动物需要容易辨认的指标，因为可能的配偶没有足够的时间仔细衡量对方的真本事。但是我们人类寿命长，家庭伙伴与事业伙伴都是长期的，有足够的时间把对方的底细摸清楚。我们无须依赖表面的、有误导性的指标。许多本能当初都是有益于动物生活、生存的，例如依赖残障信号，可是后来情势丕变，反而对动物有害，滥用药物就是个典型的例子。烟酒公司的广告高明而低级，正是基于我们古老的本能。如果我们让可卡因成为合法药物，毒枭也会很快针对同一本能制作广告。你很容易想象那会是一幅什么样的画面：一张骑马牛仔的照片，或者照片上是殷勤有礼的男人与美丽的妙龄女郎，照片下方是一包白粉，它打开得恰到好处，不仅吸引人的眼球，还令人垂涎。

\* \* \*

现在，让我们从西方工业化社会跃到世界的另一边去验证我的理论。药物滥用并不是工业革命的产品。烟草是美洲的土著作物，世界各地都有土产酒精饮料，可卡因与鸦片是从别的社会传入美国的。世界上最早的成文法典《汉穆拉比法典》中已经有管理酒家的条文。因此，我的理论如果妥当，应该也适用于其他社会。为了表现它有跨文化的解释力量，我现在要讨论一个习俗，各位大概没有听说过：武术大师饮煤油。

我是在印度尼西亚收集田野资料的时候，从卓越的年轻生物学家安迪·伊万托那里听说这个习俗的。我与伊万托是好朋友，我们彼此景仰，互相关心。有一天，我们到了一个不平静的地区，我担心会碰上危险分子，伊万托向我保证没事："没问题，戴蒙德。我是功夫八段。"他向我解释，他练过东方武术，已经是个高手，一对八不成问题。为了证明所言不虚，伊万托露出了背上的伤疤，说是一次受到8个歹徒攻击挂的彩——其中一人用刀刺中了他，可是伊万托打断了两个人的手臂，打破了第三人的头，其他人则跑了。他说，和他在一起，什么都不必担心。

一天晚上在我们的营地，伊万托拿着杯子走向储水桶。像往常一样，我们有两个桶子，蓝色的装水，红色的装煤油——我们点灯的燃料。我看见他打开红桶子的水龙头，以杯子接了，端到嘴边就要喝，我吓了一跳。我还记得我在一次登山时无意中喝了一口煤油，那滋味可真是没齿难忘，第二天我咳了一整天才缓过气。我高声尖叫，要他停下。但是他抬起手，沉着地说："没问题，戴蒙德。我是功夫八段。"

伊万托向我解释，练功夫可以强身，他和他的师父每个月都喝一杯煤油来考验功力。当然，没练过功夫的话，煤油会伤身，老天爷保佑，戴蒙德你可别尝试！但是煤油伤不了他，因为他有功夫。他沉着地走回他的帐篷，细品煤油的滋味。第二天早晨起床后，他看上去愉快而健康，一如往常。

我不相信煤油伤不了他。我希望他找到一个比较不伤身的方法来定期测验自己的功力。但是对伊万托以及他的师兄弟来说，喝煤油是功力与段位的标记，只有真正的高手才能通过那个考验。喝煤油这个例子证明了"使用有毒化学品的残障理论"，只不过我们觉得喝煤油过于离谱，可是伊万托也认为我们的烟酒没什么道理。

* * *

现在我要举最后一个例子，我用它说明我的理论是普遍适用的，即使是过去的事例，仍然能够解释。我要讨论的例子出自玛雅文明，那是一两千年前在中美洲兴盛起来的美洲土著文明。玛雅人成功地在热带雨林里创造了一个先进的社会，这一直令考古学家着迷。对许多玛雅人的成就，例如他们的历法、文字、天文知识与农耕技术，我们都有不同程度的了解，但是考古学家在玛雅遗址中不断发现一些细长的管子，一直搞不清楚它们的用途。

最后，那些管子的功能搞清楚了，因为考古学家发现了一些彩瓶，上面画着使用那些管子的场景，原来管子是用来灌肠的。彩瓶上画着一个地位很高的人物，显然是一位僧侣或贵族，他正在接受灌肠仪式，旁边有人围观。图中灌肠管与一个盛满泡沫汁液（像啤酒一样）的袋子相连，也许那是酒或致幻剂，或两者兼有——其他的印第安族群就有类似的例子。许多中美洲与南美洲的印第安族群过去曾有过类似的灌肠仪式，那还是欧洲探险队刚到达中美洲和南美洲的时候，现在仍有一些族群保留着这种习俗。灌肠仪式使用的汁液，成分从酒精（以龙舌兰汁或树皮发酵制成）、烟草到几种含致幻剂成分的调制品。因此，仪式性灌肠与我们口服麻醉剂的行为相似，但是灌肠是比较有效而妥当的指标，显示受得了灌肠的人有实力，有以下四点原因。

第一，饮酒等行为都可能独自进行，因此失去了公开展示身份、地位的机会。不过，单独一个人无法灌肠。灌肠仪式鼓励大家征召伙伴，因此自动创造了自我宣传的机会。第二，以酒精饮料而言，以酒灌肠比喝酒更能彰显一个人的实力，因为酒精可以从肠壁直接进入血管，而喝酒的话，酒先进入胃，会被胃中的食物冲淡。第三，以口摄取的致幻剂，经过小肠吸收，首先进入肝脏，那里有许多酶可以分解一些毒品，因此最后影响大脑和其他敏感器官的药物、毒品就不多了。可是以灌肠方式灌入直肠的药物，直肠吸收后不会先送到肝脏，而是直接经过循环系统影响全身。第四，喝酒或口服致幻剂，如果引起恶心、呕吐，就不能继续喝了，可是灌肠没有这个问题。因此，以我之见，灌肠比我们的威士忌广告更可信，更能体现人的实力。我会向比较积极进取的公关公司推荐灌肠的妙处，让他们在竞争大酒厂招标的时候提出新颖的点子。

\* \* \*

现在让我们退后一步，将我用来解释滥用有毒化学品的观点综合一下。虽然以有毒化学品自毁的行为在人类中常见，可能是人类独有的特征，但我认为这种行为其实与许多动物的行为是同一个普遍模式的表现，因此在动物界有无数的先例。所有动物都得演化出信息明确、容易辨识的信号，让其他动物了解自己。如果采用的信号任何个体都能学会、发送，那就容易用于欺骗，最后丧失通信功能。妥当、可信的信号必须绝无欺骗的余地，附加高昂的代价、风险或负担，使真正的优异者才能诚实地发送信号，是动物界常见的例子。许多动物信号乍见之下似乎违反个体的利益，例如瞪羚弹跳，或许多雄鸟累赘的身体构造或风险很高的求偶表演仪式，可是以残障信号/诚实信号的观点来看就明白了。

　　我觉得这个思维不仅促成了人类的艺术，还是人类滥用有毒化学品的滥觞。艺术与药物滥用都是人类的特征，普遍存在于大多数已知的人类社会。两者都需要解释，因为它们看上去似乎不是自然选择的产物，我们也很难弄清楚为什么它们在性选择过程中能够协助个体找到配偶。我早先曾经论证过，艺术往往用来当作妥当的指标——表现一个人的优越或地位，因为创作艺术品需要技巧，获得艺术品需要地位或财富。但是拥有地位的人可以利用已有的地位攫取更高的地位，因此更有机会接近资源与配偶。现在我主张，除了艺术品，人类还通过许多其他代价高昂的公开演示追求地位，那些公开演示有一些非常危险，例如蹦极、飙车或滥用药物。代价高昂的演示，展示的是地位或财富；危险的演示，背后的原理是残障原理——你们看，我很强，我很棒，只有我能玩那些危险的游戏。

　　不过，我并没有说这个观点可以全盘解释艺术与药物滥用行为。在讨论艺术时，我提到过，复杂的行为有自己的生命史（内部逻辑），可以超越原始的目的（如果当初只有一个目的的话），而且复杂的行为可能当初就有多重功能。正如艺术现在早已不只是愉悦自己、愉悦他人的玩意儿，像广告艺术就非常功能取向，药物滥用现在也不只是一种"广告"，还是放松自己、排遣愁闷或尝鲜的途径。

　　即使从演化的观点来看，我也不否认人类滥用化学品与动物先例之间有基本的差异。弹跳、长尾以及所有我讨论过的动物先例都要付出代价，但是那些行为或累赘装备仍然存在，表示它们的利益大于代价。瞪羚弹跳，也许丧失了起跑的先机，但是降低了狮子进袭的动机。长尾雄鸟觅食与避敌都不方便，但是它们在性选择过程中占的便宜抵消了自然选择的不利压力，因此它们有更多子女遗传基因。这些动物特征只是表面上看起来像是"自毁"工具，实际上它们可是"优生"得很。

　　不过，我们滥用化学品的行为，却是代价大于利益。吸毒、贪杯的人，不仅短寿，在异性眼中也没有魅力，而且往往丧失照顾子女的能力。这些行为之所以继续存在，不是因为它们有什么潜在的利益，而是因为这些行为造成"上瘾"的结果。总而言之，它们是自毁的行为，一点也不优生。虽然瞪羚也许偶尔会误算，但是它们遇见狮子会弹跳，可不是因为弹跳上了瘾。就这一方面而言，我们的自毁行为（药物滥用）与动物先例就有很大的差别，成为真正的人类特征。

# 第 12 章

# 深邃的寂寞

如果你在一个晴朗的夜晚出城到郊外，请记得抬头仰望夜空，那儿有恒河沙数的星星闪烁着。然后，找一副双筒望远镜，在夜空中朝银河望去，这样你才能明白，肉眼捕捉实相的能力有限，不知还有多少星星在感官范围之外。然后，再找一张以高清天文望远镜拍摄的仙女座星云照片，你就会知道，即使是双筒望远镜，也遗漏了太多星星。

一旦你对宇宙中的星星数目稍有概念，你就可以追问下面这些问题了：我们人类怎么会是宇宙中的万物之灵呢？宇宙中还有多少文明是像我们一样的生灵创造的？他们正在张望我们，也未可知。还要多久，我们才能与他们联络上？还要多久，我们才能访问他们或者接待他们？

在地球上，我们的确是独一无二的。除了我们，其他物种中没有一个有语言、艺术或可与我们的农业媲美的复杂粮食生产系统。其他物种也不滥用药物。但是，我们在前面 4 章讨论过那些人类特征的许多动物先例甚至动物原型。同样地，人类的智力直接源自黑猩猩的智力，黑猩猩的智力以其他动物的来衡量，显得很突出，可是与我们相比就瞠乎其后了。那么，在其他行星上，有些物种在艺术、语言与智力方面已经发展出各种动物原型，其中有些已达到我们的水平，难道不可能吗？

麻烦的是，大多数人类特征都无法留下什么"效应"，大老远就可以被侦察到，别忘了，我谈的可是以光年为单位的距离。即使距离我们最近的恒星也有像地球一样的行星，即使上面也有像我们一样的生灵，会欣赏艺术，会滥用药物，我们也不会知道。好在至少还有两个迹象，我们在地球上侦察得到，可以当作"其他地方也有智慧生灵存在"的证据：宇宙飞船与无线电信号。我们人类都做得到了，其他的宇宙生灵当然也已经掌握了必要的技术。那么，我们期望的飞碟究竟在哪里呢？

对我来说，这是最大的科学之谜。宇宙中的星球何止亿万又亿万？我们对自己能做什么了解得最清楚，因此我们应该会发现飞碟，或者至少发现无线电信号。宇宙中的星星如恒河之沙，殆无疑问。那么我们人类为什么至今仍没有发现飞碟？难道我们真的不只是地球上独一无二的物种，在宇宙中也是独一无二的？本章我将带大家观察地球上的一些独特的生命，让大家对所谓的独特性获得新的视角，然后大家对我们人类的独特性就会有新的认识了。

* * *

亘古以来，人类就在追问那样的问题。公元前400年左右，哲学家迈特罗多鲁斯写道："在一个无限大的空间中，只有地球有人居住？那实在太荒谬了，好比在一块田里撒下小米种子后，只有一粒发芽。"然而，直到1960年，科学家才开始认真寻找这些问题的答案，以巨型无线电接收器对准最接近地球的两颗恒星。结果什么都没有发现。1974年阿雷西沃天文台的巨型无线电望远镜向武仙座球状星团M13发射强力无线电信号，信号中的信息包括我们地球人的长相、人口，以及地球在太阳系中的位置。两年后，"维京号"登陆火星，这个探测计划的主要动机之一是搜索地球以外的生灵。"维京号"计划共花费约10亿美元，美国国家科学基金会自成立以来，花在地球生物分类上的钱全部加起来也没那么多。最近，美国政府决定再花几亿美元侦察太阳系外生灵传送过来的无线电信号。好几艘无人宇宙飞船已经升空，向太阳系以外的目标飞去，船上载有录音带与照片，作为人类文明的样本，好让外太空的生灵知道我们的存在。

普罗大众与生物学家认为，如果找到了地球以外的生灵，将是科学史上最令人兴奋的发现。这一点我们很容易理解。请想一想，如果宇宙中另有智慧生灵，他们像我们一样组成复杂的社会，有复杂的语言，形成文化传统，又能够与我们沟通，那会对我们的自我形象有多大的冲击！我们相信轮回与道德神祇的同胞中的大多数人会同意，只有人类有来世，甲虫就别谈了（甚至黑猩猩都没有）。神创论者相信，上帝照自己的形象造人，其他的受造物享受不到那样的恩宠。如果我们在另一颗行星上发现了一种有7条腿的生灵，他们比我们聪明、高尚，他们以无线电接收器和发射器与我们交谈，却没有眼睛与嘴巴。我们会相信他们与我们共享来世，他们也是上帝创造的吗？

许多科学家都计算过宇宙中另有智慧生灵的概率。那些计算孕育出一门崭新的科学——太空生物学。这是唯一一门连研究题材都还未证实的科学。现在让我们看看那些太空生物学家算出的数字——数字会说话，他们相信外太空有生物，就是因为那些数字说的话动听。

太空生物学家以绿岸公式计算宇宙中先进技术文明的总数，根据这个公式，将一串估计出来的数字相乘，就得到答案了。其中有些项目，可以估计出可信的值。宇宙中有几十亿个银河系，每个银河系有几十亿颗恒星。天文学家认为许多恒星都有一颗或几颗行星，那些行星中可能有许多适于生物生存。生物学家认为只要有适于生物生存的环境，生命就可能演化。把所有那些可能性（概率）相乘，我们就能得到亿万又亿万这个数字——宇宙中适于生命生存的行星，有亿万又亿万个。

现在我们来估计那些行星中有多少演化出拥有先进技术文明的智慧生灵。所谓先进技术文明，指的是有能力进行星际无线电通信的文明。（这个定义比起"以飞碟在星际旅行"逊色了些，因为从我们的历史来看，星际通信比星际旅行出现得早。）有些人认为，宇宙中那种行星可能不少，他们凭借的是两个论证。第一个论证是，我们确实知道有生命演化的唯一行星（地球）的确演化出了先进技术文明。我们发射过星际宇宙飞船。我们也发展出技术，可以冷冻/解冻生物，可以从 DNA 制造生命——在星际旅行中保存地球生命的技术。以近几十年来技术发展的速度而论，最多几个世纪之内我们一定可以发射载人宇宙飞船，进行星际探险，因为我们已经发射了一些无人宇宙飞船，正穿越各行星，朝太阳系以外的目标前进。[1]

然而，这个论证并没有使人信服的力量。以统计学家的专业术语来说，这个论证有两个致命缺陷：一是样本数太少（以一概全？），二是认知偏差（我们选择地球为例，正因为地球上演化出了先进技术文明）。

第二个（比较有力的）论证是，地球上的生物有一个特征，生物学家称之为"趋同演化"。在地球生物圈，无论你指出什么生态区位或者生理适应，都可以发现许多不同的生物群独立演化出利用相同区位的办法或演化出相同的生理适应。鸟、蝙蝠、翼龙与昆虫都独立演化出飞行的本领，就是一个明显的例子。其他精彩的例子，包括许多动物都独立演化出眼睛，甚至电击猎物的装备。在过去 20 年中，生物化学家在分子层面也发现了趋同演化的事例，例如同样的蛋白质分解酶在不同的生物群中反复地独立演化出来。因为解剖、生理、生化与行为模式趋同演化的事例实在太多了，生物学家每次观察到两个物种有非常相似的地方，

---

[1]　上述描述均为 1992 年的情况。——编者注

第一个要问的问题就是：相似处是由共同祖先遗传来的，还是趋同演化？

趋同演化看起来无所不在，这其实并不令人惊讶。如果几百万个物种在几百万年间受到同样的自然选择力量的挑选，同样的解决方案当然会一再地演化出来。我们知道趋同演化在地球生命史上扮演了重要角色，但是同理可证，地球上的生物与其他行星上的生物也会趋同演化。因此，虽然目前已知的许多事物只在本地演化过一次（无线电通信不过是其中之一），但是趋同演化原则让我们期望它们也会在其他行星演化出来。正如《不列颠百科全书》所说："如果生命在别的行星演化出来了，很难想象他们不会朝着智慧生灵的方向进展。"

但是这个结论又将我们带回我早先提到过的谜团。如果许多（甚至大部分）恒星都有行星系统，如果许多行星系统中至少有一颗行星适合生物生存，如果只要环境适宜生物就会演化，如果有生命的行星中有1%包括一个拥有先进技术的文明，那么仅是我们的银河系应该就有100万颗行星上有技术先进的文明。但是地球周遭几十光年的范围内就有几百颗恒星，其中有些（或大多数？）当然有像我们一样的行星，上面有生物。那么，我们期待的那些飞碟在哪里？应该会来访问我们的智慧生灵（外星人）又在哪里？至少，他们也该向我们发射无线电信号啊。然而，无线电接收器传出的却是无声胜有声——震耳欲聋。

天文学家的计算必然有错。对于行星系统的数量，以及适合生物生存的行星的占比，他们的估计都不离谱。我发现那些估计值都合理，问题可能出在根据趋同演化所做的论证：有很高比例的生物圈会演化出技术先进的文明。因此，我要更仔细地检视"趋同演化不可避免"这个论证。

*　*　*

啄木鸟提供了一个适当的"试金石"来测验趋同演化论证，因为"啄木"可以找到更多食物，驾驶飞碟或发射无线电瞠乎其后。利用"啄木鸟区位"，得在活的树上凿洞，并将树皮撬掉。换言之，啄木鸟终年都找得到可靠的食物资源，如树液、生活在树皮下的昆虫，以及潜伏在树干中的昆虫。同时，啄木创造了树洞，而树洞是理想的筑巢地点，避风、遮雨、温度恒定，又不怕敌害。啄木鸟之外，有些鸟也能在枯木上凿巢洞，但是那个活儿容易干，麻烦的是，比起活木，枯木少得多了。

说了这么多，我的意思是，如果我们相信无线电通信是趋同演化的目标，就应该期望许多不同的鸟趋同演化以利用啄木鸟区位。毋庸置疑，啄木鸟在地球生态系统中非常成功，好生兴旺，将近有200种，许多都是常见的鸟。它们什么体型都有，在世界上的分布非常广泛，只有距大陆遥远的海岛，它们才飞不到。

演化成啄木鸟，难吗？从两个事实看来，答案似乎是"不太难"。啄木鸟与卵生哺乳动物（如鸭嘴兽）不同，并不是一群源远流长、非常独特又没有近亲的鸟。鸟类学家早就认为向蜜鸟、巨嘴鸟是啄木鸟的亲戚，啄木鸟与它们外表相似，最大的差别是啄木鸟适应啄木的装备。为了啄木，啄木鸟演化出许多适应的装备，但是没有一种可以与建造无线电比拟——一丁点也比不上。啄木鸟的啄木装备都是从鸟类既有装备衍生（演化）出来的，可以分为四大类。

第一类适应装备是最显而易见的，用于在活树干上凿洞。这些装备包括凿状的喙、鼻孔中的羽毛（避免木屑飞入呼吸道）、很厚的头骨壁、发达的头颈肌肉、喙与头骨正面的铰链关节（吸收震动）。这些装备是为了在活树干上凿洞演化出来的，可是很容易认出它们在其他鸟身上的模样，至少比从我们的无线电追溯到黑猩猩的原始无线电容易得多。许多其他的鸟可以在枯木上啄或咬出洞来，例如鹦鹉。在啄木鸟家族中，啄木的本领可以分成不同的等级，例如歪脖啄木鸟根本不能凿木，许多啄木鸟只能啄较软的树干，有的啄木鸟则是啄硬木的专家。

第二类适应装备使啄木鸟能够垂直地立定在树干上，例如挺直的尾巴可以抵着树干，用来支撑身体；强有力的肌肉可以控制尾巴、短腿与长而钩的爪。这些装备的演化比啄木装备更容易追溯到普通鸟已有的配备。甚至在啄木鸟家族中也有几种尾巴并不挺直，无法用来撑住身体。啄木鸟家族之外的许多鸟演化出了挺直的尾巴，方便它们在树干上撑住身体，例如小鹦鹉。

第三类适应装备是一条又长又能伸展的舌头。有些啄木鸟的舌头与我们的一样长。啄木鸟一旦凿入树干，找到了树居昆虫的隧道系统，就会以舌头伸进去，从许多隧道分支中将昆虫舔出来，省下再凿新洞的力气。啄木鸟的舌头在动物界有许多先例，例如青蛙、食蚁兽、穿山甲。

第四类适应装备是，啄木鸟的皮很厚，禁得起昆虫咬以及凿洞的撞击、强有力的肌肉收缩。制作过鸟类标本的人都知道鸟类的皮肤有的比较坚韧，有的不然。如果给制作师傅一只鸽子，他会皱眉，因为鸽子的皮肤薄如纸，简直吹弹可破；如果给他一只啄木鸟、老鹰或鹦鹉，他就眉开眼笑了。

因此，虽然啄木鸟有许多装备，适应啄木生涯，但是那些装备大多也在其他的鸟类或动物身上经由趋同演化产生，而且啄木鸟为适应啄木生涯而演化出的独特头骨构造，至少可以追溯到它的前身。你也许会因此期望啄木鸟适应啄木生涯的所有装备独立演化过好几次，现在应该有许多大型动物群体能够在活树干上凿木取食或筑巢。但是今日世上所有的啄木鸟之间彼此的亲缘关系都比较密切，与啄木鸟以外的鸟类比较远，这证明啄木适应只演化过一次。甚至在啄木鸟从未到过的遥远陆块（澳大利亚、新几内亚、新西兰），其他鸟类也没有把握良机，演化出利用啄木鸟区位的本领。在那些陆块上，有些鸟类与哺乳动物会挖凿枯木或树皮，但是它们充其量只能算蹩脚啄木鸟；至于挖凿活树干谋生的，绝无仅有。要不是啄木鸟先前在美洲（或旧世界）演化出来了，整个世界上的绝佳生态区位就会空在那里了。

*　*　*

我拿啄木鸟唠叨了半天，为的是说明趋同演化并不是生物界的普遍现象，即使天赐良机，也可能无福消受。我还可以举出许多同样令人难以置信的例子。对动物而言，植物无所不在，就是我所说的良机。可是有几种动物消受得起？植物主要由纤维素构成，但是没有一种高等动物演化出纤维素消化酶。那些能消化纤维素的草食动物（如奶牛）其实并不亲力亲为，而是靠肠道里的微生物做这件事。再举一个我在前文讨论过的例子：如果动物能够栽培粮食，那有多好？但是在人类农业兴起之前，动物界只有少数昆虫演化出栽培粮食的本领，例如切叶蚁和其他几种昆虫，它们能栽培真菌或畜养蚜虫（取蜜露）。

像啄木、（有效率地）消化纤维素、栽培粮食等本领，都是非常有价值的生物适应。如果连它们都很难演化出来，就别说无线电了——无线电更不能提供食物。那么，我们发明无线电纯属侥幸，那样的幸运难道不可能在其他行星上重演一次吗？

无线电在地球上演化出来，是不可避免的吗？且让我们听听生物学的教诲。如果建造无线电像啄木一样，虽然只有一个动物种演化出齐全的装备来做这件事，但是这套装备中有一些组件，其他的动物种也可能演化出来——即使效率不高。举例来说，如今我们也许会发现火鸡会造无线电发射器，不会造接收器，可是袋鼠会造接收器，不会造发射器。化石记录也许可以告诉我们，过去5亿年间，几十种已经灭绝的动物从事过冶金学实验与设计越来越复杂的电子线路，所以三叠纪出现了电动烤面包机，渐新世出现了电池驱动的捕鼠机，最后在全新世出现了无线电。化石记录也许还能显示古生代三叶虫造的5瓦无线电发射器、恐龙末日出现的200瓦发射器（在它们的遗骸间发掘出来的）、剑齿虎使用的500瓦发射器，最后人类登场，将既有的技术升级，成为第一个能够向外太空发射无线电信号的生灵。

但是以上纯属虚构。在地球生命史上，无论过去还是现在，人类以外的动物从来没有建造过任何可以视为无线电的先例或前驱物的东西，即使与我们亲缘关系最近的亲戚（黑猩猩与倭黑猩猩）都没有。仔细考虑我们的演化经验对我们特别有启发。南方古猿与早期智人都没有发展无线电。直到150年前，现代智人连发展无线电所需的观念都还没掌握。大约到1888年，才有人做实验验证无线电的实用价值；第一具发射距离能够达到1英里的无线电，是意大利工程师马可尼在19世纪末建造的；我们还没有针对特定恒星发射过信号，不过1974年阿雷西沃天文台的实验算是头一遭。

我先前在本章说过，在一颗我们认得的行星上有无线电，起先似乎意味着无线电也会在其他行星上演化出来。事实上，仔细检视地球的历史，可以得到完全相反的结论：无线电在其他行星上演化出来的概率微乎其微。地球上生存过几十亿个物种，其中只有一个有发展无线电的倾向；即使这个物种，在700万年的演化史中，69 999/70 000的时间也没做出无线电。如果一位外太空访客在1800年到达地球，绝不会预见到后来的无线电。

各位也许会抗议，认为我坚持找无线电的前驱物过于严苛了，其实应该重点关注的是制造无线电的两种必要素质：智力（脑）与灵巧的机械操作能力（手）。我们根据自己最近的演化经验，傲慢地假定脑与手是控制世界的最佳工具，而智力与灵巧的机械操作能力必然会演化到最高境界。请回想一下我引用过的《不列

颠百科全书》："如果生命在别的行星演化出来了，很难想象他们
不会朝着智慧生灵的方向进展。"地球历史再度支持了完全相反
的结论。其实，地球上极少有物种愿意在智力与灵巧上费神的。
在这两方面，没有一种动物发展到稍具"人味"的水平。那些在
某一方面差强人意的动物（聪明的海豚、灵巧的蜘蛛），在另一
方面却无寸进；唯一在两方面都略有成就的动物（黑猩猩与倭黑
猩猩），却不怎么成功。地球上真正成功的动物种，其实是蠢钝、
笨拙的鼠辈与甲虫，它们发现了更好的征服世界之路。

\* \* \*

绿岸公式（用于估计宇宙中具有星际无线电通信能力的文明
数量）中还有一个变量，我们还没有讨论到，这个变量就是文明
寿命。制造无线电一定得有智力与灵巧的机械操作能力，但是这
两种能力也可以用来达成其他目的，那些目的比起无线电，早就
是人类的特征，例如大规模杀戮工具、破坏环境的作为。我们在
这两方面都有卓越的表现，因此正在自食其果。由于破坏环境的
后果需要一段时间才会显现，我们的命运可能正在遭受慢火炖熬。
目前，地球上6个国家拥有的核武器足以在短时间内毁灭世界，
可是还有许多其他国家急切着想发展核武器。拥有核武器的国家
过去有一些领导人表现出的智慧令人不敢恭维，现在急着发展核
武器的国家的领导人中也有一些令人放心不下，因此我们对于未
来难有信心。地球上的无线电，还有多少时间发射信息呢？
　　我们竟然发展出无线电，真是侥天之幸；更侥幸的是，无线

电在我们发明毁灭自己的有效技术之前就已经出现了。太阳系以外还有先进文明吗？虽然地球的历史不能提供什么希望，但是让人觉悟到：即使有，也是短暂出现。宇宙中其他的先进文明也许一夕之间历史进程就逆转了，恢复洪荒，我们现在正冒着同样的风险。

　　我们非常幸运。现在有些天文学家热切地主张花费几亿美元搜寻地球以外的生命，可是他们从来没有认真考虑过最明显的问题：如果我们发现了他们，会怎样？或者，如果他们发现了我们呢？我觉得不可思议。那些天文学家私底下假定我们会与太空中的绿色怪兽互道久仰，然后坐下来进行精彩的对话。再一次，我们在地球上的经验提供了比较有用的指引。我们已经发现了两种动物，它们够聪明，但是技术上没有我们先进——黑猩猩与倭黑猩猩。我们见到它们时，会想和它们一起坐下交谈吗？当然不会。正相反，我们拿枪射击它们，我们拿刀解剖它们，我们将它们的手砍下带回家当纪念品，我们把它们关在笼子里展览，我们将艾滋病毒注射到它们体内做医学实验，我们摧毁或强占它们的生境。那种反应是可以预见的，因为人类探险家一旦遭遇技术落后的人类社群，通常也是射杀他们，以新疾病消灭他们的人口，摧毁或强占他们的家园。

　　任何技术先进的外星人如果发现我们，铁定也会那么做。再想想：1974 年在阿雷西沃天文台的天文学家以巨型无线电望远镜向太空发射强力无线电信号，描述了地球人的长相、人口，以及地球在太阳系中的位置。那真是无异于自杀的愚行，只有印加帝国的末代皇帝阿塔瓦尔帕的愚行可以媲美。当年阿塔瓦尔帕被西班牙寻金亡命徒皮萨罗俘虏了，不但向皮萨罗描述了他的帝国首都中的黄金，还带领那些西班牙人去找黄金。如果我们的无线电发射范围内真有其他的无线电文明存在，老天，赶快关机，尽全力避免被侦察到，要不然，人类就完蛋了。

　　幸运的是，外太空依然沉默，对我们却有发聋振聩的启示。是的，外太空有几十亿个银河系，每个银河系有几十亿颗恒星。群星间必然也有些无线电发射器，但是数量不会多，也不会长存。在我们的银河系中，也许就没有别人了，而在我们四周几百光年的范围内，一定没有。关于飞碟，啄木鸟给我们上的一课是，我们不可能见着一个。因此，务实地说，我们在这个拥挤的宇宙中是独一无二又孤独的。感谢上帝！

第四部分

# 世界征服者

第三部分讨论了一些我们的文化特征，以及那些特征在动物界的先例与前驱物。人类凭借那些文化特征——特别是语言、农业与先进的技术，在自然界兴起。我们仗着那些特征，才能在全球扩张、征服世界。

不过，人类在地球上的扩张，不只是征服先前无人占据的土地，还包括某些特定族群的扩张——他们征服、驱赶、杀害其他的族群。我们成为彼此的征服者，也是世界的征服者。因此，我们的扩张表现出另一个人类特征，那就是我们有大规模杀害同类的习性——不用说，动物界不乏杀害同类的事例，我们的近亲黑猩猩也这么干，所以这个特征在动物界有先例，也有前驱，但是人类杀害同类，以规模而言，在动物界前所未见。现在，我们的这种习性，与我们对环境的破坏，是令人忧虑我们可能会堕落的两个潜在理由。

我们经过了什么样的转变，才成为世界征服者的？别忘了大部分动物在地球上的分布，都限定在一个很小的地理范围之内。举例来说，新西兰的汉密尔顿蛙，只能在一块 37 英亩的森林以及一个面积约 720 平方码的岩堆里找到。过去，分布最广的陆地哺乳类除了人类，就是狮子了。1 万年前，狮子分布在非洲大部分地区、欧亚大陆、北美洲，以及南美洲的北部。不过，即使在狮子的全盛期，东南亚、澳大利亚、南美洲南部、南北极以及大洋中的海岛，仍不见其踪影。

人类过去也是一种典型的哺乳动物，有特定的地理分布范围——在非洲温暖的草原上，直到 5 万年前，我们仍然只生活在非洲与欧亚大陆的热带与温带区域。后来我们逐步扩张，先后进入澳大利亚与新几内亚（约 5 万年前）、欧洲寒带（约 3 万年前）、西伯利亚（约 2 万年前）、美洲（约 1.1 万年前）与波利尼西亚（3 600—1 000 年前）。今天我们定居或涉足的地方，不只是所有地球上的大陆，还包括各个大洋，而且我们的探测船已经开始深入大洋与太空。

在这个征服世界的过程中，我们人类各族群之间的关系，也发生了根本的变化。大多数地理分布广泛的动物种，都会形成许多族群，邻近族群有碰面机会，但是不邻近的族群，彼此从不来往。在这一方面，过去人类也不过是一种大型哺乳动物罢了。直到相当晚近，大多数人一生的足迹不出出生地方圆几十英里以外，他们根本无法知道远方也有人生存。邻近部落之间的关系，最显著的特征就是在贸易与仇外敌意的不稳定平衡中摇摆。

这种以小社群为主要人类单位的现象，促进了每个社群发展自己语言、文化的倾向，结果加强了社群的分化。起初，人类在地理上大肆扩张，于是语言与文化繁荣多样发展。在人类近 5 万年内占据的土地上，以新几内亚、美洲而言，土著的语言数量，就占现代世界语言的一半。但是人类长期的文化多样性遗产，在最近 5 000 年之内，大部分被抹杀了，因为中央极权的政治国家兴起、扩张，进而吞并了邻近社群。旅行自由———一种现代发明，现在又加速了全球语言与文化的交融过程。不过，世界上还有少数地区，特别是新几内亚，在那里石器时代的技术与我们传统的仇外心态，仍持续存在到 20 世纪，让我们有机会一窥过去世界的风貌。

不同人类社群因扩张而产生冲突，冲突的结果则深受社群间的文化差异影响。军事与航海技术、政治组织以及农业，特别具有决定性。掌握先进农业技术的社群，人口较多，能够支持一个职业军人的阶级或组织——因此占军事优势，而且对传染病有免疫力，人口稀疏的社群不可能演化出对那些传染病的抵抗力。

那些文化差异，过去一度被误认为是"遗传差异"，于是人类史尽是连篇累牍的优秀"先进"民族征服了劣等"原始"民族的故事。事实上，没有人提出过任何证据可以证明征服族群更有遗传优势。遗传不可能扮演这么一种角色，因为任何人不论出身自哪个社群，只要有适当的学习机会，都不难学会其他社群的文化技能。在新几内亚，即使父母亲是石器时代的人，子女现在也有以开飞机为生的。1911 年 12 月 14 日挪威探险家阿蒙森率四名挪威同胞到达南极，他们乘坐的，是从因纽特人那里学来的狗拉雪橇。

我们应该追问的问题是：为什么某一族群拥有征服其他族群

的文化优势？（别忘了我们没有证据认为他们是优秀的民族。）举例来说，非洲的班图人原来只生活在赤道非洲，可是他们取代了非洲南部大部分地区的科伊桑族，而不是科伊桑族赶走班图人、占有赤道非洲，为什么？只因为班图人运气好？我们并不期望从规模较小的征服事例中发现终极的环境因素，如果我们观察的是大历史上的大规模族群代换现象，运气可能就不会扮演什么角色，终极因素将更令人信服。因此，本部分有两章检验"近代史"上两次大规模的族群代换现象：现代欧洲人扩张到新世界与澳大利亚；以及在更早的时候，印欧语族群从一小块据点起家，最后占有大部分欧亚大陆——这一直是个历史谜团。这两个例子可以让我们清楚地看出，每个人类社群的文化与竞争地位如何受生物与地理遗产所塑造，特别是可供人工养殖的植物与动物资源。

同类间的竞争，不是人类的专利。所有动物种都一样，最激烈的竞争，发生在同胞之间，这是不可避免的，因为同胞在同一个生态区位中生活。而且，各动物种的同胞竞争形式有很大的不同。最不起眼的竞争形式，就是"敌对"同胞抢着把食物资源消耗光（吃掉或藏起来），大家没有表现出明显的敌对行为。"温和地"展现敌意的方式，就是"仪式性的表演"，或实际的驱赶行动。最后一招（绝招）就是厮杀（谋杀），现在学者已经掌握了许多动物种的谋杀证据。

各动物种的竞争单位也有很大的差异。大多数鸣鸟，例如美洲与欧洲的知更鸟，主要是单打（雄性与雄性之间的单挑），或双打（成对的雌雄一齐对付另一对）。狮子与黑猩猩，则是雄性帮派（可能是同胞手足）对决，时有伤亡。狼或鬣狗会成群厮杀，蚂蚁社群则是倾巢而出，实行全面战争。虽然对于有些动物种而言，这样的斗争会造成伤亡，可是从来没有一个动物种因为"内斗"而有灭种之虞。至少，过去没有过。

与大多数动物种一样，人类相互竞争地盘。因为群居，我们的竞争以社群间的战争为主，这比较像蚂蚁而不像知更鸟。邻近的人类社群的关系一向以仇外敌意为特征，其间穿插着短暂的和解期，并进行女人（新娘）交换，这一点与狼群、黑猩猩帮派相似——人类还会交换货物。我们人类流露仇外敌意，显得特别自然，因为我们的行为大部分是文化符码编成的，而不是基因密码控制的，也因为人类社群间的文化差异实在太显著了。那些文化差异使我们很容易辨认"异族"，只需瞧一眼，服装或发型就透露了对方的身份，狼与黑猩猩的"异族"就不那么容易辨认了。

人类的仇外敌意，比黑猩猩的更能造成致命的结果，这一结论显而易见，因为我们近年来发展出威力强大的武器，而且可以远距离发射。珍妮·古道尔描述过黑猩猩的帮派斗争，一个帮派逐个谋杀另一个帮派的成员，最后占据对方的地盘，可是那些黑猩猩没有本事攻击远方的帮派，或者消灭所有的黑猩猩（包括自己）。换句话说，仇外谋杀有无数动物前驱，但是只有我们把它发展到足以消灭全体人类的"境界"。"威胁到自己的生存"，加入了语言、艺术的行列，成为人类的文化特征。在本部分最后一章（第16章），我会回顾人类的"灭族"史，让大家看清楚孕育纳粹焚化炉与现代核战争的丑陋传统。

# 第 13 章

# 人类史的新面貌：世界村

1938 年 8 月 4 日，纽约的美国自然史博物馆派出的一个生物探险队，为人类史上最长的一章谱出了终曲。那一天，"第三次阿奇博尔德探险队"的先锋人员，成为巴列姆山谷的第一批外来访客。这个位于新几内亚西部内地的大河谷，一向被认为无人居住。结果出人意料，大河谷中住满了人，约 5 万名的土著仍过着石器时代的生活，与世相忘——世上无人知道他们的存在，他们也不知世外有人。阿奇博尔德率队到那里，为的是搜寻从未发现过的鸟类与哺乳类，结果发现了从未被发现过的人类社群。

为了体会阿奇博尔德那次发现的意义，我们必须了解所谓的"第一次接触"现象。我早先提过，大多数动物种在地球上，只在地表上很小一部分的地理范围内生存。至于那些分布在几大洲的动物种，例如狮子与大灰熊，从来没有一个大洲上的成员到另一个大洲去访问同胞。事实上，每个大洲上的族群都与其他大洲上的有所差别，通常同一个大洲上的不同地理区域各有各的族群，它们会与邻近族群互动，但绝不会到远方串门。（表面上看来，候鸟是个让人不能忽视的例外。是的，候鸟会在大洲之间做季节性的迁徙，但是它们只沿着"传统"路线迁徙，而且每个族群无论冬季还是夏季的栖息地，大抵都有固定范围。）

动物对地理的"忠诚"，反映在它们的地理变异上：同一物种在不同地理区域的不同族群，往往会演化成外形不一样的亚种，因为每一族群的成员大多找"自己人"交配。举例来说，非洲大猩猩是一个单独的物种，可是东非低地的大猩猩从来没有去过西非，西非的从来没有到过东非。怎么知道的呢？因为东非与西非的大猩猩是不同的亚种，长相不同，所以科学家不会弄错。

在这些方面，我们人类在演化过程中，大部分时间都不过是一种典型的动物。人类与其他动物一样，每个族群在遗传上都受到居住地气候与疾病的形塑。但是人类各族群还因为语言与文化的隔阂，而更难以交流、融合。人类学家从一个人的体表特征，大致可以推测出他的发源地，而语言学家或服饰学者可以更精确地确定他的家乡。那是人类族群一直都"定居"一地的证明。

虽然我们自认为"旅客"，但在人类演化史上有几百万年，我们实际上过着与"旅客"完全相反的日子。每个人类社群对生活范围之外的世界一无所知，除了自己，只知道紧邻着的社群。只在近几千年内，人类的政治组织与技术发生了变化，某些社群才可能旅行到远方，接触异域殊族，认识祖先从未亲身访问过的地方与族群。1492年哥伦布发现新大陆，加速了异域殊族相互接触的进程，今天只有新几内亚与南美仍有几个零星的族群，还没与异域来的陌生人接触过。阿奇博尔德探险队进入大河谷的那一刻，在历史上的意义是：从此以后，与世隔绝的人类社群即将成为历史绝响。人类这个物种，原来包括几千个小型社会，整体的居住地也只占地表的一小部分，现在却已经转变成拥有世界知识的世界征服者。因此，大河谷的那次接触是这个过程中的里程碑。

大河谷中约有 5 万居民，这么大的社群怎么可能与世隔绝，直到 1938 年才让世人发现他们？那些巴布亚人又怎么会对外界一无所知？外人走进来之后，原来孤绝的社群会发生什么变化呢？在本章我会论证：为了了解"人类文化分化的起源"，原先"万国林立"、互不往来的人类世界是一把钥匙，那个世界将在我们这个世代完全没入历史。现在我们是世界征服者，人口超过 60 亿，而在农业兴起的前夕，人口大约只有 1 000 万。不过，讽刺的是，我们的人口暴增了，文化的多元程度却陡降了。

\* \* \*

没到过新几内亚的人，很难想象一个 5 万人的社群会与世隔绝那么久。那怎么可能？大河谷距南、北海岸才不过 115 英里。欧洲人 1526 年发现新几内亚，荷兰传教士 1852 年到此定居，欧洲殖民政府 1884 年在此成立，为什么 54 年后才发现大河谷？

答案是：地形、粮食与挑夫。只要你踏上新几内亚，试过离开已有的道路，四处步行，就会明白了。那里的海岸低地是沼泽，内陆有连绵的山脉，棱线有如刀锋，到处覆盖着密林，你一天最多只能穿越几英里。1983 年，我到新几内亚库马瓦山脉调查，我与 12 位新几内亚人花了两个星期，才向内陆推进了 7 英里。但要是与英国鸟类协会 50 周年纪念探险队比较起来，我们根本没遭遇什么困难。他们在 1910 年 1 月 4 日登上新几内亚，然后向内陆仅 100 英里开外的山峰前进。第二年 2 月 12 日，他们终于放弃了，打道回府。那 13 个月中，他们连一半路程都没走到（只越过了 45 英里）。

除了地形障碍，当地无法找到食物，更是让探险家举步维艰。新几内亚没有大型动物可以猎杀。在低地丛林中，新几内亚土著的主食是西谷椰子，这种植物的茎髓可以榨出一种物质，它有着橡胶的质地、呕吐物的气味。然而，在山上，即使土著都无法靠野生食物为生。沃拉斯顿见过的一幕最能凸显这个问题。他是英国探险家，有一次从山上丛林小径下山，途中看见令人心里发毛的一幕：30 具新几内亚土著的尸体出现在那里，他们显然不久前才死去，旁边还有两个孩子，奄奄一息。那些土著在高地有农田，从低地回来的时候，没带够粮食，都饿死了。

丛林中找不到野生食物，探险家想到无人居住的地区调查，就得自备食物（有时即使到有人家的地方，也未必能得到足够的给养）。一个挑夫能携带 40 磅食物，要是他一人食用，大约可以维持 14 天。所以，在飞机发明（空投补给）之前，探险队若想深入内陆 7 天（往返 14 天）以上，就得靠挑夫队往返搬运给养，在内陆建立补给站。举一个典型的例子：在海岸上准备 700 人一日分量的给养，以 50 名挑夫运送，在距海岸 5 日行程的地点，储存 200 人一日分量的给养，然后挑夫花 5 天回到海岸。在这个过程中，挑夫消耗了 500 人一日分量的给养。然后 15 名挑夫到那个补给站，取出储存的给养，再前进 5 日，建立第二个补给站，储存 50 人一日分量的给养，再回到第一个补给站（接受补给），这个过程消耗掉 150 人一日分量的给养。然后……

在阿奇博尔德探险队之前，1921—1922 年，克雷默探险队最接近于发现大河谷。他们雇用了 800 名挑夫，花了 10 个月运送 200 吨食物，才使四位探险家得以深入内陆。克雷默穿越的距离刚好可以到达大河谷，可惜他们的路线向西偏了几公里，错过了大河谷，他们也没怀疑过那里会有人，隔着重山密林，谁想得到呢？

除了这些艰险的环境条件，新几内亚内陆对传教士与殖民政府毫无吸引力，因为大家都相信：根本没有人住在"里头"。欧洲探险家在海岸或河岸登陆时，发现低地上有许多部落，他们以西谷椰子、鱼为食，但是陡峭的山麓丘陵上人很少，日子过得极勉强。无论从南岸还是北岸，白雪覆盖的中央山脉（新几内亚的脊梁骨）远远望去都是一幅陡峭的模样。大家相信这两张陡峭的面孔是同一座山的两侧，没想到其中藏着适于农耕的宽阔河谷。

在新几内亚东部（今日的巴布亚新几内亚共和国），"内地空无一人"的神话是在 1930 年 5 月 26 日被打破的。那一天，两位澳大利亚探矿人为了寻找金矿，翻过俾斯麦山脉的一座山脊，哪里知道后面是个山谷。晚上朝谷里望下去，他们为眼前出现的无数火点而惊异不置，那是几千人的灶火。在新几内亚西部（今日是印度尼西亚的一省），这个神话是在 1938 年 6 月 23 日破灭的。

那一天，阿奇博尔德驾机做第二趟侦察飞行，在丛林上空飞了几个小时后，什么人迹都没发现，突然大河谷中出现了令他非常惊讶的景象，看起来很像荷兰：地面上没有丛林覆盖，地貌平整，整齐地划分成田地，田地周围绕着灌溉沟渠，并有小屋散落四方。阿奇博尔德先在距离大河谷最近的湖边以及河流边（他的水上飞机可以降落）建立营地，然后先锋人员从营地出发，成为第一批进入大河谷的现代人——一共花了6个星期。

* * *

这就是世人直到1938年才知道大河谷里有人居住的原因。那么，为什么那些大河谷里的人——现在被称为达尼人，他们也不知外面世界有人呢？

当然，部分原因是我们谈过的那些困难，西方探险家直到晚近才逐一克服，而达尼人要"走出去"的话，也得克服。然而，世界上有许多地区，条件比新几内亚好得多了，既没有恶劣的地形，也容易找到野生食物，可是那里的人类社群，在过去也是相当闭塞的，对"天下至广"毫无概念。为什么？在这里，我必须提醒读者：我们认为理所当然的视角，其实是现代发展出来的。事实上，直到最近，我们的视角才适用于新几内亚，而在1万年前的世界，哪里都不适用。

现在地球表面分割成许多政治国家，每个国家的公民，都多少享有在国境内或到别国去旅行的自由。任何人只要有时间、金钱和意愿，就可以到几乎任何国家去观光。结果，人与货物遍布世界各地，许多东西，像是可口可乐，在各大洲都买得到。我还记得 1976 年我到南太平洋所罗门群岛中的伦内尔岛收集资料时的往事，每次想起仍然觉得难为情。那个小岛与世隔绝，海岸只有峭壁，没有沙滩，岛上珊瑚礁地面处处有深沟，当地的波利尼西亚文化因此保存了下来，直到最近都没什么改变。那天破晓时分我从海岸出发，在丛林中跋涉，耳目所及，毫无人迹。到了傍晚，我终于听见前方传来一位女性的声音，也望见了一间小茅屋。我的脑海里立刻充满了幻想：一位美丽无邪的波利尼西亚少女，腰着草裙，裸露上身，正在等着我！在这个世外小岛上的世外桃源里！哪里知道这位女士竟然很胖，还有老公陪伴。够糟了吧？才不！我自认为是个大无畏的探险家，可是她穿的运动衫，胸前竟然印着"威斯康星大学"几个字，让我讪讪的、怪难为情的。

相对地，在近 1 万年前，人类自由自在的旅行根本不可能，运动衫的流通非常有限。每个村落或队群，都是一个政治单位，与邻近的政治单位陷在战争、休兵、联盟与贸易的走马灯中。因此，新几内亚高地上的土著，终生在出生地方圆约 10 英里之内活动。他们偶尔会走进紧邻村落边界的土地，或是为了偷袭邻近村落，或是在休兵期间得到了许可，但是他们没有"社会公约"以规范走出紧邻村落边界的土地后的行为。对土著而言，容忍不相干的陌生人难以想象。而这些陌生人更别说敢现身了。

即使在今天，这种"别僭越"心态仍残存在世界许多地方。我在新几内亚时，每次外出观察鸟类，都不辞辛劳到邻近观察地点的村落"拜码头"，征求同意。有两次我疏忽了（或者我"拜错了码头"），径自划船到上游去观鸟，回程就发现河道被独木舟堵上了。村民用石头砸我，他们非常愤怒，因为我擅闯了他们的地盘。在新几内亚西部，我住过埃洛皮人的村子，那时我想去往附近一座山里，必须穿越邻近的法尤族地盘。埃洛皮人听说后，就向我解释：只要我走进法尤人的地盘，他们就会杀了我。埃洛皮人这么告诉我时，语气自然，不觉得有什么大不了。从新几内亚土著的观点看来，事情就是那样，仿佛天理昭彰，不证自明。法尤人当然会杀掉任何一个擅闯他们地盘的人；难道你蠢得以为法尤人会放任陌生人走入他们的地盘？陌生人可能会猎杀他们地盘上的猎物、偷拐妇女、散播疾病，以及侦察动静、谋划偷袭。

　　虽然大多数"前交流时代"的族群会与邻近族群发展贸易关系，但许多族群相信自己才是世上唯一的人类。也许远方地平线冒出的烟火，或者顺着河漂流下来的无人独木舟，证明世上还有其他人群。但是离开自己的地盘，"走出去"访问远方的人，即使不过几公里路程，也无异插标卖首。一位新几内亚高地土著回忆1930年白人到来之前的生活："我们没出过远门。我们只知道山的这一边。我们认为我们是世上唯一活着的人。"

　　这种隔离孕育了遗传多样性。新几内亚每一个河谷，不仅有独特的语言和文化，也有独特的遗传缺陷与风土病。我到过的第一个河谷，是佛尔族的家园，他们在世界医学文献上非常有名，因为他们有一种奇怪的病，叫作库鲁病（Kuru）[1]，意思

---

[1]　后来发现这是一种慢性病毒造成的，研究库鲁病的盖杜谢克因此获得1976年的诺贝尔奖。——译者注

是"笑病"，病人临死前脸上会挂着诡异的笑容。佛尔人有一半以上死于库鲁病，其中以妇女为主，这使一些村子男女的比例高达3:1。在位于佛尔族地盘以西约60英里的卡里穆伊，从来没有过库鲁病例，但是当地土著受困于麻风病，发病率为世界之冠。还有些部落有高比例的聋哑人、没有阴茎的男性（假两性畸形），以及过早老化或青春期推迟的人。

今天我们可以通过看电影或电视神游我们从未到过的地方，也可以从书本得到相关的信息。世界上的主要语言都有相应的英文字典，在大多数母语是非主流语言的村子里，都找得到听懂某一种主流语言的人。举例来说，在最近几十年间，传教士语言学家研究过几百种新几内亚与南美印第安语言，我在每一个新几内亚村子里——不管位于多么遥远的地方，都能发现一个人能说印度尼西亚语或新美拉尼西亚语。因此，语言障碍已经不再妨碍信息在世上流通了。今日世界几乎每一个村落，都能相当直接地获得外界的信息，并提供关于自己的信息。

对比之下，过去世界的居民无从想象外界的模样，也无法直接获得关于外界的信息。相关的信息都是辗转重译而来，每经一次翻译就走样一点——玩过"传口讯"游戏的人都知道，一个不算复杂的口讯经口耳相传之后，必然变得离谱、荒谬。于是，新几内亚高地土著对100英里之外的大洋毫无概念，对已经在海岸上活动了几百年的白人一无所知。他们首次见到的欧洲男人穿着裤子、系着腰带，这令他们大惑不解，有位土著对衣服的功能提出独到的见解：那些（欧洲）男人的阴茎很长，必须盘在腰间，以衣服遮盖。有些达尼人相信有一个邻近的土著族群以草为食，而且他们的双手在背后相连。

第一位闯入"桃花源"的先锋，在土著心中造成的创伤难以磨灭，对此我们生活在现代世界的人难以想象。20世纪30年代澳大利亚探矿人迈克尔·莱希"发现"新几内亚高地土著，50年后这些土著接受访问时，仍然记得当时的情景，对他们在哪里、在做什么都历历如绘、娓娓道来。对于现代美国人与欧洲人，也许最接近的经验是回忆经历过的最重要的政治事件。大多数与我同龄的美国人都记得1941年12月7日，那一天我们听到了日本飞机偷袭珍珠港的新闻。我们立刻知道我们的生活就要改变了，而且至少会持续几年。然而，珍珠港事件以及随后的战事对美国社会的冲击较小，比不上当年欧洲人现身新几内亚高地对土著社群的冲击。那一天，他们的世界永远地改变了。

探险家带来了钢铁斧头与火柴，石斧与取火钻相形见绌，于是高地土著的物质文化发生了革命性的变化。接踵而来的传教士与政府官员压制了土著根深蒂固的文化习俗，像是食人、多妻、同性恋与战争。其他的习俗，土著也自然地抛弃了，因为他们发现了优异的替代品。但是，另外还有一个革命，更为深刻且令人不安，它发生在土著的宇宙观中。他们与邻近社群不再是世上唯一的人，世上不是只有一种生活方式。

鲍勃·康诺利与罗宾·安德森写了一本书《第一次接触》（*First Contact*），沉痛地叙述了新几内亚东部高地土著与西方人"第一次接触"的故事。作者邀请双方的高龄当事人回忆往事。

话说当年，他们不过刚成年，有些甚至还只是小孩子。吓坏了的土著，把白人当成返回人间的阴魂。后来土著把白人埋的粪便挖出来详加检视，派吓坏了的年轻女孩去跟闯入者性交，最后他们发现白人跟他们一样排便、性交。前面提到的澳大利亚探矿人莱希在日记中记载着，他觉得土著的体味难以忍受。可是，土著那时也觉得白人的体味奇怪又吓人。探矿人对黄金特别着迷，土著对此觉得奇怪；土著对子安贝（土著财富／钱币的象征）着迷，也令澳大利亚人不解。至于1938年大河谷中"第一次接触"的故事中的尚存者，目前还没有报道。

＊　＊　＊

本章一开始就讲到：阿奇博尔德探险队的先锋人员进入大河谷，不只是达尼人命运的分水岭，也是一座人类历史的分水岭。在当年的那个世界，所有人类社群相对孤立地生活着，到了今天，那样的社群不剩几个了。这样的古今之变，造成了什么后果？我们可以从比较研究抽绎出答案：比较早就"开通"的区域与晚近才开通的区域。我们也可以观察那些晚近开通的区域，追踪开通的后果。这些比较研究显示：异域殊族一旦开通，经过几千年隔离才孕育、累积的文化多样性逐渐被抹杀了。

艺术创作就是一个明显的例子。过去在新几内亚，雕刻、音乐与舞蹈的风格在村子与村子之间就有很大的差异。在塞皮克河沿岸和阿斯马特（Asmat）沼泽附近，有些村子因为生产世界级的木刻艺术品而闻名。但是已经有越来越大的压力或诱惑，让新几内亚土著放弃自己的艺术传统。1965 年，我访问了博迈族，那是一个孤绝的小部落，人口不过 578 人。那里只有一个商店，是传教士开设的。在我到达之前，传教士已经劝服博迈人将所有艺术品付之一炬。几个世纪累积的独特文化发展（"异教徒的玩意"，那位传教士是这么说的），一个上午就毁坏了。1964 年，我第一次深入新几内亚造访遥远的村落，一路上我可以听见圆木鼓声与传统歌声；20 世纪 80 年代，我在那里听到的是吉他声、摇滚乐，以及使用电池的便携音响的声音。任何人只要到纽约大都会博物馆参观过阿斯马特传统雕刻作品，或是听过新几内亚传统音乐（以令人屏息的速度击出的圆木鼓二重奏），都会同意"开通"是一场浩劫，是人类艺术史的悲剧。

　　语言也大量消失了。举例来说，现在欧洲只有大约 55 种语言，大部分都是从一个语系（印欧语系）分化出来的。然而新几内亚面积不到欧洲的 1/10，人口不到欧洲的 1%，却大约有 1 000 种语言，其中许多与世上任何已知的语言都没有关联。一般而言，在新几内亚，一种语言只有 1 000 人在方圆 10 英里的范围内使用。在新几内亚东部高地，我从奥卡帕跋涉近 60 英里到卡里穆伊，就穿过了 6 种语言的使用区域。起先是佛尔语（像芬兰语一样有后置词），最后一种是图达惠语（像汉语一样有声调与鼻化元音）。

　　新几内亚是一本活教材，让语言学家得以认识过去的世界——每个孤立的部落都有自己的语言。农业兴起后，那个世界才开始改变。少数掌握农业技术的社群向外扩张，将自己的语言散布到更广大的土地上。印欧语族群扩张不过是大约 6 000 年前的事，结果西欧原有的语言全都被消灭了，只剩下巴斯克语（在西班牙北部以及法国境内，还有人说这种语言）。最近几千年，班图语族群扩张也造成了类似的结果，热带非洲与撒哈拉以南非洲地区原来流通的语言都消失了。南岛语族群扩张，也取代了印度尼西亚与菲律宾先前的土著语言。光是在新世界，过去几百年间就有几百种土著语言消失了。

世上通行的语言越少，世界村中的居民就越容易沟通，所以大量语言消失了，难道不是件好事吗？也许吧。可是在其他方面，这可是件坏事。语言间的差异不只表现在结构与词汇上，也表现在表达因果关系、感情和个人责任等方面，因此语言所塑造的思维方式也有差异。没有一种语言在各方面都算得上"最好"，每种语言都有独到的长处——视目的而定。举例来说，柏拉图与亚里士多德用希腊文著述，而康德用德文，也许并非偶然。希腊文与德文的文法特征，以及容易形成复合词的特性，也许是它们成为西方哲学的王牌语言的秘密。再举一个例子，学过拉丁文的人一定很熟悉一点：拉丁文每个词的词尾足以表明句子结构，因此通过调整词序，可以表现句意中的幽微情志。英文就做不到，因为英文的词序是句子结构的主要线索，一旦改变词序，句意就可能完全变了。如果英语成为世界语言，那绝不会是因为英语最适于外交场合。[1]

---

[1] 因为英语的语法特色不像拉丁文，比较不容易表现含蓄幽微的意思，不适于表达外交辞令。——译者注

新几内亚的文化多样性程度之高，现代世界中没有一块面积相仿的土地比得上，因为孤绝的部落能够实行任何社会实验——有些实验其他社群完全无法接受。毁坏自己身体（装饰或仪式所需）与吃人的习俗，在每个部落都不一样。土著与外界"第一次接触"的时候，有些部落的人是全裸的，有些会遮掩性器官而且性观念极为拘谨，还有些会以极为夸张的方式拿阴茎与睾丸招摇（例如达尼人）。关于抚养孩子的方式，有的部落完全放任（佛尔族任由婴儿去抓炽热的东西，即使会烫伤）；有的部落会惩罚行为不端的孩子，如巴汉人会用带刺的荨麻打孩子的脸；有的部落极为严厉，如库苦库苦人的孩子甚至会自杀。巴鲁亚族的男人可以享受制度化的"双性行为"：部落里有一间很大的房子供同性恋者活动，其中住着年轻男孩，成年男人可以到这里来；每个男人另外有间小房子，住着老婆、女儿与男婴。而图达惠族的房子有上下两层，下层住着女人、婴儿、未出嫁的女儿与猪，男人与未婚的男孩住在上层，地面上有独立的梯子通往上层。

现代世界的文化多样性降低了，如果消失了的只有毁坏自己身体的习俗，与逼得儿童自杀的管教方式，那么我们不会觉得是损失。但是有些社会的文化习俗之所以成为世界的主流，不是因为那些文化习俗可以令人幸福或有利于人类的长期生存，而是因为那些社会在经济与军事上颇有成就。我们一味追求消费，又任意剥削环境，现在我们觉得惬意，可是未来的隐忧已经种下。许多有识之士已经列出美国社会的当务之急，以下问题已经濒临灾难的程度：老人赡养、青少年叛逆、药物滥用，以及显著的贫富不均。这些问题，每一个都可以在新几内亚发现好几个解决方案，并且比我们的方式好得多。

* * *

不幸的是，人类社会的另类模式正在迅速消失，而人类可以在孤绝的情境中实验新模式的时代已经过去。世界上再也没有与世隔绝的社会，其规模可以与阿奇博尔德探险队 1938 年 8 月"发现"的相比。1979 年我在新几内亚塔里库河调查，附近的传教士刚发现了一个 400 人的游牧部落，根据那个部落的描述，上游约 5 日行程的地方，还有另外一个从未与外界接触的队群。秘鲁与巴西的偏远地区也发现了一些小队群。但是我们有理由相信：最后一个"第一次接触"事件就要发生了，也就是说，最后一个设计人类社会的实验就要结束了。

虽然此后人类的文化多样性不会立即消失——至少大部分文化差异没有因为电视与旅行而消失，但差异程度必然会猛烈降低。那是我们会哀悼的损失，理由我已经讨论过了。然而，文化多样性与仇外心态似乎成正比。只要我们相互厮杀的武器威力有限，我们的仇外心态就还不至于把我们带到灭绝的边缘。核武器会不会与我们的灭族倾向结合起来，打破我们在 20 世纪上半叶创下的纪录？我希望不会，我能想出的主要理由是：世界文化均质化的过程已经加速了。文化多样性降低，也许是我们为了生存必须付出的代价。

# 第 14 章

# 问苍茫大地，谁主浮沉

我们日常生活最显著的特色，对科学家却是最困难的问题。在美国或澳大利亚的大部分地方，要是你在街头举目四顾，看到的大多是欧洲人后裔。可是 500 年前，那里只有当地的土著，绝无例外。为什么欧洲人会到美洲与澳大利亚殖民，取代了土著族群，而不是美洲与澳大利亚的土著，到欧洲取代了白人族群？

这个问题可以用另一个方式表述：为什么古代技术与政治发展的速率以欧亚大陆最快，美洲慢得多，澳大利亚最慢？举例来说，1492 年欧亚大陆上，大多数人口都使用铁器、文字，发展农业，并已组成拥有越洋船只的中央集权国家，社会处在工业化的前夕。美洲也出现了农业，但只有几个大型中央集权国家，仅一个地区在使用文字，没有越洋船只或铁器，在技术与政治发展方面落后于欧亚大陆几千年。而澳大利亚没有农业、文字、国家与船只，仍处于与外界隔绝的状态，那里的人使用的石器与 1 万多年前欧亚族群使用的并无二致。正是那些技术与政治发展的差异，而不是生物（人种）差异，使欧洲人能够扩张到其他的大洲上。（不同动物族群竞争的结果，往往由生物差异决定。）

19世纪的欧洲人对上述问题有一个简单的答案，可是这个答案充满了种族偏见。他们的结论是：欧洲在文化上更先进，是因为欧洲人比较聪明，所以欧洲人注定了要征服、取代或杀戮"低劣"族群。这个答案并不令人满意，不但流露出妄自尊大、令人憎恶的心态，而且从根本上就错了。的确，人们的知识水平有很大的差异，这与每个人成长的环境有关。但是，没有令人信服的证据显示不同族群的心智能力有任何遗传上的差异。19世纪的古典人类学倾全力创造一套"科学的"人种理论，以解释人种间的差异，可是什么名堂都没搞出来。

因为这一种族偏见的遗绪，对于不同人种在文明程度上的差异，我们今天提出的说法仍然嗅得出种族偏见的味道。然而很明显，这个问题有必要合理地回答。在过去500年间，那些技术上的差异导致着严重的人间悲剧，殖民与征服的遗绪仍然强烈地影响着现代世界的结构。除非我们提出一套令人信服的解释，许多人仍会怀疑：充满种族偏见的遗传理论，或许是真的。

在这一章里，我会论证：各大洲的文明程度不同，是因为塑造文化特征发展力量的是地理，而不是人类遗传学。文明赖以发展的资源，特别是适合人工培育的野生动植物，在各大洲各不相同。在各大洲，人工培育的生物物种向外传播的难易程度也各不相同。即使在今天，美国人与欧洲人仍然必须痛心地面对现实：远方的地理特征，如波斯湾或巴拿马地峡，影响着我们的日常生活。然而，地理与生物地理早已更为深刻地塑造人类的生活，并持续几十万年了。

为什么我要强调植物与动物？正如演化生物学家霍尔丹所说："文明的基础，不仅是人，也是动植物。"在相同面积的土地上，农业与畜牧业所能供养的人数，比野生食物多得多，虽然农牧业也给人类带来了灾难（见第10章）。一些人生产的可储存的剩余粮食，使其他人得以全力经营各种专业技能，例如冶金、制造、文书，以及服务于职业军队。家畜提供的不只是肉与奶，还有制作衣服的毛与皮，以及运输人、货的动力。动物还可以拉犁与车，因此可以大幅增加农业的产能，光凭人力怎么都比不上。

结果世界上的人口大增。大约1万年前人类还过着狩猎-采集的生活，人口只有1 000万；今天，人口已经超过60亿。密集的人口，是形成中央集权国家的先决条件，也促进了传染病的演化。遭遇过那些传染病的族群会演化出抵抗力，而没遭遇过的就没有抵抗力了。所有这些因素，决定了族群之间的殖民或征服关系。欧洲人征服美洲与澳大利亚，不是因为他们拥有优良的基因，而是因为他们能抵抗恶劣的病毒（尤其是天花），拥有比较先进的技术（包括武器与船只）、文字记录的信息，以及政治组织。追根究底，这些全是各大洲的地理差异造成的。

\* \* \*

让我们从家畜谈起。大约在4 000年前，欧亚大陆西部的居民已经拥有5种家畜，至今仍是人类的主要牲口：绵羊、山羊、猪、牛、马。东亚没有欧亚大陆西部的那种牛，可是居民就地取材，分别驯化了几种形态、功能类似的"牛"：牦牛、水牛、印度野牛、爪哇野牛。前面已经提过，这些动物提供了食物、衣服与运输动力，此外，马还有无可估量的军事价值（直到19世纪，马仍然是军事行动中不可或缺的牲畜，结合了坦克、卡车与吉普车的功能于一身）。为什么美洲印第安人不能驯养"对应的"美洲土著物种，享受同样的利益呢？美洲土生土长的哺乳动物中，不是也有野绵羊、野山羊、野猪、野牛、貘吗？为什么美洲印第安人不能骑着貘侵入欧亚大陆，震慑欧亚土著呢？澳大利亚土著也可以骑着袋鼠这么干呀？

　　答案是：直到今天，世界上的野生哺乳动物中，只有极小的比例能够被驯养。我们只要回顾一下过去失败的例子，就能够看清楚其中的关键。把野生动物驯养成家畜，第一步当然是驯化野生动物的气质，使它们可以被关在笼子里当宠物。许多动物种都通过了这一关。在新几内亚许多村子里，我都发现了驯养的袋鼠、袋貂，在亚马孙河流域的印第安村子里，我也见过驯养的猴子与鼬鼠。古代埃及人驯养过瞪羚、羚羊、鹤，甚至鬣狗，可能还有长颈鹿。汉尼拔率领非洲象（不是今天马戏团里常见的亚洲象）翻过阿尔卑斯山攻打罗马，把罗马人吓坏了。

　　但是所有这些看来有希望的尝试，最后都失败了。驯养动物并不只是从野外抓来几个动物，把它们驯服了就算成功。它们必须能够在兽笼或兽栏中繁殖才行，那样人类才能选拔"优良"的个体进行培育，最后这种野生动物变成适合人类需要的品种。马大约在 4 000 年前被驯化，几千年后驯鹿也被驯化了，此后欧洲再也没有大型哺乳动物被驯化过。换言之，我们的祖先实验过几百种动物，我们那几种哺乳类家畜很快就脱颖而出，其他的都放弃了。

大多数驯养动物当家畜的实验都失败了，为什么呢？归纳起来，一种野生动物若不具备一组不寻常的特征，就无法被驯化成家畜。第一，以大多数例子而言，它必须是一种过群居生活的社会动物。在社群中，低阶个体对优势个体会本能地表现出顺从行为，它们还能将人类（饲主）当作优势个体从而顺服。北美洲的大角绵羊，与现代家养绵羊的祖先摩弗仑羊，是同属的不同物种。但是摩弗仑羊有本能的社会顺从行为，大角绵羊却没有——对印第安人来说，这可是个至关重要的差别，难怪他们无法驯养大角绵羊。独居的陆生动物中，只有猫与白鼬成了家畜。

第二，瞪羚以及许多鹿与羚羊等动物极为警觉，难以管理，它们只要一发觉情况不对，就会奔逃，不像其他动物遇上危险就原地不动。我们至今无法把鹿驯化成家畜，尤其令人难以理解，因为在过去数万年中，几乎没有几种野生动物像鹿一样，与人类那么接近。虽然人类密集地猎杀鹿，偶尔驯养过几只，但在世上 41 个鹿种中，只有寒带的驯鹿被人类成功驯化成家畜。其他 40 种，要么有领域行为（据地自雄，不容其他同胞闯入），要么过于警觉，或两者皆是，因此并非人类家畜的良选。只有驯鹿能容忍异类闯入它们的活动空间，群居而没有领域行为，适合当人类家畜。

第三，许多动物在兽栏中看似驯服而健康，却可能拒绝交配——动物园经常有这种烦恼。你愿意在大庭广众前对异性展开长时间的追求，并公开交配吗？别说你不愿意，许多动物也不愿意。这个问题使许多动物不能成功地变成家畜，其中有些动物若是被驯化，将对人类非常有用。例如南美野骆马是安第斯山脉的土著种，它们的毛是世界上价值最高的动物毛。但是印加人与经营现代牧场的人，都无法驯化它们。要得到它们身上的毛，只好到野外捕捉。从古代亚述的国王到19世纪印度的王公贵族，都驯养过猎豹——世上跑得最快的陆地哺乳动物，以协助打猎。但是，他们的每一头猎豹都是从野外抓回来驯养的，甚至动物园直到1960年才成功地让猎豹在兽栏中繁殖。

为何是欧亚大陆那5种主要家畜，而非与人类密切相关的其他物种能成为家畜，上列理由概括起来就可以解释了；美洲印第安人无法驯化野牛、野猪、貘，以及野山羊、野绵羊，也是同样的理由。在说明物种间的微小差异注定了一个物种对人类特别有价值，而另一个完全没用时，马具有的军事价值显得特别有趣。马属于哺乳纲奇蹄目，属于这个目的动物，其特征是脚上有蹄，且脚趾数目为奇数，包括马、貘与犀牛，现存共17个物种。其中所有的貘（4种）与犀牛（5种），再加上5种野马（共8种），从来没有被驯养成功过。如果非洲土著骑着犀牛、印第安人骑着貘，那么任何来自欧洲的入侵者都会被踩死，但是没发生过那样的事。

第六种未被驯化的野马近亲，是非洲的野驴，也就是家畜中驴的祖先。驴是良好的载重与运输牲畜，可是无法用来冲锋陷阵。第七种则是西亚的野驴，大约在公元前3000年后，它们曾经被用来拉车，并持续了好几百年。但是所有关于它们的记载，都指出了它们的乖戾脾性：脾气坏、暴躁、难接近、顽劣或顽冥不灵。这种危险的畜生必须装上口衔，免得照料它们的人被咬伤。大约公元前 2300 年，中东引进了被驯化的马，野驴才被放弃了。

马剧烈地改变了人类战争的风貌，其他动物，即使是象与骆驼也不可以相提并论。马被驯化后不久，也许就成为最早的印欧语族群扩张的利器——最早的印欧语族群是牧民，他们的扩张故事将在第 15 章讨论。几千年之后，马与战车结合，成为古代战场上无人能挡的"坦克"。马鞍与马镫被发明之后，匈族阿提拉赖以重创罗马帝国；成吉思汗率领的蒙古骑兵，所向无敌，建立了横跨欧亚的帝国；西非引进战马后，也兴起了军事国家。16世纪初，西班牙人科尔特斯与皮萨罗凭着几十匹马，外加百来名军士，就颠覆了新世界两个人口最多、最先进的国家——阿兹特克帝国与印加帝国。1939 年 9 月波兰骑兵不敌侵入波兰境内的纳粹机械化陆军，马在战场上叱咤风云的时代才正式结束。此时距马成为所有家畜中最受重视的军事力量已经过去 6 000 多年。

讽刺的是，其实美洲原先有马，与科尔特斯与皮萨罗带到美洲的马是近亲。要是美洲的马没有灭绝，蒙特祖马与阿塔瓦尔帕也许就能以骑兵冲散那些西班牙"征服者"，将他们击溃。但是，也许是天意吧，美洲的马早就灭绝了，事实上，美洲与澳大利亚80%~90%的大型哺乳动物都灭绝了。大灭绝发生在人类进入美洲与澳大利亚定居后不久，他们是现代印第安人与澳大利亚土著的祖先。美洲丧失的不只有马，还有其他有畜养潜力的动物，例如大骆驼、地懒，还有象。结果，澳大利亚与北美洲一种可以畜养的动物种都没有，除非印第安犬是从北美狼演化而来的。南美洲只剩下天竺鼠（可作为食物）、羊驼（可以剪毛）与骆马（可以运货，但体型小，不能用于骑乘）。

所以，美洲与澳大利亚土著从未以哺乳类家畜作为蛋白质来源，只有安第斯山脉的居民有那个荣幸（天竺鼠是他们的蛋白质来源），然而，比起旧世界的居民，他们从家畜得到的蛋白质少得可怜。美洲与澳大利亚的本土哺乳动物从未拉过犁、货车、战车，从未生产过奶，从未运载过人。新世界的文明凭着人类肌肉的力量蹒跚前进，而旧世界的文明却因兽力、风力与水力之助，一马当先，先驰得点。

美洲与澳大利亚的大型哺乳动物，大多数在史前时代就灭绝了，这究竟是气候的因素，还是最早的殖民者干的好事，科学家仍然在辩论。无论真相是什么，那一场大灭绝注定了美、澳两洲最初殖民者的子孙，在1万多年后被欧亚大陆与非洲的族群征服——欧亚大陆与非洲的大型哺乳动物，大部分都保存下来了。

\* \* \*

同样的论证也适用于植物吗？一些类似的例子立即就闪现脑海。与动物一样，野生植物中只有一小部分适合当庄稼。举例来说，雌雄同株／自花传粉的植物（如小麦）比起雌雄同株／异花传粉的植物（如黑麦），更早、更容易被驯化。因为自花传粉的植物种比较容易选择单株、培育纯系，因为它们每一代都不必与其他的野生近缘种杂交。再举一例，从史前时代起，许多橡树的种子（橡实）就是欧洲与北美洲居民的主要食物，可是至今没有一种橡树被驯化过，也许是因为松鼠的缘故——松鼠比人类更擅长挑选与种植橡实。我们今天种植的作物，都是经过许多尝试后筛选出来的（美国东部的印第安人约在公元前2000年驯化过假豚草，假豚草的种子含有大量蛋白质与油，可以食用。）

考虑到这些事实后，澳大利亚土著的工艺技术发展得特别缓慢，就容易理解了。澳大利亚缺乏适合驯化的植物，无疑是当地土著没有发展出农业的主因，这一后果与缺乏适合驯化的动物一样严重。但是美洲的农业落后于旧世界，理由似乎不是那么显而易见。毕竟世界上好几种重要的粮食作物是在新世界驯化的，其中玉米、马铃薯、西红柿与南瓜属蔬菜是大家最耳熟能详的。为了解开这个谜团，我们必须更仔细地研究玉米——新世界最重要的粮食作物。

玉米是谷类，草本植物，种子含有淀粉，可食用，就像大麦仁、小麦粒。人类摄取热量的来源，现在仍以谷类占大宗。所有的文明都依赖谷类，不同文明就地取材，驯化了不同的谷类：近东与欧洲有小麦、大麦、燕麦与黑麦；中国与东南亚有稻米、粟、黍；撒哈拉以南非洲地区有高粱、御谷与龙爪稷；但是新世界只有玉米。哥伦布发现美洲后，玉米很快就被早期探险家带回欧洲，传播到全球，其种植总面积仅次于小麦。那么，为什么玉米不能使新世界的印第安文明，与由小麦和其他谷类供养的旧世界文明发展得一样快？

原来玉米是一种很难驯化与栽种的植物，产物也不理想。这句话也许你听来觉得刺耳，尤其是爱吃烤玉米棒的朋友。何况现在玉米是美国最重要的农作物，年内销总额约 220 亿美元，年外销总额约 500 亿美元。那么玉米与其他谷类的区别是什么？

旧世界有许多容易驯化又容易栽种的野生草本植物。它们的种子颗粒大，适合近东季节分明的气候，所以早期的农民容易看出它们的价值。那些种子用镰刀就可以大量收获，容易研磨，容易料理，还容易播种。威斯康星大学的植物学家休·伊尔蒂斯发现了另一个不是那么一目了然的优势——那些种子可以储藏，当年的农民不需要自己想出这个点子，因为近东的野鼠会窖藏野生谷类的种子，有些窖藏达 60 磅。

旧世界的谷类即使是野生的，产量也很高。在近东的小山坡上，一英亩野生小麦可以收获 700 磅麦粒。一个家庭几个星期的收获量，就可以吃一年。因此，在小麦与大麦还没有被驯化前，巴勒斯坦已经出现了定居村落，居民发明了镰刀、杵臼、窖穴，以野生谷物为食。

驯化小麦与大麦并不是有意识的行动。并非几个狩猎–采集者在某天坐下来，哀悼大型哺乳动物的灭绝，讨论哪种小麦植株最优，然后种下这些植株的种子，来年便成了农民。我们所谓的植物驯化过程（野生植物经过人工栽培后发生变化），是人类偏好某类野生植物，因此意外地散播了那些植物种子的副产品。以野生谷类而言，人类会自然偏爱收割的植物通常具有几个特征：种子颗粒大、种壳容易除去、种子不易抖落一地。只消几个突变，加上人类无意识的选择，种子颗粒大又不易抖落的谷类变种就出现了——我们认为它们是驯化的，而不是野生的。

近东的考古遗址里出土的大约1万年前的小麦与大麦，开始出现这些变化。不久，面包小麦（六倍体小麦）和其他的驯化变种出现，人们开始有意识地播种。逐渐地，遗址出土的野生食物越来越少。大约公元前6000年，在近东地区，种植谷类与畜养家畜已经结合成一个完整的食物生产系统。无论是好是歹，当地居民已经不再是狩猎-采集者，而是农民与牧民了——正朝着文明之路走去。

现在让我们瞧瞧新世界的农业是怎么发展出来的，与旧世界的比较起来有什么异同。新世界首先发展出农业的地区，其气候与近东不同，并无分明的季节，所以当地没有种子颗粒大、产量高的野生草本植物。北美与墨西哥的印第安人，的确开始驯化三种种子颗粒小的野生草本植物——藜草、小大麦、野生小米，但是玉米出现后，再加上后来欧洲谷类引进了美洲，它们就被放弃了。而玉米的祖先是一种墨西哥的野生草本植物，即一年生的墨西哥类蜀黍，它除了种子颗粒大这一优势，在其他方面一点不像有前景的粮食作物。

类蜀黍的穗子与玉米穗看起来很不相同，科学家直到最近还在辩论类蜀黍在玉米系谱上的地位，今天还有一些学者不相信类蜀黍是玉米的祖先。其他的粮食作物中没有一种像类蜀黍一样，在驯化过程中发生过那么巨大的变化。一个类蜀黍穗子上的籽粒只有6~12粒，而且不适合食用，因为籽粒外层是跟石头一样硬的壳。类蜀黍秆咀嚼起来像甘蔗，今天墨西哥农民还会咀嚼它。但是现在没有人食用它的种子，也没有证据显示史前时代任何人食用过。休·伊尔蒂斯鉴别出使类蜀黍变成有用的粮食作物的关键一步是：一次永久的变性。类蜀黍的侧枝末端是雄穗，而玉米则是雌穗。虽然那听起来像是非常巨大的差异，但它其实是由激素控制的简单变化，甚至真菌、病毒、气候的变化都能触发它。一旦穗上的雄花变性成为雌花，就会产出可以食用的裸粒，进而可能吸引饥饿的狩猎–采集者的注意。下一步的变化，就是类蜀黍穗的主轴开始形成玉米芯（穗轴）。早期的墨西哥遗址出土过很小的玉米穗，长度不到 4 厘米，类似如今的玉米变种 Tom Thumb。

在那一次突然变性之后，类蜀黍终于踏上了被驯化之路。不过，与近东的谷类相较，类蜀黍还得演化几千年才能变成产量高的玉米，从而能够供养村落或者城市。这个最终产物——玉米，印第安农民处理起来，还是比旧世界的农民处理谷类费事得多。玉米穗必须用手一根一根摘下，不能用镰刀大量收割；穗轴必须剥掉外皮；玉米粒必须剥下或咬下来；播种时得一粒一粒种下，不能大量播撒到田里。而且玉米粒的营养价值不及旧世界的谷粒：蛋白质含量较低，缺乏必需氨基酸，缺乏烟碱酸（维生素 B 的一种，摄入不足的话可能引起糙皮症）。因此玉米粒必须进行碱处理。[①]

总之，新世界的主要粮食作物玉米的特征——不易驯化，驯

---

① 将玉米粒放入碱水（以木灰，贝壳等物调制）进行加热处理，可以使玉米中不易被人体吸收的结合型烟碱酸游离出来，便于人体吸收。——译者注

化后也不易处理，使它不易在野生植物中吸引人的注意。大部分新世界文明与旧世界文明之间的落差，追根究底也许只是一种植物的特性造成的。

\* \* \*

到目前为止，我讨论的是地理的生物地理角色——供应适合驯化的动植物。然而，地理还有另外一个重要的角色值得讨论。每一个文明不但依赖当地驯化的粮食作物，还依赖外来粮食作物——在别的地方驯化的植物。新世界南北向的主轴线（图14-1），使粮食作物的传播格外不易；而旧世界东西向的主轴线，让粮食作物传播起来就容易得多。

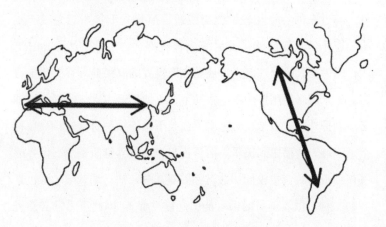

图 14-1　旧世界与新世界的大陆轴线

今天，我们认为植物的扩散是再自然不过的事，很少会想一想各种食物的发源地是哪里。在美国或欧洲，一顿饭里可能有鸡肉（起源于东南亚），配上玉米（起源于墨西哥）或马铃薯（起源于安第斯山脉南部），撒上胡椒（起源于印度）调味，再来一片面包（小麦起源于近东），抹上奶油（乳牛起源于近东）。饭后来杯咖啡（起源于埃塞俄比亚）。这些珍贵动植物的扩散，并不始于现代：几千年来一直没停过。

植物与动物在同一个气候带内散布得又快又容易，因为它们已经适应了这一气候。可它们若是传播到同一气候带以外的区域，就必须演化出新的变种，以耐受各地的气候。从图 14-1 可以看出：动植物在旧世界沿着东西向移动，可以长途跋涉，仍然不出原来的气候带。在当时的人们将被驯化的动植物带到新区域发展农业或牧业，或将外来种移进家乡以丰富家乡生态的过程中，移动方向扮演了非常重要的角色。动植物在中国、印度、近东和欧洲之间的移动范围，不会超出北半球的温带地区。

古罗马人已经栽种从近东引进的小麦与大麦，从中国引进的桃子与柑橘，从印度引进的黄瓜与芝麻，从中亚引进的大麻与洋葱，还有原产欧洲的燕麦与罂粟。马从近东传入西非，使那里的军事战术发生了革命性的变化，绵羊与牛从东非高地传入南非霍屯督族——他们在当地没有驯化任何动物。大约公元前 2000 年，非洲的高粱与棉花传入印度，热带东南亚的香蕉与山药越过印度洋丰富了热带非洲的农业。

然而，在新世界，北美洲的温带与南美洲的温带（安第斯山脉与南美洲南部）中间隔着几千公里的赤道带，那里温带生物不能生存。因此安第斯山脉的骆马、羊驼与天竺鼠，在史前时代从未传播到北美洲，甚至连墨西哥都没到过，结果墨西哥始终缺乏哺乳类家畜来提供运力、毛、肉（除了玉米喂食的食用狗）。马铃薯没有从安第斯山脉北部传到墨西哥或北美洲，向日葵也没有从北美洲传到安第斯山脉。史前时代，许多看起来是北美洲与南美洲共同拥有的作物，实际上是不同的变种，甚至是不同的物种，这表明它们是在两地分别被驯化的。举例来说，棉花、豆子、利马豆、红辣椒、烟草等，似乎都是这样。玉米的确从墨西哥传到南美洲与北美洲，但是并不容易，也许是因为在不同纬度必须分别演化出能适应的变种，那得花时间。直到 900 年左右，距玉米在墨西哥出现已数千年，玉米才成为密西西比河谷居民的主食，美国中西部神秘的筑丘文明因而兴起（可惜晚了点）。

要是旧世界与新世界的轴线各自旋转 90 度，农作物与家畜的传播在旧世界就会变慢，而在新世界就会加速。文明在两地兴起的速率也会有相应的变化。新世界地理轴线的优势，是否足以让蒙特祖马与阿塔瓦尔帕即使没有马也能侵入欧洲？谁敢说不可能？

\* \* \*

我已经论证：各大洲文明兴起速率的不同，并不是少数天才造成的意外。它也不是因为决定动物族群竞争结果的生物差异——例如有些族群跑得比较快，或消化食物时更有效率。它更不是因为各族群平均发明能力的差异——根本没有证据显示过有这样的差异。各大洲文明兴起的速率不同，是生物地理对文化发展的影响造成的。如果欧洲与澳大利亚在 1.2 万年前互换人口，那么那些被送到欧洲的澳大利亚土著会是日后侵入美洲与澳大利亚的族群。

地理为演化立下了基本规则——无论是生物演化，还是文化演化，所有生物都适用，当然也包括我们。地理对我们现代政治史发展的影响，相较于对我们驯化动植物速率的影响，更加明显。从这个角度来看，美国小学生有一半不知道巴拿马在哪里的消息，让人觉得好笑，可是政客要是展露了同样程度的无知，就一点也不好笑了。关于不懂地理的政客搞出来的灾祸，有许多著名的例子，举两个足矣：19 世纪的殖民强权在非洲地图上划出了"不自然的"疆界，日后继承了那些疆界的现代非洲国家因而无法维持稳定的政局；1919 年，《凡尔赛和约》规定的东欧各国疆界是由对该地区知之甚少的政客决定的，因此种下了二战的祸根。

地理过去是各级学校的必修课，直到几十年前，才开始从许多课表上消失。自那时起，许多人误以为地理不过是记诵各国首都的名字。然而，七年级 20 周的地理课不足以教会未来的政客地图对我们的真正影响。通达全球各地的传真机与卫星通信网，也无法消除因为地理位置的差异而滋长的族群差异。从更长远、更大范围来看，我们在哪里居住，深刻地决定了我们是谁。

# 第 15 章

# 印欧语族群扩张的故事

"YKSI, KAKSI, KOLME, NELJÄ, VIISI。"（一、二、三、四、五。）

我看着小女孩一个接一个地数 5 颗弹珠。她的行为很熟悉，但她所用的语言对我来说很陌生。在欧洲的任何其他地方，我都会听到像我们英语中 "one two three"（一、二、三）这样的词：意大利语是 "uno due tre"，德语是 "ein zwei drei"，俄语是 "odin dva tri"。但我当时在芬兰度假，芬兰语是欧洲为数不多的非印欧语系语言之一。

今天，印欧语流行的地方，不止是欧洲大部分地区，还包括与欧洲接壤的亚洲，如中东，向东直达印度（见表 15-1）。不论我们在学校记法语单词时如何抱怨，这一片广大的土地上流行的语言，无论词汇还是语法，彼此都非常相似，而与世界其他的所有语言相异。当今世界上的 5 000 多种语言中，只有 140 种是印欧语，这个数字当然不足以反映印欧语在当今世界的地位。欧洲

人（特别是英国人、西班牙人、葡萄牙人、法国人与俄国人）自
1492 年以来的全球扩张，重画了世界的语言地图。现在世界人
口中将近一半以印欧语为"母语"。

表 15-1 印欧语与非印欧语的语汇比较

| 印欧语 | | | | | | |
|---|---|---|---|---|---|---|
| 英语 | one | two | three | mother | brother | sister |
| 德语 | ein | zwei | drei | Muffer | Bruder | Schwester |
| 法语 | un | deux | trois | mère | frère | sceur |
| 拉丁语 | unus | duo | tres | mater | frater | soror |
| 俄语 | odin | dva | tri | mat' | brat | sestra |
| 古爱尔兰语 | oen | do | tri | mathir | brathir | siur |
| 吐火罗语 | sas | wu | trey | macer | procer | ser |
| 立陶宛语 | vienas | du | trys | motina | brolis | seser |
| 梵语 | eka | duva | trayas | matar | bhratar | svasar |
| 原始印欧语* | oynos | dwo | treyes | matar | bhratar | suesor |
| 非印欧语 | | | | | | |
| 芬兰语 | yksi | kaksi | kolme | äiti | veli | sisar |
| 佛尔语 | ka | tara | kakaga | nano | naganto | nanona |

注：原始印欧语（PIE），是指被重构出来的最初印欧语的母语言。佛尔语
是新几内亚高地的一种语言。可以看到，同属印欧语系的语言在单词上存在很大
的相似性，而非印欧语系的语言在单词上差异巨大。

对我们来说，大多数欧洲语言彼此相似，似乎是很自然的，
不需要解释。直到我们到世界上一些语言多样性程度极高的地区
旅行或工作，我们才会觉悟到：欧洲的语言同质现象是多么怪
异，多么需要一个"说法"。举个例子，我在新几内亚高地好些
地方待过，那些地方都是在 20 世纪才开始与外界接触的。在那

里，不同地方的语言差异非常大，每隔一小段距离，就会遇上说完全不同语言的人，彼此的差异之大堪比英语与汉语。欧亚大陆在当年尚未"开通"的年代，必然也有同样的语言多样化的风貌，然后许多语言逐渐消失，最后出现了一个以印欧语为母语的族群，他们在欧洲扫荡群雄，几乎将所有其他的欧洲语言都消灭了。

现代世界丧失了先前的语言多样化风貌，是许多历史进程的结果，其中以印欧语族群的扩张最为重要。印欧语族群扩张的第一阶段发生在很久以前，其结果是印欧语传播到欧洲各地，以及亚洲大部分地区。接着便是从 1492 年开始的第二阶段，印欧语得以传播到世界其他大洲。这一印欧语扩张机器，始于何时何地？它的动力是什么？为什么侵入欧洲的族群，不是说其他语系的语言，例如与芬兰语或亚述语同宗的语言？

印欧语言问题是历史语言学最著名的问题，也是考古学与历史学的问题。我们对印欧语族群扩张的第二阶段（自 1492 年起），有非常详细的资料可以查考，对那些担任开拓先锋的欧洲人，我们不仅知道他们的词语和语法，还知道他们出发的港口、出发的日期、他们领袖的名字，以及他们成功征服各地的原因。但是，要了解第一阶段，我们必须追踪的却是一个谜样的族群，他们的语言与社会藏在没有文字记载的史前迷雾中——虽然他们是世界征服者，创建了今日世界上占支配地位的社会。研究印欧语族群扩张的第一阶段，像是一个有趣的侦探故事，最后解开谜团的线索，一条来自一个洞窟佛寺夹墙中发现的一种古代语言，另一条则是一具埃及木乃伊的亚麻裹尸布上保存的一种意大利语言，没有人知道那具木乃伊上为什么会出现那种语言。

一旦你开始认真思考印欧语族群扩张的问题，你也许立刻就会做出结论："这个问题不可能解决。"也许你是对的。因为印欧语族群最初兴起的时代，是在文字发明之前，当年他们说的话早已随风而逝，要是没有文字稽考，研究云云，岂不只是捕风捉影。即使我们发现了世上第一个印欧语族群的骨骼化石或陶器，我们凭什么说他们说的是印欧语？现代匈牙利人，居住在欧洲的中心，他们的骨骼与陶器是典型的"欧洲式的"，就好像匈牙利炖肉是典型的匈牙利菜一样。未来的考古学家要是发掘一个匈牙利的城市，如果没有发现文字记录，绝对猜不到匈牙利人说的语言是非印欧语。即使我们有办法知道第一个印欧语族群在何时何地兴起，他们的语言又是凭着什么优势，竟能取代欧洲大部分原有的语言？我们有希望解答这个问题吗？

令人惊奇的是，最后我们发现：语言学家光从语言中就找到了足够的线索，解答了我们的问题。首先，我会解释为什么我深信今日世界的语言地图反映了过去语言扩张机器的功业。然后，我会推论最早的印欧语族群生活在何时何地，以及他们征服世界凭借的是什么。

* * *

我们推测现代的印欧语言取代了其他语言，那些语言已经消失了。我们凭什么做这样的推论？没错，在过去 500 年间，即印欧语扩张的第二阶段，西班牙语和英语取代了美洲与澳大利亚的大部分土著语言，可是我谈的不是近 500 年间的事。在那些近代扩张活动中，欧洲人无往不利，无疑是占了枪炮、病菌、钢铁与政治组织的优势。而我现在要讨论的，是印欧语扩张的第一阶段。这个阶段是基于现代世界的语言地图推理出来的。人们推断，当年有一个印欧语族群侵入欧洲与西亚，把各地原来的语言消灭了，使印欧语成为主宰欧洲与西亚的语言。这个过程必然发生在各地发展出书写系统之前。

　　图 15-1 是一张地图，标出了印欧语在 1492 年的分布，当年西班牙人正协同哥伦布，即将横渡大西洋航向新世界。大多数欧洲人与美国人最熟悉的三个印欧语系分支是：日耳曼语族（包括英语、德语等），意大利语族（包括法语、西班牙语等）和斯拉夫语族（包括俄语）。每一分支语族包括 12~16 种语言，约有 3 亿~5 亿人使用。不过，印欧语系最大的分支是印度-伊朗语族，包含 90 种语言，使用者将近 7 亿，分布范围从伊朗到印度（包括吉卜赛人使用的罗姆语）。印欧语系也有一些较小的分支，如希腊语族、阿尔巴尼亚语族、亚美尼亚语族、波罗的语族（现仅包含立陶宛语与拉脱维亚语）和凯尔特语族（包含威尔士语、盖尔语等），每一分支的使用人口只有 200 万~1 000 万。此外，至少有两个印欧语系分支在很久以前就消失了，它们是安纳托利亚语族和吐火罗语族。但这两种语言都有不少文献传世。当然，还有一些印欧语系的语言不仅使用的人口已经消失了，而且没留下只字片语，令人无从凭吊。

　　所有归入印欧语系的语言，究竟有什么证据可以证明它们彼此有亲缘关系，而与其他语系的语言有别呢？第一个明显的线

索是拥有共同的词汇，例子请见表 15-1（另外还有几千个例子，不胜枚举）。第二个线索是相似的动词、名词字尾变化，例子请

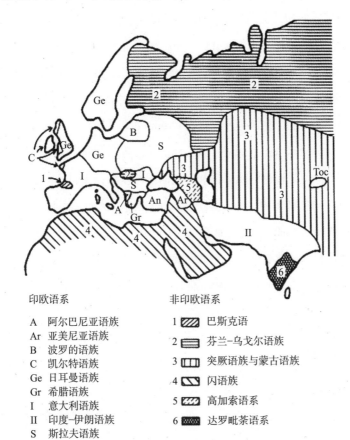

印欧语系

A　阿尔巴尼亚语族
Ar　亚美尼亚语族
B　波罗的语族
C　凯尔特语族
Ge　日耳曼语族
Gr　希腊语族
I　意大利语族
II　印度-伊朗语族
S　斯拉夫语族

非印欧语系

1　巴斯克语
2　芬兰-乌戈尔语族
3　突厥语族与蒙古语族
4　闪语族
5　高加索语系
6　达罗毗荼语系

An 安纳托利亚语
Toc 吐火罗语 }　1492 年以前消失了

图 15-1　1492 年欧洲人发现新世界前西亚与欧洲的语言地图

截至当时已灭绝的印欧语系分支，必然不止两个，但我们目前没有证据。然而，我们有大段文字记录的只有安纳托利亚语族（包括赫梯语）和吐火罗语族，说这些语言的人的家园在 1492 年之前就被说突厥语和蒙古语的人侵占了。

见表 15-2。事实上，有亲缘关系的语言之间，共有的词汇或词尾变化往往没有完全相同的"长相"，那是存在"语音代换"的缘故。例如，英语中的"th"经常等同于德语中的"d"（英语中的"thing"，在德语中是"ding"；英语中的"thank"，在德语中就是"danke"）。再如，英语中的"s"等同于西班牙语中的"es"（英语中的"school"，在西班牙语中为"escuela"；英语中的"stupid"，在西班牙语中为"estupido"。）

　　讨论印欧语系的语言彼此间的相似程度，我们必须注意许多细节，但是讨论印欧语系和其他语系的差异，我们只要注意比较明显的特征即可，例如语音与构词规则。例如，当我一开口说"Où est le métro?"（地铁在哪里？）时，我那糟糕的法国口音就会让我很尴尬。但是，考虑到我完全无法发出一些非洲南部语言中的搭嘴音，或者新几内亚低地湖泊平原语言中元音音高的 8 种变换，我在说法语方面的困难就不算什么了。因此，我在湖泊平原的朋友很喜欢教我鸟的名字，这些鸟的名字与"粪便"的单词只有音高上的区别，然后他们会看着我向遇到的下一个村民询问关于这种"鸟"的更多信息。

　　与印欧语系的发音一样独特的是它的构词法。印欧语系的名词和动词有各种词尾，当我们学习一种新的语言时，我们会刻苦学习去记住这些词尾。（有多少从前学习拉丁语的人还能吟诵"amo amas amat amamus amatis amant"[①]）。每个这样的词的结尾

---

[①]　意思分别为我爱、你爱、他爱、我们爱、你们爱、他们爱，体现了拉丁语中人称变化的变位形式。——译者注

都传达了几种不同类型的信息。例如，"amo"的"o"表示第一人称单数现在时的主动形式：爱这个动作的发出音者是我而不是我的对手，是我一个人而不是我们两个人，是我爱其他人而不是我被其他人爱，是我现在爱而不是昨天爱。但有些语言，如土耳其语，对每一种类型的信息都使用单独的音节或音素来表达，还有一些语言，如越南语，几乎不使用这种词形的变化。

**表 15-2　印欧语与非印欧语的动词词尾："be"动词**

| 印欧语 | | |
|---|---|---|
| 英语 | （I）am | （he）is |
| 哥特语 | im | ist |
| 拉丁语 | sum | est |
| 希腊语 | eimi | esti |
| 梵语 | asmi | asti |
| 古教会斯拉夫语 | jesmi | jesti |
| 非印欧语 | | |
| 芬兰语 | olen | on |
| 佛尔语 | miyuwe | miye |

注：不只是词汇，从动词和名词的词尾也能看出印欧语系之间的关联，由此也可看出印欧语系和非印欧语系之间的区别。

那么，各印欧语之间的差异，是怎么产生的？要找到这个问题的答案，线索之一是文献资料：只要比对各个时代留下的文献（语料），就可以发现，语言其实会与时变化。举例来说，说英语的现代人会觉得 18 世纪的英语听来奇特，但是完全可以懂；莎士比亚的作品也读得懂，可是有些词需要参考注解；但是古英文文本，例如 8 世纪的史诗《贝奥武甫》，就是有字天书了。（参见 275 页的 2rd Psalm）因此，说同一种语言的人，一旦分散到各地生活，彼此间又少通音信，则每个地方发生的语言变迁，例如词汇与语音的变化，都可能与其他地方不相干，日子久了，各地就形成了方言。自 1607 年开始有英国人在美国定居后，美国各地在几个世纪中产生了各种方言，就是这种情况。这是一个不可避免的过程。再经过一段时间，方言间的歧异程度可能会使说不同方言的人完全无法沟通。那时，各方言就演化成了不同的语言。有一个例子能很好地说明这个过程，那就是从拉丁语衍生出的罗曼语族。学者检视自 8 世纪以降的文献，可以清楚地描述法语、意大利语、西班牙语、葡萄牙语、罗马尼亚语逐渐和拉丁语分化的过程——也是它们彼此歧异的过程。

因此，现代罗曼语族从拉丁语衍生出来的过程，演示了几组相关联的语言从一个共同的母语发展出来的过程。即使我们现在没有任何拉丁语文献可以参考，我们仍然可以通过比较那些从拉丁语衍生的现代语言，重现拉丁母语的大部分风采。以同样的方法，我们也可以将所有印欧语系分支之间的"谱系"关系建构出来（一方面参考历史文献，另一方面文献不足之处辅以推论）。所以语言的演化有两个面向，一是（时间面向）世代变化，一是（空间面向）空间分化，与达尔文所论之生物演化相符。1788 年，澳大利亚成为英国殖民地，此后现代英国人与澳大利亚人在语言与骨骼上就开始分化，不过相较于他们与中国人的差异程度，他们彼此间仍然十分相似，因为几万年前他们就与中国人分化了。

世界上任何地区的语言，都会随时间的推移不断分化，除非邻近社群不断接触，才可能阻滞分化的趋势。结果会怎么样呢？新几内亚是一个例子。在欧洲人殖民之前，新几内亚从来没有形成过统一的政治体，土著的语言有将近 1 000 种，彼此多不能沟通——其中有几十种语言，与岛上其他语言没有关联，与世界上其他地方的语言也没有关联，这些语言现在在一个面积与得克萨斯州类似的范围内使用。因此，不论在什么地方，要是你发现在一片广大的土地上，只有一种语言流行，或有几种有亲缘关系的语言，你立刻就知道：语言演化的时钟必然在最近"归零"过。也就是说，最近必然有一种语言传播开来，消灭了其他语言，然后再开始演化（世代变化与空间分化）。这个过程可以解释非洲南部班图语之间的相似程度，东南亚与大洋洲的南岛语也一样。

在这里，罗曼语族仍然是个最好的例子（有可靠的文献支持）。大约在公元前 500 年，拉丁语只流行于罗马城四周一小块地区中，意大利还有许多不同的语言。后来说拉丁语的罗马人向外扩张，消灭了意大利所有其他的语言，然后消灭了欧洲其他地方的印欧语，有些印欧语支系整个都被消灭了，例如大陆凯尔特语支。这些兄弟支系彻底被拉丁语取代了，只剩下一些零星的词汇、名字，以及石碑文可供凭吊。到 1492 年之后，西班牙与葡萄牙竞相在海外殖民、扩张，当初不过几十万罗马人说的语言，已经不知消灭了几百种语言。今天，从拉丁语衍生出来的罗曼语族的使用者超过 5 亿。

如果我们把整个印欧语系看作一台扩张机器，我们也许能期望在这里或那里发现古代"非印欧语"的"幸存者"。今天西欧唯一的"幸存者",就是西班牙的巴斯克语,这个语言在世上找不着任何亲戚。(现代欧洲语言地图上的几个非印欧语,如匈牙利语、芬兰语、爱沙尼亚语,或许拉普语也可以算上,都是近代从东方来的侵略者留下的遗产。)不过,在罗马兴起之前,欧洲有其他的语言存在,它们留下了足够的词汇或碑文可供我们考证它们非印欧语的身份。这些被消灭了的语言中,遗存的资料最丰富的,是意大利西北部神秘的伊特鲁里亚语。学者发现了一份以伊特鲁里亚语书写的文件,写在一卷亚麻布上,共281行。可是这卷亚麻布不知怎的到了埃及,成为一具木乃伊的裹尸布。所有这些已消失的非印欧语,都是印欧语族群扩张过程中的遗存。

还有更多的语言遗存保留在现代的印欧语中。为了了解语言学家怎么能够辨认那些语言遗存,请想象你是刚从外太空来的地球访客,现在我们给你三本书,一本是英国人用英文写的,一本是美国人用英文写的,还有一本是澳大利亚人用英文写的,每本书谈的都是作者的国家。

三本书所用的语言与大部分词汇都是一样的。但要是你拿起讲美国的书与讲英国的书比较,就会发现讲美国的书里包括了许多地名,很明显不是英文,例如 Massachusetts(马萨诸塞)、Winnipesaukee(温尼珀索基)、Mississipi(密西西比)。讲澳大利亚的书中有更多地名不是英文,但是与美国地名也不像,例如Woongarra(伍格拉)、Goondiwindi(贡迪温迪)、Murrumbidgee(马兰比吉)。你也许会推测:英国移民到达美国与澳大利亚之后,遇上了说不同语言的土著，移民是从土著那里学到那些地名与其他东西的名字的。对那些未知的土著语言，你甚至还能对它们的文字与发音做一些推测。但是实际上我们知道美国和澳大利亚的那些土著语言，因此我们能够验证我们以有限的资料所做的推论。

研究几种不同印欧语的语言学家，同样发现了从那些已经消失的非印欧语采借的词汇。举例来说，希腊语词汇中约有 1/6 是从非印欧语衍生来的。这些词是那种你很容易想象是希腊征服者向土著采借来的，有地名（如科林斯、奥林匹斯），希腊作物名（如橄榄、葡萄），神或英雄的名字（如雅典娜、奥德修斯）。这些词也许是住在希腊这块地方的土著的（非印欧语）语言遗存。

总之，至少有四种证据显示：今日的印欧语，是古代一个印欧语族群扩张后的产物。我们的证据包括：现存的印欧语彼此存在谱系关系；像新几内亚之类在近代没有被统一过的地区，语言多样化的程度要高得多；欧洲在罗马时代或更晚时期仍存在非印欧语；几种现代印欧语中可见非印欧语遗存。

\* \* \*

今天的印欧语，全都可以追溯到一个上古的"母语"，前面已经论证过了。那么，我们能够部分重建这种"母语"吗？乍听之下，也许你会觉得想要写出早就消失了的语言，似乎是个荒谬的主意，尤其这个上古语言根本没有文本。事实上，语言学家通过研究今日印欧语的共同词根，可以重建它们的母语的大致形貌。

举个例子，如果意义是"绵羊"（sheep）的一个词，在每一个现代印欧语系的分支中都不一样，我们就可以推论：在它们的母语中，没有代表"绵羊"的词。[①]但是，如果这个词在好几个分支中都相似，尤其是地理分布范围相距很远的分支（例如印度–伊朗语族与凯尔特语族），我们就会推测：不同的语言分支从母语那里继承了同样的词根。通过了解不同分支间发生的语音转变，我们甚至可以重建那个词根。

　　如图 15-2 所示，从印度语到爱尔兰语，"绵羊"一词在许多印欧语中非常相似。如"avis""hawis""ovis""ois""oi"，等等。

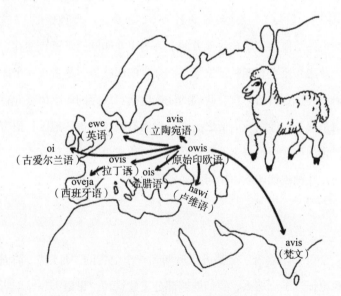

图 15-2　"绵羊"一词的演变

　　在许多现代印欧语中，以及我们从保存下来的文本中了解到的一些古代印欧语中，"绵羊"一词都非常相似。这些词一定都源自一种原始词形，据推断应该是"owis"，它在原始印欧这一不成文的母语中被使用。

---

① 也许说那个"母语"的族群根本没见过"绵羊"。——译者注

现代英语中"sheep"这个词显然有着不同的词根，但"ewe"（母绵羊）一词明显保留了最初的词根。考虑到不同的印欧语所经历的语音变化，这个词最初的形式应该是"owis"。

当然，不同子语言拥有相同的词根，并不就意味着该词根源自它们共同的母语言。该词根也可能是后来从一种子语言扩展到另一种子语言。对语言学家重建母语言的努力持怀疑态度的考古学家喜欢引用像"coca-cola"这样的词为例。鉴于许多现代欧洲语言中都有这个词，考古学家认为，语言学家很可能会荒谬地将这个词归于几千年前的母语言。事实上，"coca-cola"这个词恰恰说明了语言学家如何区分新近借来词与过去继承下来的词：这个词很明显是外来的（"coca"一词事实上来自秘鲁的印第安词汇，"cola"则源自西非），它并没有表现出像古老的印欧语词根所呈现出来的在不同语言间的语音变化（在德语中，它仍是"coca-cola"，而非"Köcherköhler"）。

通过这类方式，语言学家已经重建了"原始印欧语"（Proto-Indo-European，简称PIE）的大部分语法，以及将近2 000个词根。这并不是说现代印欧语中所有的词都是从原始印欧语遗传来的，事实上大部分都不是，因为现代语言反映了千百年来的新发明、新事物，以及外来语（如英语中"sheep"的词根替代了原始印欧语中的词根"owis"）。一般而言，现代印欧语中，有几个类别的词汇保存了比较多的"母语"词根：数字与表示人际关系的词汇（父、母、兄弟姐妹等，见表15-1）；代表身体构造与功能的词；指代普遍存在的事物或观念的词，如"天空""黑夜""夏天""冷"。

　　通过这种方式重建的表示人类共性行为的词中，有表示像"放屁"这样平凡的行为的词，它在原始印欧语中有两种截然不同的词根，取决于你是大声放屁还是轻声放屁。大声放屁的词根（"perd"）在现代印欧语言中衍生出了一系列类似的单词（"perdet""pardate"等），包括英语中的"fart"一词（见图 15-3）。

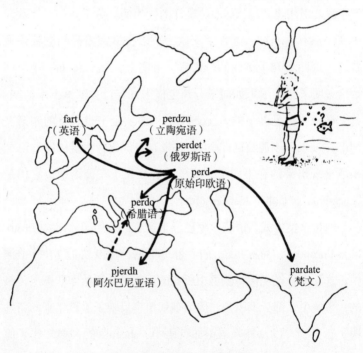

fart
（英语）

perdzu
（立陶宛语）

perdet'
（俄罗斯语）

perd
（原始印欧语）

perdo
（希腊语）

pjerdh
（阿尔巴尼亚语）

pardate
（梵文）

图 15-3　"放屁"一词的演变

　　就像"绵羊"一词的例子，在许多成文的印欧语中，意思为"大声放屁"的词是很相像的。这说明它们有共同的初始形式，据推断是原印欧语这一不成文母语中的"perd"。

＊＊＊

　　到目前为止，我们知道语言学家如何能够从文献中抽绎证据，证明古代有过一个"原始印欧语"，当年文字还没有被发明；说这个"原始印欧语"的族群兴起后，使许多古代语言都消失了。下一个明显的问题就是：说"原始印欧语"的族群是在什么时候出现的？在哪里出现的？他们怎么能够扩张得那么顺利，把其他的语言都消灭了？先讨论时间问题吧——这看起来又是一个几乎没有希望解答的问题。"原始印欧语"是一个没有文献可供稽考的语言，所以学者只能推测这种语言的词汇，这已经是个够艰巨的工程了，我们怎么可能推定这个语言是什么时候出现的呢？

　　至少我们可以先考证现存最古老的印欧语文献，以免天马行空地乱猜。长久以来，学界公认最古老的印欧语文献，是公元前1000—前800年的伊朗文本，以及很可能创作于公元前1200—前1000年、后来才以文字记录下来的梵文文本。美索不达米亚的米坦尼王国留下过一些文本，不是以印欧语写的，但是其中有一些语汇，很明显是从一种与梵文有关联的语言中采借来的。这些文本证明：大约在公元前1500年，世上已存在一种与梵文类似的语言。

　　接下来的一个突破是19世纪末发现的一大批古埃及的外交信件。这批文件大多以闪语写成，但是有两封信是以一种之前从未见过的语言写的，学界无人能识。后来在土耳其的考古遗址中发现了成千的泥板，也是用那种语言写的。仔细研究之后，学者弄清楚了：那些泥板是国家档案，那个国家大约兴盛于公元前1650—前1200年。现代学者在《圣经》里给它找了一个名字"赫梯"（Hittite）。

1917年，专家破译了赫梯语，发现赫梯语属于一种前所未知的古代印欧语系分支，学者称之为安纳托利亚语族，该语族有非常独有的特征，不过已经消失了。这个消息震动了学界。更早的时候，亚述商人在一个贸易站（接近后来赫梯国首都）写的书信中，提到一些像是从赫梯语采借来的名字，这使我们可以将印欧语出现在世界上的时间再向前推进一些：至公元前1900年。这是我们手上的第一份直接证据，证明世上存在印欧语。

于是，截至1917年，学者已经知道在公元前1900年和公元前1500年，世上已分别存在两个印欧语系分支——安纳托利亚语族与印度–伊朗语族。第三个分支是在1952年发现的古希腊语，英国年轻的破译者迈克尔·文特里斯展示了古克里特岛和古希腊的"线性文字B"。其实"线性文字B"早在1900年左右就被发现了，只是一直无法破译。那些"线性文字B"泥板大约是公元前1300年的文物。但是赫梯语、梵文与古希腊语彼此之间非常不同，比法语与西班牙语之间的差异大多了，而法语与西班牙语的差异是在过去1 000年间累积出来的。那意味着：赫梯语、梵文与古希腊语这几个印欧语系分支，从原始印欧母语中分离出去的时间，必然在公元前2500年或更早。

早到什么时候？那几个早期印欧语系分支的差异，能透露多少呢？我们有没有办法，将"语言之间的差异程度"转换成"语言之间的分化时间"？有些语言学家利用历史文献，观察词汇的变化率，就如从盎格鲁-撒克逊时代的英语到乔叟时代的英语，再到现代英语的变化。这是语言年代学的方法。学者计算后，得到一个经验法则：语言的基本词汇，每 1 000 年会变化 20%。

大多数学者不接受语言年代学的计算，理由是：词汇的代换率与社会环境以及词汇本身有关。然而，不接受语言年代学的学者，通常愿意凭直觉做一些估计。无论是依赖语言年代学也好，直觉也罢，研究原始印欧语的学界，一般假定原始印欧语大约在公元前 3000 年开始分裂出许多分支，这个时间早于公元前 2500 年大概不成问题，可是绝不可能早于公元前 5000 年。

另外还有一个独立的研究进路可以解决时间的问题：语言古生物学。顾名思义，古生物学是以地下出土的化石（古代生物遗体与遗迹）为基础，重建古代的生物世界，语言古生物学利用的则是埋藏在现代语言中的古代语言化石。

这是什么意思呢？我前面提过，语言学家已经重建了将近 2 000 个原始印欧语的词汇。其中包括"兄弟""天空"应不令人惊讶，任何语言都该有这类词。但是原始印欧语中应该没有"枪炮"这类的语汇，因为西方的"枪炮"大概在 1300 年才发明，那时原始印欧语早已在土耳其、印度等地分化成许多现代印欧语了。事实上，"枪炮"这个词，在每种现代印欧语中都使用了不同的词根：在英语中是"gun"，在法语中是"fusil"，在俄语中是"ruzhyo"，等等。理由很明显：它们既然没有"共同遗产"可供"规范"，就只好"独树一帜"了。

"枪炮"这个例子表明的是：我们应该找一系列我们能确定

发明年代的事物，然后看看哪些在重建的原始印欧语中可以找到名字。在原始印欧语分化之后才发明的事物，当然在重建的词汇里找不到名字。任何事物，如果是普遍的人类概念，例如"兄弟"，或在原始印欧语分化之前就被发明了，则可能会在重建的语汇里可以找到名字。（但并非一定找得到，因为许多古代词汇早已失落了。在重建的原始印欧语词汇中，有代表"眼睛""眉毛"的词，可是没有代表"眼睑"的词，尽管古印欧语族群肯定是有"眼睑"的。）

近几千年的历史上，人类的主要技术里程碑，有些在原始印欧语词汇中是找不到名字的，最早的是"战车"（公元前2000—前1500年已经传播各地），以及"铁"（公元前1200——前1000年前已经非常重要）。原始印欧语词汇中找不到这两个名词，并不令我们惊讶，因为它们都是相当晚期的发明，而赫梯语的独特风貌已经让我们相信：原始印欧语早在公元前2000年之前很久，就已经分化了。比较早期的事物，在原始印欧语词汇中有名字的，有"绵羊"与"山羊"（公元前8000年被驯化），"牛"以及"奶牛""未成年被阉割的公牛""成年的被阉割的公牛"等具体的分类（在公元前6400年被驯化），"马"（在公元前4000年被驯化），"犁"（大约是在马被驯化时发明的），最晚的是"轮子"（在公元前3300年左右发明的）。

即使没有任何其他的证据，语言古生物学以这样的逻辑就可以断定原始印欧语的分化时间，在公元前3300年之后，且在公元前2000年之前。这个结论与我们先前从赫梯语、希腊语和梵文的差异推估的结论，大致相符。如果我们希望发现最早的印欧人遗迹，应仔细检视公元前5000—前2500年的考古记录，也许稍早于公元前3000年的遗址最有希望。

\* \* \*

好了，时间问题可以说已经大致有眉目了，现在谈谈空间问题：说原始印欧语的族群是在哪里兴起的？语言学家自始就意见纷纭，莫衷一是。几乎所有可能的地点都有人提出过：从北极到印度，从欧亚大陆的大西洋海岸到太平洋海岸。正如考古学家J. P. 马洛里所说的，目前的问题并不是"学者找到他们的发源地了吗？"而是"现在学者把他们的发源地安置到哪里了？"

这个问题为什么那么难解决呢？让我们先检查一下语言地图（见图15-1），看我们能不能很快找到答案。截至1492年，大多数仍流传于世的印欧语系分支，实际上局限于西欧，只有印度-伊朗语族扩展到里海以东的地方。因此假定西欧是原始印欧语的起源地，最容易解释语言地图的风貌。基于这个答案，族群不必大规模移动，以解释地图上的现实。

不幸的是，1900年一种"新"的（世人前所未知的）印欧语问世了，它早已灭绝，这不算新闻，令人料想不到的，是它的地点。首先，这种印欧语现在叫作吐火罗语，它是在一个洞窟佛寺的密室中被发现的。密室中藏有大批文献，由佛教传教士和来往的商人写就，是以一种前所未知的文字写的，年代是600—800年。其次，这个洞窟佛寺位于中国的塔里木盆地中，在现存印欧语族群分布地的东方，距最近的印欧语族群也有1 000英里。最后，吐火罗语与印度-伊朗语族关系疏远，虽然两者是"邻居"，与它关系最亲近的语族反而可能在向西几千英里之外的欧洲。这就好比我们突然发现中世纪早期的苏格兰人，说的话与远东的汉语是亲戚。

很明显地，说吐火罗语的族群不是坐直升机到塔里木盆地的。他们只可能步行或者骑马过去，而我们不得不由此推定：在中亚地区，过去一定还有许多说印欧语的族群，只不过后来他们的语言消失了，不像吐火罗语幸运地留下了痕迹，可供后人研究。只要仔细看一看现在的语言地图，当年中亚印欧语族群的命运，就一目了然了。今天那一片区域生活着说突厥语或蒙古语的族群，他们的祖先至少可以追溯到匈人或成吉思汗。当年成吉思汗的大军攻下赫拉特时究竟屠杀了多少人，学者仍有不同观点，不过学者一致认同，那样的行动改变了中亚与西亚的语言地图。相较而言，在欧洲消失的印欧语，大多数都是被其他的印欧语取代了，例如恺撒的《高卢战记》中，与罗马军队对阵的"高卢人"说的凯尔特语。我们看1492年的语言地图，得到印欧语集中在西欧的印象，殊不知那张地图是比较近代的语言灭绝事件的后果。600年的时候，印欧语族群的分布地是从爱尔兰到中国新疆，而原始印欧语族群的发源地位于这片广袤土地的中央，那么高加索山以北的俄罗斯草原应该是我们的搜寻焦点。

我们已经讨论过，从语言本身可以抽绎出线索，推断原始印欧语开始分化的大概时间。同样，我们也可以从语言中得到印欧语发源地的线索。其中第一线索是：与印欧语系关系最清楚的语系，是芬兰-乌戈尔语族（包括芬兰语以及分布在俄罗斯北方森林带的其他语言）。不错，现在看印欧语与芬兰-乌戈尔语族的差异很大，远不像德语和英语，很容易看出两者有关联。这是因为英语是 1 500 年前才从日耳曼西北部发源的。印欧语与芬兰-乌戈尔语族之间的联系，也远不如印欧语系的日耳曼语族与斯拉夫语族那样明显，尽管后两者在几千年前就分化了。所以，印欧语与芬兰-乌戈尔语族的差异反映的是：它们在更古老的年代里就已经分化了。由于芬兰-乌戈尔语族群分布在俄罗斯北方的森林带，那么合理的推测是：原始印欧语族群分布在森林带的南部，也就是俄罗斯草原。此外，如果原始印欧语族群分布在更南边，譬如土耳其，那么与原始印欧语关系比较密切的语言应该是近东的古闪语。

第二个线索是不少印欧语中仍然保存的非印欧语"遗存"。我提到过希腊语中这种"遗存"特别醒目，其实赫梯语、爱尔兰语、梵文中也不少。这表示那几个地区原来住的都是说非印欧语的族群，只是后来被印欧语族群占据了。若果真如此，原始印欧语的发源地就不会是爱尔兰或印度（反正今天也没有人主张是这两个地点），也不会是希腊或土耳其（有些学者主张是这些地方）。

此外，今日的印欧语中，和原始印欧语最相似的，当推立陶宛语。现存最早的立陶宛语文本，是 1500 年左右写下的，其中保存的原始印欧语词根，在比例上与梵文中保存的原始印欧语词根一样高，而梵文文本比立陶宛语文本早了 3 000 年！立陶宛语显得那么保守，主要是因为它没有受到太多非印欧语的"扰乱"，也许是因为它接近原始印欧语的发源地。过去，立陶宛语和其他波罗的语族在俄罗斯的分布比较广泛，后来哥特人与斯拉夫语人压制了波罗的语族群体的生存空间，使他们退缩到波罗的海附近，也就是今日的立陶宛、拉脱维亚境内。这么说来，原始印欧语的发源地在俄罗斯境内？

第三个线索来自重建的原始印欧语词汇。我们已经讨论过，重建的原始印欧语词汇中，包含公元前 4000 年大家熟悉的事物，却没有包含直到公元前 2000 年大家才知道的事物，对于我们追溯原始印欧语族群兴起的年代，这样的信息非常有帮助。我们找寻原始印欧语族群的故乡时，也可以依样画葫芦吗？原始印欧语词汇中有指涉"雪"的词根（"snoighwos"，与英语中的"snow"很接近），显示它的发源地在温带，而不在热带。原始印欧语词汇中的动植物，大多数广泛地分布在欧亚大陆的温带，所以对确定其发源地的纬度有帮助，但是经度仍是个问题。

在我看来，原始印欧语词汇透露的最有力的线索，是它所没有的，而不是它有的：许多农作物的名字都是没有的。说原始印欧语的族群，有些从事农耕，这毫无疑问，因为他们的词汇中有犁、镰刀。但是我们只发现了一种谷物的名字（难以确定是哪一种谷物）。相比之下，我们重建的原始班图语（非洲），以及原始南岛语（东南亚），就有许多农作物的名字。原始南岛语的历史比原始印欧语还要久远，所以南岛语中那些古老的作物名字更有可能遗失。然而，现在的南岛语反而保留下更多古老的作物名字。

因此，说原始印欧语的族群，也许实际上没种过几种庄稼，后来他们的子孙迁移到农业地带后，要么自己发明了农作物的名字，要么采借了其他族群称呼农作物的名字。

但是，这个结论其实让我们面对一个双重吊诡。首先，截至公元前3500年，农耕在欧洲与大部分亚洲地区已经成为主流产业。这个事实限制了原始印欧语发源地的可能地点：它必然在一个不寻常的地方，也就是农耕不是主要产业的地方。其次，一个不依赖农业的族群，为什么能够扩张？班图语族群和南岛语族群能够扩张，主要因为他们是农人，仗着人多占领了狩猎-采集族群的家园。如果说是非地道农耕族群的原始印欧语族攻掠了农耕族群的领土，则颠覆了历史经验。鉴于此，我们非得先回答原始印欧语族群"为什么能够扩张"这个问题不可，不然发源地问题就无法解决。

\* \* \*

在文字被发明以前，欧洲发生过两次（而不是一次）经济革命，影响非常深远，要是语言地图因此重划，也是自然的事。第一次是农牧业传入——大约1万年前，农牧业在近东萌芽，到8 500年前由土耳其传入希腊，然后北传至斯堪的纳维亚，西传至英伦。农牧业使人口大幅度增长，这是传统的狩猎-采集产业比不了的。英国剑桥大学考古学教授科林·伦福儒最近出版了一本书，发人深省。他认为：当年从土耳其出发，到欧洲殖民的农人，就是说原始印欧语的族群，是他们把印欧语带入欧洲的。

　　我读过他的书之后，第一反应就是："那当然。他肯定是对的。"农业必然曾对欧洲语言地图造成过巨变，非洲与东南亚都发生过同样的事。况且遗传学家已经发现，那些最早进入欧洲的农民是欧洲人基因库中的主流，这使得伦福儒的观点更显得真实了。

　　但是，伦福儒忽视了语言学证据或者根本没把这种证据当一回事。农民早就进入欧洲了，比我们推定的原始印欧语族群兴起的时间早了几千年。最早的农民没有犁、轮子以及人工畜养的马，但这些原始印欧语族群全都熟悉。原始印欧语中反而没有几个农作物的名字。赫梯语是土耳其已知的最古老的印欧语，如果伦福儒的理论是对的，赫梯语与原始印欧语应该非常亲近，其实不然，在所有已知的印欧语中，赫梯语是与原始印欧语最不相似的一种。伦福儒的理论，其实依赖的不过是三段论法：农业很可能会造成语言地图的巨变；原始印欧语在欧洲的扩张这一语言地图的巨变正需要一个动因。因此，农业就是这个动因。而其他一切都表明，农业给欧洲带来的是更古老的语言，如伊特鲁里亚语和巴斯克语，它们后来都被印欧语取代。

　　但是，在公元前5000年—前3000年，正是原始印欧语族群兴起的时候，欧亚世界发生了第二次经济革命。与此同时，冶金技术也开始出现。随着这一次革命，家畜的用途范围大大地扩张了，不只是供人类吃肉、剥皮——那是人类利用动物的老把戏了。经过这一场革命，动物产生了新功能，包括产奶、产毛、拉犁、拉轮车和骑乘。原始印欧语的词汇充分地反映了这一场革命，出现了例如轭、犁、奶、奶油、羊毛、纺织这些词，还有一些与轮车有关的词（车轮、车轴、车辕、马具、轮毂等）。

这一场革命的经济意义，是使人口、人力都增加了，且增加的幅度是光凭农耕与畜牧怎么也达不到的。举例来说，奶牛生产奶，还能制成奶制品，长期而言，一头牛生产的热量比单纯把它的肉吃下肚大多了。以动物犁田，使农夫能栽种更大面积的农田，这是以往单纯依靠锄头与掘棒比不了的。畜力车使人类能够开发更多的土地，把更多的收成带回村子进行加工。

这些发展有些很难找出发源地，因为它们传播的速度实在太快了。举例来说，在公元前3300年，世上还没有轮车，可是不过几百年后，欧洲与中东许多地方都出现轮车了。但是有一项非常重要的发展，我们能够找出它的发源地：人类成功地驯化了马。在马被驯化之前，中东与南欧从来没有过野马，北欧也很罕见，只有在东方的俄罗斯大草原上，才能发现成群的野马。马被驯化的最早的证据是在黑海北部的草原发现的，那是公元前4000年左右的斯莱德涅·斯多格文化遗址。考古学家戴维·安东尼在出土马骨的嘴里发现了绳"衔"留下的磨痕，表示那些马在生前有人骑乘过。

环顾世界，不论马何时何地被引进，都给人类社会带来了巨大利益。演化史上头一遭，人类可以很快地穿州越界，两条腿怎么也赶不上。马的速度，让猎人得以追赶猎物，让牧民容易管理大群牛羊。最重要的是，马的速度让战士可以发动远距离奇袭，并在敌人有效动员集结之前，迅速脱离战场。因此，在世界各地，马使得战争的面貌丕变，骑马族群得以威吓四邻、所向披靡。提到大平原印第安人，美国人总会想到凶猛的印第安骑士形象，事实上这是近代的产物，大概是 1660—1770 年的事。因为美国西部的马，是欧洲人带来的马野放后出现的，它们赶在欧洲人和其他欧洲事物的前头，进入美国大平原，所以我们可以确定：马是改变美洲平原印第安人社会的唯一肇因。

考古证据清楚地显示了：家马同样地改变了俄罗斯草原上的社会，时间大约在 6 000 年前。草原开阔的环境，光凭人力难以开发，直到马出现后，距离与运输问题都解决了。人类占据大草原的速度，在驯化了马之后就加快了，随着约 5 300 年前牛拉的轮车被发明，大草原上人口暴增。因此草原经济的基础，是绵羊与牛（供应奶、毛、肉），加上运输用的马与轮车，农业扮演的只是辅助角色。

在那些早期草原遗址，没有发现过精耕农业与储存粮食的证据，而在欧洲其他地方与中东同时代的遗址中，有着大量的此类证据。草原族群没有大型定居聚落，而是过着有高度流动性的生活——这再一次与当时的东南欧聚落遗址成强烈的对比，在那里已经出现数百座成列的二层房屋。骑马族群在建筑方面的缺乏，通过军事狂热得到了弥补，这一点可以从他们奢华的墓葬中得到证明（只有男性享有这一待遇）——他们的坟墓中塞了许多短剑与其他武器，有的墓坑中还有马车与马殉葬。

所以，俄罗斯的第涅伯河（见图 15-4），等于是地面上的一条文化疆界：以东是武装精良的骑马族群；以西是谷仓充溢的富裕农村。试问：狼与羊比邻而居，会"从此过着幸福美满的生活"吗？一旦轮子被发明，骑马族群的经济工具就完善了，各地的考古遗址都可以发现他们使用的物品，显示他们非常迅速地沿着中亚草原向东推进了几千英里。吐火罗人的祖先，也许就是在这一东进过程中兴起的。草原族群的西进，最显著的证据是：欧洲最接近草原的农耕村落形成守势防御的布局，颇有农战合一的态势，后来那些农耕社会都崩溃了，典型的草原墓葬在欧洲出现，一直向西蔓延到匈牙利。

草原族群顺利扩张，依赖着许多利器，其中唯一他们可以独享发明头衔的，就是"驯化了马"。他们有可能独立发展出轮车、

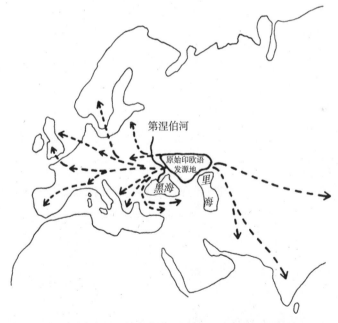

图 15-4　原始印欧语扩散的可能路线

学者推测原始印欧语族群的故乡是黑海以北、第涅伯河以东的俄罗斯草原。

挤奶与剪羊毛技术，但是他们的确从中东文明引入了绵羊、牛、冶金技术，还可能从中东或欧洲引进了犁。因此，草原族群扩张，并不仗着什么特定的"秘密武器"。真相是：草原族群驯化了马之后，就成为世界上第一个有能力整合"军事–经济"能力于一体的族群，因为整合"军事–经济"于一体的必要条件与工具，只有他们掌握了。这个"军事–经济"复合体此后支配了世界历史达 5 000 年——特别是在他们侵入东南欧后，又采借了精耕农业。所以他们的成就，与印欧语族群第二阶段的扩张（1492年开始）一样，是生物地理层面的偶然事件。他们刚好降生在一个特别的地点，那里有野马、有开阔的草原，又接近中东与欧洲的文明中心。

＊　＊　＊

美国加州大学洛杉矶分校的考古学家马丽加·金芭塔丝曾主张：公元前 4000—前 3000 年，乌拉山以西的俄罗斯草原族群，与学者勾画出的原始印欧语族群，颇为符合。首先是时间上符合。其次是文化，根据学者的推测，对原始印欧语族群非常重要的经济要素（如轮子与马），以及他们缺乏的要素（如战车与许多作物的名字），都指向草原文化。最后，地理位置也符合：温带、芬兰–乌戈尔语族群之南、接近后来立陶宛语与其他波罗的语族群的家园。

如果证据如此明确，为什么学界仍然对印欧语族群的"草原起源论"争议不断呢？要是考古学家能证明，在公元前 3000 年左右，草原文化从俄罗斯南部野火燎原一般迅速向西扩张到爱尔兰，就不会有争论了。但是，实情却是：草原族群留下的直接证据，显示他们从未踏入匈牙利以西的地区。在公元前3000年左右，以及后来，考古学家在欧洲发现的，是一连串令人迷惑的其他文化（与侵入欧洲的草原文化不同），在考古文献中，都以特定的人工制品命名，例如绳纹器文化与战斧文化。这些新兴的西欧文化，结合了草原要素（如马与尚武习俗）与古西欧传统（特别是农业聚落）。这样的事实，让许多考古学家不怎么相信"草原起源"假说，他们认为那些新兴的西欧文化是各地自主发展的结果。

不过，草原文化无法完整地扩张到爱尔兰，有明显的理由——草原的西端延伸到匈牙利平原便戛然而止。包括后来侵入欧洲的草原族群，比如蒙古人，也都止步于此。如果想再进一步，草原社会得适应西欧的森林地貌，要么改采精耕农业为主要生计，要么僭夺原有农业社会的政治权力，与当地农民融合。那样形成的"混合社会"，基因库的主要成分可能仍是"欧洲原住民"。

如果草原族群将原始印欧语传播到东南欧，西至匈牙利，那么最后侵入西欧，不再是原来的草原文化，而是第二代草原文化（也就是欧洲的第一代印欧文化）扩张后衍生出来的文化（欧洲的第二代、第三代……印欧文化）。考古学家发现的文化变迁证据显示，公元前3000—前1500年，这样衍生出来的印欧文化可能已经普遍地出现在欧洲，东达印度。许多非印欧语也继续存在，并在文字被发明后留下文本，例如伊特鲁里亚语，以及存留至今的巴斯克语。由此看来，印欧语遍布全欧，并不是一个一鼓作气的过程，而是一长串事件发展累积的结果，历时 5 000 年。

　　打个比方，让我们看看印欧语是怎样成为美洲的主流语言的。我们有大量的文献，可以证明从欧洲来的印欧语族群侵入了美洲。但是那些欧洲移民并不是一回合就拿下了美洲，考古学家在 16 世纪的美洲遗址中也没有发现"纯正"的欧洲文化。正统的欧洲文化在美国边疆毫无用处。事实上，殖民者的文化是经改造过的，或混合的，结合了印欧语、大量欧洲工艺（如枪炮、钢铁）与美洲土著作物、印第安人基因（特别是在中美洲与南美洲）。在新世界的有些区域，印欧语族群花了好几世纪才发展出有效的开发方式，不然无法生根。他们直到 21 世纪才占领北美的北极区。在南美的亚马孙河流域，大部分地区印欧语族群现在才能深入。在秘鲁与玻利维亚境内的安第斯山脉，印第安人的势力看来还能维持很长一段时间。

　　假定未来世上的文字记录全都毁掉了，印欧语也消失了，然后有些考古学家到巴西发掘。他们会发现：1530 年左右，欧洲工艺品突然在巴西海岸出现，但是很晚才深入亚马孙河流域。考古学家还会发现：居住在亚马孙河流域的人，说的是葡萄牙语，但拥有印第安人、非洲黑人、欧洲人与日本人的混合基因。面对这样的证据，考古学家不可能推论出：葡萄牙语是"外来语"，由入侵者带入这个基因混合的当地社会。

* * *

　　公元前 4000 年，原始印欧语族群开始了第一次扩张，后来马、草原族群与印欧语不断发生新的互动，一直是塑造欧亚历史的力量。原始印欧语族群的驯马术非常原始，也许不过以一根绳子让马咬在嘴里（口衔），也没有马鞍。后来的几千年中，马匹的军事价值因为许多新发明而增进了，例如公元前 2000 年发明的衔铁与马拉战车，以及后来装备骑兵的马蹄铁、马镫和马鞍。虽然这些发明大多数不是草原族群的创作，他们仍然是最大的获益者，因为他们永远有更多的牧场，也就是更多的马。

随着驯马技术的演进，欧洲受到更多草原族群的侵略，荦荦大者有匈人、土耳其人、蒙古人。这些族群先后建立了幅员广阔的短命帝国，疆域横亘草原与东欧。但是草原族群再也不能将他们的语言传播到西欧，取代各地的印欧语。他们在兴起的初期曾享有最大的优势，就是原始印欧语族群骑着无鞍马闯入欧洲的那一次——当年的欧洲一匹被驯化的马也没有。

当年原始印欧语族群侵入欧洲，因为还没有文字，所以没有留下历史记录。这次入侵与后来留下过历史记录的其他草原族群入侵，还有一个差异——后来的侵入者不再是草原西部的印欧语族群，而是草原东边来的族群，他们说的是突厥语、蒙古语。讽刺的是，11 世纪，中亚的土耳其部落侵入古代赫梯语族群的地盘（保存了世界上第一个印欧语书写文字的地方），所仰仗的利器正是马——第一个印欧语族群最重要的发明，后来竟然成为异族对付子孙的工具。论血统，今天的土耳其人主要是欧洲人，但是他们说的语言却不是印欧语。同样，896 年，由东方侵入的族群没有改变匈牙利人的血统，却改变了匈牙利人的语言（匈牙利语属于芬兰-乌戈尔语族）。土耳其与匈牙利的例子说明了，一小撮从草原来的骑马族群，何以能够强迫一个欧洲社会接受他们的语言。因此，我们可以以它们为模型了解其他的欧洲社会是如何接受印欧语的。

最终，草原族群不再能扮演胜利者的角色，无论他们说什么语言，因为西欧社会已经发展出先进的技术与武器。草原族群一旦不再占有优势，其历史很快就落幕了。1241 年，蒙古人建立了人类史上最大的草原帝国，盘踞中国以西、匈牙利以东。但是1500 年之后，说印欧语的俄罗斯人开始自草原西边侵入。不过花了几百年时间，俄罗斯就征服了威胁欧洲与中国达 5 000 年的草原骑马族群。今天，草原分属中、俄两国。只剩下蒙古国，让人凭吊草原民族当年享受的独立自主。

许多人瞎扯什么"印欧语族群是优越民族"的滥调。纳粹的宣传大谈什么纯种"亚利安人"。事实上，自从 5 000 年前原始印欧语族群扩张之后，说印欧语的族群从未统一过，甚至"原始印欧语族群"都可能包括相关联的几个不同文化群体。自有文字记录以来，最惨烈的战斗、最恶毒的斗争，发生在印欧语族群之间。纳粹想消灭的犹太人、吉卜赛人与斯拉夫人，所说的同样是印欧语。原始印欧语族群，也就是今天所有印欧语族群的祖先，只不过运气好，在适当的时间、生活在适当的地点，才能将许多技术整合在一块，建立一个有效率的军事-经济复合体。今天说印欧语的族群，占据了一半的世界，当年草原上的驯马族群可曾梦想过？

下面是用原始印欧语写就的一篇寓言故事。

# 一个原始印欧语的寓言

## Owis Ekwoosque

Gwrreei owis, quesyo wlhnaa ne eest, ek woons espeket, oinom ghegwrrum woghom weghontm, oinomque megam bhorom, oinomque ghmmenm ooku bherontm.

Owis nu ekwomos ewewquet: "Keer aghnutoi moi ekwoons agontm nerm widntei."

Ekwoos tu ewewquont: "Kludhi, owei, keer ghe aghnutoi nsmei widntmos: neer, potis, owioom r wlhnaam sebhi gwhermom westrom qurnneuti. Neghi owioom wlhnaa esti."

Tod kekluwoos owis agrom ebhuget.

## (The) Sheep and (the) Horses

On (a) hill, (a) sheep that had no wool saw horses, one (of them) pulling (a) heavy wagon, one carrying (a) big load, and one carrying (a) man quickly.

(The) sheep said to (the) horses: "My heart pains me, seeing (a) man driving horses."

(The) horses said: "Listen, sheep, our hearts pain us when we see (this): (a) man, the master, makes (the) wool of (the) sheep into (a) warm garment for himself. And (the) sheep has no wool."

Having heard this, (the) sheep fled into (the) plain.

## 绵羊和马

在山上，一只没有羊毛的绵羊看见了几匹马，一匹拉着一辆重车，一匹驮着一大堆东西，一匹驮着一个人快步向前。

绵羊对马说："看到一个人骑马，我的心痛了。"

马说："听着，绵羊，当我们看到一个人把绵羊的羊毛做成了一件温暖的衣服，而绵羊没有了羊毛，我们的心都痛了。"

绵羊听了这话，逃往了平原。

为了让大家对原始印欧语可能的发音有所了解，我在上文提供了一个用重构的原始印欧语虚构的寓言，并附上了翻译。这个寓言是一个多世纪前，语言学家奥古斯特·施莱克尔写的。上文提供的是修订版，是我基于 W. P. 莱曼和 L. 兹古斯塔在 1979 年发表的内容写的，并加入了自施莱克尔时代以来对原始印欧语的更多理解。在扬·普赫维尔的建议下，上文的版本与莱曼和兹古斯塔的版本略有改动，为的是使其对非语言学家来说更易懂。

虽然原始印欧语乍一看很陌生，但仔细研究会发现很多熟悉的词，因为有许多类似的英语或拉丁语词根源自原始印欧语。例如，"owis"的意思是"sheep"（绵羊），参见"ewe""ovine"；"wlhnaa"的意思是"wool"（羊毛）；"ekwoos"

的意思是"horses"（马），参见"equestrian"、拉丁语"equus"；"ghmmenm"的意思是"man"（人），参见"human"、拉丁语"hominem"；"que"的意思是"and"（和），在拉丁语中同样写为"que"；"megam"的意思是"big"（大），参见"megabucks"；"keer"的意思是"heart"（心），参见"core""cardiology"；"moi"的意思是"to me"（令我）；"widntei"和"widntmos"的意思是"see"（看），参见"video"。原始印欧语的文本缺少定冠词"the"和不定冠词"a"，并将动词放在从句或句子的末尾。

虽然上述的文本显示了部分语言学家认为的原始印欧语是什么样的，但不要把它当作一个确切的例子。要知道：原始印欧语从来没有被书写过；学者们在如何重建原始印欧语的细节上存在分歧；这则寓言本身就是虚构的。

**表 15-3　过去 1 000 年英语发生的变化：《圣经》诗篇第 23 章**

现代英语（1989 年）

The Lord is my shepherd，I lack nothing.

He lets me lie down in green pastures.

He leads me to still waters.

钦定版《圣经》（1611 年）

The Lord is my shepherd，I shall not want.

He maketh me to lie down in green pastures.

He leadeth me beside the still waters.

（续表）

### 中古英语（1100—1500 年）

Our Lord gouerneth me, and nothyng shal defailen to me.

In the sted of pastur he sett me ther.

He norissed me upon water of fyllyng.

### 古英语（800—1066 年）

Drihten me raet, ne byth me nanes godes wan.

And he me geset on swythe good feohland.

And fedde me be waetera stathum.

注：其含义为"耶和华是我的牧者，我必不至缺乏。他使我躺卧在青草地上，领我在可安歇的水边"。

# 第 16 章

# 土著问题：族群冲突

任何一个国家的国庆日，都是国民欢腾鼓舞的日子，可是澳大利亚 1988 年的国庆日，也就是其"建国"200 周年的日子，澳大利亚人心头却别有一番滋味。1787 年，英国的北美殖民地已经宣布独立，英国再也不能把服刑罪犯运到北美洲了，这才决定利用澳大利亚。5 月，第一批犯人随同第一任澳大利亚（殖民地）总督从英格兰出发，1788 年 1 月，在澳大利亚东岸（未来的悉尼）登陆。几乎没有殖民者像他们一样，登陆时感觉那么前途茫茫。当年澳大利亚仍是一片"未知的大陆"：殖民者对那里一无所知，也不知如何生存。他们距母国 15 000 多英里，须航行 8 个月，补给困难。结果，第一批补给两年半之后才到达，大伙已经饿得半死。他们许多人是已经定罪的犯人，见识过欧洲 18 世纪的生活中最恶劣残暴的部分。尽管没有好的开始，但殖民者存活了下来，开辟了家园，建立了繁荣的社区，人口散布到整个大洲，组成了一个民主政体，并创造了独特的民族性格。难怪澳大利亚人庆祝"建国"200周年时，分外骄傲。

但是，一系列的抗议活动破坏了庆典的气氛。白人殖民者并不是第一批澳大利亚人。早在5万年前，澳大利亚就有人定居繁衍了，那就是我们今天称作"澳大利亚土著"、澳大利亚白人口中的"黑人"的祖先。在英国人"开拓"澳大利亚的过程中，大部分土著或被白人杀害，或死于其他原因，所以一些幸存的土著的子孙会在白人200周年的庆典上"闹场"。不言而喻，庆典的主题是关于"澳大利亚白化"的过程。在本章，我的讨论会从"澳大利亚怎么不再'黑'了"这个问题开始，也就是英勇的英国殖民者如何犯下"灭族屠杀"罪行的故事。

为了避免澳大利亚白人感到被冒犯，我最好先说清楚：我无意指控他们的祖先犯下了什么特别令人发指的滔天大罪。事实上，我讨论澳大利亚土著遭到灭种的命运，目的是指出：他们的命运并不独特。澳大利亚土著的故事，只不过是班班可考的大量史例中的一个，是人类史上反复出现的一个现象。虽然我们一谈起"灭族屠杀"，就想起纳粹屠杀犹太人的暴行，但是即使以21世纪的事例而论，那也不算规模最大的"灭族屠杀"事件。而塔斯马尼亚岛民和数百个其他族群被灭绝，是现代史上规模比较小的"灭族屠杀"事件。世上还有许多与外界不怎么接触的族群，在不久的将来，它们可能会成为新的目标。"灭族屠杀"是个令人痛苦的议题，我们要么想都不去想它，要么相信好人不会那么做，只有纳粹才会。但是我们拒绝面对这个议题，已经导致了我们更不愿发生的后果：二战以来，发生了许多"灭族屠杀"事件，我们没有阻止过，甚至我们对这种事件可能发生的地点也没有警觉。现在我们拥有核武器，"灭族屠杀"倾向可能造成的后果更不是我们承担得起的。破坏自己的环境资源，以及"灭族屠杀"的倾向，是我们担心人类可能在一夜之间就倒转历史、恢复洪荒的理由。

尽管心理学家、生物学家以及非专业人士，逐渐对"灭族屠杀"的问题感兴趣，基本问题仍有待解决。有任何动物经常杀害同类吗？或者那只是人类的发明，动物界没有先例？在人类史上，"灭族屠杀"是少见的异例，还是常见的现象，就像艺术和语言一样，可以说是人类的特征？"灭族屠杀"的事例增加了吗？毕竟现代武器威力强大，轻按一个钮就能杀死许多人，以至于阻止我们杀害同胞的本能都来不及反应。为什么许多"灭族屠杀"事例没有引起广泛的关注？屠杀者是非正常人，还是处于非常情境中的正常人？

为了理解"灭族屠杀"，我们不能从偏狭的角度来观察，必须照顾到生物、心理、伦理各层面。因此我们探讨"灭族屠杀"，要从自然史出发，从动物直到20世纪的人类。我们会讨论屠杀者如何调解"灭族屠杀"行动与道德律的冲突，然后观察"灭族屠杀"对屠杀者、幸存者以及旁观者的心理影响。但是在搜寻这些问题的答案之前，我想先谈谈塔斯马尼亚岛民灭绝的故事，因为它是一个典型的案例。

＊＊＊

塔斯马尼亚岛是一个山峦起伏的小岛，位于澳大利亚东南的海上，与澳大利亚大陆隔着 200 英里宽的巴斯海峡。欧洲人在 1642 年发现了这个岛，当时岛上约有 5 000 人，过着狩猎–采集的生活，是澳大利亚土著的一支。塔斯马尼亚岛民可能是当时世界上工艺技术最原始的族群，只会制造几种简单的石器与木器。他们与澳大利亚大陆上的土著一样，没有金属工具、农业、牲口、陶器与弓箭。而大陆上的土著有的，例如回旋镖、狗、缝纫知识与生火本领，他们也没有。

塔斯马尼亚岛民的船只不过是木筏，不能远行。1 万年前冰期结束，巴斯海峡涌入了海水，从此塔斯马尼亚岛民就与世隔绝了，直到欧洲人登陆。人类历史上，塔斯马尼亚岛民大概是最遗世独立的族群了。所以塔斯马尼亚岛民与白人之间的隔阂，大概史无前例。

塔斯马尼亚岛民与欧洲人的首次接触就以悲剧收场，1800 年左右英国的海豹捕猎者与拓垦者一到达岛上，就与塔斯马尼亚岛民发生了冲突。白人诱捕孩童做劳工，诱拐妇女作为妻子，伤害或杀害男人，乱闯岛民的猎场，并尝试驱赶岛民离开家园。这么一来，冲突加剧，"生存空间"之争甚嚣尘上。在人类历史上，"生存空间"是最常见的"灭族屠杀"借口。由于白人的诱拐，1830 年 11 月，塔斯马尼亚东北部的岛民，只剩下 72 个成年男人、3 个成年女人，没有小孩。一个牧羊人用钉枪打死了 19

个岛民。另外 4 个牧羊人伏击一群岛民，杀了 30 人，将尸体丢下悬崖，也就是今日的胜利山。

塔斯马尼亚岛民当然会报复，然后白人报复回去，如此冤冤相报。1828 年 4 月，澳大利亚总督阿瑟为了阻止冲突继续加剧，下令所有塔斯马尼亚岛民离开有欧洲人屯垦的地区。为了确定命令生效，政府支持的"巡回队"（由罪犯组成，警察带队）四处巡查，捕杀塔斯马尼亚岛民。1828 年 11 月，澳大利亚总督颁布戒严令，军人有权在屯垦地区见到岛民就开枪。之后，政府悬赏捕捉岛民：成人 5 镑、孩童 2 镑，需活口。因此"捕捉黑人"成为一门生意，私人与官方巡回队都争相追逐。同时，政府组成委员会，由在澳大利亚的英国国教副主教威廉·布劳顿主持，研拟对待土著的政策。委员会提出了许多建议，例如捕捉他们作为奴隶买卖，毒杀、伏击或用狗追捕他们等，最后委员会决议：继续悬赏，并雇用骑警。

1830 年，一位值得注意的传教士罗宾逊受雇集合剩下的塔斯马尼亚岛民，将他们带到 30 英里之外的弗林德斯岛上。罗宾逊相信他是为了岛民好，才那么做。他收了预付金 300 英镑，事成后还有 700 英镑酬金。罗宾逊在塔斯马尼亚岛上历尽艰辛、危险，并在一位勇敢的土著女性特鲁加尼尼的协助下，才把剩余的岛民集合起来——起先劝告岛民如果不从，将遭遇更恶劣的命运，最后以枪胁迫他们。罗宾逊的俘虏中，许多死在前往弗林德斯岛的途中，大约只有 200 人活着到达，这便是先前 5 000 人中最后的幸存者。

在弗林德斯岛上，罗宾逊决心让塔斯马尼亚岛民学习文明，成为基督徒。他把屯垦区选在风大又缺水的地点，并采取监狱式管理。子女与父母隔离，以方便教化。每天的"课表"包括研读《圣经》，唱圣诗，检查床褥与餐具以确保整齐清洁。然而，监狱式的饮食造成营养不良，加上疾病，岛民逐渐死亡。几个星期后，只有几个婴儿还活着。政府删减了屯垦区的预算，希望岛民死干净。到了 1869 年，只剩下特鲁加尼尼、一位男性、一位女性还活着。

这三位最后的塔斯马尼亚人引起了科学家的兴趣，科学家相信塔斯马尼亚人代表人与猿之间的"缺环"。因此，1869 年最后一位"塔斯马尼亚男性"（图 16-1）死亡后，引起了几方人马争夺尸体，他们轮流挖开他的墓，切下"标本"。英国皇家外科医

图 16-1　威廉·兰纳，最后一位塔斯马尼亚男性，1869 年逝世。来源：照片由伍利拍摄，来自塔斯马尼亚博物馆与美术馆的收藏。

学院的克劳瑟医师切下了头，英国塔斯马尼亚皇家学会的斯托克尔医师得到了手、脚，双方还互相偷取"战利品"。另外还有人获得了耳朵与鼻子，就像获得纪念品那样。斯托克尔医师还割下尸身的皮肤，做了一个烟草袋。

　　1876 年，特鲁加尼尼（图 16–2）过世了。她是真正的最后一人。生前，她恐惧自己死后尸身会遭受类似的肢解，便要求海葬。但是正如她所恐惧的，英国塔斯马尼亚皇家学会把她的骨架从坟墓里挖了出来，放在塔斯马尼亚博物馆公开展览。1947 年，博物馆终于屈服于外界的批评（"没有品位"），将她的骨架移到另一个房间，只有专家学者才能检视。但是那依然引起"没有品

图 16–2　特鲁加尼尼，最后一位塔斯马尼亚土著女性，1876 年逝世。
来源：照片由伍利拍摄，来自塔斯马尼亚博物馆与美术馆的收藏。

位"的批评。最后，1976 年，特鲁加尼尼逝世 100 周年时，即便在博物馆的极力反对之下，特鲁加尼尼的骨架还是被火化了，骨灰如她所愿撒在了海上。

虽然塔斯马尼亚岛民的人数不多，但是他们的灭绝对澳大利亚历史的影响极大。因为塔斯马尼亚岛是澳大利亚第一个以灭族手段解决土著问题的殖民地，而且得到极为接近"灭族"的结果。拓垦的白人似乎成功把塔斯马尼亚岛民消灭了。（实际上，欧洲的海豹捕猎者与塔斯马尼亚妇女生下的子女，有些幸存于世，他们的子孙已经成为塔斯马尼亚政府的烫手山芋，至今白人政府还没想出适当的处理办法。）澳大利亚大陆上的许多白人都羡慕塔斯马尼亚的白人能把事情解决得那么彻底，也想如法炮制，但是他们也学到了"教训"。消灭塔斯马尼亚岛民的行动，是在屯垦区域内进行的，受到城市媒体的充分注意，因此引起了一些负面的批评。所以澳大利亚大陆上更多的土著是在边疆，甚至在"化外之地"等远离城市中心的地方被消灭的。

澳大利亚大陆政府执行灭族政策的工具，是塔斯马尼亚岛官方巡回队的翻版，即一支叫作"土著警察"的骑警。他们使用搜索–消灭的战术，杀害或驱赶土著。典型的做法是在深夜包围土著营地，然后拂晓攻击，开枪射杀。白人也大量使用有毒的食物毒杀土著。另一个常用的手段是围捕土著，然后将他们用铁链锁颈连成一串，让他们步行到监狱去，之后一直监禁着他们。英国 19 世纪的著名小说家安东尼·特罗洛普描述过 19 世纪英国人对待土著的主流态度："至于澳大利亚土著，当然得消灭他们。所有关心这事的人的目标应是给他们一个痛快，别让他们受不必要的苦。"

直到 20 世纪初，澳大利亚白人仍继续使用这些战术对付土著。在 1928 年发生于艾丽斯斯普林斯的一次冲突中，警察杀了 31 名土著。澳大利亚联邦议会拒绝接受事件报告，两名幸存的土著（不是警察）以谋杀罪名被审讯。颈链直到 1958 年还在使用，理由是比较"人道"——西澳大利亚州警察局长向墨尔本《先驱报》的记者解释：土著犯人更喜欢颈链。

澳大利亚大陆上的土著数量很多，因此无法完全以塔斯马尼亚岛上的故技消灭。不过，自 1788 年英国人建立殖民地，到 1921 年人口普查，土著的数量从 30 万降到了 6 万。

今天，澳大利亚白人面对他们的谋杀历史，态度各有不同。虽然政府的政策以及许多白人私下的态度，逐渐转向同情土著，但其他的白人拒绝承认灭族行动的责任。举例来说，1982 年，澳大利亚的主要新闻杂志之一《公报》刊登了一封读者来信，作者帕特里夏·科伯恩愤慨地否认白人消灭了塔斯马尼亚岛民。根据她的说法，事实上，到塔斯马尼亚岛上拓垦的白人是爱好和平、品格高超的人，而塔斯马尼亚岛民则阴险狡诈、嗜杀成性、好战、肮脏、贪吃、满身寄生虫，还被梅毒搞得面目全非。此外，他们不懂得照顾婴儿，从来不洗澡，还有令人厌恶的婚姻风俗。他们灭绝了，是因为这些不良的卫生习惯，加上自寻死路的意愿和宗教信仰的缺乏。他们与白人拓垦者起了冲突，然后灭绝，这纯属巧合。塔斯马尼亚岛上发生过大屠杀，可那是土著杀白人，而不是白人杀土著。另外，白人拓垦者武装只为自卫，而且不怎么会使用枪械，他们一次杀的土著数量从来没有超过 41 个。

＊　＊　＊

　　我为了进一步了解塔斯马尼亚岛民与澳大利亚土著的灭绝（屠杀）事件，我们必须将它们放进历史脉络来观察。图 16-3，图 16-4，图 16-5 三张世界地图，大致标明了发生在三个不同历史时期的可被称为灭族屠杀的事件。这不禁引发了一个让人无法简单回答的问题：如何定义"灭族屠杀"？从词源学的角度来看，它意味着"集体杀害"：希腊语词根"genos"意思是种族，拉丁语词根"-cide"，意思是杀害［如"suicide"（自杀）或"infanticide"（杀婴）］。毫无疑问，被害者必然属于特定群体。属于特定群体的事实，是被害者被害的原因，至于被害者做了什么，并不重要。而"特定群体"有什么属性呢？它涉及的不只是"种族""人种"①（如澳大利亚白人杀害"黑人"），有时还指特定"国家"（如 1940 年，俄罗斯人在卡廷杀害斯拉夫同胞——波兰官员）、"民族"（20 世纪六七十年代，非洲卢旺达与布隆迪的黑人胡图族与图西族互相屠杀）、"宗教"（最近几十年来，黎巴嫩的穆斯林与基督教徒互相仇杀）、"政治"（1975—1979 年，柬埔寨发生了红色高棉大屠杀）。

---

① "种族"这个词，很容易引起误会。由于没有更合适的词，我们暂且使用这个词。要声明的是："种族""人种"在生物学上没有精确的意义，在生物学分析上也没有特定的功能，在实际中更无法找出科学判准。——译者注

　　虽然"灭族屠杀"的核心是"集体杀害"，但是我们仍然可以讨论如何更精确地定义"灭族屠杀"。现在媒体使用"灭族屠杀"这个词时往往太不经意，我们听得多了，也就麻木了。即使这个词的意思被限定为大规模的集体杀害，也还有疑义。以下就是一些例子。

　　数量必须达到多少才算"灭族屠杀"，而不只是"谋杀"？这的确不好回答。澳大利亚的白人杀害了 5 000 个塔斯马尼亚岛民，美国殖民者在 1763 年杀死了最后 20 个萨斯奎哈那印第安人。我们可以因为只死了 20 个人而不把它当作"灭族屠杀"吗？萨斯奎哈那族的确灭绝了呀！

　　"灭族屠杀"一定得是政府实施的吗？私人行动算不算？社会学家欧文·霍罗威茨认为私人行动只是"暗杀"，而"灭族屠杀"是国家机器结构性与系统性地毁灭无辜的人民。不过，"纯粹的"政府行为与"纯粹的"私人行为（巴西土地开发公司雇用印第安人杀手）之间并无鸿沟，而是一个没有明确界限的领域。在美国，政府军队与一般公民都会杀害印第安人。杀害北尼日利亚伊博族的，是街头暴民与政府军队。1835 年，新西兰特阿蒂亚瓦部落的毛利人成功地俘获了一艘船，装上补给后，登陆查塔姆群岛，杀害了岛上的 300 个莫里奥里人（另一个波利尼西亚族群），并奴役幸存者，最终占据了各岛。根据霍罗威茨的定义，这个例子与许多其他类似的精心策划的灭族行动，都不能算"灭族屠杀"，因为那些部落没有现代国家的机器。

　　如果大批民众因为冷酷的行动而死亡，可是那些行动的本

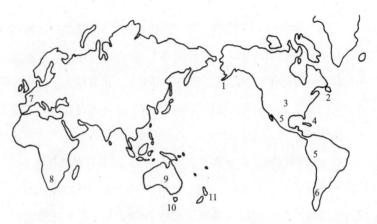

图 16-3　灭族屠杀，1492—1900 年

| 编号 | 死亡人数 | 受害者 | 凶手 | 地点 | 时间 |
|---|---|---|---|---|---|
| 1 | xx[①] | 阿留申人 | 俄国人 | 阿留申群岛 | 1745—1770 |
| 2 | x | 贝奥图克印第安人 | 法国人、米克马克人 | 新大陆 | 1497—1829 |
| 3 | xxxx | 印第安人 | 美国人 | 美国 | 1620—1890 |
| 4 | xxxx | 加勒比印第安人 | 西班牙人 | 西印度群岛 | 1492—1600 |
| 5 | xxxx | 印第安人 | 西班牙人 | 中南美洲 | 1498—1824 |
| 6 | xx | 阿劳坎印第安人 | 阿根廷人 | 阿根廷 | 1870s |
| 7 | xx | 新教徒 | 天主教徒 | 法国 | 1572 |
| 8 | xx | 布须曼人、霍屯督人 | 布尔人 | 南非 | 1652—1795 |
| 9 | xxx | 土著 | 澳大利亚人 | 澳大利亚 | 1788—1928 |
| 10 | x | 塔斯坎尼亚人 | 澳大利亚人 | 塔斯马尼亚 | 1800—1876 |
| 11 | x | 莫里奥里人 | 毛利人 | 查塔姆群岛 | 1835 |

① x表示小于 10 000；xx表示等于或大于 10 000，且小于 100 000；xxx表示等于或大于 100 000，且小于 1 000 000；xxxx表示等于或大于 1 000 000，且小于 10 000 000。

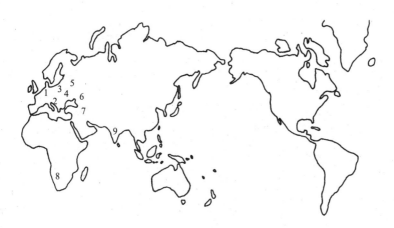

图 16-4　灭族屠杀，1900—1950 年

| 编号 | 死亡人数 | 受害者 | 凶手 | 地点 | 时间 |
|---|---|---|---|---|---|
| 1 | xxxxx① | 犹太人、吉卜赛人、波兰人、俄罗斯人 | 纳粹 | 被占领的欧洲 | 1939—1945 |
| 2 | xxx | 塞尔维亚人 | 克罗地亚人 | 南斯拉夫 | 1941—1945 |
| 3 | xx | 波兰官员 | 俄罗斯人 | 卡廷 | 1940 |
| 4 | xx | 犹太人 | 乌克兰人 | 乌克兰 | 1917—1920 |
| 5 | xxxxx | 政治对手 | 俄罗斯人 | 俄罗斯 | 1929—1939 |
| 6 | xxx | 少数民族 | 俄罗斯人 | 俄罗斯 | 1943—1946 |
| 7 | xxxx | 亚美尼亚人 | 土耳其人 | 亚美尼亚 | 1915 |
| 8 | xx | 赫雷罗人 | 德国人 | 西南非洲 | 1904 |
| 9 | xxx | 印度教徒、穆斯林 | 穆斯林、印度教徒 | 印度、巴基斯坦 | 1947 |

① xx 表示等于或大于 10 000，且小于 100 000；xxx 表示等于或大于 100 000，且小于 1 000 000；xxxx 表示等于或大于 1 000 000，且小于 10 000 000；xxxxx 表示等于或大于 10 000 000。

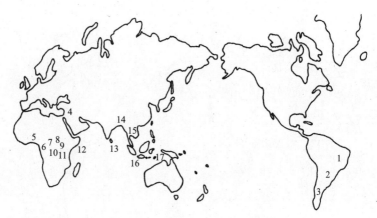

图 16–5　灭族屠杀，1950—1990 年

| 编号 | 死亡人数 | 受害者 | 凶手 | 地点 | 时间 |
|---|---|---|---|---|---|
| 1 | xx[①] | 印第安人 | 巴西人 | 巴西 | 1957—1968 |
| 2 | x | 阿切印第安人 | 巴拉圭人 | 巴拉圭 | 1970s |
| 3 | xx | 阿根廷平民 | 阿根廷军队 | 阿根廷 | 1976—1983 |
| 4 | xx | 穆斯林、基督徒 | 基督徒、穆斯林 | 黎巴嫩 | 1975—1990 |
| 5 | x | 伊博人 | 北尼日利亚人 | 尼日利亚 | 1966 |
| 6 | xx | 反对者 | 独裁者 | 赤道几内亚 | 1977—1979 |
| 7 | xx | 反对者 | 博卡萨皇帝 | 中非共和国 | 1978—1979 |
| 8 | xxx | 苏丹南方人 | 苏丹北方人 | 苏丹 | 1955—1972 |
| 9 | xxx | 乌干达人 | 伊迪·阿明 | 乌干达 | 1971—1979 |
| 10 | xx | 图西族 | 胡图族 | 卢旺达 | 1962—1963 |
| 11 | xxx | 胡图族 | 图西族 | 布隆迪 | 1972—1973 |
| 12 | x | 阿拉伯人 | 黑人 | 桑给巴尔 | 1964 |
| 13 | x | 泰米尔人、僧伽罗人 | 僧伽罗人、泰米尔人 | 斯里兰卡 | 1985 |
| 14 | xxxx | 孟加拉人 | 巴基斯坦军队 | 孟加拉国 | 1971 |
| 15 | xxxx | 柬埔寨人 | 红色高棉 | 柬埔寨 | 1975—1979 |
| 16 | xxx | 华人 | 印度尼西亚人 | 印度尼西亚 | 1965—1967 |
| 17 | xx | 帝汶人 | 印度尼西亚人 | 东帝汶 | 1975—1976 |

① x 表示小于 10 000；xx 表示等于或大于 10 000，且小于 100 000；xxx 表示等于或大于 100 000，且小于 1 000 000；xxxx 表示等于或大于 1 000 000，且小于 10 000 000。

意不在于杀死他们，那算"灭族屠杀"吗？精心策划的"灭族屠杀"包括澳大利亚白人杀害塔斯马尼亚岛民，一战期间土耳其人杀害亚美尼亚人，以及二战期间纳粹杀害犹太人。另一个极端事件是：19世纪30年代，美国东南各州的印第安乔克托族、切罗基族和克里克族被迫迁徙到密西西比河以西地区，结果许多印第安人死在途中，那不是当时美国总统杰克逊签署命令的本意，但是他并没有采取必要的预防措施。印第安人被迫在冬天迁徙，没有给养，饥寒交迫，许多人死亡是不可避免的结果。

　　关于"本意"在"灭族屠杀"中的角色，有一份诚实得不寻常的声明，它是由巴拉圭政府发表的。因为瓜亚基印第安人（遭到奴役、虐待、剥夺食物与医药、屠杀）灭绝，巴拉圭政府被指控为共犯。巴拉圭国防部长答复指控，直截了当地指出没有人有意消灭瓜亚基人："虽然有被害人与加害人，可是没有'意图'——'种族灭绝'罪名成立的第三要素。既然没有'意图'，我们就不能说什么'种族灭绝'了。"巴西驻联合国大使在面对外界指控巴西政府对亚马孙河流域的印第安族群实行"灭族屠杀"时，也以同样的理由反驳："根本没有界定'种族灭绝'的特别恶意与必要动机，构成本案的罪行完全出于经济动机，犯罪者完全是为了谋夺被害人的土地。"

　　有些"灭族屠杀"，不是被害人挑衅造成的，例如纳粹杀害犹太人、吉卜赛人：加害人不是为了报复。不过，在许多例子中，"灭族屠杀"是一连串相互仇杀的"最后一役"。要是挑衅行动引发了不成比例的大屠杀，那么我们如何区分寻常的"报复"与"灭族屠杀"呢？1945年5月，在阿尔及利亚的赛提夫，庆祝二战结束的活动发展成种族暴动，阿尔及利亚人杀死了103名法国人。法国人展开残酷的报复：以飞机轰炸了44个村落，一艘巡洋舰炮轰海岸的城市，平民突击队发动报复性的大屠杀，军队也不加区分地杀人。根据法国公布的数字，阿尔及利亚死亡1 500人，而阿尔及利亚政府宣布的数字是5万人。双方对这一事件的诠释也不同：法国人认为这是镇压叛乱，阿尔及利亚方面则以为是"灭族屠杀"。

\* \* \*

"灭族屠杀"很难捉摸，无论就动机而言，还是就定义而言。虽然多种动机可能同时作用，但是把动机分别成四种不同类型有助于我们的分析。第一、第二种涉及土地或权力的利益冲突，无论其是否以意识形态做掩饰。在第三、第四种动机中，土地或权力的利益冲突相对次要，主要的冲突在意识形态与心理方面。

也许"灭族屠杀"最常见的动机，是占军事优势的族群图谋弱势族群的土地，可是遭到抵抗。这样的例子太多了，澳大利亚白人屠杀土著，欧洲人在美洲屠杀印第安人，阿根廷人屠杀阿劳坎印第安人，南非的布尔人（欧洲移民后裔）屠杀布须曼人、霍屯督人，等等。

另一个常见的动机通常发生在"多元社会"，由于长期的权力斗争，其中一个族群企图以"最终方案"一劳永逸地解决另一个族群。涉及不同"民族"的案例有：卢旺达的胡图族在1962—1963 年屠杀图西族；布隆迪的图西族在 1972—1973 年屠杀胡图族；南斯拉夫的克罗地亚人在二战期间屠杀塞尔维亚人；二战结束后，塞尔维亚人屠杀克罗地亚人；1964 年，桑给巴尔岛的黑人屠杀阿拉伯人。不过，加害人与受害人也可能是同一民族，但是政治观念不同。人类史上最大规模的"灭族屠杀"事件就是这一种：1965—1967 年，印度尼西亚政府杀了几十万华人。

在以上的例子中，因为涉及土地或权力的竞逐，被害人被加害人视为眼中钉、心头刺。作为另一个极端，加害人由于深刻的挫折感，也会找无助的弱势族群出气——拿他们做替罪羊。犹太人在 14 世纪遭基督徒屠杀，就是因为他们被指控散播黑死病；20 世纪初，犹太人遭俄罗斯人屠杀，成为政治问题的替罪羊；一战后，犹太人遭乌克兰人屠杀，因为乌克兰受到布尔什维克的威胁，犹太人成为替罪羊；二战期间，犹太人遭纳粹屠杀，作为德国在一战战败的替罪羊。1890 年，美国第七骑兵团在伤膝河屠杀了几百名苏族印第安人，因为 14 年前苏族在小比格霍恩战役中给予卡斯特率领的第七骑兵团以歼灭性反击。

种族或宗教迫害，是我们还没有讨论的动机。虽然我不认为我了解纳粹的心态，但纳粹屠杀吉卜赛人，也许是颇为"纯粹的"种族偏见作祟，而纳粹屠杀犹太人则杂糅了宗教与种族动机。宗教动机造成的大屠杀，罄竹难书。欧洲第一次十字军东征，于 1099 年夺回圣城耶路撒冷，城中的穆斯林与犹太人全被杀害。1572 年圣巴塞洛缪之夜，法国天主教徒屠杀新教徒。当然，在土地、权力的竞争与寻求替罪羊的需要导致的不可收拾的大屠杀中，宗教与种族因素也不可小觑。

＊　＊　＊

即使我们剔除那些在定义与动机方面引起争议的"灭族屠杀"，还是有许多没有异议的事例。现在让我们从其他动物下手，看看"灭族屠杀"的自然史究竟有多悠久。

经常有人说所有动物中，人类是唯一会杀害同类的物种，这是真的吗？举例来说，著名的奥地利动物行为学家康拉德·劳伦兹在1963年出版的《攻击与人性》中，主张动物的"侵略本能"会受"抑制本能"的制衡，避免导致谋杀的结局。但是在人类历史上，这个"侵略／抑制"的平衡状态由于武器的发明而失衡：我们天生的"抑制本能"，不足以抑制新增的杀戮力量。许多流行作家都接受了这种观点，认为人类是自然界独有的嗜杀物种，是演化的变态，阿瑟·凯斯特勒是其中之一。

事实上，最近几十年学者已经在田野中记录了许多（当然，并不是全部）动物的杀戮行为。如果杀害邻居或比邻的队群，就能够夺取它（们）的地盘、食物或雌性，那么杀戮也许是有利的行为。但是攻击者也冒着风险。许多动物缺乏杀戮同类的工具，而有工具的，有些又避免使用。以成本／效益分析谋杀行动，也许会令读者厌恶，但是这种分析能帮助我们了解：为什么谋杀似乎只是某些动物而不是所有动物的特性？

在"非社会性"物种，也就是非群居物种中，谋杀当然是一对一进行的。不过，在社会性的肉食动物中，像狮子、狼、鬣狗，还有蚂蚁，谋杀似乎是一种组织行动，即大规模杀戮或"战争"涉及细密的分工、协调、呼应，以及策划。至于战争的形态，各物种有所不同。雄性可能会放邻居雌性一条生路，与它们交配，杀掉婴儿，驱逐雄性（如长尾叶猴）或者杀死雄性（如狮子）；或者不分雌雄，一律杀掉（如狼）。举例来说，动物学家汉斯·克鲁克记录过一场在坦桑尼亚的恩戈罗恩戈罗火山口观察到的鬣狗族群斗争：

> 大约十几只爬岩（Scratching Rock）族鬣狗……抓住了一只蒙基（Mungi）族雄鬣狗，一拥而上就朝它身上咬，特别是腹部、脚和耳朵。遭殃的雄鬣狗受到疯狂的围攻，毫无招架之力，任凭宰割，大约历时 10 分钟……"分尸"是最写实的描述，后来我走近仔细观察它的伤势，发现它的耳朵被咬掉了，脚与睪丸也一样。它脊椎受伤，瘫在地上，后腿与腹部的伤口触目惊心，全身布满皮下出血的伤痕。

在了解我们"灭族屠杀"行为的根源时，特别令人感兴趣的是我们的近亲——大猩猩与黑猩猩的行为。30 多年前，任何一个生物学家都会假定：人类能使用工具和策划协调团体行动，所以比猩猩更嗜血、更会残杀同类——如果猩猩真的会残杀同类的话[1]。最近的田野资料显示，无论大猩猩还是黑猩猩，都会遭到

---

[1]　猩猩会不会谋杀同类，那时还无法确定。——译者注

同类谋杀，其概率至少与一般人类一样。举例来说，雄性大猩
猩[1]之间的竞争非常激烈，胜利者才能独享成群妻妾，它们还会
杀死失败者及其婴儿。雄性竞争是大猩猩婴儿与成年雄性死亡的
主因。根据统计，由于雄性的杀婴行动，雌性大猩猩一辈子至少
会丧失一个婴儿。在大猩猩婴儿的死亡事例中，有 38% 是因为
雄性的杀婴行动。

　　1974—1977 年发生过一个有详尽记录的案例，特别引人深
思。在那期间，珍妮·古道尔研究的一个黑猩猩队群被邻近的队
群消灭了。1973 年年底，那两个队群还算势均力敌。卡萨克拉
（Kasakela）队群在北边，有 8 只成年雄性，地盘大约 15 平方公
里；卡哈马（Kahama）队群在南方，有 6 只成年雄性，地盘约
有 10 平方公里。第一个致命事件发生在 1974 年 1 月。6 只卡萨
克拉成年雄性，一只雄性少年，外加一只成年雌性，向南进发，
一越过"地界"，听见前头有黑猩猩的呼叫，就迎上前去，噤声
疾行，结果遇上一只叫作戈迪的卡哈马雄性。戈迪吓了一跳，立
刻想逃，但是它被一只卡萨克拉雄性捉住，按在地上，并骑在头
上，捉住脚。其他的卡萨克拉黑猩猩一拥而上，揍的揍，咬的咬，
整整 10 分钟。最后，一只攻击者扔了一块大石头砸向戈迪，大
伙儿就走了。戈迪好一会儿才站得起来，它伤得很重，血不断地
流，身上还有穿刺伤。从此再也没有人见过它，它可能已经伤重
而死。

———————————

① 大猩猩的基本社会（生殖）单位是一头成年雄性，加上一群成年雌性。——译
者注

第二个月，三只卡萨克拉雄性与一只雌性再度南犯，攻击卡哈马的德（雄性），它当时身体虚弱，可能已经被揍过或者正在生病。这次，攻击者把它从树上拉下，或踩、或打、或咬，甚至撕下了几块毛皮。与德一起的一只正值发情期的卡哈马雌性，被迫与攻击者回到北方。一个月后，有人见过德，它样子虚弱，脊柱与骨盆突出，有些指甲剥落了，一根脚趾断了一部分，阴囊缩到正常尺寸的1/5。后来它就消失了。

1975年2月，5只卡萨克拉成年雄性与一头未成年雄性，追踪到了卡哈马的戈利亚特（雄性），并发动攻击。那时戈利亚特已经年老，它们揍它、咬它、踢它，并踩在它身上，把它拉起来再摁到地上，在地上拖曳，并扭曲它的脚，持续了18分钟。最后，它连站都站不起身。之后，再也没人见过它。

上述的攻击针对的都是卡哈马雄性，1975年9月卡哈马的年老雌性"蜂夫人"也受到了致命的攻击。其实它在前一年就遭遇过至少四次攻击，但是没有送命。这次攻击它的是4只卡萨克拉成年雄性，一只雄性少年与5只雌性（包括"蜂夫人"被拐走的一个女儿）作壁上观。那4个凶手揍"蜂夫人"，打它耳光，还把它打到地上，拖拉它，对它又踩又踢，从地上把它拉起又打倒在地，打得它滚下山丘。5天后，它死了。

1977年5月，5只卡萨克拉雄性杀死了卡哈马雄性查理，但是没有人观察到细节。1977年11月，6只卡萨克拉雄性捉到了卡哈马雄性斯尼夫，揍它、咬它、拉扯它、抓着它的脚在地上拖，打断了它的腿。第二天它还活着，之后就没人见过它了。

卡哈马队群剩下的成员中，两只成年雄性以及两只成年雌性消失了，原因不明，另有两只年轻的雌性加入了卡萨克拉。于是卡萨克拉队群占据了卡哈马队群的地盘。不过，1979 年，南方另一个较大的队群卡兰德（Kalande）开始侵入卡萨克拉的地盘。卡兰德队群至少有 9 只成年雄性，几只卡萨克拉成员后来或消失，或受伤，也许是它们的杰作。另一个长期田野研究团队也观察到同样的群体间攻击行为。不过，倭黑猩猩倒没有发生过类似的事情。

如果以人类凶手的标准来衡量黑猩猩的杀戮行为，我们很难不震惊于它们的低效率。一次动员 3~6 个攻击者，围殴一个受害者，迅速将它撂倒，让它毫无还手余地，揍了 10~20 分钟之后，受害者从未当场毙命。当然，攻击者成功地让受害者暂时丧失行动能力，最后受害者还是伤重而死。受害者共同的反应模式是蹲在地上，试着保护头部，保护不成就放弃抵抗，可是攻击者并不罢手——即使受害者完全屈服。在这一方面，队群间的攻击与队群中自己人不可避免的争吵不同。黑猩猩的凶杀行动缺乏效率，当然是因为它们没有武器，可是它们没能发展出"勒颈杀法"——它们做得到的，这实在令人不解。

以我们的标准来看，不仅黑猩猩围攻落单同胞毫无效率，整体而言，它们从事"灭族屠杀"的过程也毫无效率。卡哈马队群经过 3 年 10 个月才被消灭。它们是一个一个被干掉的，而不是一次被干掉好几个。相比之下，澳大利亚的白人拓垦者经常一次拂晓攻击就消灭了一个土著队群。当然，黑猩猩没有武器是部分原因。由于所有黑猩猩都没有武器，它们的成功谋杀靠的是群殴，以数量决胜负。而澳大利亚白人因为武器占了上风，对付手无寸铁的土著，即使以寡击众，也游刃有余。一枪在手，所向披靡。此外，黑猩猩的脑力，比起澳大利亚白人也差劲多了。黑猩猩显然不会策划夜袭，或派出两个分队发动协同伏击。

不过，黑猩猩的确表现出"灭族意图"与计划（虽然不算高明）。卡萨克拉队群杀害卡哈马成员，每次都是直接、迅速、静默、紧张地进行的。它们朝向卡哈马地盘移动或进入时，会花一小时左右坐在树上倾听，最后冲向它们侦察到的卡哈马成员。黑猩猩与我们一样有仇外（惧外／排外）心态：它们了解自己人与外人的分别，并采取不同的方式对待。

简而言之，在所有的人类行为特征中——艺术创作、话语能力、吸毒等，直接从动物前驱衍生出来的就是"灭族屠杀"。黑猩猩已经会谋杀、消灭邻近社群，为争夺地盘而开战，并引诱邻近社群的年轻雌性。如果黑猩猩有长矛在手，且受过简单训练，那么它们杀戮行动的效率必然会提升至接近人类的水平。黑猩猩的行为显示：人类群居的主要理由是防御其他人类社群的攻击，尤其是在人类发明了武器，又有足够的脑力计划伏击之后。如果这一推测是正确的，那么人类学家过去强调"狩猎之人"（人类演化的过程受人类狩猎的需要驱动）的形象，也许是对的也未可知。只不过，我们狩猎的对象是人，我们是猎人也是猎物，因此我们被迫群居。

所以，人类"灭族屠杀"的两种常见模式都有动物先例：不分雌雄，一律杀死，类似黑猩猩与狼；杀死雄性，留下雌性，类似大猩猩与狮子。不过，1976—1983 年阿根廷军政府采取的行动，在动物界也找不出先例。当时约有一万多名政治异议分子与家属成了"失踪的人"。罹难者通常是男人，未怀孕的妇女，还有孩子，连三四岁的都不放过，甚至他们死前都遭到凌虐。但是阿根廷的军人逮捕了怀孕妇女之后，为动物行为创造了一种新的

图 16-6　利利亚娜·卡门·佩雷拉·阿扎里（Liliana Carmen Pereyra Azzarri，21 岁），人权组织试图追踪的阿根廷"失踪的人"中的第 195 个。1977 年，她怀孕 5 个月时被绑架了。她被关押在一个酷刑中心（ESMA，海军机械学校），直到 1978 年 2 月生下一名男婴，然后她被猎枪近距离击中头部而亡。她的头骨在马德普拉塔一个埋葬其他"失踪的人"的公墓中被发现，1985 年她的身份被识明。她的儿子还没有找到，可能已经被军人夫妇收养。她的遭遇印证了前阿根廷军政府经常为了给自己的行为做辩护所援引的荣誉观。感谢公益组织"五月广场祖母"（Abuelas de Plaza de Mayo）同意授权使用利利亚娜的照片。

模式：他们会让那些女性活命，直到生产之后，才开枪射击她们的头部，孩子则由没有子女的军人收养。

如果我们的谋杀倾向在动物界并不独特，那么我们的嗜杀倾向会不会是现代文明的病态成果呢？现代作家对"先进"社会摧毁"原始"社会的现象极为反感，因此往往将"原始"社会美化成高贵的野蛮人，他们假定那些社会的人爱好和平，或者最多只会干些零星的谋杀勾当，决不会实行"灭族屠杀"。弗洛姆相信狩猎–采集社会战争的特性是不流血。必然有些无文字族群（非洲的俾格米族，北美的因纽特人）看起来没有其他的族群（如新几内亚的、美国大平原上的以及亚马孙的土著）好战。甚至所谓的好战的族群也会将战争仪式化，一旦出了几条人命就会停止战争。但是这个美化的图景并不符合我在新几内亚高地与土著族群一起生活的经验，他们经常作为只搞有限度的战争或仪式化战争的族群出现在文献中。虽然新几内亚大多数斗殴多以伏击的形式发生，几乎不会有人丧生，但是他们也会成群结队地屠杀邻近社群。新几内亚土著与其他族群一样，偶尔会驱赶或屠杀邻居，只要他们发现有机可乘，或稳操胜券，或攸关存亡。

至于文明社会，自有文字以来，"灭族屠杀"史不绝书。希腊与特洛伊的战争，罗马与迦太基的战争，亚述、巴比伦与波斯之间的战争，都以同样的结局收场：战败的一方，一律诛戮，不论男女；或者杀男人，留女人为奴。《圣经》中关于耶利哥之墙在约书亚的号角声中崩塌的故事尽人皆知，但后来的事却很少有人提及：约书亚遵从上帝的指令屠城——耶利哥、艾城、玛基大、立拿、希伯仑、底璧以及其他城的命运都一样。事实上,《约书亚记》的作者根本不认为屠城值得大书特书——他当然杀死了所有人,不然呢?要不是耶利哥城中有位妓女藏匿过约书亚的探子,约书亚为了回报而执意保护她的家人,作者根本不会在屠城一事上多所着墨。

同样的事件,在十字军战史、太平洋岛民战争以及其他族群的战争中都发生过。很明显,我并没有说:胜利者大获全胜之后,一定会屠杀战败的一方,不论男女,一律诛杀。但是,不论“一律诛杀”还是比较温和一点的“杀男不杀女(留下当奴隶)”,由于发生的频率太高了,我们都难以将这类事例当作人性一时迷失的例外。1950年以来,已经发生了近20次“灭族屠杀”,其中有两次(1971年的孟加拉国,20世纪70年代末的柬埔寨)丧命者均达百万人,另有4次(20世纪60年代的苏丹、印度尼西亚、20世纪70年代的布隆迪、乌干达)丧命者均达数十万人。

很明显,“灭族屠杀”在人类演化史上源远流长,已有数百万年。明明史不绝书,为何我们反而觉得20世纪的“灭族屠杀”史无前例呢?毫无疑问,就死难者的数目而言,希特勒创下了新的纪录,因为他拥有三个史无前例的条件:一、受难者人口集中;二、精良的通信技术方便围捕受难者;三、精良的杀戮工具可造成大量伤亡。再举一个技术发展促进“灭族屠杀”的例子:太平洋西南的所罗门群岛罗维安纳泻湖的土著以“猎头”的袭击行动闻名,附近岛屿的土著族群因此人口锐减。不过,我的罗维安纳土著朋友告诉我,直到19世纪钢制斧头传入当地,那类"猎头"袭击才开始盛行。毕竟以石斧砍人头非常困难，切口很快就钝了，而重新打磨是很沉闷的活儿。

更难有定论的问题是：在心理层面上，先进的技术是否使人类更容易进行"灭族屠杀"？康拉德·劳伦兹就如此主张。他的论证如下：人类由猿类演化而来后，越来越依赖狩猎果腹。但是，我们的居住社群越来越大，社群成员的合作成为社群存亡的关键。于是人类演化出抑制杀戮冲动的本能。人类在漫长的演化史上，所使用武器的有效范围都不远，适于近战，因此只要我们"不忍"下手杀害面前的敌人，就足以维系社群。而使用现代武器时只需要按按钮，我们不必看见敌人的面孔，这个过程根本不会触动先前演化出来的抑制机制。于是，技术解放了人类的杀戮冲动（本能），劳心者（而非劳力者——"黑手"）策划／执行的"灭族屠杀"就登场了，纳粹在奥斯威辛和特雷布林卡集中营集体处决犹太人、盟军轰炸德国德累斯顿、美国在广岛投掷原子弹，都是著名的例子。

根据劳伦兹的这个心理学论证，现代人比较容易进行"灭族屠杀"，对此我不那么肯定。"灭族屠杀"的事例史不绝书，现代不见得比过去多。只不过古人没有精良的武器，不能创造骇人听闻的伤亡数字。为了进一步了解"灭族屠杀"，我们必须暂且放下日期、数字等史实，探讨杀戮伦理。

\* \* \*

毋庸置疑，我们的杀戮冲动几乎一直受到道德的约束。令人困惑的是：杀戮冲动是怎么解放的？

今天，我们也许可以将世上的人分为"我们"与"他们"，但是我们知道"他们"有许多类别，从语言、长相到风俗习惯，各不相同，也与我们不同。其实我们早已从书籍与电视中知道这个事实，许多人还到远方旅行过，有直接的异文化经验，所以正经八百地指出这个事实，似乎显得多余。我们难以设身处地地想象生活在过去世界中的人的心态——在 13 章描述过，那时我们与黑猩猩、大猩猩以及其他社会性的肉食动物一样，基本的生活社群是队群。与今天相较，那时每个人所认识的世界，既小又单纯："世上"只有几种"他们"，也就是接壤的邻居。

举例来说，直到最近，每个新几内亚部落仍然与接壤的部落一直维持着战争–联盟的循环模式。在那里，一个人走入另一个河谷，不是友好访问（不见得没有危险），就是突袭，而以"朋友"身份连续穿越几个河谷的机会几乎等于零。对待同胞（"我们"）的社会 / 伦理规范，不适用于"他们"——那些与"我们"接壤，却难以理解的人。我在新几内亚调查时必须穿越许多河谷，大家都警告我：下一个河谷会碰上极为原始、恶毒的食人族。然而这些"友善的朋友"走出石器时代也不过 10 多年，他们仍保留着食人习俗。即使是 20 世纪的芝加哥黑社会大亨，也知道雇用外地杀手到城内"执行任务"，让那些杀手觉得目标是"他们"，而不是"我们"（同胞）。

在古希腊的作品中，我们可以发现这种部落领地观念已经有所扩展。已知的世界比较大，也比较复杂，但是"我们"希腊人与"他们"野蛮人依然大有区别。希腊语"barbaroi"（英文"barbarian"的词源）本意只是"不是希腊人的陌生人"。虽然埃及人与波斯人的文明水平与希腊人的无异，但他们仍然是"barbaroi"。当时的行为典范不是人人平等，而是袒护朋友、惩罚敌人。雅典历史学家色诺芬非常仰慕波斯王居鲁士，对他致以最高的赞颂。根据色诺芬的描述，居鲁士慷慨地回报朋友，并严厉地报复敌人（例如挖出敌人的眼睛，或砍掉敌人的手）。

与蒙基族和爬岩族的鬣狗一样，人类的行为也有双重标准：不可伤害同胞，但只要没有风险，就可以杀害敌人。根据这种二分法，"灭族屠杀"是可以接受的，无论这种二分法是遗传的动物本能，或是人类独有的伦理准则。我们在童年已习得自己的任意二分法判准，将人分成两种：一种必须尊敬，一种不妨轻蔑。我还记得在新几内亚高地戈罗卡机场的一幕。我的田野助理来自图达惠族，他们穿着破损的衬衫，光着脚，不自在地站在一个白人旁边。那个白人胡子没刮、澡也没洗，带着浓重的澳大利亚口音，头上的帽子皱得不像话。他还没开口嘲笑那些图达惠族（"那些黑鬼才不配治理这个国家呢，100年都不成！"），我的心头就响起了这些声音："你这个澳大利亚土佬，为什么不滚回家在洗羊的消毒水里泡一泡！"这就是"灭族屠杀"的范本：我蔑视那个澳大利亚人，他蔑视图达惠族，我们仅凭的都是一眼可以看出的集体特征。

随着历史的发展，以这种古老的二分法（差别待遇）作为伦理准则的基础显得越来越不合适。取而代之的是兴起的一股趋势，即至少口头上承认"四海之内皆兄弟"——对待所有人都一视同仁。灭族屠杀与普遍伦理准则绝不相容。

尽管如此，无数犯下灭族屠杀罪行的现代人物对自己的"功业"仍能毫无顾忌地夸口。阿根廷的胡利奥·罗卡将军无情地消灭了阿劳坎印第安人，开放了潘帕斯草原供白人拓垦。阿根廷人感戴不已，于是选他当总统（1880—1886年）。今天的灭族屠杀者如何从伦理冲突中脱身呢？他们寻求的三种让灭族屠杀看起来合理的办法，全是同一个心理旋律的变奏：责怪被害人。

首先，大多数信奉普遍伦理准则的人，仍然认为他们有权"自卫"。这是个有用的办法，且非常有弹性，因为激怒"他们"的手段很多，可以让他们表现出让"我们"必须"自卫"的行为。举例来说，塔斯马尼亚土著在受到伤害、绑架、强暴、谋杀之后，大约在34年间杀害了183个白人拓垦者，为白人制造了灭族屠杀的借口。（其实土著的死伤远超过白人。）甚至希特勒都以"自卫"做借口，发动二战：他费心布置了一个德国边界岗哨遭到波兰军攻击的事件。

其次，拥有着"正确"的宗教、种族或政治标签，或自认为代表进步或更先进文明的一方，可以任意对待"错误"的一方，包括灭族屠杀。1962年，我到慕尼黑访问，死不悔改的纳粹分子还向我解释：二战期间，德国军队侵入苏联，是因为苏联人实行共产主义。我在新几内亚法克法克山雇用了15位土著当田野助理。在我看来，他们的长相没有多大差别，但是最后他们向我解释谁是穆斯林，谁是基督徒，而基督徒（或穆斯林）为什么是无可救药的低等人类。似乎有个普遍的鄙视链：拥有先进冶金技术与文字的族群（例如非洲的白人殖民者）蔑视牧民（例如图西族、霍屯督人），牧民蔑视农民（胡图族），农民蔑视游牧民或狩猎–采集族群（例如俾格米人、布须曼人）。

最后，我们的伦理准则将动物与人类分别对待。因此，现代主张"灭族屠杀"的人例行地将遭难者比作畜生，杀害畜生怎么会有罪？纳粹把犹太人当作低于人类的虱子；在阿尔及利亚的法国拓垦者把当地的穆斯林叫作"老鼠"；"文明的"巴拉圭人把阿切族（狩猎–采集者）看作患狂犬病的老鼠；南非布尔人称呼南非土著"狒狒"；尼日利亚受过教育的北方人把伊博族看作低于人类的寄生虫。英语中，有许多动物名字都可以用来贬抑人类：猪、猩猩、母狗、杂种狗、牛、老鼠、猪等。

澳大利亚白人为辩护消灭塔斯马尼亚土著，以上三种口实都用上了。不过，美国人只消把注意力集中到一个案例上——美国白人消灭印第安人（尽管不算彻底），就能对"合理化"的过程产生比较透彻的睿见——美国人从小受到的教育，就是使那段历史显得"合理"。美国人采取的一系列态度，大致如下：

美国人不怎么讨论印第安人的悲剧——比起二战时欧洲发生的"灭族屠杀"，讨论得太少。美国的这一国家悲剧仅被等同于内战。即便美国人想起白人与印第安人的冲突，也认为那是遥远过去的事，还会用军事语言来讨论，例如佩科特战争、大沼泽地战役、伤膝河战役、征服西部等。在美国白人眼中，印第安人好战、凶暴，即使对"自己人"（其他的印第安部落）也不例外，他们还精于伏击，天性反复。印第安人以野蛮著称，尤其是他们独特的折磨俘虏的方式，以及剥敌人头皮的作风。他们人数少，是过着游牧生活的猎人，特别喜欢猎野牛。1492 年，传统估计美国的印第安人有 100 万。现在美国的人口超过 3 亿，100 万这个数字显得微不足道，因此白人最后占据这块"空旷"的大陆显然是不可避免的。许多印第安人最终死于天花和其他疾病（而不是死于白人的屠杀）。上述态度被美国历史上许多令人景仰的总统（自华盛顿以降）都奉为指导原则，以制定对印第安人的政策。

这些听来合理的借口奠基于变幻的历史事实。军事语言意味着成年男性战斗人员之间的对阵。实际上，白人（往往是平民）常用的战术是偷袭：印第安村落或营地中的居民，不分男女老少，一律格杀。在白人殖民美国的第一个世纪（16 世纪），政府悬赏鼓励半职业杀手对付印第安人。当年欧洲社会的好战、残暴不输印第安社会。欧洲史上，叛变、阶级战争、酗酒暴力、对待罪犯的合法残暴手段、全面战争（包括毁坏农作物与财产）罄竹难书。酷刑在欧洲已经发展成一门手艺：四肢裂解，火刑，拷问台等。而北美洲印第安人在西方人登陆之前，人口究竟有多少，学者的估计因人而异。最近提出的合理数字是 1 800 万——美国白人人口在 1840 年才达到这个数字。虽然美国有些印第安人是半游牧的猎人，也不实行农耕，但美国境内的印第安人大多数以农业为生计，形成了定居的村落。疾病很可能是消灭印第安人的主凶，但是有些疾病是白人故意传播的，而且大量没死于疾病的印第安人可能死于白人更直接的手段。1916 年，最后一位原始印第安人（雅希族的伊希，图16-7）去世。而消灭这个部落的白人以坦白的笔触、毫无愧怍的口吻，叙述了当年的"杰作"，这些回忆录直到1923年仍能出版。

图16-7　伊希，美国北加州雅希族印第安人最后一名幸存者。这张照片拍摄于1911年8月29日，那一天他从躲了41年的峡谷中走出来。他的族人大部分在1835—1870年被白人垦殖者杀害了。1870年，16名死里逃生的雅希族人到拉森山里躲了起来，过着狩猎-采集的生活。到了1908年11月，只有4人还活着。土地测量人员偶然发现了他们的营地，拿走了他们所有的工具、衣服与储粮，结果只有伊希一人活了下来，他的母亲、姐姐与一位老人都死了。伊希一人过了三年，直到受不了了，才走向白人文明，他以为自己会被处以私刑。最后加州大学旧金山分校博物馆雇用了他。1916年，伊希死于肺结核。来源：照片来自加州大学伯克利分校人类学博物馆档案。

简而言之，美国人将白人对抗印第安人的故事美化为成年男子骑士间的战争，美国一方由骑兵与牛仔领军，而对垒的印第安人则是凶猛的野牛猎人，实力强大。比较准确的描述则是农民战争——一个文明的农民族群消灭了另一个农民族群。1836年，墨西哥军队攻陷阿拉莫，约 200 名得克萨斯人死亡，成为美国兼并得克萨斯、引爆美墨战争的导火索；1898 年 2 月，美国海军"缅因号"战舰在哈瓦那港口爆炸下沉，约 260 人死亡，这成为传媒煽动舆论对西班牙宣战的借口；1941 年 12 月 7 日，日本偷袭珍珠港，造成约 2 200 人死亡，太平洋战争爆发，美国正式加入二战。这几个改变历史的事件，还能引起美国人的愤慨。可是这些死亡数字，比起被屠杀的印第安人数，简直微不足道。美国人重写历史，就像许多现代族群一样，以此化解"灭族屠杀"与"普遍伦理"之间的冲突。解决方案是：以自卫为口实，推翻伦理原则，并将受难者视为野兽。

＊ ＊ ＊

灭族屠杀有一个面向，对于我们防止悲剧重演有着十分重要的实际意义，那就是灭族屠杀对杀人者、受难者与第三者的心理影响。我们重写美国历史，便是这种心理影响的产物。最令人不解的问题涉及"灭族屠杀"对第三者的影响，或者更准确地说，是"无影响"。乍一想，人们或许会认为：还有更令人惊恐的事件吗？有意地残杀大量人口的行动，当然会吸引公众的注意力！其实不然。灭族屠杀很少吸引其他国家公众的目光，引致外国干涉的简直绝无仅有。我们有谁特别注意过 1964 年发生在桑给巴尔岛的屠杀（黑人屠杀穆斯林）？或是 20 世纪 70 年代巴拉圭发生的屠杀阿切族印第安人事件？

我们对以上两个灭族屠杀事件以及最近几十年发生的其他案

例都"没有反应"，需要解释的，反而是在我们心头意象鲜明的两次"灭族屠杀"：（二战时）纳粹屠杀犹太人，以及（一战时）土耳其人屠杀亚美尼亚人（对大部分人来说，可能对这个事件的印象没有纳粹暴行来得鲜明）。这两个事例有三个重要的特征与被忽视的灭族屠杀不同。第一，受难者是白人，其他的白人会"感同身受"；第二，凶手曾是美国人的敌人，美国人所受的教育鼓励仇恨他们，把他们当恶魔（尤其是纳粹）；第三，美国的一些幸存者费尽心思，强迫美国人记住他们的族人遭过的磨难。换言之，是一系列相当特殊的情境，引导了第三者关注特定的"灭族屠杀"事件。

第三者的奇特被动性也表现在政府的反应上，毕竟政府的行动反映了人类集体的心理。1948 年，联合国大会通过了《防止及惩治灭绝种族罪公约》，宣布"灭族屠杀"是违反国际法的罪行，可是联合国从未采取认真的对策，以防止、阻止或惩罚"灭族屠杀"的行动。事实上，孟加拉国、布隆迪、柬埔寨、巴拉圭与乌干达发生"灭族屠杀"之初，联合国就收到了投诉。在乌干达总统阿明的恐怖统治高峰，联合国收到投诉，秘书长却要求阿明自行调查。美国甚至没有批准《防止及惩治灭绝种族罪公约》。

对进行中的"灭族屠杀"漠然以对，这种态度实在令人困惑，难道是因为我们不知道或未能发现？绝非如此。20 世纪六七十年代关于各地发生的"灭族屠杀"，许多媒体都有详细的报道，包括孟加拉国、巴西、布隆迪、柬埔寨、东帝汶、赤道几内亚、印度尼西亚、黎巴嫩、巴拉圭、卢旺达、苏丹、乌干达、桑给巴尔岛等地的事件。(孟加拉国与柬埔寨的死难人数都达百万以上。)举例来说,1968 年,巴西印第安保护局的 700 名公务员中,有134 位被司法部起诉了,内政部长主持记者会,公布了他们的罪行:消灭亚马孙河流域的印第安人。菲格雷多报告(Figueiredo Report)长达 5 115 页[①],详细列举了他们的手段:使用炸药、机枪、掺砒霜的糖,以及天花、流感、肺结核、麻疹病媒;绑架印第安人儿童当奴隶;土地开发商雇用职业杀手。菲格雷多报告的内容在美国与英国见报,可是没有激发多少反应。

　　也许有人会因此下结论:大多数人对于其他人遭遇的不公,不是毫不在意,就是觉得事不关己。这当然是一部分原因,但是并不完整。许多人热切地关心某些不公,例如南非的种族隔离政策,可是为什么灭族屠杀不能引起同样的关切? 1972 年,布隆迪幸存的胡图族(遭到图西族屠杀的胡图族人数,估计有 8 万~20 万)痛切地向非洲统一组织提出了这个问题:"图西族的种族隔离政策,比南非总理沃斯特的更加残暴,比葡萄牙殖民主义的更加惨无人道。在世界历史上,除了希特勒的纳粹运动,没有比得上的。可是非洲同胞保持沉默。非洲各国领袖照样接待刽子手米孔贝罗(布隆迪总统,图西族),热情地与他握手,待他如兄弟一般。各国的领袖阁下,如果你们想帮助纳米比亚、津巴布韦、安哥拉、莫桑比克与葡属几内亚的非洲同胞,让他们从白人暴政下解放出来,你们无权坐视非洲人谋杀非洲人……你们要

---

① 据拉丁美洲局网页信息,菲格雷多报告长达 7 000 页。——译者注

等到布隆迪的胡图族被杀光之后，才愿意出声吗？"

　　为了了解第三者的漠然态度，我们得理解幸存受难者的反应。心理分析家研究过灭族屠杀的目击者（例如纳粹犹太人集中营的幸存者），把灭族屠杀对他们的心理影响描述为"心理麻木"。要是亲密的友人或亲戚（因为自然因素）过世了，我们大多数人都会感受到强烈又持久的心痛。要是一个人被迫眼睁睁地看着许多亲密友人与亲戚遭到残杀呢？我们根本就无法想象那种无数倍增的心灵创痛。对幸存者而言，从前固有的信仰系统动摇了，因为他们见识过的残暴在那个系统中是禁止的；他们感到羞耻——他们必然毫无价值，才会被挑选出来经历那些残酷的事；他们也因幸存而内疚，因为同伴都死了。就像强烈的肉体痛苦会使我们麻木一样，强烈的心灵痛楚也会使心理麻木：除此之外，别无他法既可存活又不发疯。对我而言，我见识过这些反应，因为我有一位亲戚在纳粹犹太人集中营待过两年，后来有好几十年，他根本就无法哭泣。

　　至于杀人者的反应，那些相信"二元"伦理准则、认为"他们"与"我们"有别的人，也许会对自己的所作所为感到骄傲；但是受过普遍伦理熏陶的人，也许会与幸存者一样地麻木，而罪恶感只会加重麻木的程度。在越南服役过的美国人约有几十万，他们也感受到这种麻木。甚至灭族屠杀者的后代——他们没有个人责任，都可能感受到一种集体的罪恶感，这是界定灭族屠杀的受难者集体标签的镜像。为了减轻罪恶感，这些后代往往改写历史：请看看现代美国人的反应，或者那位否认白人消灭塔斯马尼亚土著的澳大利亚女士及其他的现代澳大利亚人。

现在我们比较能够了解第三者的漠然态度了——对灭族屠杀"没有反应"。亲身经历过灭族屠杀的受难者与杀害者，心灵为之瘫痪，且经受着长期的创伤。而听说过灭族屠杀事件的人，尽管没有亲身经历过，心灵也可能留下了深刻的疤痕，例如集中营幸存者的子女，或治疗过集中营幸存者与越战退伍军人的心理治疗师。治疗师受过职业训练，能够聆听人类的痛苦，可是他们往往不能忍受聆听灭族屠杀相关者的回忆。如果付费的职业聆听者都无法忍受，那一般大众拒绝聆听，谁又能责怪呢？

美国精神病学家罗伯特·杰伊·利夫顿的经验或许值得读者参考。他对极端情境的幸存者很有经验，可是后来在他访问广岛核爆炸的幸存者时，他的反应却是："……现在，别说'原子弹问题'了，我遭遇的都是坐在我面前的人经历过的残酷细节。我发现，先前几次访谈完成后，每次我都感到震惊莫名，感情枯竭。但是，很快——其实也就几天，我注意到我的反应改变了。我聆听的是对同样的恐怖经验的描述，但是它们对我的影响减轻了。这个经验演示了'心灵关闭'的作用，这是我无法忘怀的。我们会发现，这是核爆炸经验共有的特征……"

\* \* \*

将来人类还会进行怎样的灭族屠杀？我们有许多明显的理由感到悲观。世界上有许多动乱地区，其中"灭族屠杀"的契机似乎已经成熟的有南非、北爱尔兰、南斯拉夫、斯里兰卡、新喀里多尼亚、中东等莘莘大者。极权政府若有意进行灭族屠杀，似乎没人阻止得了。现代武器让一个人能杀的人更多，即使穿着西装、系着领带，他依然可以杀人，甚至还能毁灭整个人类。

同时，我也看到审慎乐观的理由，未来不必像过去一样杀机四伏。今天，许多国家都是多元种族、宗教、民族并存，虽然各个国家实现社会正义的程度不同，但至少没有发生公开的大规模杀戮事件，例如瑞士、比利时、巴布亚新几内亚、斐济群岛，甚至伊希病逝后的美国。有些灭族屠杀行动因为第三者的努力或预期反应而被成功地或中断，或缩小规模，或阻止了。即使纳粹企图消灭犹太人——我们视为最有效率、最无法阻止的灭族屠杀，也在丹麦、保加利亚以及其他纳粹占领的国家受挫。在这些国家，纳粹遣送犹太人到集中营的行动在开始初期或开始之前，就因为主流教会领袖的公开抨击而受阻。另一个令人鼓舞的迹象，是现代旅行、电视与照片使我们能够看清万里之外的其他族群是跟我们一样的人。尽管我们谴责 20 世纪的技术，但它也模糊了"他们"与"我们"之别——正是这种区别使灭族屠杀成为可能。在尚未开通的世界里，对异族进行灭族屠杀是被社会接受的，甚至是令人钦慕的，可是现代的国际文化与关于异域殊族的知识传播之广，使得灭族屠杀越来越难以自圆其说。

可是，只要我们无法忍受去了解灭族屠杀，只要我们欺哄自己，认为只有少数变态才会那样做，灭族屠杀的风险还是会与我们同在。诚然，阅读灭族屠杀的资料时，要不麻木也难。很难想象我们以及我们认识的善良百姓面对无助的人时，如何能下得了手杀害他们。而我几乎能够想象那情景，是因为一个认识很久的朋友：他说了一个灭族屠杀的故事，而他是凶手之一。

卡里尼加是个温和的图达惠人，我到新几内亚从事田野调查期间，他和我一起工作。我们一起经历过危险、恐惧、胜利，我喜欢他，也佩服他。那时我认识他5年了，一天晚上，他告诉了我一段他年轻时的往事。图达惠部落和邻近的达尔比部落是世仇，不知冲突过多少回了。在我看起来，他们的长相都一样，但是卡里尼加早已认定达尔比人坏透了。达尔比人经过一连串的伏击，成功地杀掉了许多图达惠人，包括卡里尼加的父亲。最后，还活着的图达惠人决定孤注一掷。他们全体出动，趁夜里包围了达尔比村，破晓时分放火烧屋。睡眼惺忪的达尔比人从着火的屋子里跑出来，踉跄地下了台阶，迎着他们的是图达惠人的长矛。有些达尔比人逃到林子里躲藏，图达惠人就追到林子里，几个星期后，大部分逃掉的人都被杀了。不过，澳大利亚政府在新几内亚掌握了实权后，图达惠人的追猎行动只好停下。那时卡里尼加还没找到杀父仇人。

自那一夜后，我经常一想起那场屠杀的细节就全身发颤：卡里尼加告诉我这个故事的时候，眼睛放射的光芒；他最后将长矛插入几个灭族仇人的身体里时，感到的强烈快感；还有他愤怒又沮丧的泪水，因为杀父仇人逃脱了，现在他还希望有一天能用毒药杀死他。那天晚上，我想我了解（至少）一个好人怎么会成为杀人凶手的。卡里尼加为情势所迫，成了灭族屠杀的凶手，这种潜能人人都有。随着世界人口的增长，社会之间与社会内部的冲突更为尖锐，人类相互厮杀的欲望升高，也有更多的精良武器可用。听灭族屠杀亲历者的讲述，是难以忍受的痛苦经验。但是，如果我们继续拒绝面对它、了解它，那么总有一天会轮到我们当凶手或者受难者。

## 一些美国名人的印第安人政策

乔治·华盛顿总统："直接目标是完全摧毁和破坏他们的定居地。摧毁他们田地里的作物并阻止他们种植更多作物是至关重要的。"

本杰明·富兰克林："如果为了给这片土地上耕耘的人们让出空间而灭绝这些未开化的人是天意，那么朗姆酒或许是被指定的手段，这看来并非不可能。"

托马斯·杰斐逊总统："这个不幸的种族——我们曾经历尽艰辛去挽救和开化他们，通过他们出人意料的逃亡和凶猛残暴，证明了他们灭绝的合理性。现在，他们正在等候我们对他们命运的裁决。"

约翰·亚当斯总统："这些猎人对于他们在追寻猎物时偶然栖息的那片上千英里的森林有什么权利呢？"

詹姆斯·门罗总统："狩猎者或野蛮政府要求更大范围的疆域以维持生计，而并非与文明生活的要求和进步相适应……并且必须让位于它。"

安德鲁·杰克逊总统："他们既没有智慧、勤劳、道德习惯，也没有改善的愿望，而这些对于他们状况的任何令人欣喜的改变都是至关重要的。安身在另一优越的种族中间，并且不重视他们处于劣势的原因并努力去控制它们，他们必然屈服于环境的力量，并很快消亡。"

首席大法官约翰·马歇尔："居住在这个国家的印第安部落是野蛮人，他们的职业是战争，他们赖以生存的东西取自森林……调节（且应当调节）征服者和被征服者之间关系的一般法律不能应用于处在这种情况下的人们。欧洲人发现美洲便被赋权去取消印第安人的居住权，或者通过购买，或者通过征服。"

威廉·哈里森总统："当造物主似乎注定要给予更广大的人群以支持，并且使这片土地成为文明的所在地，难道地球上最富饶的地区之一仍要处于自然状态，成为一小撮可怜野蛮人的栖息地吗？"

西奥多·罗斯福总统："殖民者和拓荒者实际上是站在正义一边的；这片伟大的大陆绝对不可能仅仅被保留为卑鄙的野蛮人的狩猎区。"

菲利普·谢里登将军："我曾见到过的仅有的善良的印第安人已经死了。"

第五部分


# 日中则昃

我们这个物种（智人）目前以人口论、以地理分布论、以掌握的力量论、以支配的地球产值论，都处于全盛时期。这是好消息。坏消息是：我们也正在逆转进步的进程，速度非常快，不仅冲销了目前的进步发展，还侵蚀了往日的业绩。我们掌握的力量威胁了我们的生存。我们不知道我们将终结于一场突发的核爆炸，还是老牛拖破车似的过程，因为无力因应环境问题而陷入不可逆的衰败结局，如气候变暖、污染、生境破坏、人口爆炸引发的粮食不足、粮食生产不足造成的饥荒、食物链中关键物种被消灭导致的食物资源锐减，都把我们引入死胡同。这些危机是新鲜事吗？人们普遍认为：它们是工业革命之后的玩意儿，是吗？

　　大家都相信：在自然状态中，物种与物种，以及物种与环境，都保持平衡的关系。猎食者不会对猎物赶尽杀绝，草食动物也不会过度消耗植被。根据这个观点，人类是唯一的例外，不懂"平衡"为何物。果真这个观点是对的，大自然就没有值得我们学习的地方了。

　　这个观点当然有见地，以物种灭绝而言，在自然状态中灭绝的速度怎么都比不上现在人类造成的灭绝，只有极少的例外情况。这种极少的情况，可以参考 6 500 万年前的大灭绝，那一次可能是一颗天外游星造成的，恐龙时代因此结束了。由于演化过程中物种分化的速率非常缓慢，自然灭绝的速率也必然非常缓慢，否则地球上的物种早就死绝了。用另一种方式说，比较脆弱的物种很快就被淘汰了，在自然中持续生存很久的，都是非常强韧的物种。

　　不过，那个一般的结论，在物种灭绝方面，仍然给了我们许多有启发性的例子。几乎所有已知的例子，都有两个成分。第一，例子中都有（一种或多种）物种进入了从来没有到过的环境，那里原先的物种是入侵物种的猎物，可是却不知如何应付新出现的猎食兽。一旦生态系中尘埃落定，就会达到一个新的平衡，新发现的猎物中也许就有一些绝种了。第二，在新环境中灭绝其他物种的猎食兽，都是所谓的"转辙猎食者"，不只依赖一种猎物为生。虽然这类猎食兽灭绝了一些猎物物种，但是它们能够"与'食'变化"，以其他物种为生。

　　这样的灭绝往往是人类有意或无意将物种输入新地点造成的。老鼠、猫、山羊、猪、蚂蚁，甚至蛇，都是"杀手移民"（外来的杀手）。举例来说，第二次世界大战期间，澳大利亚原产的一种树蛇无意中上了一艘船或飞机，被运到以前没有蛇的关岛。结果，关岛上的林鸟灭绝了，或处于灭绝的边缘，因为它们没有时间演化出防御措施。不过这种树蛇并没有将林鸟赶尽杀绝，因为鼠类、树鼩、蜥蜴它都可以当作食物。再举一例，白人带到澳大利亚的猫与狐，先以澳大利亚土产的小型有袋类与鼠类为食，吃完了之后，再找兔子和其他的猎物，仍然活得好好的。

我们人类是"转辙猎食者"最好的例子。我们什么都吃，蜗牛、海草、鲸鱼、蕈类（真菌），以及草莓，一律欢迎。任何物种我们看上了，都不妨大吃特吃，赶尽杀绝后，变换口味即可。因此，每一次人类侵入一个先前没有居住过的地方，都会引发一波生物灭绝。渡渡鸟已经成为"绝种"的同义词，它是印度洋中毛里求斯岛上的"原住民"。自1507年西方人登上毛里求斯后，岛上的陆鸟与水鸟已经灭绝了一半。渡渡鸟身材大、可食用、不会飞，饥饿的水手容易捕捉。夏威夷的鸟类，也遭到同样的命运，自1 500年前波利尼西亚人登陆后，就大量灭绝了。1.1万年前，美洲印第安人的祖先进入新大陆后，美洲的大型哺乳类就大量灭绝。在人类已经生活很久的"老地方"，狩猎技术若有重大突破，也会引发灭绝浪潮。举例来说，阿拉伯羚羊是一种美丽的羚羊，在阿拉伯半岛的沙漠中已经生活了100万年，尽管早就是人类狩猎的对象，但直到1972年才成为濒临绝种的动物，祸首是威力强大的来复枪。

因此，不知节制地将某一特定猎物逼近绝种境地，然后"转辙"，以其他物种为生，不是人类的专利，在动物界有许多先例。那么，动物族群会不会为了生存，破坏整个资源基础，把"前途"也吃下肚了？动物界有没有这种先例呢？这样的结果并不寻常，因为动物族群的数量受许多因素的调节，要是数量太大，死亡率会上升；数量太低，出生率会上升。举例来说，调节死亡率的外在因素，如猎食者、疾病、寄生虫与饥荒等，会与族群密度成正比。而族群密度升高后，也会触发动物的反应，例如杀婴、繁殖异常，与暴力倾向升高。这些反应与外在因素，通常会降低族群数量（与密度），在资源耗尽之前，整个族群对资源的压力就纾解了。

然而，有些动物族群真的把自己的"前途"吃掉了——它们不停地吃，于是灭绝了。一个例子是 1944 年被带到圣马太岛（白令海）上的 29 头驯鹿。到 1963 年，它们已经繁殖到了 6 000 头。但是驯鹿以地衣为食，而地衣生长非常缓慢。大陆上的草食动物通常以迁徙方式让牧场休养生息，可是这一招在圣马太岛上不管用。1963—1964 年冬季，气候特别严寒，驯鹿找不到食物吃，大部分都饿死了，最后只剩下 41 头雌性，外加一头没有生育能力的雄性，以及遍布全岛的驯鹿尸体——这个族群注定了灭亡的命运。另一个相似的例子，是 21 世纪初引入利相斯基岛（夏威夷岛西部）的兔子。在 10 年之内，兔子将岛上的植被都吃尽了，只剩下两株牵牛、一小片烟草，以及饿死的兔尸。

"生态自杀"的例子，当然不止上述两个，其共同的特点是：原先控制族群数量的机制突然"消失"了。驯鹿与兔子的数量，通常受猎食者的制衡，而驯鹿在大陆上，可以迁徙，让被啃食过的"牧场"休养生息。但是圣马太岛与利相斯基岛都没有猎食者，迁徙又不可能，所以动物的繁殖与进食都没有受到制衡。

我们仔细思考就可以看出：过去约束人口增长的因素，近来人类已经成功地摆脱了。很久以前，人类就不受猎食兽的威胁了；20世纪医学又大大降低了传染病的威胁；我们控制人口数量的主要"行为技术"，如杀婴、长期战争、禁欲等，大众越来越不支持。现在，人口每35年增加一倍。我们承认，比起圣马太岛上的驯鹿，这个增长率并不快。地球岛比圣马太岛大，我们的资源有些比地衣有弹性（不过有些资源，例如石油，弹性就没有那么大了）。但是，在本质上，我们的结论仍是一样：没有一个生物族群可以无限期地繁殖下去。

因此，我们现在的生态困境，动物界有许多具体而微的例子。我们与许多"转辙猎食者"一样，进入新的生境殖民，或练就了新的毁灭本领，我们捕猎的一些物种就会灭绝。一些动物族群，一旦突然摆脱了先前的制约，数量就会迅速增加，资源基础因而破坏，整个族群灭绝，我们也面临了相同的风险。那么，有人认为我们一向都能与自然和谐相处，这种关系一直维持到（18世纪）工业革命，我们大量毁灭物种，过度开发环境，都是最近200多年的事，是真的吗？本书最后三章，就要讨论那个卢梭式的幻想。

首先，我们要仔细地检验大家对于"先前存在过一个'黄金时代'"的信念。人们相信在那个"黄金时代"，人类是"高贵的野蛮人"一样，与自然维持着十分和谐的关系。实际上，在最近的1万年，人类"生存空间"每一次扩张，都与生物大灭绝"巧合"。在更早的时候，可能也是那样。人类对那些灭绝事件的直接责任，在最近的扩张中最明显，证据仍然"新鲜"得很：欧洲人自 1492 年以来的全球扩张，以及稍早波利尼西亚人与马达加斯加人殖民大洋中的海岛。更早些的事例，如人类首次进入美洲与澳大利亚，也发生了大灭绝，不过证据多少已经湮灭，所以因果关系不易令人信服。

除了"黄金时代"观点被大灭绝抹黑了，我们还发现：有一些小岛上的人类族群也无法持续发展下去，虽然较大的族群还没有遭受同样命运的例子，可是许多大族群已经破坏了他们的资源，濒于经济崩溃的边缘。最明确的例子，来自孤立的文化，例如复活节岛与阿纳萨齐文明。但是环境因素也驱动了西方文明的主要转折，包括中东、希腊、罗马霸权的相继崩溃。因此滥用环境资源、走上自毁之路，不是现代人发明的戏码，而是人类史上源远流长的原动力。

下面，我们对"黄金时代"大灭绝中，规模最大、最戏剧性、最富争议的一个，更仔细地检视一番。大约在 1.1 万年以前，北美洲与南美洲两个大陆上，几乎所有大型哺乳类都灭绝了。大约也在那时，印第安人的祖先定居美洲，关于这一史实我们有非常坚实的证据。100 多万年前，直立人离开非洲到欧亚大陆殖民，这是人类地盘最大的一次扩张。最早的美洲人与最后的美洲大型哺乳类，在时间上出现巧合；同时，世界上其他地区并没有发生类似的大灭绝；有些现在已经灭绝的野兽，当年是人类猎杀的对象，证据确凿。一些学者根据以上三点提出了"新世界闪电战"假说。他们认为：第一批进入美洲的人类猎人，一边繁殖，一边从北美向南美南端推进，一路上他们遇见的大型哺乳类，过去从来没有见过人类，根本不知如何应付人类。人类猎杀那些巨兽，得心应手，因此造成它们的灭绝。虽然批评这个假说的学者数量与支持者相当，但我们会让读者了解这个辩论的意义。

"人类消灭的物种，究竟有多少？"这是我们最后要讨论的问题。我们会从证据确凿的案例谈起。许多物种是现代灭绝的，而且有明确的记录，我们彻底搜寻过它们的后裔，因此可以确定它们的确灭绝了。然后，有三个我们不甚确定的数量，得估计一番：一，我们已有好久没见过的现代物种，在有人注意到它们之前，已经灭绝了；二，科学界还没"发现"与命名的现代物种；三，现代科学兴起之前，人类消灭的物种。这个背景能让我们评定：我们消灭物种的主要机制，以及人类在我儿子有生之年可能消灭的物种数量——如果目前的速率不变的话。

# 第 17 章

# 天人合一的迷思与理念

我的族人认为：地球上每个地方都是神圣的。每一根闪亮的松针、每一片沙滩、黑暗的森林中每一片薄雾、每一只嗡嗡的昆虫，在我族人的记忆与经验中，都是神圣的。……白人……是夜里来的陌生人，从土地上攫取任何他需要的东西。地球不是他的兄弟，而是敌人……继续污染你的床，迟早有一天夜里，你会在自己的废物中窒息。

——1855 年美国印第安人杜瓦米什部落西雅图酋长写给美国总统皮尔斯的信

工业社会对世界的伤害，使环保人士痛心疾首，往往会把过去看作"黄金时代"。欧洲人到美洲殖民之初，空气与河流都很纯净，大地是绿油油的，大平原上布满野牛。今天，我们呼吸雾霾，担心饮用水中的有毒化学产品，大地上铺满高速公路，很少见到任何大型野兽。未来情况只会恶化。等到我的孩子到了退休的年纪，世界上一半的物种都会灭绝，空气中布满放射性污染，海洋遭到原油污染。

无疑，目前我们越来越糟的烂摊子，用两个简单的理由就足以解释：现代技术的破坏力量比过去的石斧要大太多；现代世界的人口也多了太多了。但是也许还有第三个因素：态度的转变。与现代城市居民相比，工业兴起之前至少有一些族群，像杜瓦米什人那样靠地方环境吃饭，因此对生活周遭的环境保持敬意。有许多故事告诉我们：这些族群实际上过着非常"环保"的日子。一位新几内亚部落居民有一次向我解释："如果一个猎人某一天朝某个方向出发，途中猎杀了一只鸽子，他下次要猎鸽子的话，会等一个星期，然后朝相反的方向出发。这是我们的习俗。"对于所谓的原始族群，他们的"环保政策"究竟有多么高的水平，我们所知并不多。举例来说，心怀善意的外国专家，已经把大片非洲的土地转变成沙漠了。而在那些区域，世居的牧民在当地不知已经繁衍几千年了，他们每一年都会赶着牲口游牧，让牧场休养生息。

直到最近，我和我大多数同事（环保主义者），都有浓郁的怀旧心情，人类在许多方面都会将过去视为"黄金时代"，环保也不例外。18世纪的法国哲学家卢梭是这种观点的著名倡导者，他在《论人类不平等的起源》中细数了随处可见的人类悲惨、不幸的情境，认为从"黄金时代"到现代的历史，是个退化的过程。18世纪的欧洲探险家，在世界各地遇见了许多尚未进入工业时代的族群，例如波利尼西亚人与美洲印第安人；在巴黎上流社会的沙龙里，往往想象他们是"高贵的野蛮人"，仍然生活在"黄金时代"里，没有受到文明的诅咒，如不容忍宗教异己、政治暴政与社会不公。

甚至现在，还有人相信古希腊、古罗马时代是西方文明史的"黄金时代"。讽刺的是，希腊人与罗马人自认为是"堕落的人"，他们也相信更早的时候有过一个"黄金时代"。即使在半清醒的状态中，我仍能背诵在高一拉丁文课熟记的罗马诗人奥维德的诗句："首先，是'黄金时代'，那时的人诚实又正直……"然后奥维德将那些德行与他的时代——一个背叛、不义与战争猖獗的时代——对比。我相信，要是22世纪的放射汤中还有人活着，他们也会以怀旧的心情刻画我们这个时代，在他们看来，我们这个时代的问题当然还没有他们的严重。

正因为大众普遍对"过去有过一个'黄金时代'"深信不疑，最近一些考古学家与古生物学家的发现，才令人觉得震惊。现在真相大白，工业革命以前的社会，几千年来一直在消灭物种、摧毁生境、破坏自己的生存境况。有详细记录的事例中，有些是波利尼西亚土著与美洲土著的故事——正是环保人士最常引用为环保典范的族群。不用说，这一"修正观点"已经引起了轩然大波，不仅学界群雄热烈辩论，在夏威夷、新西兰等波利尼西亚土著与美洲土著在人口中占相当数量的地方，人们也在辩论。新"发现"只不过是包裹着科学外衣的种族偏见？（白人移民为土著族群罗织罪名，粉饰白人剥夺土著家园的行为与历史。）新"发现"与现代"原始"族群保护环境的证据可有冲突？如果新"发现"

无懈可击，我们能不能用来当作历史案例，协助预测我们目前的环境政策可能给我们招致的命运？一些古代文明以崩溃收场，一直没有合理的解释，例如复活节岛或玛雅文明，最近的发现可以解释吗？

为了答复这些颇有争议的问题，我们首先必须弄清楚：环保人士对"过去有过一个'黄金时代'"的信仰，是虚幻不实的。为什么？我们先来检视过去发生过一波又一波生物灭绝事件的证据，以及古代族群破坏生境的证据。

\* \* \*

1800 年左右，英国殖民者开始到新西兰拓垦，他们没有发现陆栖哺乳类，蝙蝠是那里唯一的哺乳类。那并不令人惊讶：新西兰是个遥远的岛屿，距离大洲太远，哺乳类除非长了翅膀，不然绝对到不了。不过，白人移民的犁，从地下翻出了鸟骨与蛋壳，那是一种已经灭绝了的大型鸟，新西兰的土著毛利人（波利尼西亚族群，是新西兰更早的拓垦者）还记得它们叫恐鸟（moa）。从一些完整的骨架——有些由于年代不远还有皮肤和羽毛——我们能够知道这种鸟生前的长相：它们类似鸵鸟，共有 12 个种类，小的"不过"3 英尺高、40 磅重，最大的高达 10 英尺、体重 500 磅。它们的食性，可以从保存下来的嗉囊内容推断，学者鉴定出几十种植物的枝、叶，显示它们是素食动物。过去，这些鸟类在新西兰生态系中，扮演着大型哺乳类草食动物的角色，如鹿、羚羊。

　　虽然恐鸟是新西兰最著名的灭绝鸟类，从化石中还鉴定出了许多其他的物种，总之，在欧洲人登陆之前，至少有 28 种鸟灭绝了。除了恐鸟，还有不少陆鸟（不会飞的鸟），如鸭、水鸭、鹅，共同特点是体型巨大。这些不会飞的鸟类，都是从飞临新西兰的祖先演化出来的，由于新西兰没有猎食兽（哺乳类），在地面上生活没有安全顾虑，因此飞鸟可以放弃过于消耗能量的飞行肌肉。其他灭绝的鸟类都会飞，如塘鹅、天鹅、大乌鸦、体型巨大的鹰。那种鹰体重 30 磅，是世界上体型最大的鹰，也是空中最可怕的猎食鸟，即使今天美洲最大的鹰——热带美洲的角雕也相形见绌。当年，新西兰唯一有能力猎食恐鸟的动物，就是这种巨鹰了。虽然有些恐鸟体重是这种巨鹰的 20 倍，它仍有机会杀死恐鸟，因为恐鸟以两腿直立在地上，攻击它们的腿，使它们倒地，再攻击头、长颈，就可以杀死它们了。然后巨鹰就可以从容地进食，好几天都不用再找食物了，就像狮子杀死了一头长颈鹿一样。地下发现的许多无头恐鸟骨架，也许就是巨鹰的杰作。

　　以上我讨论的是新西兰灭绝的大型动物。但是古生物学家也发现了小动物的化石，大概是大鼠或小鼠那么大的。在地面上活动的，至少有三种鸣鸟（不会飞或不怎么会飞）、几种青蛙、巨型蜗牛、许多类似蟋蟀的巨型昆虫（体重有的可达小鼠的两倍），和类似小鼠的奇怪蝙蝠（它们会卷起翅膀在地面上跑）。这些小动物，有的在欧洲人抵达之前就灭绝了；其他的在离岛上可以发现，不过化石显示它们在新西兰生存过。整体而言，这些已经灭绝的动物，是在与世隔绝的情况下演化出来的，在新西兰生态体

系中，其地位相当于大陆上（无法来到新西兰）的哺乳类：恐鸟
→鹿，不会飞的鹅与水鸭→兔子，大蟋蟀／小鸣鸟／蝙蝠→鼠类，
巨鹰→猎豹。

化石与生化证据显示：恐鸟的祖先在几百万年前抵达新西兰。
在新西兰生存了那么久之后，恐鸟什么时候灭绝的？为什么？什
么样的灾难会灭绝了那么多不同的物种，如蟋蟀、鹰、鸭与恐
鸟？特别是，毛利人的祖先在1000年左右登陆新西兰，这些奇
异的生物那时还活着吗？

1966年我第一次访问新西兰，当年大家都认为恐鸟是因为
气候变迁而灭绝的，毛利人抵达的时候，剩下的恐鸟种类已极为
有限。新西兰人深信：毛利人懂得环境保护的道理，不是灭绝恐
鸟的凶手。毫无疑问地，毛利人与其他的波利尼西亚族群一样使
用石器，以农耕或渔猎为生，并没有现代工业社会的毁灭力量。
大家假定：毛利人最多只能对已经濒临绝种的族群施以最后一击。
但是三组发现拆穿了这个信念。

第一，新西兰在上一次冰期，大部分地区覆盖了冰河或冻原。
冰期直到1万年前才结束，此后新西兰的气候变得非常适于生物
生存，气候温和，布满大片的壮丽森林。最后死亡的恐鸟，嗉囊
中塞满了食物，享受几万年来最好的气候。

第二，从毛利人遗址出土的鸟类骨骸（无论毛利人遗迹，还
是鸟骨，都可以用碳十四测年法测定年代），证明毛利人来到新
西兰的时候，所有已知的恐鸟都还存在，而且数量很大。现在已
经灭绝的鹅、鸭、天鹅、鹰，以及其他只有化石可供凭吊的鸟类

也一样。在几个世纪内，恐鸟与大多数其他的鸟类，就全部绝迹了。几十种动物栖息在新西兰几百万年，然后在人类登陆之后同时灭绝，未免太过巧合了吧？

最后，考古学家发现的大型遗址，已经超过 100 个，有些可达十几公顷——毛利人剐剥了大量恐鸟，以土灶烹煮，丢下满地碎骨。恐鸟肉可吃，皮可制衣，骨可制作骨器，例如鱼钩、装饰品，卵壳可当盛水器。在 19 世纪，从这些遗址挖出的恐鸟骨，车载斗量，不可胜数。毛利恐鸟猎人遗址出土的恐鸟骨，估计有 10 万~50 万个个体——新西兰在任何时候的恐鸟族群可能都不到那个数字的 1/10。毛利人猎杀恐鸟，恐怕历经好几个世代。

因此，现在已经很清楚了：毛利人消灭了恐鸟，手段至少有三种，一是直接猎杀，二是偷卵，三是可能破坏了恐鸟的生境。到过新西兰的人，一定会觉得这个结论难以置信。你见过新西兰峡湾国家公园的旅游海报吗？那里的深谷，壁立 1 万英尺，年降雨量 400 英寸，冬季漫长又严酷。在那里，即使是今天的职业猎人，配备望远镜、来复枪、搭乘直升机，也无法控制山区的鹿群数量。那么，住在新西兰南岛与史都华岛的上千个毛利人，手上只有石斧、木棒，又无交通工具，能把恐鸟灭绝了？

但是，鹿与恐鸟有很重要的差别。鹿逃避猎人，不知已有几万代的经验，可是恐鸟从未见过人类，直到毛利人登陆。当年恐鸟初遇毛利人，可能非常"天真烂漫"，就像今天加拉帕戈斯群岛上的动物一样，毛利人大概只需要走上前去，挥棒一击，就得手了。也许恐鸟的生殖率也与鹿不同，由于恐鸟生殖率太低了，只消几个猎人每隔几年到山谷里搜猎一番，恐鸟的生殖率就赶不上了。新几内亚今天还存活的最大哺乳类土著———一种树栖袋鼠（生活在内陆的贝瓦尼山脉）面临的正是这个问题。在有人居住的地区，这种袋鼠在夜间活动，极其"害羞"，又生活在树上，所以比恐鸟难猎多了。而贝瓦尼土著人口也不多。尽管如此，经常的成功猎杀———一组猎人每几年造访一个山谷一次，也足以将它们逼入绝种的境地。由此，我们就不难理解恐鸟的命运。

不只恐鸟，毛利人到达新西兰的时候，其他现在已经灭绝的鸟类都还活着。几个世纪后，大部分都灭绝了。其中身材比较大的天鹅、塘鹅以及不会飞的鹅与水鸭，无疑是被猎杀当作食物了。至于巨鹰，毛利人可能是为了自卫才出手的。想想看，那种鹰精于猎杀 1~3 米高的两足猎物，突然见到不满两米的毛利人，会做什么？即使在今天，海东青攻击主人致死的事例，仍偶有所闻，海东青与新西兰巨鹰比较起来，无异小巫见大巫，何况新西兰巨鹰早已练就对付两足直立动物的本领。

不过，新西兰的土著蟋蟀、蜗牛、鹪鹩、蝙蝠等小动物也都迅速灭绝了，毛利人自卫或觅食，都无法解释。为什么那些物种中有那么多灭绝了，有的整体灭绝，有的只幸存于离岛上？砍伐森林也许是部分原因，但是主要因素是：毛利人有意或无意带到新西兰的猎食者——老鼠！就像恐鸟一样，在没有人迹的岛屿上演化，乍遇人类后束手无策，同样的道理也适用于那些小动物，它们从未对付过老鼠，遇上老鼠后，当然毫无还手之力。我们知道夏威夷和其他先前没有老鼠的海洋岛屿，许多土著鸟种在近代灭绝了，元凶就是欧洲人带来的老鼠。举例来说，1962年老鼠终于登上了新西兰大南角岛，3年内就把8种鸟、一种蝙蝠消灭了，或令其数量锐减。难怪许多新西兰土著动物，今天只能在没有老鼠的离岛见到。毛利人带到新西兰的鼠类，势如破竹、锐不可当，那些离岛成了庇护土著动物的桃花源。

因此，当年毛利人登陆新西兰，走进了一个奇异的生物世界，其中的动物非常奇特，要不是它们的化石明显可知、证据确凿，我们大概会指斥其为科幻奇想。大概等到我们登陆另一个有生命的星球时，才能领略当年毛利人的感受吧。在很短的时间之内，毛利人发现的奇异世界就崩溃了，劫余者等到欧洲人来了之后，又遭遇了第二次浩劫。结果，当年目击毛利人登陆的鸟种，只剩一半仍有后裔生活在今天的新西兰，而且其中有许多不是濒临绝种，就是只生活在离岛上。几个世纪的猎杀，就足以终结几百万年的恐鸟演化史。

\* \* \*

新西兰并不是孤例，考古学家最近发掘过的所有其他遥远的太平洋岛屿，都在最早的移民遗址中，发现了许多现在已经灭绝了的鸟种，证明鸟类灭绝与人类移民似乎有关。美国史密森尼学会的古生物学家斯托尔斯·奥尔森与海伦·詹姆斯，在夏威夷群岛的主要岛屿上，都发现了灭绝的鸟类，它们灭绝的时候，正当波利尼西亚族群开始殖民各岛，大约是500年左右。化石中有些彩羽鸣鸟，与今天仍存在的鸟种有亲缘关系，此外还有长相奇特、不会飞行的鹅与朱鹭，它们根本没有亲戚还活在世上。在欧洲人登陆夏威夷后，鸟类大量灭绝，成为"现代（白）人破坏环境"的重要案例，所以没有人注意到早先的灭绝浪潮。1982 年，奥尔森与詹姆斯发表报告，指出：在库克船长抵达之前，夏威夷的鸟类，至少有 50 种已经灭绝了。这真是一个惊人的数字——接近目前北美洲鸟种的 1/10 ！

当然，那 50 种鸟不全然葬送在人类的五脏庙中。鹅也许是因为人类猎杀而绝种的，就像恐鸟一样，但是小鸣鸟灭绝可能是老鼠的杰作，它们随着最早登陆的夏威夷人而来，或是夏威夷土著砍伐森林、开辟农地的结果。早期波利尼西亚遗址中，有同样发现（灭绝的鸟种）的地方，还有塔希提岛、斐济群岛、汤加、新喀里多尼亚、马克萨斯群岛、查塔姆群岛、库克群岛、所罗门群岛、俾斯麦群岛。

鸟类与波利尼西亚人的"碰撞"，特别有趣的一次发生在亨德森岛上。亨德森岛是赤道太平洋上非常孤绝的一小块陆地，位于皮特凯恩岛之东 200 公里，而皮特凯恩岛也是以孤绝闻名。（记得《叛舰喋血记》这部根据真实事件改编的电影吗？1789 年 4 月，法国大革命爆发前三个月，英国军舰邦蒂号正行驶在南太平洋上，大副带着船员叛变，在皮特凯恩岛一躲 18 年，没有人找到他们。）亨德森岛是珊瑚礁岛，岛上覆盖着丛林，地面布满裂缝，不适农耕。当然，这个岛现在无人居住，事实上，自从 1606 年欧洲人发现了这个岛，就没人在岛上住过。所以这个岛以"纯洁"闻名于世，许多人认为它从未被人类（文明）玷污过。

　　因此奥尔森与同事大卫·斯特德曼最近在亨德森岛上的发现，让许多人都吃了一惊。他们发现：亨德森岛上有几种鸟，大约在800~500年前灭绝了，其中有两种大型鸽子、一种较小的鸽子与三种海鸟。这6种鸟或它们的亲戚，在许多（有人居住的）波利尼西亚海岛上的考古遗址中已经发现过，学者很清楚它们在那里是怎么灭绝的。亨德森岛是无人岛，看来也不适于居住，可是岛上却发现了波利尼西亚人的遗址，找到数百件文化遗物，证明波利尼西亚人在岛上生活过几百年。在那些遗址出土的鸟骨，除了已经灭绝的6种，还发现了现在仍存在的鸟种，另有许多鱼骨。

　　因此，当年到亨德森岛殖民的波利尼西亚人，以鸽子、海鸟和鱼为生，直到他们毁灭了岛上的鸟类族群——也毁掉了自己的食物供应。他们的下场，可能是饿死，或弃岛而去。太平洋至少还有11个"神秘岛屿"，欧洲人发现的时候空无一人，但是考古发掘揭露了先前被波利尼西亚人占据过的事实。有些岛波利尼西亚人住过几百年，直到他们灭绝或离开。这些岛都很小，或者不适农耕，人类移民非常依赖鸟类或其他动物资源为生。早期的波利尼西亚人过度利用野生动物的证据，处处可见，因此亨德森岛与其他的"神秘岛屿"，也许代表的是"坟场"，埋的是摧毁自己资源基础的人类族群。

* * *

　　那么，是不是波利尼西亚人有什么独特之处，才会成为工业兴起前的"灭绝族群"？我不希望读者有这个印象，让我们越过半个地球，到世界第四大岛马达加斯加岛去看看。马达加斯加岛在印度洋中，位于非洲东岸。葡萄牙人大约在1500年到达非洲东岸，他们发现马达加斯加已经有人占据了，现在我们叫他们马尔加什人。从地理上看来，也许你会以为他们的语言与非洲的语言相近，毕竟非洲大陆在西边不过200多英里。令人惊讶的是，事实上马尔加什语和东北向几千英里开外的印度洋另一端——婆罗洲（印度尼西亚加里曼丹岛）的语言是同一族。体质上，马尔加什人的长相，从典型的印度尼西亚人到典型的东非人都有。这些奇怪之处，是印度尼西亚商人沿着印度洋海岸线航行到印度，最后到达非洲东部的结果。马尔加什人在2 000~1 000年前到达马达加斯加，他们建立了一个社会，经济基础是放牧牛、山羊，养猪，农耕，渔捞以及与东非的贸易——由穆斯林商人控制。

　　与马达加斯加的人一样有趣的，是岛上的野生动物——以及岛上没有的动物。在邻近的非洲大陆上，许多体型大而引人注目的野兽在地面奔驰，它们白天活动，数量庞大，如羚羊、鸵鸟、斑马、狒狒与狮子——全是东非旅游的卖点。马达加斯加没有那些动物，连它们的远亲都找不到，至少从欧洲人登陆迄今，都没发现过。马达加斯加与东非之间莫桑比克海峡，宽200多英里，成功地拦阻了那些动物，澳大利亚有袋类也因为大海阻隔，没到过新西兰。可是马达加斯加有24种狐猴——体型小、类似猴子的灵长类。它们体重不到20磅，大多数在夜间活动，栖息在树上。还有各种鼠类、蝙蝠、食蚁兽与猫鼬的亲戚，最大的体重也不过25磅。

　　但是，马达加斯加海滩上，到处都可以捡到鸟蛋壳碎片，拼凑起来每个蛋都有足球那么大，表示岛上有巨鸟生存过。最后，不但下蛋的鸟的化石找到了，还揭露了一个不可思议的动物世界，其中有许多奇特的巨型哺乳类与爬行类——它们全都消失了。生产巨蛋的鸟有6种，都不会飞，身高达10英尺，体重1000磅，与恐鸟和鸵鸟相似，但是身材更魁梧，因此取名为象鸟。爬行类是两种巨型陆龟，光是壳就有十码长，从化石的数量推断，当年它们在马达加斯加一定是常见的动物。种类比巨鸟与巨龟更多的是狐猴，共12种，有的体型可与大猩猩媲美，与现存狐猴中体型最大的相比，它们都不逊色。相对于头骨而言，它们的眼眶都很小，可能它们（大部分）都在白天活动。它们有些生活在地面上，和狒狒相似，其他的树栖种类，比较像红毛猩猩与澳大利亚树袋熊。

　　叹为观止吧？别急，还没说完，马达加斯加的化石中，还有一种"矮"河马（牛那么大）、一种土豚（非洲食蚁兽）、一种像短腿美洲狮的肉食动物（与猫鼬有亲缘关系）。整体看来，这些已经灭绝的大型动物，当年在马达加斯加扮演的生态角色，与非洲野生动物公园中让观光客趋之若鹜的那些野兽相当——还记得新西兰的恐鸟以及其他的奇异鸟类吗？乌龟、象鸟与"矮"河马相当于羚羊与斑马（草食动物）；狐猴相当于狒狒与大猩猩；与猫鼬有亲缘关系的肉食动物，相当于猎豹或狮子。

　　这些巨大的哺乳类、爬行类与鸟类究竟招惹了什么"瘟神"？我们可以肯定：它们至少有一些曾让初临本岛的马尔加什人大开眼界。他们以象鸟卵壳当水容器，他们的垃圾堆中可以找到"矮"河马与另外一些动物的残羹剩骨。此外，所有其他灭绝动物的化石，出土遗址的年代都不过几千年前。由于它们必然熬过了几百万年的演化与繁衍，因此不大可能恰巧同时在饥饿的人类登陆之前集体选择走向灭亡。事实上，欧洲人登临马达加斯加岛的时候，它们有一些可能还生存在岛上人迹罕至的角落里，因为 17 世纪有人向法国总督弗拉古描述过一种动物，像是体型与大猩猩一样的狐猴。象鸟也许苟延残喘了很长一段时间，所以印度洋的阿拉伯商人都知道这种鸟，《水手辛巴达》故事中出现过一种叫作"罗克"的巨鸟，也许就是这么来的。

马达加斯加已经灭绝的巨型动物，有些是被最早的马尔加什人直接或间接灭绝的，殆无疑问，说不定它们全部都是由此灭绝的也未可知。象鸟灭绝了，并不难理解，因为它们的卵壳可以当容器，盛水量达 7.5 升，十分好用。虽然马尔加什人是牧民与渔民，不以狩猎大型动物为生，其他的大型动物却很容易猎杀——它们就像新西兰的恐鸟，从未见过人类。白天在地面上活动的巨狐猴都灭绝了，因为它们很容易见到，又很容易猎杀，何况它们体型大，值得下手，难怪马达加斯加只剩下体型小、在夜间活动的树栖狐猴。

不过，马尔加什人（无意中）间接灭绝的物种，可能比它们猎杀的还多。他们每年都会放火烧林，一方面增加牧地，另一方面刺激新草生长，可是也破坏了土著动物赖以生存的生境。牛、羊以草为食，不但改变了生境，而且与陆龟和象鸟竞争食物。引进的狗与猪，会捕猎在地面栖息的动物、它们的幼崽，以及它们的卵。葡萄牙人登陆的时候，过去到处可见的象鸟，只剩下布满海滩的卵壳碎片、地下的骨架，与化身为"罗克"的模糊记忆。

\* \* \*

马达加斯加与波利尼西亚只是两个学者详细考察过的例子，也许所有有人占据过的海洋岛屿，都发生过类似的灭绝事件。而欧洲人的地理扩张，不过是最近几百年的事。这种岛屿上，生物在人类到达之前经过长期的演化，有非常独特的大型动物种，现代动物学家无缘目睹。地中海的岛屿如克里特和塞浦路斯，过去有矮河马与巨龟（正如马达加斯加），也有矮象与矮鹿。西印度群岛上灭绝的动物，有猴子、地树懒、体型似熊的啮齿动物，以及各种体型的猫头鹰：正常的、魁梧的、巨型的、巨无霸。这些巨型鸟类、哺乳类与陆龟都灭绝了，可能也是最早登上各岛的地中海农民和美洲印第安人干的好事，无论有意还是无意。鸟类、哺乳类与陆龟也不是仅有的受难者：蜥蜴、蛙，甚至大型昆虫也消失了，要是将所有海岛上灭绝的生物列一张清单，怕不下几千种。奥尔森把这些岛屿上的灭绝事件描述成"世界史上最迅速、最彻底的生物浩劫"。不过，有一分证据说一分话，波利尼西亚与马达加斯加的人类罪证，都铁案如山，而其他的岛屿，除非在最早的人类遗址里找到后来灭绝的动物遗骸，不然我们无法为人类定罪。

在工业兴起以前，不只海岛上发生过生物灭绝事件，各大洲在更古老的年代里，也泛滥过物种灭绝浪潮。大约在 1.1 万年以前——学者推测美洲印第安人的祖先可能是那个时候进入新大陆的——北美与南美的大型哺乳类，大部分都灭绝了。这些大型哺乳类灭绝的原因，有一派学者主张人类狩猎、赶尽杀绝，另一派则认为冰期后的气候变迁是主因，双方至今仍在辩论。我赞成"狩猎说"，在第18章我会解释我的理由。不过，1.1万年前发生的事，很难弄清楚来龙去脉与因果环节，不像毛利人与恐鸟最近的"碰撞"，只是这1 000年之内发生的事。同样地，5万年前今日澳大利亚土著的祖先进入澳大利亚殖民，同时澳大利亚的大型动物大多数都灭绝了。那些动物包括巨型袋鼠、有袋类的狮子、有袋类的犀牛双门齿兽，此外，还有蜥蜴、蛇、鳄鱼、鸟类。不过，我们仍不知道当年刚到达澳大利亚的人类，是否（直接或间接）造成了那些大型动物的灭绝。虽然现在我们可以合理地确定：最早登陆海岛定居的人类，为岛上生物带来浩劫，关于各大洲上的情况，目前还没有定论。

\* \* \*

我已经铺陈了证据，指出"黄金时代"发生过许多"灭绝生物"的事件，现在我们要讨论"破坏生境"的证据。我要举出三个出人意表的例子，每个都涉及一个著名的考古学谜团：复活节岛上的巨大石像；美国西南荒废的印第安人部落普韦布洛；以及约旦佩特拉古城（位于约旦西南部）。

在西方人心目中，复活节岛一开始就笼罩在一层迷雾中。1722年，荷兰探险家雅克布·罗赫芬"发现"了复活节岛与岛上的波利尼西亚居民。复活节岛是地球上最孤绝的陆地，位于南太平洋，东距智利 2 300 英里，比亨德森岛还要遗世独立。岛上有几百尊石像，以火山岩渣刻成，最高的高达 37 英尺，重达 85 吨。它们在采石场刻成，运送到数英里之外的台基旁，再竖立起来。可是岛上的土著没有金属工具，也没有轮子，除了肌肉力量外，没有其他的动力。事实上，在采石场还有许多石像，或者只有雏形，或者已经完成，被遗弃在采石场和台基之间，不知出于什么原因，所有雕刻者和运输者突然停工，人都走光了，如今只剩一股诡异静默的气氛，悬浮在满地的半成品、成品上。

当年罗赫芬在岛上短暂逗留，已经注意到许多竖立的石像，不过土著不再雕刻石像了。到了 1840 年，土著把所有石像都推倒了。土著如何运送、竖立这些巨大的石像？为什么最后他们会倾覆所有的石像？还有，他们为什么不再雕刻石像了？

那些问题中，第一个已经有答案了，复活节岛土著告诉挪威考古学家索尔·海尔达尔：他们的祖先用圆木当滚轮运输石像，再以圆木作杠杆，竖立石像。后来考古学与古生物学研究，解答了其他问题，同时，也揭露了复活节岛阴暗的人文史。波利尼西亚人大约在 400 年定居复活节岛，那时候岛上有森林覆盖，可是岛民为了农耕、造筏（捕鱼）、运输（石像）等理由，逐渐毁掉了森林。到了 1500 年，岛上人口达 7 000 人（平均每平方英里 50 多人），石像已经雕了 1 000 个，其中至少 324 个已经竖立起来。但是，森林消失了，一棵树都不剩。

这个生态大灾难完全是自找的，直接的结果就是：没有圆木运输／竖立石像了，于是岛民放弃雕刻石像了。但是森林毁灭之后，产生了两个间接后果，使岛民陷入饥馑的境地：土壤没有植被保护，易被侵蚀，导致农产歉收；没有木材造舟筏，渔捞量减少，蛋白质摄取量不足。结果，岛上人口超过了这个小岛所能支持的数量，于是这个海上桃花源就因为长期内战（减少人口）与食人行为（补充蛋白质）而崩溃了。战士阶级兴起；大量制造的石矛头，地面上到处捡得到；战败的一方受奴役或被吃了；互相敌对的宗族将对方竖立的石像推倒；岛民都住到较安全的洞穴中。当初一个郁郁葱葱的海岛——支撑了一个壮观的人类文明——逐渐退化成我们见到的"复活节岛"：贫瘠的草地，散布着倾倒的石像，能养活的人口不到当初的 1/3。

* * *

我们第二个"破坏生境"的案例，是一个印第安文明崩溃的故事——这个文明是北美洲人类文明史上最先进的一个。当年西班牙探险家到达今天的美国西南部，发现了巨大的多层集落住宅群（普韦布洛），空无一人，矗立在沙漠中。举例来说，新墨西哥州的查科峡谷国家古迹，有一栋 650 间房屋的住宅，分为 5 层，长 670 英尺，宽 315 英尺，是北美洲有史以来最大的建筑物——直到 19 世纪钢筋混凝土的摩天建筑才出现。在这个地区生活的纳瓦霍印第安人，只知道那些消失了的居民是"古人"（阿纳萨齐人），此外别无头绪。

后来考古学家逐渐理出了头绪：查科的普韦布洛住宅群在 10

世纪初开始兴建，12 世纪放弃。为什么阿纳萨齐人会在一片贫瘠的荒原上建立城市？难道找不到更好的地点了？他们到哪里去找柴火？还有，支撑屋顶的横梁每根 16 英尺，共需 20 万根，到哪里砍伐？既然耗费了那么大气力建了一座城，为何又放弃了？

解答这些问题的传统观点，与过去学者解释马达加斯加、新西兰动物灭绝的方向一致——气候的"自然"变迁是元凶。原来查科峡谷发生过旱灾。不过，几位古植物学家的研究，产生了一个不同的解释——他们使用一个巧妙的技术，弄清楚了查科峡谷的植被变迁。他们的方法依赖一类叫作"林鼠"的小型啮齿类动物。林鼠是北美落基山地区的土著动物，会四处搜集植物和其他东西筑巢，一住 50~100 年，然后才放弃。由于位于沙漠中，林鼠放弃的巢都保存得不错。因此林鼠筑巢用的植物可以鉴定，筑巢的年代也可以用碳十四测年法来测定。这么一来，每个巢都可当作当地植被的"时间胶囊"。

这些学者利用这个方法，重建了以下的事件历程。在查科的普韦布洛开始建造住宅的时候，其周围并不是贫瘠的沙漠，而是兼有松树与杜松的疏林地带，附近还有黄松林。这个发现立即解释了柴火与屋顶横梁的来源，而且也化解了"高等文明如何会在沙漠中凭空建立"的疑问。不过，由于阿纳萨齐人在查科定居，四周的树木逐渐砍伐殆尽，最后栖地变成没有树木的荒原——就是我们今天看到的模样。于是阿纳萨齐人找柴火，必须走上 10英里；砍伐建材，必须走上 25 英里。等到黄松林也砍光了，他们修筑了精密的道路系统，把 50 英里外山坡上的云杉与枞树运回来——全凭人力。此外，阿纳萨齐人为了解决干燥环境中的灌溉问题，建筑了灌溉系统，将水导入谷底汇集。砍伐森林使土壤逐渐受侵蚀，也无法涵养水分，再加上灌溉沟渠逐渐"漏底"，最后地下水位可能下降，必须设法抽取才有足够的水灌溉农田。因此，旱灾也许是阿纳萨齐人放弃查科峡谷的原因，但他们自己酿成的生态灾难也是主因之一。

\* \* \*

　　最后一个工业兴起前"破坏生境"的案例，可以解释"古代西方文明的权力中心，逐渐地理位移"的现象。还记得吗？第一个权力与创新中心是在中东，许多关键的发展都是在那里发生的：农业、动物养殖、书写系统、集权国家、战车等。虽然有几个国家轮流称霸——亚述、巴比伦、波斯，以及埃及或土耳其，但是都在中东或接近中东的地方。亚历山大大帝灭了波斯帝国后，权力中心终于西移，起先是希腊，然后是罗马，后来则是欧洲西部与北部。为什么中东、希腊、罗马轮流在历史舞台上消失了（目前中东重要的暂时的地位，是石油赋予的。那只不过更凸显了现代中东在其他方面的弱点）？为什么现代超级大国没有中东国家的身影？

　　权力的地理位移，是影响深远又持久的历史模式，不可能是意外的产物。有人提出过一个似乎合理的假说，说是每个古文明中心都破坏了自己的资源基础，所以权力才会移转。中东与地中海过去并不一直是我们今天见到的那个样子。在古代，这个地区大部分都错落着葱茏的疏林丘陵与肥沃山谷。几千年来，伐林、牲口过度消耗草场、土壤侵蚀、山谷淤塞，将这一西方文明的核心地区变成了相较之下干燥、贫瘠的土地。根据考古学的发现，古希腊发生过好几次人口增长／人口锐减、放弃居所的循环。在增长阶段，梯田与堤坝可以保护土地，直到砍伐森林、清理陡坡供农耕、畜养过多牲口、农地无法休养生息等因素加起来，使整个生产系统无法负荷。每一次结果都是：山丘的土壤被大量冲蚀，山谷淹水，人类社会解体。有一回，这样的情节正巧发生在希腊灿烂的迈锡尼文明崩溃的时候（公元前 1200 年），或许这正是迈锡尼文明崩溃的主因——此后希腊陷入了长达几个世纪的黑暗时期，没有文字，也没有历史。

这个"古代环境破坏"的观点，支持的证据有当年的文献与考古发现。然而一系列有时间顺序的照片更有说服力，所有道听途说的证据加起来也比不上。要是我们能对希腊的同一山丘每隔 1 000 年照一张照片，有了这套照片我们就可以鉴定植物的种属，测量植被覆盖的面积，计算从森林演变成山羊无法进入的灌木丛需要的时间。这样我们就可以衡量环境恶化的程度。

"老鼠巢"又立了大功。虽然中东没有北美洲那种林鼠，但是有岩狸，它们有兔子那么大，长得像土拨鼠，令人惊讶的是，它不是啮齿类，它最亲近的亲戚是象。岩狸也会建造林鼠的那种巢。三位亚利桑那大学的科学家，在约旦湮没的佩特拉古城研究岩狸遗留的巢。佩特拉古城是古代西方文明之谜的典型。读者要是看过"印第安纳·琼斯"电影系列的第三集《圣战奇兵》

（1989），应该记得肖恩·康纳利（饰演父亲）与印第安纳·琼斯（哈里森·福特饰演），在佩特拉古城壮观的岩墓与神殿里搜寻圣杯。任何看过佩特拉古城那些镜头的人，必然会怀疑：这么一个富裕的城，怎么可能在那么荒凉的土地上建立起来？它怎么生存的？事实上，佩特拉古城附近，9 000 年前就有一个新石器时代的村落，不久农耕与畜牧就出现了。公元前 6 世纪，纳巴泰人建立的王国以佩特拉为首都，从此佩特拉成为商业中心，控制欧洲、阿拉伯半岛、与东方的贸易。这个城在罗马、拜占庭的控制下变得更大、更富庶。但是后来这个城被放弃了，完全被世人遗忘——直到 1812 年才"重新发现"它的废墟。佩特拉是怎么衰落的？

佩特拉古城中，每个岩狸巢里都能找到植物标本，有的多达100 种；将巢里发现的花粉比例，与现代生境中的比较，就能估计岩狸活着的时候，主要的生境特色。从岩狸巢得到的数据，佩特拉的环境退化过程，可以重现如下。

佩特拉位于干燥的地中海气候区，与洛杉矶的繁茂山区并无不同。最初的植被是森林，橡树与开心果树是主要树种。到了罗马、拜占庭时代，大部分的树都砍光了，四周环境已经退化成开阔的草原，岩狸巢里的花粉是见证：18% 是树，其余的来自低矮的植物。（可作对比，在现代地中海森林中，树的花粉占40%~85%；森林–草原地带是 18%。）到了 900 年，剩下的树有2/3 消失了，那时拜占庭不再控制佩特拉一带的地区，已有几个世纪。甚至灌木、草本植物都减少了，环境变成今天我们见到的沙漠。现在还存活的树，较低的枝叶都被山羊吃了，或者散布在羊不会接近的悬崖上，或者在羊不能进入的小树林里。

将这些岩狸巢里找到的数据，与考古发现、文献数据合并起来，得出了下面的解释。从新石器时代起到罗马、拜占庭时代，人们砍伐森林的目的是获得农地，开辟羊的牧场，获得柴火、建材。即使新石器时代的房屋，不只需要木材搭建，每间房屋还需要13吨柴火，制造灰泥涂敷墙壁与地板。国家兴起后，人口爆炸，加速了破坏森林、过度啃食牧场的速度。为了应付农地与城市对于水的需求，人们还精心设计了沟渠、管道与储水池系统，汇集并储水。

拜占庭政权垮台后，农地被放弃了，人口急速下降，但是仍然居住在当地的人，必须密集放牧才能生存，因此地力继续退化。永不满足的山羊，开始侵入所有它们找得到的植被，灌木丛也好，草地也好。第一次世界大战之前，奥斯曼土耳其政府为了修建铁路，大量毁灭了残存的森林带。我与许多电影迷一样，看到大银幕上阿拉伯的劳伦斯（彼得·奥图饰演）率领游击队炸掉铁路的那一场戏，都非常激动。殊不知，我们目睹的，实际是摧毁佩特拉森林的最后一击。

今天，佩特拉荒废的土地，象征着西方文明摇篮其他地区的命运。佩特拉当年控制了世界贸易的主要路线，可是它的现代环境，不再能够供养那样一座城市；就像当年波斯波利斯是超级强权波斯帝国的首都，大流士还曾与希腊争霸，而如今又在哪里？那些城市的废墟，以及雅典与罗马，都可供我们凭吊那些摧毁自己生存基础的国家。地中海文明不是唯一搞生态自杀的有文字社会。中美洲的玛雅文明、印度河谷中的哈拉帕文明，是另外两个搞出生态灾难的典型——扩张的人口超过环境的负荷。虽然文明史的发展，往往因为特定的帝王与蛮族入侵事件走上不同轨道。可是总括来说，砍伐森林与土壤冲蚀也许是塑造人类历史更重要的力量。

\* \* \*

环保主义者假定过去有过一个"黄金时代"，以上就是最近的发现，使那个"黄金时代"越发显得神秘。现在，让我们回到本章开头我提出的重大议题。第一，人类自古就会破坏环境的证据，是否与环保主义者乐道的现代例子互相冲突？许多还未进入"工业社会"的现代族群，有"进步的"环保意识或环保措施，经常是媒体报道的焦点。当然，并不是所有物种都被消灭了，也不是所有生境都被破坏了，所以"黄金时代"不见得一团漆黑。

我对这个悖论的答案如下。没错，小规模的平权社会，只要存活够久，往往有机会演化出环保措施，因为他们有时间认识环境，明白自己的利益在哪里。另外，最可能破坏环境的族群，往往是移居新环境的族群（例如最早的毛利人、最初登陆复活节岛的波利尼西亚人）；或者一直有"边疆"开拓的族群——他们有恃无恐，把一个地方搞砸了，就"越界"探索新环境（例如最初进入新大陆的印第安人）。此外，新发明的技术，由于事先对它的潜力难以全盘掌握，也可能在人们觉悟之前导致破坏环境的后果（例如现代的新几内亚人，以猎枪摧毁了当地的鸽子族群）。在中央集权的国家，财富掌握在少数统治精英的手中，他们对环境、土地没有设身处地的了解，可能会做出破坏环境的决策。而且，有些生境与物种特别容易受伤害，例如从来没有见过人类的陆栖鸟（如恐鸟与象鸟），或者干燥、脆弱、过于敏感的环境，例如地中海文明与美国西南的阿纳萨齐人文明都在这样的环境中兴起。

第二，我们从这些最近的考古发现，能学到什么实用的教训吗？考古学往往被视为没有社会价值的学科，所以一旦预算吃紧，就成为第一波被开刀的对象。事实上，考古学研究是政府官员最好的顾问，"物美价廉"。走遍全世界，可以发现到处都在进行开发、建设，有的可能对环境造成不可挽回的冲击，过去的社会也那么干过，只不过规模较小而已。用实验的方式确定哪一种开发方案对环境的冲击最小，我们负担不起。雇用考古学家，评估古代社会的方案，以古证今，确保我们不再犯同样的错误，也许是最省钱的做法。

我举一个例子。美国西南有一片超过10万平方英里的林区，美国人砍伐那里的树木当柴火。美国林务局想要控制那里的伐木量，让森林有机会休养生息。但是他们手边几乎没有什么数据可供准确评估。然而，阿纳萨齐人已经实验过了——可是他们错误估算了，结果查科峡谷的林地过了800年还没能复原。雇用考古学家重建阿纳萨齐人的柴火消耗量，比起重蹈覆辙，毁掉将近10万平方英里的土地，划算多了。

最后，我们要面对最困难的问题。今天，环保人士认为灭绝生物、毁坏生境的族群犯的是道德罪过。工业社会诋毁还未进入工业时代的族群，见缝插针、不遗余力，目的在掩饰杀害他们、谋夺土地的罪行。那么，有关恐鸟与查科峡谷植被的新发现，会不会只是以科学术语包装的种族偏见——毛利人与印第安人不值得我们公平的对待，因为他们都是坏人，是吗？

我们必须记住：我们很难找到利用环境的"中庸之道"——可持续利用生物资源，不造成竭泽而渔的后果。资源数量剧烈的下滑，与正常的年度动态变化，究竟如何分辨？更难评估的是：我们生产新资源的速率。等到衰落迹象明确了之后，即使对于应变方案众谋佥同，也可能因为丧失先机，难以回天。因此，还未进入工业时代的族群，无法持续经营自己的生活环境，不能视为道德罪过，而是面对一个非常困难的生态问题，没有提出适当的解决方案——他们失败了。那些失败都是悲剧，因为他们的失败使他们的生活形态崩溃，族群灭亡了。

明知故犯造成的悲剧性失败，才是道德罪过。在那一方面，我们美国人与当年的阿纳萨齐人有两个重大的不同：科学知识与运用文字的能力。我们知道如何估算资源利用速率、资源恢复速率与人口数量的关系，他们不知道；我们能够阅读有关过去的生态灾难的报告，他们不能。不过，我们这一代继续捕猎鲸鱼，砍伐热带雨林，好像没有人读过毛利人与阿纳萨齐人的往事。过去，仍然是"黄金时代"，特色是"无知"；现在，是"铁器时代"，一厢情愿地视而不见。

根据这个观点，如果现代社会有更多的人、掌握了力量空前的破坏工具，去重复过去自杀式的生态经营手段，是完全不能被理解的。那就好像人类历史上从来没有重现过那一番景象，好像我们对无可避免的结果一无所知。雪莱的十四行诗《奥兹曼斯迪亚斯》让人同时回想起波斯波利斯、蒂卡尔、复活节岛；或许某一天它将让其他人回想起我们自己文明的废墟。

> 我遇见一位来自古国的旅人
> 他说：有两条巨大的石腿
> 半掩于沙漠之间
> 近旁的沙土中，有一张破碎的石脸
> 抿着嘴，蹙着眉，面孔依旧威严
> 想那雕刻者，必定深谙其人情感
> 那神态还留在石头上
> 而斯人已逝，化作尘烟
> 看那石座上刻着字句：
> "我是万王之王，奥兹曼斯迪亚斯
> 功业盖物，强者折服"
> 此外，荡然无物
> 废墟四周，唯余黄沙莽莽
> 寂寞荒凉，伸展四方。

# 第 18 章

# 哺乳类大灭绝：新世界的故事

美国用两个法定假日，纪念欧洲人"发现"新大陆的丰功伟业：哥伦布日与感恩节。可是印第安人早就"发现新大陆"了，却没有节日纪念。根据考古学的发现，印第安人祖先殖民美洲这档事，哥伦布与那些来自普利茅斯的清教徒，怎么都无法比肩。他们在一片北极冰原中发现了一条通道，到达今天的美加边界，然后，也不过 1 000 年，印第安人就已经到达南美洲南端，在两块先前空无一人的肥美大地上繁衍生息。印第安人"南进"，是人类史上规模空前的殖民探险事业，今后也不可能重演——至少在地球上不可能。

印第安人"南进"过程，另有一个戏剧性的面向。印第安猎人进入新世界之后，发现到处都是大型哺乳动物：类似大象的猛犸象与乳齿象，体重达三吨的地树懒，体重达一吨的"哺乳类甲龙"——与现存南美犰狳有亲缘关系，体型似熊的河狸，体型似虎的剑齿巨猫，此外，还有狮、猎豹、骆驼、马等。可是它们都灭绝了。要是那些野兽都还活着，今天游客到美国黄石国家公园看到的，就不只熊和野牛了，还会有猛犸象、狮子。当年猎人与巨兽相逢，究竟发生了什么？目前考古学家与古生物学家仍在热烈争论。我个人觉得最可信的解释是：那些野兽遭遇了一场人类发动的"闪电战"，迅速灭绝了——在任何一个地点，也许只需要10年。如果这个看法是正确的，那就是地球生命史上，自一颗天外游星在6 500万年前结束了恐龙王朝之后，最大的一次大型动物集体灭绝事件。在第17章我们讨论过：许多人假定过去有一个"黄金时代"，那时人类与环境维持和谐、纯真的关系，我们也举出许多证据，显示那个信念不符实情。美洲当年的"闪电战"，不过是使"黄金时代"蒙尘的第一个，并且从那时起这就是人类的特色。

* * *

人类在美洲与许多巨兽对阵，其实是人类发源非洲、殖民全球这首壮烈史诗的终篇——再也没有大地可供人类征服、占据了。大约200万年前，我们的祖先从非洲"走出去"，进入欧亚大陆；约5万年前，从亚洲进入澳大利亚。于是地球上适于人居的土地，只剩下北美洲与南美洲仍旧空无一人。

今天的美洲印第安人，从加拿大到火地岛，体质上非常相似，其他大洲上的居民完全比不上，这表示他们最近才到达美洲，还没有时间形成、累积遗传差异。即使在考古学家发现最早的印第安人遗骸之前，我们已经确定他们必然是从亚洲来的，因为现代印第安人与亚洲的蒙古人长相非常相似。最新的遗传学与人类学证据，也支持这个传统观点。在地图上，很容易看出：从亚洲进入美洲，最方便的路线就是越过白令海峡——在西伯利亚与阿拉斯加之间。白令海峡最后一次出现陆桥的时候，是在2.5万年前到1万年前（其间短暂中断过）。

不过，到新世界殖民，需要的不只一座陆桥：首先，人类得在西伯利亚居住。由于西伯利亚的北极气候极为严酷，人类很晚才到那里定居。最早的西伯利亚居民，必然是从亚洲或东欧的寒带地区过去的，例如石器时代的乌克兰猎人，他们的住屋是以整齐堆叠起来的猛犸象骨搭建的。但是在西伯利亚，2万年前已有猛犸象猎人活动，到了1.2万年前，类似西伯利亚猎人使用的石器，已经出现在阿拉斯加的考古遗址中。

冰河时代的猎人越过西伯利亚与白令海峡之后，并没有一头栽入丰饶的猎场，因为他们面对的是一片冰原，从太平洋岸到大西洋岸，横亘今日的加拿大境内。在冰河时代，沿着落基山脉东麓，冰原上偶尔会出现一条南北向的"走廊"，人与动物都可通行。2万年前，这条走廊被冰封了，但是那时阿拉斯加并没有人等在走廊北端。不过，1.2万年前这条走廊又开启了，那时猎人必然早已磨砺以须、蓄势待发，因为不仅走廊南端出口（加拿大阿尔柏塔省埃德蒙顿）附近有他们遗留的石器，冰原南部许多地区也都出现了。换言之，猎人与美洲土著大型哺乳类对决的好戏，已经开锣了。

考古学家将这些美洲先驱拓垦族群称为"克洛维斯人"，因为他们的文化遗物（"叶形矛头文化"）最先在美国新墨西哥州克洛维斯城附近的遗址发现。不过，克洛维斯工具以及类似的工具，在美国本土48州都发现了——埃德蒙顿以南、墨西哥以北。亚利桑那大学的考古学家万斯·海恩斯强调：克洛维斯工具与东欧、西伯利亚的早期石器非常相似，只有一个显著的例外——一种扁平的石枪头，两面都经过打制，可是每一面都凿出了一长条纵向沟槽，因此更容易绑紧在木柄上。至于这种枪头是装在一根长木柄上，用手抛射，还是以投射机掷出，或是装在以手握着冲刺的长矛上，目前仍不清楚。可是，在大型哺乳类骨骸上，却可以发现这种石枪头镶嵌在骨头上，或者穿透骨头，可见猎人使用这种武器，一点也不手软。考古学家也掘出过猛犸象与野牛的骨骸，在它们的胸腔找到了克洛维斯石枪头——亚利桑那州南部出土的一具猛犸象，体内有8个石枪头。在克洛维斯遗址中，最常出现的猎物遗骨是猛犸象，也有野牛、乳齿象、貘、骆驼、马以及熊。

关于克洛维斯人，在我们发现的事实中，最令人惊讶的，是他们扩散的速度。在美国，所有克洛维斯遗址以最先进的碳十四测年法断代，都是在几个世纪之内留下的，大约是1.1万年以前。甚至南美南端的一个遗址，也不过距今1.05万年。换言之，从冰原走廊进入美国的猎人，大约在1 000年之内，就已经布满了新大陆——从太平洋东岸到大西洋西岸，从美加边界到南美南端。

同样令人惊讶的，是克洛维斯文化的迅速转化。大约1.1万年以前，克洛维斯枪头突然被另一种枪头代替了。新型枪头较小、较精致，考古学家称为"福尔瑟姆枪头"，因为是在新墨西哥州福尔瑟姆附近的遗址首先找到的。出现福尔瑟姆枪头的遗址，经常也发现一种现在已经灭绝的野牛遗骨，从来没有发现过克洛维斯猎人偏好猎杀的猛犸象。

福尔瑟姆猎人把目标从猛犸象转移到野牛，也许理由很单纯：猛犸象已经没有了。不仅猛犸象，乳齿象、骆驼、马、巨型地树懒，还有几十种大型哺乳类都消失了。整体而言，北美洲的大型哺乳类，以属计算的话，灭绝了73%；南美洲灭绝了80%。这场生物大灭绝，许多古生物学家并不认为能怪到克洛维斯猎人头上。毕竟，学者没有找到大屠杀的证据，只不过发现了几具分布各处的遭人类肢解了的动物遗骸。那些古生物学家认为：当时（冰后期）气候与生境发生了变化，哺乳类才会大量灭绝；克洛维斯猎人不过碰巧在那时进入美国罢了。这套逻辑让我觉得困惑，理由不一而足：冰河、冰原退缩后，地面就被草原、森林覆盖，哺乳类的生境因此扩张了，而不是缩小了；整个冰河时代（更新世），类似的冰河前进、退缩事件，在美国发生了不下22次，那些大型哺乳类没有因此灭绝；并且在同一时段，欧洲与亚洲发生的生物灭绝事件，规模小多了。

如果气候变迁是原因，我们也许应该观察到：偏好温暖生境的物种与偏好寒带气候的物种，受到不同的影响。可是，大峡谷中的地树懒与山羊，分别发源自热带与寒带的物种，在1.1万年前都灭绝了，相距不到一两个世纪。地树懒原本遍布各处，可是在冰后期突然灭绝。它们的粪球有足球那么大，美国西南的山洞中保存了一些，植物学家鉴定出它们赖以为生的主要植物是：麻黄与球葵。现在这两种植物在山洞附近仍能找到。大峡谷中两种饮食无虞的大型哺乳类，恰巧在克洛维斯猎人到达亚利桑那州的时候灭绝了，未免太巧了罢？美国陪审团依据更微小的旁证，都给犯下谋杀罪的嫌疑人定过罪。如果气候真是凶手，那些巨兽也许就没我们想象的那么笨，因为它们巧妙地布下了疑阵，选择一起灭亡，构陷刚到达的克洛维斯猎人，连20世纪的科学家都中了圈套。

对这个"巧合"比较合理的解释是：它的确是因果关系——猎人是因，灭绝是果。亚利桑那大学地球科学家保罗·马丁，用"闪电战"来描述"猎人遇上猛犸象"的不寻常结果。根据马丁的看法，第一批通过冰河走廊，从埃德蒙顿进入美国的猎人，很快就生养众多，四方扩散，因为他们发现了大量的大型哺乳动物，温驯又容易猎杀。杀光了一个地方的哺乳动物之后，猎人与子女就四散，进入新的地区，反正哺乳动物到处都是。他们一路上消灭了所有遇到的大型哺乳动物的族群。当他们到达南美洲的南端，新大陆的大型哺乳动物，大多数都灭绝了。

\* \* \*

马丁的理论遭到了强烈批评，大部分焦点集中在四个议题上。第一，一个百来人的队群，到达埃德蒙顿后，能繁殖得那么迅速，在1 000年之内就布满西半球？第二，他们能散布得那么迅速？从埃德蒙顿到巴塔哥尼亚（南美洲南端）将近8 000英里，1 000年就到了？第三，克洛维斯猎人真的是第一批进入新世界的族群？第四，石器时代的猎人有能力将上亿头哺乳动物消灭殆尽，一头也不剩，也没留下大屠杀的证据？

先讨论生殖率。现代狩猎-采集族群，即使在他们最好的猎场，平均人口密度是每平方英里一人。因此，狩猎-采集族群必须有 1 000 万个人，才能占据整个西半球，因为在克洛维斯时代，新大陆的土地除掉加拿大与其他冰河覆盖的地区，大约有 1 000 万平方英里。在现代史上，移民到达一块无人居住过的土地上（例如《叛舰喋血记》中的水手定居皮特凯恩岛），人口增长率大约每年 3.4%。以那个增长率——相当于一对夫妇养活 4 个孩子，每一世代平均 20 年，100 个猎人只要 340 年就可以繁殖到 1 000 万人。也就是说，克洛维斯猎人走出埃德蒙顿后，1 000 年内成为人口 1 000 万的族群，应该很容易。

那么，他们的后人能在 1 000 年内抵达巴塔哥尼亚吗？从埃德蒙顿到巴塔哥尼亚，直线距离大约 8 000 英里，所以克洛维斯猎人以及他们的后裔，每年平均得向南移动 13 公里。那有何难？任何一个猎人，只要身体还可以，无论男女一天就可以走上 8 英里，然后一年的其他 364 天在当地盘桓。克洛维斯猎人制造石器的石材，往往在当地取材，因此我们知道：石器移动的范围，可达 200 英里。19 世纪，南非祖鲁人迁徙，50 年之内，移动了近 3 000 英里。

克洛维斯猎人是第一个进入加拿大冰原以南地区的族群吗？那倒是个比较困难的问题，考古学家也争论不休。主张"克洛维斯猎人是最早的美洲人"，不可避免依赖的是默证：加拿大冰原以南的新世界，没有找到公认比克洛维斯猎人更早的人类遗骸与文化遗物。但是我必须提醒诸位，的确有许多人宣布他们找到了更早的美洲人，这样的报告不下几十个。但是他们的发现，至少可以说大部分禁不起严格的考验，例如用来测定碳十四年代的标本受过污染，因此产生比较古老的年代；或者用来测定碳十四年代的标本，与人类遗留物没有关联；或者自然形成的物品被当作人工制品。其中两个最有说服力的遗址，一个在美国宾夕法尼亚州的梅多克罗夫特，年代在 1.6 万年前，另一个在智利维德山，年代至少有 1.3 万年。维德山遗址据说出土了许多不同的人工制品，保存状况良好，但是由于正式报告尚未出版，我们无法评估。至于梅多克罗夫特遗址的碳十四年代，学者仍在辩论：遗址中的植物与动物，似乎生存在比较晚近的年代，而不是 1.6 万年以前。

与此相比，"克洛维斯猎人很早就在美洲生活"的证据，却是无可否认，在美国 48 个州都发现了，而且考古学者对那些证据都没有疑问。其他大洲在更早的时候，有更原始的人类定居，铁证如山，众议咸同。每一个"克洛维斯遗址"都有一个"克洛维斯文化层"，出土"克洛维斯石器"与许多已经灭绝的大型哺乳类遗骨；在每一层之上，有一个比较年轻的文化层压叠在上面，其中有福尔瑟姆石器，以及野牛遗骨，此外什么大型灭绝动物的遗骨都没有；克洛维斯文化层之下的那一层，代表克洛维斯猎人到达之前的那几千年，反映的是温和的环境情况，所有大型灭绝动物的遗骨都找得到，但是没有人类遗物。要是新大陆在克洛维斯猎人之前已有人活动、居住，他们怎么可能不留下一丁点证据？例如石器、火塘、居住过的洞穴，甚至骨骸，以及可测定碳十四年代的标本。在那些克洛维斯遗址，他们怎么没有留下"到此一游"的迹象，当时的环境情况不是很温和吗？要是他们从阿拉斯加到过美国宾夕法尼亚州与智利，怎么能够不在其间的土地上留下足够的证据，让人知道他们到过此处？难不成他们搭直升机空降！因为这些理由，我觉得梅多克罗夫特与维德山的碳十四年代有问题，搞不好根本错了，也未可知。"克洛维斯猎人最早到达美洲"是最合理的结论；而"克洛维斯猎人到达之前，美洲已有人居住"，我觉得一点都不合理。

*　*　*

马丁"闪电战"理论引起的另一个热烈辩论的议题，涉及所谓"过度猎杀"与大型哺乳类灭绝的关系。石器时代的猎人如何猎杀猛犸象？我们实在难以想象。更别说把它们赶尽杀绝了。即使那些猎人有杀戮猛犸象的本领，他们为什么要出手？而且为什么没有留下大量杀戮的证据？例如：大量猛犸象的骨骸到哪里去了？

如果你到博物馆，站立在一具猛犸象骨架下面，想象自己手提长矛，攻击这头长鼻獠牙的庞然大物，尽管石枪头尖锐得看一眼都觉得扎人，心中仍然难免觉得这是自杀之举。然而，现代非洲人与亚洲人的确能猎象，他们配备着同样简单的武器，集体行动，采用伏击或火攻。但是，有时一个人凭长矛或毒箭，也能干下大事。不过，这些现代猎象人，只能算业余玩家，克洛维斯猎人可是靠石器猎具讨生活的，几十万年不知多少世代累积的经验，不可小看。博物馆艺术家，往往将旧石器时代晚期的猎人，描绘成光着身子的野人——他们冒着生命危险，朝狂奔而来的猛犸象丢石头，同时已经有一两名同伴被踩翻在地上。那真荒谬！如果捕猎猛犸象的常态行动会让猎人送命，最终灭绝的将是猎人，不是猛犸象。比较符合实情的画面，应该是身着保暖衣物的职业猎人，埋伏在狭窄的溪床边上，猛犸象渡水的时候，他们突然现身，向吓坏了的猛犸象抛掷长矛。

同时，请你们别忘了：如果克洛维斯猎人真的是"最早的美洲人"，新大陆的大型哺乳类遇上他们之前，可能从来没有见过人。南极洲与加拉帕戈斯群岛的经验告诉我们：动物在没有人的情境中演化，遇上了人之后，温驯而无惧。我到新几内亚佛亚山调查过，那是一个与世隔绝的地方，没有人在那里居住、活动过，那里的大型树袋鼠非常温驯，我可以接近它们，距它们一米左右，也不会把它们吓跑。也许新大陆的大型哺乳类也同样地天真，没来得及演化出应付人类的策略，就灭绝了。

即使克洛维斯猎人有猎杀猛犸象的本领，他们猎杀的速度，足以使猛犸象绝种吗？让我们再一次用纸笔算算看。记得吗？我们前面假定过：平均每平方英里有一名猎人，根据现代非洲象的资料，猛犸象的分布密度也一样。再假定克洛维斯猎人族群中，约有1/4是成年男性猎人，每一人每两个月猎杀一头猛犸象。于是每一年每4平方英里有6头猛犸象遭到猎杀，也就是说，猛犸象每一年至少需生出6头才足以补充损失。可是现代象繁殖得非常缓慢，要 20 年才能成熟，其他大型哺乳类，没有三年内就成熟的。因此，克洛维斯猎人每到一地，也许不消几年就能消灭那里的猛犸象，然后再迁居。考古学家今天想要找寻大屠杀的证据，无异大海捞针：克洛维斯猎人在很短的时间内就消灭了猛犸象，在猛犸象化石史上，那不过是一瞬间———瞬间发生的事，为什么会留下较多的证据？难怪考古学家只找到几头猛犸象尸体，身上带着凶手使用的凶器（克洛维斯石枪头）。

　　为什么克洛维斯猎人每两个月就要猎杀一头猛犸象？一头猛犸象体重可达 5 000 磅，刳剥后可以得到 2 500 磅肉，要是一人一天消耗 10 磅，一家四口吃上两个月不成问题。一人一天吃掉 10 磅肉！听来似乎颇为奢侈，但是这个数字接近 19 世纪美国边疆的肉食消耗量。此外，我们假定克洛维斯猎人把那 2 500 磅肉都吃掉了，才算出这个数字。但是肉要保存两个月的话，就得风干、烤干，或费一番工夫才能防腐。可是要处理 2 500 磅的肉，还不如干脆出门再猎杀一头猛犸象算了，新鲜的肉，不是更好吃？海恩斯指出过：克洛维斯猎人并没有充分利用猎到的猛犸象——猛犸象的尸体并没有完全肢解，表示他们挑食又浪费。猎场丰饶、有恃无恐的猎人，才敢那么奢侈。他们出猎，有时可能不是为了果腹，而是为了象牙、皮毛，甚至只是彰显男子气概罢了。现代人猎杀海豹与鲸鱼，也是为了它们的脂肪或皮毛，至于肉呢，任其腐烂。在新几内亚渔村，我偶尔看见大型鲨鱼的尸体被弃置一旁，渔民杀它们，只是为了取鳍做美味的鱼翅汤。

　　现代欧洲猎人发动的"闪电战"几乎灭绝了野牛、鲸鱼，以及许多其他大型动物，这些故事我们太熟悉了。最近在许多大洋海岛上，考古学家发现：不论任何时候，只要人类猎人遇上天真烂漫的动物，就会出现这样的"闪电战"结果。既然人类与天真烂漫的大型动物接触，总是以动物灭绝收场，克洛维斯猎人到了"纯真的"新大陆，怎么会有不同的结果？

不过，到达埃德蒙顿的第一批猎人，几乎不可能预见这个结果。他们从阿拉斯加来，家乡人口过剩，猎物过少，乍然见到大批驯良的猛犸象、骆驼，以及其他野兽，那必然是令人惊疑不止的一刻。出现在眼前的，是一片大平原，绵延无际到天边。他们一旦开始探察四方，必然很快就发现：那里先前空无一人，他们是第一批站在这块肥美土地上的人类（不像哥伦布与"五月花"号上的清教徒）。那批到达埃德蒙顿的先民，也有理由纪念他们的"感恩节"。

# 第 19 章

# 更大的危机：生态

在我们这一代以前，没有人有理由为下一代担忧。我们真的担忧：他们活得下去吗？他们能有一个值得生活的行星居住吗？这些问题涉及我们子女的前途，我们是第一个必须面对这些问题的世代。我们花费了许多心力训练子女，教他们自立之道，教他们相处之道。逐渐地，我们开始自问：我们那些努力会不会到头来一场空？

这些忧虑是因为我们头上的两片阴云而产生的——这两片阴云会造成同样的结果，但是我们却以完全不同的观点看待它们。其一是核爆炸导致毁灭的风险，我们在广岛上空已经见识过那朵毁灭之云。每个人都同意这个风险是真实的，因为我们已经累积了许多核武器，而且历史上政客偶尔会愚蠢地错估形势。人人都同意：核战争一旦爆发，对所有人都不好，甚至可能毁灭全人类。这个风险塑模了现代国际政治和外交。我们唯一没有共识的地方，是处理这个风险的最佳方式——例如美国应该致力于全面或部分禁核，核平衡，还是核优势？

另一片阴云是环境导致的毁灭风险。世界上大部分物种逐渐灭绝，是常讨论的潜在肇因。不过，大家对环境毁灭的危机意识不如核毁灭，大灭绝的风险是不是真的？果真发生了，会影响我们吗？我们对这两个问题全无共识。举例来说，人类在最近几个世纪，使世界上鸟的种类灭绝了 1%，这个数字经常有人引用。一方面，许多深思熟虑的人士——特别是经济学者与工业领袖，包括一些生物学家与许多外行人认为：1% 的损失，即使发生了，也不算什么。事实上，这些人相信 1% 这个数字是高估了，况且大多数物种对我们没什么用，即使丧失了 10 倍多的物种，也不会伤害我们。另一方面，许多其他深思熟虑的人士——特别是保育生物学家与日渐增多的环保人士认为：1% 这个数字，其实低估了，而且生物大灭绝会摧毁人类生活的质量或基础。这两个极端观点哪一个比较接近实情呢？很明显，我们现在的信念对子女的未来，会有很大的影响。

核毁灭的风险与环境毁灭的风险，是两个十分迫切的问题，今天人类必须面对和筹划解决方案。与这两朵乌云比较起来，我们平时对癌症、艾滋病与减肥着魔似的关切，就未免太小儿科了，因为那些问题不会威胁全人类的生存。要是核危机与环境危机不发生，我们会有许多时间去解决癌症之类的琐事。要是我们不能防止那两个危机，癌症有没有治疗的办法，也不重要了。

人类已经造成多少物种灭绝了？在我们子女那一代，还会有多少物种可能灭绝？要是更多物种灭绝了，会怎样？鹪鹩对我们的国民生产总值（GNP）有多少贡献？所有的物种迟早会灭绝的，不是吗？生物大灭绝造成的危机，是歇斯底里的妄想？是未来的真正危机，还是已经证实的事实，目前正在进行？

"大灭绝"论战中涉及的数字，如果我们要得到比较接近实情的估计，必须经过三个步骤。第一，现代史上（自 1600 年起）灭绝的物种有多少？我们必须先算出来。第二，我们必须估计 1600 年以前灭绝的物种数目。第三，我们必须预测：多少物种会在我们有生之年灭绝？我们子女的世代呢？我们孙辈的世代呢？最后我们得问：生物大灭绝究竟有什么大不了的？

* * *

就让我们开始吧，现代史上灭绝的物种有多少？这个问题似乎容易回答。只要选一群植物或动物，翻开它的名册，计算全部物种的数目，再将 1600 年之后灭绝的物种划掉，然后把灭绝物种加起来。最适合尝试这个做法的生物群是鸟类，因为鸟类既容易观察又容易辨识，况且观鸟人士很多。因此，所有动物中，我们对鸟类知道得最多。

现在世上大约有 9 000 种鸟类。每一年只发现一两个新种过去没有被著录过，所以我们可以说：所有现存鸟类都由学者命名过。国际鸟类保护委员会（ICBP）是最关心全球鸟类现况的机构，它发表过一个数字：108——自 1600 年以来，已经有 108 种鸟类灭绝了，包括它们的亚种。这些鸟类灭绝都是人类造成的，下面我还要谈这个问题。108 种大约是所有鸟类（9 000 种）的

1%。我先前提过"1%"那个数字，就是这么来的。

　　在我们接受这个数字之前，我们得先了解它是怎么算出来的。国际鸟类保护委员会判定一种鸟灭绝，有两项要件：一、这种鸟先前在某一地区出现过或可能出现，所以在该地区搜寻这种鸟；二、经过许多年仍然搜寻不到。有许多例子，观鸟人士目睹了整个族群萎缩的过程，并对最后的几只，有完整的追踪。举例来说，美国佛罗里达州最近有一种雀鸟的亚种海滨灰雀灭绝了。这种雀鸟栖息在一片沼泽地里，可是由于沼泽地遭到人为破坏，族群逐渐缩小。保育单位在仅剩的几只身上绑上了识别标志，便于追踪。最后只有 6 只还活着，由保育人员抚养，期望存亡续绝。不幸它们一只一只都死了，1987 年 6 月 16 日，最后一只死亡。

　　因此，那个亚种灭绝了，证据确凿。许多其他亚种，以及那 108 种鸟灭绝了，也毫无疑问。自欧洲人定居北美以来已经消失的物种，以及每一种类最后一个个体死亡的年份如下：大海雀（1844 年），白令鸬（1852 年），拉布拉多鸭（1875 年），旅鸽（1914 年），卡罗来纳长尾鹦鹉（1918 年）。大海雀先前在欧洲也出现过，但自 1600 年以来欧洲生活的其他鸟类没有被记录为已灭绝，尽管有些种类在欧洲境内已灭绝而在其他大陆上存活着。

　　不过，国际鸟类保护委员会的标准，实在太严格了，不符合那些标准的鸟，就一定存活着吗？对于北美洲与欧洲大多数鸟种而言，答案是："是的。"这两块大陆上的鸟迷，成千上万，密切地监控所有鸟的动向。越是稀有鸟种，他们搜寻得越起劲。因此，北美洲与欧洲的鸟，若有哪一种灭绝了，绝不可能没人注意到。目前，北美洲只有一种鸟黑胸虫森莺还存亡未卜[1]。这种鸣鸟最后一次被观察到的记录，是在 1977 年，可是国际鸟类保护委员会还没放弃希望，因为最近的记录无法确证。因此，北美洲自 1600 年以来，灭绝的鸟类至少 5 种，至多 6 种。同样地，欧洲自 1600 年以来，灭绝的鸟类只有一种。不错，只有一种，你没看错。

所以，"自 1600 年以来，北美洲与欧洲有多少鸟种灭绝"，这个问题我们有精确的、毫不含糊的答案。要是其他的生物群，我们也有这种质量的信息，那么评估"大灭绝"论战的第一步就完成了。不幸得很，关于植物与其他动物，情况可不像北美的鸟类那样明确，至于世上其他地区，更别提了——最不清楚的就是热带的生物，因为热带生态系统是地球最主要的生命系统，绝大多数生物生活其中。大多数热带国家，观鸟人士很少，甚至没有，所以别提什么鸟类年度监视信息了。许多热带地区，自从许多年前有人做过田野生物学调查，就再也没有侦察过。许多热带物种的命运，并不清楚，因为自从世人知道它们存在之后，再也没有人见过它们，或者特意搜寻过。举个例子吧。世人知道的布拉斯僧鸟，只有 18 只标本代表，是 1939 年 3 月 22 日到 4 月 29 日射杀的。没有科学家再度访问过采集到那些标本的地方，所以那种鸟现在的情况，我们一无所知。

至少我们知道到哪里去找布拉斯僧鸟。许多其他物种，我们

---

[1]　黑胸虫森莺已于 2021 年被宣布灭绝。——编者注

只有 19 世纪探险队采集的标本，关于采集地点，通常只有含糊的记载，例如"南美"。一些稀有鸟种要是只有那么宽泛的线索，想找到它们，无异于大海捞针。它们的歌声、行为与生境偏好，都没有记录。因此我们不知道到哪里去找它们，或者如何辨认出它们——要是我们有机会瞥见或听见它们的话。

因此，许多热带物种既不能列入"灭绝"，也不能列入"存活"，只能注记"未知"。除非某一物种（不知何故）引起了某位学者的注意，刻意展开搜寻，我们才会得到比较新的信息，甚至可能确定它已经灭绝了。

举个例子吧，在热带太平洋上，所罗门群岛是另一个我喜爱的观鸟区域。第二次世界大战的美日老兵，对所罗门群岛应记忆犹新，因为太平洋战役中最惨烈的战事，就发生在所罗门群岛。连肯尼迪总统在第二次世界大战中的"英勇传奇"，也发生在这片海域（可还记得瓜达尔卡纳尔岛，亨德森机场，肯尼迪的鱼雷艇 PT–109，东京快车）。根据国际鸟类保护委员会的报告，所罗门群岛上有一种鸽子已经灭绝了。我整理过最近所罗门群岛的观鸟记录，算出那里出现过 164 种鸟，可是我注意到其中 12 种自 1952 年后，再也没有人见过。那 12 种鸟，其中有些已经灭绝了，毫无疑问，因为先前它们数量很多、引人注目，或者因为岛民告诉我，那些鸟被猫赶尽杀绝了。

164 种鸟之中，12 种灭绝了，也许听来不值得忧虑。不过，热带地区中，所罗门群岛大概"原貌"保存得最完整，因为那里人口少，鸟种也少，没什么经济发展，森林大体维持自然面貌。

热带地区的现况，马来西亚比较有代表性，那里的物种丰富，低地的森林大多砍伐殆尽。根据过去的田野生物学调查，有 266 种淡水鱼生活在森林河流中。最近，经过 4 年的追踪调查，只找到其中的 122 种——一半都不到。其他的 144 种，或者灭绝了，或族群急剧萎缩了，或者只生存在人迹罕至的角落。要不是这次调查，根本没有人注意到它们的命运。

马来西亚面临的"人类压力"，在热带地区有代表性。鱼类也可代表鸟类以外的生物——科学界对它们从来就不热心。马来西亚已经丧失了（或几乎丧失）一半淡水鱼种，因此，以这个数字估计热带地区主要生物群——植物、无脊椎动物、鸟类以外的脊椎动物的灭绝比例，大概八九不离十。

1600 年以来，多少物种已经灭绝了？回答这个问题，第一个难以克服的障碍就是：许多科学界记录过的物种，目前的境遇并不清楚。但是，另外还有一个障碍。前面我们讨论的，都是"科学界记录过的物种"，可是，会不会还有些物种，在科学界知道以前就灭绝了？

当然有。因为以抽样统计的方法，学者估计全世界的生物接近 3 000 万种，但是科学界只记录了 200 万种。我可以举两个例子，证明许多物种在科学界记录之前就灭绝了。植物学家阿尔文·金特里到南美厄瓜多尔一个孤绝的山脊调查，发现当地有 38 种植物，科学界从未记录过。不久，这个山脊的森林就砍伐殆尽，那些植物便绝种了。在加勒比海的大开曼岛，动物学家弗雷德·汤普森在一个石灰岩山脊上的森林中，发现了两种陆蜗牛。

几年后，那个地方开发成住宅区，森林全都清理掉了。

　　金特里与汤普森正巧在那些物种灭绝之前，到那两个地方调查，这纯属意外，所以我们有那些物种的名字。但是大部分热带地区在开发过程中，并没有先请生物学家调查过。因此，不知已有多少物种无声无息地灭绝了，而科学界一无所知。

　　总之，现代史上物种的灭绝数目，乍看很容易计算，例如北美洲加上欧洲，有 5 种或 6 种鸟类灭绝了。但是仔细想来，已经公布的物种灭绝数字，必然不符实情，而且严重低估，理由有二。第一，公布的数字，反映的只是已经记录过的物种，而事实上地球上大多数生物尚未记录过（鸟类是例外）。第二，北美与欧洲以外地区，鸟类以外的生物，科学界发现的绝种生物，只反映个别学者的私人兴趣，而不是系统调查的结果。热带地区过去记录过的许多生物，由于无人问津，它们现在的境遇，就无人知晓。它们有许多，可能像马来西亚一半以上的淡水鱼一样，不是灭绝了就是濒临绝种。

＊　＊　＊

　　评估"大灭绝论战"必须面对的第二个步骤是：如何估计 1600 年以前灭绝的物种数量？ 1600 年是生物分类科学萌芽的年代。现代史上造成物种灭绝的因素，包括人口增长、人类占据先前无人居住的土地、破坏环境的技术发明。这些因素是在 1600 年突然冒出来的吗？人类的演化史至少有 500 万年，1600 年之前，人类没有灭绝过生物吗？

当然不是。5 万年前，人类只生活在非洲以及欧亚大陆的温暖区域。从那时起，直到 1600 年，人类经历了空前的地理扩张：5 万年前，到达新几内亚、澳大利亚；然后，先后进入西伯利亚和北美洲与南美洲大部分地区；最后，大约公元前 2000 年，进占大多数大洋中的遥远岛屿。人类数量的扩张也是空前的：5 万年前地球上只有几百万人，到了 1600 年，已达 5 亿。5 万年来人类的狩猎本领日益增强，加上 1 万年前出现的磨制石器与农业，以及 6 000 年前出现的金属器，人类毁灭环境与其他生物的能力，逐步增强。

世界上所有人类在最近 5 万年占据的地区，只要古生物学家研究过，就会发现人类抵达与大规模史前灭绝事件，有如斯响应的关系，例如马达加斯加、新西兰、波利尼西亚、澳大利亚、西印度群岛、美洲、地中海各岛屿。在第 17 章、18 章我描述过那些发现。自从科学家逐渐察觉到这些生物灭绝浪潮与人类移民有关，他们就在辩论：人类是祸首呢，还是人类抵达时发生的（巧合？）气候变迁？就波利尼西亚各岛而言，波利尼西亚人登陆后直接或间接地消灭了土著生物族群，铁案如山，不容置疑。波利尼西亚人登陆后几个世纪，"正巧"鸟类灭绝了，当时气候并没有什么变化，而波利尼西亚人的土灶中遗留了几千只烧烤恐鸟的骨骸。在马达加斯加，时间的巧合一样地令人信服。但是，更早的灭绝事件，特别是发生在澳大利亚与美洲的，目前学者仍在辩论。

我在第 18 章已经解释过了，美洲冰后期发生的生物灭绝，人类扮演的角色，在我看来证据确凿。世界上每个地方，人类一旦进入，生物灭绝的浪潮随之发生；即使当时的气候正在变迁，别的地方却没有同样的灭绝浪潮出现，或者同一个地方，先前发生的气候变迁，并没有引发灭绝浪潮。

因此我怀疑气候是元凶的说法。况且，所有访问过南极洲或加拉帕戈斯群岛的人，都知道那里的动物非常温驯，直到最近仍不熟悉人类。摄影家仍然能够容易地接近那些动物，就像第一批见到那些动物的猎人一样。我假定：世上其他地方的第一批猎人，也同样容易地接近纯真的猛犸象与恐鸟，而与猎人一起到达的老鼠，很容易接近夏威夷与其他海岛上的小鸟。

世上先前没有人占据的地方，史前人类大概消灭了不少物种，可是，这不是人类毁灭物种的唯一机会。过去 2 万年中，人类长期占据的土地上，也有不少物种灭绝——欧亚大陆上，长毛犀、猛犸象与大角鹿（"爱尔兰麋鹿"）灭绝了；在非洲，巨型水牛、巨型羚羊、巨型马灭绝了。这些巨兽也许一直是人类狩猎的对象，但是人类发明了精良的武器后，它们就遭殃了。欧亚大陆与非洲的大型哺乳类，早已演化出对人类的戒心，但是它们消失了；美国加州的大灰熊，与英国的熊、狼、河狸，也消失了。理由不外两个：人与精良的武器。

在这些史前灭绝事件中，究竟有多少物种灭绝了？或者，我们能估计吗？史前人类破坏生境，使许多植物、无脊椎动物与蜥蜴灭绝，可是没有人尝试过估计那些物种的数目。但是所有古生物学家研究过的海岛，都发现了最近灭绝的鸟类。以那些岛屿得到的数字，推演古生物学家还没有研究过的海岛，学者算出大约有 2 000 种海岛鸟种在史前灭绝了。这个数字大约是几千年前全球所有鸟种的 1/5。这数字并不包括在大陆上灭绝的鸟种。以大型哺乳类的"属"来计算，北美洲、南美洲、澳大利亚在人类抵达之际（或之后），分别有 73%、80%、86% 灭绝了。

\* \* \*

评估"大灭绝论战"的第三个步骤是：预测未来。灭绝浪潮的高峰已经过去了，还是方兴未艾？有好几个方法可以估计。

一个简单的方法，是计算现在有多少物种濒于绝种，因为明天绝种的动物，现在必然已经濒临绝种。现生物种中，有多少数量已经大幅缩减、难以为继？国际鸟类保护委员会估计至少有 1 666 种鸟，不是濒临绝种就是随时会灭绝——几乎是现在所有鸟类的 1/5。前面我说明过，国际鸟类保护委员会公布的灭绝鸟种数目，是低估了。缘于同样的理由，我说"至少"有 1 666 种，因为"1 666 种"这个数字低估了。两个数字都是以科学界注意到的鸟种做根据，而不是有系统地评估所有已知鸟种的境遇。

另一个预测方法，是了解我们灭绝物种的机制。人类造成的物种灭绝，也许会继续加速，直到人类人口与技术的增长，进入高原期（不再进步），可是现在两者都没有"进入高原期"的迹象。我们的人口，从 1600 年的 5 000 万，已经增长到现在的 60

亿<sup>①</sup>，并且每年继续增加 2%。我们的技术，每一天都在进步，继续改变地球与地球上的生物。物种因为逐渐增长的人口而毁灭，机制有四个：过度猎杀、引入新物种、破坏生境、涟漪效应。让我们看看它们是否已经"进入高原期"。

过度狩猎——杀戮的速度超过繁殖的速度是我们消灭大型动物的主要机制，从猛犸象，到美国加州灰熊（美国加州州旗上就有这种动物的图案，我住在加州，但许多在加州的朋友都不曾记得我们在很久之前灭绝了我们州的图腾）。所有我们可能杀光的大型动物都已经灭绝了吗？当然没有。尽管鲸的数目已经低到引起国际社会的注意，共同约定禁止商业捕鲸，日本却宣布"为了科学目的"而提高捕鲸量。我们都见过非洲象与犀牛因为象牙与犀角而遭到滥杀的照片。以目前的猎杀速度而论，不只象与犀牛，非洲与东南亚大部分其他的大型哺乳类，在 10 年或 20 年之内就会在野外消失，只有保护公园与动物园还能分别"收藏"几头。

第二个机制，是有意或无意间将某地的土著物种引入其他地区。美国人比较熟悉的例子，有褐鼠（又称挪威鼠，欧洲人误认为源自挪威）、欧洲椋鸟、棉铃象鼻虫（侵害棉木），与侵袭树木（例如荷兰榆树与栗树）的真菌。欧洲也有外来物种的问题，例如亚洲来的褐鼠。外地来的物种，往往会在客地消灭土著种，或者把土著种当食物，或者致病。受害者由于从来没有与入侵者"相处"的经验，所以无法及时演化出因应的对策。美洲栗木就

---

① 本书写作时 1992 年的数据。——编者注

是被枯萎病灭绝的，致病的真菌来自亚洲，而亚洲栗木就不怕那种真菌。同样地，外来山羊与老鼠在海岛上，消灭了许多植物与鸟类。

是不是所有可能引起危害的生物，全部都释放到世界各地了？当然不是。还有许多海岛山羊与褐鼠没光顾过；许多国家以隔离检疫措施防堵许多昆虫与疾病入境。美国农业部花费了大量资源，企图防止巴西杀人蜂与地中海果蝇进入美国，可是失败了。事实上，最近引入东非维多利亚湖的尼罗河尖吻鲈，可能会酿成现代史上最大规模因物种引进导致的灭绝事件，因为维多利亚湖有 200 种以上的丽体鱼，非常奇特，世间无双。尼罗河尖吻鲈是体型很大的猎食者（体长可达两米），当初将它们引入维多利亚湖，是为了增加当地人的蛋白质摄取量，哪里知道它们是土著丽体鱼的克星，不仅鱼群大量减少，搞不好至少一半鱼种要灭绝。

破坏生境是我们灭绝其他生物的第三个手段。大多数物种生活在特定生境中：沼泽鸣鸟栖息在沼泽中，松鸣鸟栖息在松林中，要是将沼泽的水放干、地填平，或将松林砍掉，等于将依赖那些生境的物种置于死地，用猎枪一只一只将鸟儿打下来，也不过是那个下场。举个例子好了，菲律宾宿务岛有 10 种土著鸟种，可是森林砍伐殆尽后，9 种灭绝了。

谈到破坏生境，最糟糕的事还没有发生，因为我们刚开始认真地破坏热带雨林——世上物种最丰富的生境。雨林中丰富的生命，简直就像传奇，例如，在巴拿马，在一个雨林树种上生活的甲虫，就超过 1 500 种。雨林面积只占地表面积的 6%，却蕴藏着地球生物圈一半的物种。每一块雨林都有大量的土著种。一些生物资源特别丰富的雨林，已经被毁了，例如巴西大西洋岸的森林、马来西亚的低地森林，几乎全被毁了；婆罗洲与菲律宾的雨林，20年内大部分会被砍尽。21世纪中叶，可能幸存的大片雨林，只能在中非的刚果（金）与亚马孙盆地找到了。

每一物种都依赖别的物种：所依赖之物种或为食物，或为生境。因此物种与物种相系，好似不断分枝出去的骨牌行列。一行骨牌只要推倒一片，就会使其他的一些也倒下；同样地，灭绝一个物种可能使其他一些物种遭殃，那些物种灭绝后又会导致一些其他物种灭绝。这第四个灭绝机制，可描述为涟漪效应。自然界的物种太多，彼此间又形成复杂的关联，因此无法预见涟漪效应怎样发生。

举例来说，巴拿马的巴罗科罗拉多岛以前有大型猎食动物，例如美洲豹、美洲狮，还有美洲角雕。50年前，没有人预见那些大型动物灭绝后，会导致小食蚁鸟灭绝，以及岛上森林物种组成的巨大变化。可是事实如此，因为大型猎食动物过去捕食中型猎食动物（例如西貒、猴子、长鼻浣熊），与中型素食动物（例如几种以种子为食的刺鼠和天竺鼠）。大型猎食动物灭绝后，中型猎食兽的数量爆炸式增长，就把小食蚁鸟与鸟卵都吃光了。那些中型素食动物，数量也爆炸式增长，把掉落地面的大种子都吃了，因此种子大的植物，就无法繁衍，而其竞争对手——种子小的植物，便把握机会扩张地盘。森林的树种组成变化了之后，又使依赖小种子为食的鼠类族群暴增，以捕食小型鼠为生的动物，如鹰、猫头鹰、豹猫等，数量也急速增加。所以，三种不常见的大型猎食动物灭绝后，在整个植物与动物社群中，激起了一系列的"涟漪"，包括许多其他物种的灭绝。

到了21世纪中叶，这10年来（20世纪90年代）出生的婴儿已经60岁了，现生物种大概会有一半灭绝，或者濒临绝种，都是过度猎杀、引入新种、破坏生境、涟漪效应四个机制的杰作。我与今天的许多父母一样，经常在想：怎样将我成长、生活的世界描述给我的孩子听，因为他们见不到那个世界了。等到他们长大，可以跟我一起到我工作过25年的新几内亚——这个世界的生物宝藏调查——那里东部高地的森林已经被砍光了。

要是将我们已经灭绝的物种数量，加上即将灭绝的物种数量，可以看出：目前的灭绝浪潮，已超过那次毁灭恐龙的"彗星撞地球"。哺乳类、植物与许多其他类型的生物，逃过了那一劫，几乎毫发无伤，可是目前的灭绝浪潮，正冲击着所有生物——蚂蟥、百合、狮子都在劫难逃。因此，一些人高唱的灭绝危机，绝非危言耸听，也不是未来才必须面对的严重风险。事实上，这是个过去5万年中不断发展的事件，速度越来越快，在我们子女的有生之年，就会开始进入尾声。

\* \* \*

最后，我们要考虑两个论证，它们同意灭绝危机是真实的，但是不认为那有什么意义。第一，生物灭绝不是个自然过程吗？果真的话，现在发生的灭绝事件有什么了不得的？

答案是，目前人类导致的生物灭绝率，比自然灭绝率高得太多了。我们估计过，世上 3 000 万种生物，一半会在下个世纪灭绝，按照现在的物种灭绝率，就是每年 15 万种，或一小时 17 种。世上的 9 000 种鸟类，现在每年至少灭绝两种。但是在自然状态中，鸟类一世纪灭绝不到一种，也就是说，目前的速率比自然速率至少高 200 倍。以"生物自然会灭绝"为由，拒不承认灭绝危机，等于以"人皆有死"做借口，拒绝谴责灭族行为。

第二个论证很简单："你想怎样？"我们关心自己的子女，而不是甲虫、以蜗牛为食的鱼；要是 1 000 万种甲虫灭绝了，谁会关心？这个论证答案也很简单。与所有生物一样，在许多方面，我们依赖其他物种才能生存。例如其他物种生产我们呼吸的氧气、吸收我们呼出的二氧化碳、分解我们的污水、供应我们食物、维持我们土地的肥沃，以及供应木材与纸张。

那么，我们干脆只保存那些我们需要的物种，其他的，就任其自生自灭算了，可好？当然不好，因为我们需要的物种，也依赖其他的物种。巴拿马的小食蚁鸟无法预料它们需要美洲豹，同样地，"生态骨牌"太复杂了，我们无法辨认哪些"骨牌"我们可以抛弃。举例来说，谁能回答下列三个问题：世界上大部分纸浆，是以哪 10 种树木供应的？那 10 种树木，每一种有哪 10 种鸟为它清理害虫，哪 10 种昆虫为它传粉，哪 10 种动物为它散播种子？这 10 种鸟、昆虫、动物依赖哪些其他的物种？如果你是一个木材公司的总裁，想知道哪一个树种就算灭绝了也不会造成公司的损失，你就必须能够回答那三个不可能回答的问题。

如果你想评估一个开发计划，那个计划要是顺利进行，可以赚 100 万，可是可能会使几个物种灭绝，确定的收益与不确定的风险，相较之下，不难选择。然后我们考虑下面的类比。假定有人给你 100 万，要你让他在你身上切下两盎司肉来，保证不痛。你想，两盎司不过是体重的千分之一，切下后，身体还有 99.9%，够多了。要是切下的两盎司肉，是多余的身体脂肪，而且操刀的是一位技术优良的外科医师，你大概不会抱怨。但是，万一那位外科医师在你身上，随便从他下手方便的部位切下两盎司组织，或者他不知道你的身体哪些部位是重要的，怎么办？也许他切下的是你的尿道。如果你想出售身体的大部分，就像我们现在计划出售大部分地球的自然生境，你最后一定会丧失你的尿道。

＊　＊　＊

本章一开始，我提到笼罩我们未来的两片阴云，现在我要整体地比较那两片阴云，让读者对它们的异同产生完整的印象，以此作为本章的结论。核毁灭必然带来大灾难，但是现在尚未发生，将来可能发生，也可能不会发生。环境毁灭同样会带来大灾难，不过它与核毁灭不同，它是现在进行时——已经上路了。它在几万年前开始，现在造成的损害比过去大，事实上有加速的趋势，不能制约的话，在 21 世纪就会到达高峰。唯一不确定的是：最终的大灾难，会打击我们的子女，还是孙辈？我们现在该做什么、能做什么，答案显而易见，问题是：我们会去做吗？

# 前事不忘，后事之师

现在，我要将本书的几个主题综合一番，凸显它们的有机联系，为了达到这个目的，回顾人类在过去 300 万年的兴盛史，是方便的途径——最近人类历史发生逆转的迹象我们也会注意。

我们的祖先在动物界第一次显得有点卓尔不群，是在 250 万年前，因为那时他们开始制作石器，尽管极为粗糙，学者在非洲已经发现了许多标本。从发现的石器数量看来，当时石器已经是人类的日常生活用品，扮演重要的角色。在非洲大猿——我们最亲近的亲戚中，倭黑猩猩与大猩猩不使用工具，黑猩猩偶尔制造一些极为原始的工具，但是从来不依赖那些工具生活。

可是，人类制造的那些粗糙工具，并没有使人类一步登天，成为动物界的"万物之灵"。即使人类已经会制作石器，仍然继续在非洲生活了 150 万年。100 万年前，人类走出非洲进入欧亚大陆比较温暖的地带，成为三种黑猩猩中分布范围最广泛的一种，不过比狮子仍差得远。人类的工具，改进的速率极为缓慢，从

"极为粗糙"演变成"非常粗糙"。到 10 万年前，至少欧洲与西亚的人群——尼安德特人，已常规性地使用火。可是在其他方面，那时的人类仍然不过是一种大型哺乳类罢了。什么艺术、农业以及高级技术，影子都没有。那时人会不会说话？不知道。会不会嗑药？不知道。现代人类的奇异性象（性习惯与生命周期）已经出现了吗？不知道。但是尼安德特人很少活过 40 岁，因此女性也许还没有演化出"停经"。

人类行为的"跳跃式演化"，最明确的证据大约在 4 万年前突然出现在欧洲，正巧那时与我们形态完全一样的现代人也出现了——他们在非洲演化出来，经过中东，进入西欧。从那时起，我们开始展现艺术创作、以特殊工具为基础的技术、地域性的文化差异，以及与时俱进的文化创新。这个"跳跃式演化"无疑是在欧洲以外的地区发展出来的，但是那必然是个快速的过程，因为 10 万年前现代人已在南非出现，从他们遗留的洞穴遗址看来，他们仍然只是"很有潜力的黑猩猩"罢了。无论肇因是什么，"跳跃式演化"必然只涉及我们基因组中的一小撮基因，因为我们与黑猩猩的遗传差异，只有 1.6%，而且其中很大一部分早就演化出来了。如果硬要我猜测人类行为"跳跃式演化"的肇因，我会认为"语言"扮演了重要的催化剂——我指的是现代人的语言能力。

我们通常认为克罗马农人是第一种配得上"万物之灵"头衔的人，他们也展现了两种特征——自相残杀与破坏环境，种下人类当前处境的祸根。即使在克罗马农人演化出来之前，人类头骨化石已经可以鉴定出尖器刺穿的痕迹，或打破颅底摘取脑子的迹象——谋杀、食人的证据。克罗马农人出现不久，尼安德特人便突然消失（约 3 万年前），意味着"灭族屠杀"当时已经极有效率。我们摧毁自己的生存资源，也有极高的效率，例如 5 万年前人类进入澳大利亚，结果几乎所有大型动物都灭绝了，而非洲与欧亚大陆一些大型哺乳类也因为人类日益精良的狩猎技术，遭到赶尽杀绝的命运。如果在其他的太阳系，自毁的潜能与先进文明的兴起也有那么密切的关联，那么我们还未有任何外星访客，就容易理解了。

大约 10 万年前，最后一次冰期结束了，人类超越其他动物的速率增加了。我们占领了美洲，正巧发生了一场大型哺乳类大灭绝——我们也许是元凶。不久，农业兴起了。再过几千年，第一份书写文件出现了，人类进入"历史时期"，于是我们技术发明的步伐，开始有记录了。同时，历史文件也显示：我们早已习惯嗑药，攻城灭国、杀人盈野成为常态，甚至受到钦羡、歌颂。生境破坏开始导致许多社会倾颓，最早的波利尼西亚人与马尔加什人在大洋海岛上造成物种大灭绝。自 1492 年起，有读写能力的欧洲人纵横四海、寻幽探胜，足迹遍布全球，留下了详尽记录，我们得以追溯人类的兴亡。

最近几百年间，我们发明各种技术，将无线电信号送入太空，也能让全人类一夜间粉身碎骨。即使我们能够自制，不按下那"致命的按钮"，我们攫取地球生产力、消灭物种、破坏环境的速度也已经加快，而那种速率不可能维持到下一个世纪。说到这里，也许你会抗议，因为环顾四周，的确看不见什么迹象，显示人类历史已经濒临拐点。事实上，见微知著，只要你仔细看，迹象就会跃然眼前。饥馑、污染与破坏性的技术都增加了；可耕农地、海洋食物资源、其他自然产物、环境消纳人类废弃物的能力，都在下降。更多的人掌握着更强大的技术，竞争越来越少的资源，得有一方让步。

那么，会发生什么？

悲观的理由不少。即使地球上所有人类现在就消失了，我们对环境已经造成的破坏，也会让环境质量继续恶化下去，至少几十年。无数物种濒临绝种，因为它们的族群数量已下降到难以恢复的地步。尽管历史上有许多人类族群自毁的案例，我们可以学习宝贵的教训，许多人仍然独持偏见，反对控制人口数量，反对保护环境。人们加入破坏环境的行列，不是为了私利，就是无知。甚至有更多的人，每天糊口都有困难，保护环境云云，无异于天方夜谭。这些事实加起来，等于告诉我们：毁灭列车的动能，已达威猛难挡的地步，换言之，我们人类也已濒临绝种，虽然一息尚存，但与"活死人"无异，我们的前途，与另外两种黑猩猩一样黯淡。

这个悲观的前景，阿瑟·维希曼以一个讥讽的句子，捕捉到了其中的精义——那是1912年，不过是在另一个背景下。维希曼是荷兰探险家、大学教授，他花了10年写了一部三卷本巨著（共1 198页）——《新几内亚探险史》。他搜罗了所有关于新几内亚的文献，从早期通过印度尼西亚传出的消息，到19世纪与

20世纪初期的西方探险记录与报告，凡是他找得到的，都仔细爬梳过。他逐渐明白：尽管探险家前赴后继，可是他们却一再重复前人的愚蠢错误：以夸张不实的成就傲人，拒绝承认酿成灾难的疏忽，无视前辈的经验（以致重蹈覆辙），结果是一连串不必要的折磨与死亡。维希曼非常失望，于是预测：未来的探险家会继续重复前人的错误。他用以总结全书的最后一句，充满激愤："什么都没学到，什么都忘掉！"

我提到过许多理由，足以让人们对人类前途，报以同样嘲讽、激愤的态度，但是我却认为：我们的处境，并不是毫无希望。我们的问题，全是自己造成的，解铃还须系铃人，因此解决那些问题，在我们的能力范围之内。尽管我们的语言、艺术、农业并不独特，但我们能学习前人（时间）与别人（空间）的经验教训，这个本领使我们成为动物界独一无二的物种。让人心怀希望的迹象中，有许多实际、广受讨论的政策，只要实行就能避免灾难，例如：限制人口增长、保护自然资源，以及许多其他的环保措施。许多政府为了解决某些问题，已经依据这些明白可行的方案草拟对策。

举例来说，对环境问题的意识已经提高与扩散，环保成为政治议题，得到政客背书。开发商不再总是赢家，短视的经济论证，不再总能赢得支持。许多国家最近几十年降低了人口增长率。灭族屠杀虽然没有绝迹，但是通信技术普及后，至少有消泯传统仇外心态的潜力，因为此后不易再将异域殊族视为"低等人"。1945年，原子弹在广岛、长崎上空爆炸，那时我7岁，因此对核毁灭的迫切危机感（那种感觉在知识界持续了几十年），记忆犹新。但是，半个多世纪过去了，核武器没再动用过。核毁灭的风险现在似乎空前的遥远——自 1945 年 8 月 6 日以来。

1979 年，我开始担任印度尼西亚政府的顾问，负责在印度尼西亚属新几内亚伊里安查亚省（Irian Jaya）规划自然保留地系统，我的观点受到那个经验制约，殆无疑问。表面看来，印度尼西亚似乎不是个有指望的地方，你也许因此会认为：想在那儿保留我们日渐缩减的自然生境，只好死马当活马医，不过尽人事罢了。热带第三世界国家面临的问题，印度尼西亚是个范例，情况比一般地区更严重。印度尼西亚人口超过 1.8 亿，世界排名第五，可是贫穷得很。那里人口不断增长；几乎一半人口年龄在 15 岁以下。有些省人口密度特别高，于是向人口少的省，例如伊里安查亚省"输出"人口。那里没有成群的观鸟人士，没有广泛串联的地方环保团体。以西方的标准来衡量，印度尼西亚政府不是个民主政体，而且处处可见贪污腐败。印度尼西亚以自然资源赚取外汇，除了石油与天然气，最大宗的出口物品是原木——从原始热带雨林砍伐来的。

因此，也许你不会期望印度尼西亚政府会把"保护自然与生物资源"，认真地当作国家优先施政目标。我第一次到伊里安查亚省，十分怀疑能搞出什么有效的保护计划。幸运的是，我心中维希曼式的嘲讽被证明错了。多亏了一小群印度尼西亚环保人士的领导能力，伊里安查亚省 20% 的面积现在已划入自然保留地系统。那些自然保留地并不只是存在于纸面上的。开始工作后，我很惊讶、也很兴奋地发现：有些锯木厂关门了，因为自然保留地禁止伐木，并有公园管理人员巡视，管理办法也被草拟了。所有这些措施，并不源自理想主义，而是冷血算计，正确地认识印度尼西亚的自然利益。如果印度尼西亚做得到，其他处境相同的国家就做得到，环保运动发达的富裕国家更做得到。

解决我们的环保问题，不需要新奇的、还未发明的技术。我已经说过，解决方案都是明白不过的，有些政府已经采用了一些，解决某些问题，我们需要的是：更多政府更全面地施行配套方案。许多人认为普通公民无能为力，那不是实情。针对许多造成物种灭绝的因素，近年来公民团体可以缩小它们的危害幅度，例如商业捕鲸、猎杀大型猫科动物（剥皮）、进口野外抓来的黑猩猩，这只是几个例子。事实上，在这个领域，一般公民只要捐献少量金钱就能产生重大影响，因为所有环保团体目前的预算都不充裕。举例来说，世界野生动物基金会支持的所有灵长类保护计划，一年的预算合计不过几十万美元。多 1 000 美元，也许就能多支持一个计划，拯救一种濒临绝种的猴、猿或狐猴，不然它们的命运就被忽略了。

虽然我的确认为我们面临严重的问题，而且解决方案的效果并不明确，但是我仍然持有审慎的乐观。甚至维希曼激愤的"最后一句话"也被证明错了。维希曼的书出版之后，到新几内亚探险的人，都从前人经验中汲取了教训，不再重蹈覆辙，重复前人的愚行。对未来，更适当的一句格言，不是维希曼的，而出自政治家俾斯麦的回忆录。在风烛残年，他沉思身边的世界，的确有理由冷嘲热讽。俾斯麦智力超卓，身居欧洲政局核心达几十年，目睹了许多重蹈覆辙的例子，其不可原谅的程度，比起新几内亚的早期探险史，有过之而无不及。但是俾斯麦仍然认为写作自传、向历史学习是值得的，他的献辞是：

> 留给我的子女、儿孙，
> 愿他们了解过去，
> 以备将来。

本此精神，我也将本书献给我的孩子，和他们的世代。我们要是能从我所追溯的人类史吸取教训，我们的未来可能会比另外两种黑猩猩光明些，也未可知。

# 致 谢

我很高兴能感谢许多人对本书做出的贡献，包括我的父母和罗克斯伯里拉丁学校的老师，从他们那里，我学会了同时发展多方面的兴趣。我非常感激我在新几内亚的朋友们，我在书中引用了太多他们的经历。我同样感谢许多科学家朋友和专业的同事，他们耐心细致地解释了他们的研究，并阅读了我的书稿。本书大多数章节的早期版本曾以文章的形式发表在《发现》(*Discover*)杂志和《自然历史》(*Natural History*)杂志上。我很幸运拥有约翰·布罗克曼（John Brockman）做我的代理，感谢我的编辑利昂·贾罗夫（Leon Jaroff）、弗雷德·戈尔登（Fred Golden）、吉尔·罗金（Gil Rogin）、保罗·霍夫曼（Paul Hoffman），以及《发现》杂志的马克·扎布卢多夫（Marc Zabludoff），《自然历史》杂志的艾伦·特恩斯（Alan Ternes）、埃伦·戈尔登松（Ellen Goldensohn），哈珀·柯林斯出版社的托马斯·米勒（Thomas Miller），哈钦森半径出版社的尼尔·贝尔顿（Neil Belton）。感谢我的妻子玛丽·科恩。

# 拓展阅读

这些推荐书目是为有进一步阅读兴趣的读者提供的。除了重要的论著外，我还罗列了一些能够提供早期文献详尽清单的最新参考书目。期刊标题后是卷数，冒号之后分别是首、尾页码，括号中是出版年份。

## 第1章 三种黑猩猩

借助DNA时钟来推断人类与其他灵长类动物之间关系的文献，包括科技期刊上的专业论文。C. G. Sibley 和 J. E. Ahlquist 在三篇论文中介绍了他们的研究："The phylogeny of the hominoid primates, asindicated by DNA-DNA hybridization," *Journal of Molecular Evolution* 20: 2-15 (1984)；"DNA hybridization evidence of hominoid phylogeny: results from an expanded data set," *Journal of Molecular Evolution* 26: 99-121 (1987)；C. G. Sibley, J. A. Comstock, and J. E. Ahlquist, "DNA hybridization evidence of hominoid phylogeny: a reanalysis of the data," *Journal of Molecular Evolution* 30: 202-236 (1990)。有两部著作总结了 Sibley 和 Ahlquist 运用同样的DNA方法对鸟类分类学进行的众多研究：C. G. Sibley and J. E. Ahlquist, *Phylogeny and Classification of Birds* (New Haven: Yale University Press, 1990)；C. G. Sibley and B. L. Monroe, Jr., *Distribution and Taxonomy of the Birds of the World* (New Haven: Yale University Press, 1990)。

运用不同的方法（四乙基氯化铵法，而不是Sibley和Ahlquist 使用的羟基磷灰石法）对人类和其他灵长类动物的DNA进行比较，得出了类似的结论，研究成果参见A. Caccone and J. R. Powell, "DNA divergence among hominoids," *Evolution* 43: 925-942 (1989)。相同作者的另一篇文章对如何通过"杂种"DNA融解温度推算DNA的相似度百分比做出了解释：A. Caccone, R. DeSalle, and J. R. Powell, "Calibration of the changing thermal stability of DNA duplexes and degree of base pair mismatch," *Journal of Molecular Evolution* 27: 212-216 (1988)。

上述论文借助"杂种"DNA融解温度对两个物种的全部遗传物质（DNA）进行对比，以便获取关于总体相似性的单一测量。此外，能够提供每个物种DNA的一小部分更详尽信息的方法，包括确定构成该部分DNA分子单元的实际序列。把这种方法应用于分析人类与其他灵长类动物之间关系的5项研究来自同一实验室：M. M. Miyamoto et al., "Phylogenetic relations of humans and African apes from DNA sequence in the ψ-globin region," *Science* 238: 369-373 (1987)；M. M. Miyamoto et al., "Molecular systematics of higher primates: genealogical relations and classification," *Proceedings of the National Academy of Sciences* 85: 7627-7631 (1988)；M. Goodman et al., "Molecular phylogeny of the family of apes and humans, *Genome* 31: 316-335 (1989)；M. M. Miyamoto and M. Goodman, "DNA systematics and evolution of primates, *Annual Reviews of Ecology and Systematics* 21: 197-220；M. Goodman et al., "Primate evolution at the DNA level and a classification of hominoids, *Journal of Molecular Evolution* 30: 260-266 (1990)。同样的原理也适用于分析维多利亚湖中不同种类鲷鱼之间的关系，详见A. Meyer et al., "Monophyletic origin of Lake Victoria cichlid fishes suggested by mitochondrial DNA sequences," *Nature* 347: 550-553 (1990)。

主要有两篇文章反对DNA时钟，尤其是对Sibley和Ahlquist将其应用于分析人类与其他灵长类动物之间的关系做出了言辞激烈的批评：J. Marks, C. W. Schmidt, and V. M. Sarich, "DNA hybridization as a guide to phylogeny: relationships of the Hominoidea," *Journal of Human Evolution* 17: 769-786 (1988)；V. M. Sarich, C. W. Schmidt, and J. Marks, "DNA hybridization as a guide to phylogeny: a critical analysis," *Cladistics* 5: 3-32 (1989)。在我看来，Marks、Schmidt和Sarich的批评已经得到了充分的

反驳。以 Sibley 和 Ahlquist 测量的 DNA 时钟、Caccone 和 Powell 测量的 DNA 时钟为基础得出的人类与其他灵长类动物之间关系的结论，与 DNA 测序得出的结论一致，这进一步支撑了这些结论的正确性。

其他关于 DNA 时钟的文章刊登在 *Journal of Molecular Evolution* 的两期中，该期刊 1990 年第 30 卷第 3、第 5 期也包括一些上面引用的文章。

## 第 2 章　跳跃式演化

在众多详尽阐释人类演化的著作中，我发现最有用的一部是 Richard Klein, *The Human Career* (Chicago: University of Chicago Press, 1989)。另有两部专业性稍弱的图文著作是 Roger Lewin, *In the Age of Mankind* (Washington, D. C.: Smithsonian Books, 1988); Brian Fagan, *The Journey from Eden* (New York: Thames and Hudson, 1990 )。

对近期人类演化做出介绍的两部合著分别是 Fred H. Smith and Frank Spencer, *The Origins of Modern Humans* (New York: Liss, 1984); Paul Mellars and Chris Stringer, *The Human Revolution: Behavioural and Biological Perspectives on the Origins of Modern Humans* (Edinburgh: Edinburgh University Press, 1989)。有关人类演化的测年及地域的最新文章有：C. B. Stringer and P. Andrews, "Genetic and fossil evidence for the origin of modern humans, " *Science* 239: 1263-1268 (1988); H. Valladas et al., "Thermoluminescence dating of Mousterian 'Proto-Cro-Magnon' remains from Israel and the origin of modern man, " *Nature* 331: 614-616 (1988); C. B. Stringer et al., "ESR dates for the hominid burial site of Es Skhul in Israel, " *Nature* 338: 756-758 (1989); J. L. Bischoff et al., "Abrupt Mousterian-Aurignacian boundaries at c. 40 ka bp: accelerator $^{14}$C dates from l'Arbreda Cave (Catalunya, Spain), " *Journal of Archaeological Science* 16: 563-576 (1989); V. Cabrera-Valdes and J. Bischoff, "Accelerator $^{14}$C dates for Early Upper Paleolithic (Basal Aurignacian) at El Castillo Cave (Spain)," *Journalof Archaeological Science* 16: 577-584 (1989); E. L. Simons, "Human origins, " *Science* 245: 1343-1350 (1989); R. Grün et al., "ESR dating evidence for early modern humans at Border Cave in South Africa," *Nature* 344: 537-539 (1990)。

三部附有精美插图的关于冰期艺术的著作为：Randall White, *Dark Caves, Bright Visions* (New York: American Museum of Natural History, 1986)；Mario Ruspoli, *Lascaux: The Final Photographs* (New York: Abrams, 1987)；Paul G. Bahn and Jean Vertut, *Images of the Ice Age* (New York: Facts on File, 1988)。

Matthew H. Nitecki and Doris V. Nitecki, *The Evolution of Human Hunting* (NewYork: Plenum Press, 1986）中提供了不同作者关于这一主题的系列章节。

有关尼安德特人是否真的埋葬死者的问题，R. H. Gargett, "Grave shortcomings: the evidence for Neanderthal burial" 一文和 *Current Anthropology* 30: 157-190 (1989) 中刊登的同步回应进行了辩论。

关于人类声道解剖学及尼安德特人是否会说话的入门读物是：Philip Lieberman, *The Biology and Evolution of Language* (Cambridge, Mass.: Harvard University Press, 1984)；E. S. Crelin, *The Human Vocal Tract* (New York: Vantage Press, 1987)；B. Arensburg et al., "A Middle Palaeolithic human hyoid bone," *Nature* 338: 758-760 (1989)。

## 第 3 章　人类性象的演化

## 第 4 章　婚外情的逻辑

对运用进化方法进行一般意义上的行为研究（包括生育行为）感兴趣的读者，有两部必读著作：E. O. Wilson, *Sociobiology* (Cambridge, Mass.: Harvard University Press, 1975)；John Alcock, *Animal Behavior*, 4th ed. (Sunderland: Sinauer, 1989)。

对性行为的演化进行探讨的重要著作包括：Donald Symons, *The Evolutionof Human Sexuality* (Oxford: Oxford University Press, 1979)；R. D. Alexander, *Darwinism and Human Affairs* (Seattle: University of Washington

Press, 1979); Napoleon A. Chagnon and William Irons, *Evolutionary Biology and Human Social Behavior* (North Scituate, Mass.: Duxbury Press, 1979); Tim Halliday, *Sexual Strategies* (Chicago: University of Chicago Press, 1980); Glenn Hausfater and Sarah Hrdy, *Infanticide* (Hawthorne, N.Y.: Aldine, 1980); Sarah Hrdy, *The Woman That Never Evolved* (Cambridge, Mass.: Harvard University Press, 1981); Nancy Tanner, *On Becoming Human* (New York: Cambridge University Press, 1981); Frances Dahlberg, *Woman the Gatherer* (New Haven: Yale University Press, 1981); Martin Daly and Margo Wilson, *Sex, Evolution, and Behavior* (Boston: Willard Grant Press, 1983); Bettyann Kevles, *Females of the Species* (Cambridge, Mass.: Harvard University Press, 1986); Hanny Lightfoot-Klein, *Prisoners of Ritual: An Odyssey into Female Genital Circumcision in Africa* (Binghamton: Harrington Park Press, 1989)。

特别关注原始生殖生物学的著作包括: C. E. Graham, *Reproductive Biology of the Great Apes* (New York: Academic Press, 1981); B. B. Smuts et al., *Primate Societies* (Chicago: University of Chicago Press, 1986); Jane Goodall, *The Chimpanzees of Gombe* (Cambridge, Mass.: Harvard University Press, 1986); Toshisada Nishida, *The Chimpanzees of the Mahale Mountains, Sexual and Life History Strategies* (Tokyo: University of Tokyo Press, 1990); Takayoshi Kano, *The Last Ape: Pygmy Chimpanzee Behavior and Ecology* (Stanford: Stanford University Press, 1991)。

研究性生理系统和性行为演化的文章有: R. V. Short, "The evolution of human reproduction, "*Proceedings of the Royal Society* (London), series B 195: 3-24 (1976); R. V. Short, "Sexual selection and its component parts, somatic and genetical selection, as illustrated by man and the great apes, " *Advances in the Study of Behavior* 9: 131-158 (1979); N. Burley, "The evolution of concealed ovulation, "*American Naturalist* 114: 835-858 (1979); A. H. Harcourt et al., "Testis weight, body weight, and breeding system in primates," *Nature* 293: 55-57 (1981); R. D. Martin and R. M. May, "Outward signs of breeding, "*Nature* 293: 7-9 (1981); M. Daly and M.

I. Wilson, "Whom are newborn babies said to resemble?," *Ethology and Sociobiology* 3: 69-78 (1982); M. Daly, M. Wilson, and S. J. Weghorst, "Male sexual jealousy, *"Ethology and Sociobiology* 3: 11-27 (1982); A. F. Dixson, "Observations on the evolution and behavioral significance of 'sexual skin' in female primates," *Advances in the Study of Behavior* 13: 63-106 (1983); S. J. Andelman, "Evolution of concealed ovulation in vervet monkeys (*Cercopithecus aethiops*), " *American Naturalist* 129: 785-799 (1987); P. H. Harvey and R. M. May, "Out for the sperm count," *Nature* 337: 508-509 (1989)。

　　第 4 章通过对几个案例的探讨，运用图解的方法说明了鸟类是如何把婚外性行为与表面上的一夫一妻制结合起来的，以下文章提供了关于这项研究的详细例证：D. W. Mock, "Display repertoire shifts and extra-marital courtship in herons," *Behaviour* 69: 57-71 (1979); P. Mineau and F. Cooke, "Rape in the lesser snow goose," *Behaviour* 70: 280-291 (1979); D. F. Werschel, "Nesting ecology of the Little Blue Heron: promiscuous behavior, " *Condor* 84: 381-384 (1982); M. A. Fitch and G. W. Shuart, "Requirements for a mixed reproductive strategy in avian species," *American Naturalist* 124: 116-126 (1984); R. Alatalo et al., "Extra-pair copulations and mate guarding in the polyterritorial pied flycatcher, *Ficedula hypoleuca*, " *Behavior* 101: 139-155 (1987)。

## 第 5 章　人类如何选择配偶和性伴侣

　　毫无疑问，人类择偶的问题已经引起许多的科学研究。下面的文章列举了有关的文献：E. Walster et al., "Importance of physical attractiveness in dating behavior, " *Journal of Personality and Social Psychology* 4: 508-516 (1966); J. N. Spuhler, "Assortative mating with respect to physical characteristics, " *Eugenics Quarterly* 15: 128-140 (1968); E. Berscheid and K. Dion, "Physical attractiveness and dating choice: a test of the matching hypothesis, " *Journal of Experimental Social Psychology* 7: 173-189 (1971);

S. G. Vandenberg, "Assortative mating, or who marries whom?," *Behavior Genetics* 2: 127-157 (1972); G. E. DeYoung and B. Fleischer, "Motivational and personality trait relationships in mate selection, " *Behavior Genetics* 6: 1-6 (1976); E. Crognier, "Assortative mating for physical features in an African population from Chad, " *Journal of Human Evolution* 6: 105-114 (1977); P. N. Bender and M. D. Newcomb, "Longitudinal study of marital successand failure, " *Journal of Consulting and Clinical Psychology* 46: 1053-1070 (1978); R. C. Johnson et al., "Secular change in degree of assortative mating for ability?," *Behavior Genetics* 10: 1-8 (1980); W. E. Nance et al., "A model for the analysis of mate selection in the marriages of twins, " *Acta Geneticae Medicae Gemellologiae* 29: 91-101 (1980); D. Thiessen and B. Gregg, "Human assortative mating and genetic equilibrium: an evolutionary perspective, " *Ethology and Sociobiology* 1: 111-140 (1980); D. M. Buss, "Human mate selection, " *American Scientist* 73: 47-51 (1985); A. C. Heath and L. J. Eaves, "Resolving the effects of phenotype and social background on mate selection, " *Behavior Genetics* 15: 75-90 (1985); A. C. Heath et al., "No decline in assortative mating for educational level," *Behavior Genetics* 15: 349-369 (1985)。另一部专著也与此相关：B. I. Murstein, *Who Will Marry Whom? Theories and Research in Marital Choice* (New York: Springer, 1976)。

有关动物择偶的文献与有关人类择偶的文献同样多。Patrick Bateson 编著的 *Mate Choice* (Cambridge, Mass.: Cambridge University Press, 1983 ）是一个不错的起点。本书第 11 章及其他一些文章总结了 Bateson 对日本鹌鹑的研究："Sexual imprinting and optimal outbreeding, " *Nature* 273: 659-660 (1978); "Preferences for cousinsin Japanese quail, " *Nature* 295: 236-237 (1982)。下面的研究描述了成长中更喜欢父母体味的鼠类：T. J. Fillion and E. M. Blass, "Infantile experience with suckling odors determines adult sexual behavior in male rats, " *Science* 231: 729-731 (1986); B. D'Udine and E. Alleva, "Early experience and sexual preferences in rodents," in *Mate Choice*, pp. 311-327, edited by Patrick Bateson (Cambridge, Mass.:

Cambridge University Press, 1983)。

最后，第 3、第 4、第 6 和第 11 章的拓展阅读中引用了其他一些相关文章。

## 第 6 章　性选择与人种

达尔文的经典阐释仍旧是关于自然选择的合适导读：Charles Darwin, *On the Origin of Species by Means of Natural Selection, or the Preservation of Favored Races in the Struggle for Life* (London: John Murray, 1859)。当代的杰出阐释是：Ernst Mayr, *Animal Species and Evolution* (Cambridge, Mass.: Harvard University Press, 1963)。

Carleton S. Coon 的三部著作描写了人类的地理变异，并将其与气候方面的地理变异加以比较，试图运用自然选择来解释人类的变异：*The Origin of Races* (New York: Knopf, 1962); *The Living Races of Man* (New York: Knopf, 1965); *Racial Adaptations* (Chicago: Nelson-Hall, 1982)。其他三部相关著作是：Stanley M. Garn, *Human Races*, 2nd ed. (Springfield, Ill.: Thomas, 1965), 特别是第 5 章; K. F. Dyer, *The Biology of Racial Integration* (Bristol: Scientechnica, 1974), 特别是第 2 章、第 3 章; A. S. Boughey, *Man and the Environment*, 2nd ed. (New York: Macmillan, 1975)。

下面的论著提出用自然选择来解释人类肤色的地理变异：W. F. Loomis, "Skin-pigment regulation of vitamin-D biosynthesis in man," *Science* 157: 501-506 (1967); Vernon Riley, *Pigmentation* (New York: Appleton-Century-Crofts, 1972), 特别是第 2 章; R. F. Branda and J. W. Eaton, "Skin color and nutrient photolysis: an evolutionary hypothesis," *Science* 201: 625-626 (1978); P. J. Byard, "Quantitative genetics of human skin color," *Yearbook of Physical Anthropology* 24: 123-137 (1981); W. J. Hamilton III, *Life's Color Code* (New York: McGraw-Hill, 1983)。描写了人类应对寒冷出现的地理变异的文章有：G. M. Brown and J. Page, "The effect of chronic exposure to cold on temperature and blood flow of the hand," *Journal of Applied Physiology* 5: 221-227(1952); T. Adams and B. G.

Covino, "Racial variations to a standardized cold stress, " *Journal of Applied Physiology* 12: 9-12 (1958)。

与自然选择一样，达尔文下面这本书中的解释仍是关于性选择的合适导读：Charles Darwin, *The Descent of Man, and Selection in Relation to Sex* (London: John Murray, 1871)，其中第 5 章中列出的有关动物择偶的拓展阅读同样与本章相关。Malte Andersson 在一篇论文中描述了丧偶的雌性鸟类如何通过人为缩短或增长的尾巴来回应雄性同伴的实验："Female choice selects for extreme tail length in a widowbird, " *Nature* 299: 818-820 (1982)。描写白色、蓝色和粉红色雪鹅择偶的三篇论文分别为：F. Cooke and C. M. McNally, "Mate selection and colour preferences in Lesser Snow Geese, " *Behaviour* 53: 151-170 (1975)；F. Cooke et al., "Assortative mating in Lesser Snow Geese (*Anser caerulescens*), " *Behavior Genetics* 6: 127-140 (1976)；F. Cooke and J. C. Davies, "Assortative mating, mate choice, and reproductive fitness in Snow Geese," in *Mate Choice*, pp.279-295, edited by Patrick Bateson (Cambridge, Mass.: Cambridge University Press, 1983)。

## 第 7 章　死亡与衰老的奥秘

George Williams 提出关于衰老的进化理论的经典文章是："Pleiotropy, natural selection, and the evolution of senescence, " *Evolution* 11: 398-411 (1957)。运用进化方法的其他论文有：G. Bell, "Evolutionary and non-evolutionary theories of senescence, " *American Naturalist* 124: 600-603 (1984)；E. Beutler, "Planned obsolescence in humans and in other biosystems," *Perspectives in Biology and Medicine* 29: 175-179 (1986)；R. J. Goss, "Why mammals don't regenerate—or do they?," *News in Physiological Sciences*: 112-115 (1987)；L. D. Mueller, "Evolution of accelerated senescence in laboratory populations of *Drosophila*, " *Proceedings of the National Academy of Sciences* 84: 1974-1977 (1987)；T. B. Kirkwood, "The nature and causes of ageing, " in *Research and the Ageing Population*, pp.193-206, edited by D. Evered and J. Whelan (Chichester: John Wiley, 1988).

运用生理学（近因）方法，并通过例证对衰老问题进行研究的两部著作是：R. L. Walford, *The Immunologic Theory of Aging* (Copenhagen: Munksgaard, 1969); MacFarlane Burnett, *Intrinsic Mutagenesis: A Genetic Approach to Ageing* (New York: John Wiley, 1974)。

列举关于生物修理和更新的文献的论文有：R. W. Young, "Biological renewal: applications to the eye, " *Transactions of the Ophthalmological Societies of the United Kingdom* 102: 42-75 (1982); A. Bernstein et al., "Genetic damage, mutation, and the evolution of sex, " *Science* 229: 1277-1281 (1985); J. F. Dice, "Molecular determinants of protein half-lives in eukaryotic cells, " *Federation of American Societies for Experimental Biology Journal* 1: 349-357 (1987); P. C. Hanawalt, "On the role of DNA damage and repair processes in aging: evidence for and against," in *Modern Biological Theories of Aging*, pp.183-198, edited by H. R. Warner et al. (New York: Raven Press, 1987); M. Radman and R. Wagner, "The high fidelity of DNA duplication, " *Scientific American* 259, no. 2: 40-46 (August 1988)。

所有读者都会意识到随着年龄增长自身身体的变化，有三篇论文描写了关于三种不同系统的残酷事实：R. L. Doty et al., "Smell identification ability: changes with age, " *Science* 226: 1441-1443 (1984); J. Menken et al., "Age and infertility, " *Science* 233: 1389-1394 (1986); R. Katzman, "Normal aging and the brain, " *News in Physiological Sciences* 3: 197-200 (1988)。

在 Arthur Conan Doyle 所著的 *The Complete Sherlock Holmes* (New York: Doubleday, 1960) 中会看到 "The Adventure of the Creeping Man" 一文。为避免读者认为通过激素注射寻求年轻的尝试仅仅是 Doyle 的一种想象，不妨读一下另一部著作，看看这种尝试事实上是如何实现的：David Hamilton, *The Monkey Gland Affair* (London: Chatto and Windus, 1986)。

## 第 8 章　语言的演化

Dorothy Cheney and Robert Seyfarth, *How Monkeys See the World* (Chicago: University of Chicago Press, 1990) 一书，不仅是关于绿猴声音交流信息的可读性的解释，而且是研究一般意义上动物相互之间如何进行交流与看待世界的不错的介绍性读物。

Derek Bickerton 在两部著作和一些文章中描述了他对克里奥尔语及人类语言起源的见解。这些著作是：*Roots of Language* (Ann Arbor: Karoma Press, 1981); *Language and Species* (Chicago: University of Chicago Press, 1990)。文章包括："Creole languages,"*Scientific American* 249, no.1: 116-122 (1983); "The language bioprogram hypothesis, " *Behavioral and Brain Sciences* 7: 173-221 (1984); "Creole languages and the bioprogram, " in *Linguistics: the Cambridge Survey,* vol.2, pp.267-284, edited by F. J. Newmeyer (Cambridge: Cambridge University Press, 1988)。其中第二篇和第三篇文章包含与 Bickerton 持有分歧观点的作者的观点。

对这一主题做出较早阐释的是：Robert A. Hall, Jr., *Pidgin and Creole Languages* (Ithaca: Cornell University Press, 1966 )。对新美拉尼西亚做出最佳介绍的是：F. Mihalic, *The Jacaranda Diary and Grammar of Melanesian Pidgin* (Milton, Queensland: Jacaranda Press, 1971)。探索了新美拉尼西亚历史的著作是：Roger Keesing, *Melanesian Pidgin and the Oceanic Substrate* (Stanford: Stanford University Press, 1988)。

Noam Chomsky 撰写了众多极具影响力的有关语言的著作：*Language and Mind* (New York: Harcourt Brace, 1968); *Knowledge of Language: Its Nature, Origin, and Use* (New York: Praeger, 1985)。

我在第 8 章中简单提及的相关领域的参考文献也非常有趣。Susan Curtiss, *Genie: a Psycholinguistic Study of a Modern-Day "Wild Child"* (New York: Academic Press, 1977) 一书，讲述了一个关于肠道扭伤的人类悲剧，以及对这样一位儿童的详细研究，其父母的变态导致她与正常人类的语言及正常的人类接触隔绝直至 13 岁。关于教会捕获的猿类用类似语言的方式交流的尝试参见：Carolyn Ristau and Donald Robbins, "Language and the great apes: a critical review, " in *Advances in the Study of Behavior*, vol.12, pp.141-255, edited by J. S. Rosenblatt et al. (New York: Academic Press, 1982); E. S. Savage-Rumbaugh, *Ape Language: From Conditioned Response to Symbol* (New York: Columbia University Press, 1986); E. S. Savage-Rumbaugh et al., "Symbols: their communicative use, comprehension, and combination by bonobos (*Pan paniscus*)," in *Advances in Infancy Research*, vol.6, pp. 221-278, edited by Carolyn Rovee-Collier and Lewis Lipsitt (Norwood, N.J.: Ablex Publishing Corporation, 1990)。在众多关于儿童早年语言学习的文献中，一些里程碑式的著作有：Melissa Bowerman, "Language Development, " in *Handbook of Cross-cultural Psychology: Developmental Psychology,* vol. 4, pp. 93-185, edited by Harvey Triandis and Alastair Heron (Boston: Allynand Bacon, 1981); Eric Wanner and Lila Gleitman, *Language Acquisition: The State of the Art* (Cambridge, Mass.: Cambridge University Press, 1982); Dan Slobin, *The Crosslinguistic Study of Language Acquisition*, vols.1 and 2 (Hillsdale, N.J.: Lawrence Erlbaum Associates, 1985); Frank S. Kessel, *The Development of Language and Language Researchers: Essays in Honor of Roger Brown* (Hillsdale, N.J.: Lawrence Erlbaum Associates, 1988)。

## 第9章　艺术的自然史

介绍大象艺术并通过艺术家的照片及其绘画作品来呈现这一艺术的著作是：David Gucwa and James Ehmann, *To Whom It May Concern: An Investigation of the Art of Elephants* (New York: Norton, 1985)。关于猿类艺术的相似解释可参看：Desmond Morris, *The Biology of Art* (New York: Knopf, 1962)。同样关注动物艺术的著作有：Thomas Sebeok, *The Play of Musement* (Bloomington: Indiana University Press, 1981 )。

下面两部附有优美插图的著作是关于园丁鸟和天堂鸟的，其中附有鸟所栖息的花亭的图片：E. T. Gilliard, *Birds of Paradise and Bower Birds* (Garden City, N.Y.: Natural History Press, 1969); W. T. Cooper and J.

M. Forshaw, *The Birds of Paradise and Bower Birds* (Sydney: Collins, 1977)。有关最新的专业解释请参看我个人的论文："Biology of birds of paradise and bowerbirds," *Annual Reviews of Ecology and Systematics* 17: 17-37 (1986)。我发表有两篇关于建造别致花亭的园丁鸟类的阐释文章："Bower building and decoration by the bowerbird *Amblyornis inornatus*," *Ethology* 74: 177-204 (1987)；"Experimental study of bower decoration by the bowerbird *Amblyornis inornatus*, using colored poker chips," *American Naturalist* 131: 631-653 (1988)。Gerald Borgia 在其文章中通过实验证明雌性园丁鸟事实上的确关心雄性园丁鸟的花亭装饰："Bower quality, number of decorations and mating success of male satin bowerbirds (*Ptilonorhynchus violaceus*): an experimental analysis," *Animal Behaviour* 33: 266-271 (1985)。S. G. Pruett-Jones 和 M. A. Pruett-Jones 描写了大体具有相似习性的天堂鸟："The use of court objects by Lawes' Parotia." *Condor* 90: 538-545 (1988)。

## 第 10 章    农业：福兮祸之所伏

详细探讨为了农耕而放弃狩猎在健康方面的后果的著作有：Mark Cohen and George Armelagos, *Paleopathology at the Origins of Agriculture* (Orlando: Academic Press, 1984)；S. Boyd Eaton, Marjorie Shostak, and Melvin Konner, *The Paleolithic Prescription* (New York: Harper & Row, 1988)。Richard B. Lee 和 Irven DeVore 在编著的 *Man the Hunter* (Chicago: Aldine, 1968) 一书中对世界上的狩猎-采集者进行了总结。他们描述了狩猎-采集者的工作日程，并在一些案例中将其与农耕者的日程进行比较。相关著作还有：Richard Lee, *The !Kung San* (Cambridge, Mass.: Cambridge University Press, 1979)。相关文章有：K. Hawkes et al., "Aché at the settlement: contrasts between farming and foraging," *Human Ecology* 15: 133-161 (1987)；K. Hawkes et al., "Hardworking Hadza grandmothers," in *Comparative Socioecology of Mammals and Man*, pp. 341-366, edited by V. Standen and R. Foley (London: Blackwell, 1987)；K. Hill and A. M. Hurtado, "Hunter-gatherers of the New World," *American*

*Scientist* 77: 437-443 (1989)。描述古代农耕人群跨越欧洲大陆缓慢扩张的著作有：Albert J. Ammerman and L. L. Cavalli-Sforza, *The Neolithic Transition and the Genetics of Populations in Europe* (Princeton: Princeton University Press, 1984)。

## 第 11 章　为什么麻醉自己：烟、酒与毒品

Amotz Zahavi 在两篇论文中阐释了他的残障理论："Mateselection—a selection for a handicap, " *Journal of Theoretical Biology* 53: 205-214 (1975)；"The cost of honesty (further remarks on the handicap principle)," *Journal of Theoretical Biology* 67: 603-605 (1977)。另外两种有关动物如何通过进化择偶的众所周知的模式分别是失控的选择模式与广告真相模式。前者在下面这本书中得到发展：R. A. Fisher, *The Genetical Theory of Natural Selection* (Oxford: Clarendon Press, 1930)。后者在下面这篇文章中得到发展：A. Kodric-Brown and J. H. Brown, "Truth in advertising: the kinds of traits favored by sexual selection," *American Naturalist* 14: 309-323 (1984)。有一篇文章对不同的模式进行了评价：Mark Kirkpatrick and Michael Ryan, "The evolution of mating preferences and the paradox of the lek, " *Nature* 350: 33-38 (1991)。Melvin Konner 在题为 "Why the reckless survive" 的专著 (New York: Viking, 1990) 中的同名章节中发展了关于冒险性人类行为的另一种视角。对美洲印第安人灌肠的讨论，可参见 Peter Furst and Michael Coe, "Ritual enemas, " *Natural History Magazine* 86: 88-91 (March 1977) 中对发现玛雅灌肠彩瓶的阐释。Johannes Wilbert, *Tobacco and Shamanism in South America* (New Haven: Yale University Press, 1987) 和 Justin Kerr, *The Maya Vase Book*, 2 vols. (New York: Kerr Associates, 1989 and 1990) 通过图解说明了玛雅彩瓶，并在第 2 卷第 349—361 页详细分析了灌肠彩瓶。第 5、第 6 章中已经列出的许多关于性选择与择偶的拓展阅读同样与本章内容相关。

## 第 12 章　深邃的寂寞

主张有智慧的外星生命存在的先驱性预测完成于 I. S. Shklovskii and Carl Sagan, *Intelligent Life in the Universe* (San Francisco: Holden-Day, 1966)。如果真的发现了外星人的存在，那么它对于人类将意味着什么，对这一问题的支持和反对观点构成了下面著作的主题：*Extraterrestrials: Science and Alien Intelligence*, edited by E. Regis, Jr. (Cambridge, Mass.: Cambridge University Press, 1985)。

## 第 13 章　人类史的新面貌：世界村

Bob Connolly 和 Robin Anderson 在 *First Contact* (New York: Viking Penguin, 1987) 一书中，描述了当时在新几内亚高地相遇的白人与新几内亚人眼中的第一次接触。对第一次接触和接触前的状况做出引人入胜解释的其他著作包括：Don Richardson, *Peace Child* (Ventura: Regal Books, 1974)，该书主要关注新几内亚西南部的萨维人；Napoleon A. Chagnon, *Yanomamo, The Fierce People*, 3rd edition (New York: Holt, Rinehart and Winston, 1983)，该书主要关注委内瑞拉和巴西的雅诺马莫印第安人。Gavin Souter, *New Guinea: The Last Unknown* (London: Angus and Robertson, 1963) 是一部探索新几内亚的优秀历史著作。第三次阿奇博尔德探险队的先锋人员在一份报告中描述了他们潜入巴列姆山谷的经历：Richard Archbold et al., "Results of the Archbold Expeditions," *Bulletin of the American Museum of Natural History* 79: 197-288 (1942)。早期试图深入新几内亚山脉的探索者的两部著作分别是：A. F. R. Wollaston, *Pygmies and Papuans* (London: Smith Elder, 1912)；A. S. Meek, *A Naturalist in Cannibal Land* (London: Fisher Unwin, 1913)。

## 第 14 章　问苍茫大地，谁主浮沉

探讨关于文明发展中植物与动物驯化问题的著作包括：C. D.

Darlington, *The Evolution of Man and Society* (New York: Simon and Schuster, 1969); Peter J. Ucko and G. W. Dimbleby, *The Domestication and Exploitation of Plants and Animals* (Chicago: Aldinc, 1969); Erich Isaac, *Geography of Domestication* (Englewood Cliffs, N.J.: Prentice-Hall, 1970); David R. Harris and Gordon C. Hillman, *Foraging and Farming* (London: Unwin Hyman, 1989)。

　　有关动物驯化的参考文献包括：S. Bokonyi, *History of Domestic Mammals in Central and Eastern Europe* (Budapest: Akademiai, 1974); S. J. M. Davis and F. R.Valla, "Evidence for domestication of the dog 12,000 years ago in the Natufian of Israel," *Nature* 276: 608-610 (1978); Juliet Clutton-Brock, "Man-made dogs," *Science* 197: 1340-1342 (1977); *Domesticated Animals from Early Times* (London: British Museum of Natural History, 1981); Andrew Sherratt, "Plough and pastoralism: aspects of the secondary products revolution," in *Pattern of the Past,* pp. 261-305, edited by Ian Hodder et al. (Cambridge: Cambridge University Press, 1981); Stanley J. Olsen, *Origins of the Domestic Dog* (Tucson: University of Arizona Press, 1985); E. S. Wing, "Domestication of Andean mammals," in *High Altitude Tropical Biogeography,* pp.246-264, edited by F. Vuilleumier and M. Monasterio (New York: Oxford University Press, 1986); Simon N. J. Davis, *The Archaeology of Animals* (New Haven: Yale University Press, 1987); Dennis C. Turner and Patrick Bateson, *The Domestic Cat: The Biology of Its Behavior* (Cambridge: Cambridge University Press, 1988); Wolf Herre and Manfred Rohrs, *Haustiere— zoologisch gesehen*, 2nd ed. (Stuttgart: Fischer, 1990)。

　　以下著作专门探讨马的驯化及其意义：Frank G. Row, *The Indian and the Horse* (Norman: University of Oklahoma Press, 1955); Robin Law, *The Horse in West African History* (Oxford: Oxford University Press, 1980); Matthew J. Kust, *Man and Horse in History* (Alexandria, Va.: Plutarch Press, 1983)。以下著作讨论了轮式车辆包括战车的发展：M. A. Littauer and J. H. Crouwel, *Wheeled Vehicles and Ridden Animals in the Ancient*

*Near East* (Leiden: Brill, 1979)；Stuart Piggott, *The Earliest Wheeled Transport* (London: Thames and Hudson, 1983)。Edward Shaughnessy在一篇文章中描述了中国马匹和四轮马车的出现："Historical perspectives on the introduction of the chariot into China," *Harvard Journal of Asiatic Studies* 48: 189-237 (1988)。

关于植物驯化的一般性阐释可参见：Kent V. Flannery, "The origins of agriculture," *Annual Review of Anthropology* 2: 271-310 (1973)；Charles B. Heiser, Jr., *Seed to Civilization*, new edition (Cambridge, Mass.: Harvard University Press, 1990) and *Of Plants and Peoples* (Norman: University of Oklahoma Press, 1985)；David Rindos, *The Origins of Agriculture: An Evolutionary Perspective* (New York: Academic Press, 1984)；Hugh H. Iltis, "Maize evolution and agricultural origins, " in *Grass Systematics and Evolution*, pp.195-213, edited by T. R. Soderstrom et al. (Washington D. C.: Smithsonian Institution Press, 1987)。Iltis 的本篇与其他文章都是有关旧世界和新世界中谷物驯化难易程度的振奋人心的思想源泉。

特别关注旧世界中植物驯化问题的著作有：Jane Renfrew, *Palaeoethnobotany* (New York: Columbia University Press, 1973)；Daniel Zohary and Maria Hopf, *Domestication of Plants in the Old World* (Oxford: Clarendon Press, 1988)。对于新大陆中相应植物驯化问题的阐释包括：Richard S. MacNeish, "The food-gathering and incipient agricultural stage of prehistoric Middle America, " in *Handbook of Middle American Indians*, Volume 1: *Natural Environment and Early Cultures*, pp.413-426, edited by Robert Wauchope and Robert C. West (Austin: University of Texas Press, 1964)；P. C. Mangelsdorf et al., "Origins of agriculture in Middle America," in *Handbook of Middle American Indians*, Volume 1: *Natural Environment and Early Cultures,* pp.427-445, edited by Robert Wauchope and Robert C. West (Austin: University of Texas Press, 1964)；D. Ugent, "The potato, " *Science* 170: 1161-1166 (1970)；C. B. Heiser, Jr., "Origins of some cultivated New World plants, " *Annual Reviews of Ecology and Systematics* 10: 309-326 (1979)；H. H. Iltis, "From teosinte to maize: the catastrophic sexual dismutation,"*Science* 222: 886-894 (1983); William F. Keegan, *Emergent Horticultural Economies of the Eastern Woodlands* (Carbondale: Southern Illinois University, 1987); B. D. Smith, "Origins of agriculture in eastern North America," *Science* 246: 1566-1571 (1989)。有三部开创性著作指出了疾病、害虫和野草的非对称洲际传播：William H. McNeill, *Plagues and Peoples* (Garden City, N.Y.: Anchor Press, 1976); Alfred W. Crosby, *The Columbian Exchange: Biological and Cultural Consequences of 1492* (Westport: Greenwood Press, 1972), and *Ecological Imperialism: The Biological Expansion of Europe, 900-1900* (Cambridge: Cambridge University Press, 1986)。

## 第 15 章　印欧语族群扩张的故事

有两部引人深思的新著概括了印欧语问题：Colin Renfrew, *Archaeology and Language* (Cambridge: Cambridge University Press, 1987); J. P. Mallory, *In Search of the Indo-Europeans* (London: Thames and Hudson, 1989)。关于原始印欧语起源的大体时间和地点问题，我同意 Mallory 的结论而不同意 Renfrew 的观点，具体原因我在第 15 章中已经解释过。

有一部较早出版的、由多位作者撰写的综合性著作，目前看来仍有价值：George Cardona et al., *Indo-European and Indo-European* (Philadelphia: University of Pennsylvania Press, 1970)。期刊 *The Journal of Indo-European Studies* 是这一领域的主要专业出版渠道。

我和 Mallory 都比较认同的观点在 Marija Gimbutas 的著作中得到证实，他在这一领域中有四部著作：*The Baits* (New York: Praeger, 1963); *The Slavs* (London: Thames and Hudson, 1971); *The Goddesses and Gods of Old Europe* (London: Thames and Hudson, 1982); *The Language of the Goddess* (New York: Harper and Row, 1989)。Gimbutas 的研究还可见于上文提到的 Cardona 等人共同创作的著作，下文将提到的 Polomé、Bernhard 和 Kandler-Pálsson 的著作，以及期刊 *The Journal of Indo-European Studies*

1: 1-20, 163-214 (1973); 5: 277-338 (1977); 8: 273-315 (1980); 13: 185-201 (1985)。

探讨早期印欧语族群本身的著作或专著有：Emile Benveniste, *Indo-European Language and Society* (London: Faber and Faber, 1973); Edgar Polomé, *The Indo-Europeans in the Fourth and Third Millenia* (Ann Arbor: Karoma, 1982); Wolfram Bernhard and Anneliese Kandler-Pálsson, *Ethnogenese europäischer Völker* (Stuttgart: Fischer, 1986); Wolfram Nagel, "Indogermanen und Alter Orient: Rückblick und Ausblick auf den Stand des Indogermanenproblems, " *Mitteilungen der Deutschen Orient-Gesellschaft zu Berlin* 119: 157-213 (1987)。关于印欧语言本身的著作包括：Henrik Birnbaum and Jaan Puhvel, *Ancient Indo-European Dialects* (Berkeley: University of California Press, 1966); W. B. Lockwood, *Indo-European Philology* (London: Hutchinson, 1969); Norman Bird, *The Distribution of Indo-European Root Morplemes* (Wiesbaden: Harrassowitz, 1982); Philip Baldi, *An Introduction to the Indo-European Languages* (Carbondale: Southern Illinois University Press, 1983)。Paul Friedrich 的著作使用树名作为证据，试图推导出原始印欧语族群的发源地：*Proto-Indo-European Trees* (Chicago: University of Chicago Press, 1970)。

W. P. Lehmann 和 L. Zgusta 的著作中有一章名为 "Schleicher's tale after a century"，提供并讨论了一个重构的原始印欧语的样本，收录于 *Studies in Diachronic, Synchronic, and Typological Linguistics,* pp.455-466, edited by Bela Brogyanyi (Amsterdam: Benjamins, 1979 )。

有关印欧语族群扩张中马所发挥的作用，还可见第14章中引用的关于马的驯化及其意义的参考文献。特别关注这一课题的文章有：David Anthony, "The 'Kurgan culture', Indo-European origins and the domestication of the horse: a reconsidcration," *Current Authropology* 27: 291-313 (1986); David Anthony and Dorcas Brown, "The origins of horseback riding ," *Antiquity* 65: 22-38 (1991)。

## 第 16 章　土著问题：族群冲突

以下三部著作记载了关于灭族屠杀的一般性调查：Irving Horowitz, *Genocide: State Power and Mass Murder* (New Brunswick: Transaction Books, 1976); Leo Kuper, *The Pity of It All* (London: Gerald Duckworth, 1977); Leo Kuper, *Genocide: Its Political Use in the 20th Century* (New Haven: Yale University Press, 1981)。一位天才的精神病学家Robert J. Lifton 出版了两部关于灭族屠杀对迫害者和受害人心理影响的研究著作：*Death in Life: Survivors of Hiroshima* (New York: Random House, 1967); *The Broken Connection* (New York: Simon and Schuster, 1979)。

描述塔斯马尼亚人和其他澳大利亚土著群体遭受灭族屠杀的著作包括：N. J. B. Plomley, *Friendly Mission: The Tasmanian Journals and Papers of George Augustus Robinson 1829-1834* (Hobart:Tasmanian Historical Research Association, 1966); C. D. Rowley, *The Destruction of Aboriginal Society*, vol.1 (Canberra: Australian National University Press, 1970); Lyndall Ryan, *The Aboriginal Tasmanians* (St. Lucia: University of Queensland Press, 1981)。Patricia Cobern愤怒地否认澳大利亚白人对塔斯马尼亚人进行灭族屠杀的信件，作为下述著作的附录得以重印：J. Peter White and James F. O'Connell, *A Prehistory of Australia, New Guinea, and Sahul* (New York: Academic Press, 1982)。

详细讲述白人定居者对美洲印第安人进行灭族屠杀的众多论著有：Wilcomb E. Washburn, "The moral and legal justification for dispossessing the Indians," in *Seventeenth Century America*, pp.15-32, edited by James Morton Smith (Chapel Hill: University of North Carolina Press, 1959); Alvin M. Josephy, Jr., *The American Heritage Book of Indians* (New York: Simon and Schuster, 1961); Howard Peckham and Charles Gibson, *Attitudes of Colonial Powers Towards the American Indian* (Salt Lake City: University of Utah Press, 1969); Francis Jennings, *The Invasion of America: Indians, Colonialism, and the Cant of Conquest* (Chapel Hill: University of North Carolina Press, 1975); Wilcomb E. Washburn, *The Indian in America* (New

York: Harperand & Row, 1975); Arrell Morgan Gibson, *The American Indian, Prehistory to the Present* (Lexington, Mass.: Health, 1980); Wilbur H. Jacobs, *Dispossessing the American Indian* (Norman: University of Oklahoma Press, 1985)。Theodora Kroeber 的经典著作的主题是关于雅希族印第安人的灭绝与伊希的存活：*Ishi in Two Worlds: A Biography of the Last Wild Indian in North America* (Berkeley: University of California Press, 1961)。这部著作探讨了巴西印第安人的灭绝：Sheldon Davis, *Victims of the Miracle* (Cambridge: Cambridge University Press, 1977)。

　　讲述动物对同一物种的其他动物进行谋杀与大规模屠杀的著作有：E. O. Wilson, *Sociobiology* (Cambridge, Mass.: Harvard University Press, 1975); Cynthia Moss, *Portraits in the Wild*, 2nd ed. (Chicago: University of Chicago Press, 1982); Jane Goodall, *The Chimpanzees of Gombe* (Cambridge, Mass.: Harvard University Press, 1986)。本书引用的 Hans Kruuk 对于鬣狗谋杀的解释源于他的著作：*The Spotted Hyena: a study of Predation and Social Behavior* (Chicago: University of Chicago Press, 1972)。

## 第 17 章　天人合一的迷思与理念

　　详尽地讲述了晚更新世和近代早期动物灭绝的著作是 Paul Martin 和 Richard Klein 编著的 *Quaternary Extinctions* (Tucson: University of Arizonia Press, 1984)。有关森林砍伐的历史参见 John Perlin 的著作 *A Forest Journey* (New York: Norton, 1989)。

　　在 G. Kuschel 编著的 *Biogeography and Ecology in New Zealand* (Hague: Junk, V. T., 1975 ) 中可以找到关于新西兰植物、动物、地质和气候的详细阐释。上面引用的 Martin 和 Klein 著作中第 32—34 章概括了新西兰地区的生物灭绝。Atholl Anderson 在其著作中概括了我们关于恐鸟的知识：*Prodigious Birds* (Cambridge: Cambridge University Press, 1989)。恐鸟也是 *New Zealand Journal of Ecology*, vol.12 (1989) 附录的主题，特别应该翻阅第 11—25 页 Richard Holdaway 的文章与第 67—96 页 Ian Atkinson 和 R. M. Greenwood 的文章。其他与恐鸟相关的重要文章有：G. Caughley,

"The colonization of New Zealand by the Polynesians,"*Journal of the Royal Society of New Zealand* 18: 245-270 (1988); A. Anderson, "Mechanics of overkill in the extinction of New Zealand moas," *Journal of Archaeological Science* 16: 137-151 (1989)。

上面引用的 Martin 和 Klein 著作中第 26 章和第 35 章分别描述了马达加斯加和夏威夷的生物灭绝。David Steadman 和 Storrs Olson 在下面的文章中告诉人们亨德森岛的故事："Bird remains from an archaeological site on Henderson Island, South Pacific: man-caused extinctions on an 'uninhabited' island,"*Proceedings of the National Academy of Sciences* 82: 6191-6195 (1985)。关于美洲生物灭绝的解释参看下面第 18 章中的建议阅读部分。

Patrick V. Kirch 在其著作中详述了复活节岛文明的可怕结局：*The Evolution of the Polynesian Chiefdoms* (Cambridge: Cambridge University Press, 1984)。有两篇文章重构了复活节岛的森林砍伐：J. Flenley, "Stratigraphic evidence of environmental change on Easter Island,"*Asian Perspectives* 22: 33-40 (1979); J. Flenleyand S. King, "Late Quaternary pollen records from Easter Island," *Nature* 307: 47-50 (1984)。

关于查科峡谷中阿纳萨齐定居者兴衰的解释有：J. L. Betancourt and T. R. Van Devender, "Holocene vegetation in Chaco Canyon, New Mexico,"*Science* 214: 656-658 (1981); M. L. Samuels and J. L. Betancourt, "Modeling the long-term effects of fuelwood harvests on pinyon-juniper woodlands," *Environmental Management* 6: 505-515 (1982); J. L. Betancourt et al., "Prehistoric long-distance transport of construction beams, Chaco Canyon, New Mexico,"*American Antiquity* 51: 370-375 (1986); Kendrick Frazier, *People of Chaco: A Canyon and Its Culture* (New York: Norton, 1986); Alden C. Hayes et al., *Archaeological Surveys of Chaco Canyon* (Albuquerque: University of New Mexico Press, 1987)。

在一本由 Julio Betancourt、Thomas Van Devender 和 Paul Martin 编著的书 *Packrat Middens* (Tucson: University of Arizona Press, 1990)）中描述了任何人想了解的关于林鼠的一切。特别是该书第 19 章分析了来自佩

特拉的岩狸。

探讨环境破坏与希腊文明衰落之间可能存在的联系的文章有：K. O. Pope and T. H. van Andel, "Late Quaternary civilization and soil formation in the southern Argolid: its history, causes and archaeological implications," *Journal of Archaeological Science* 11: 281-306 (1984)；T. H. van Andel et al., "Five thousand years of land use and abuse in the southern Argolid," *Hesperia* 55:103-128 (1986)；C. Runnels and T. H. van Andel, "The evolution of settlement in the southern Argolid, Greece: an economic explanation," *Hesperia* 56: 303-334 (1987)。

探讨玛雅文明兴衰的著作有：T. Patrick Culbert, *The Classic Maya Collapse* (Albuquerque: University of New Mexico Press, 1973)；Michael D. Coe, *The Maya*, 3rd ed. (London: Thames and Hudson, 1984)；Sylvanus G. Morley et al., *The Ancient Maya*, 4th ed. (Stanford: Stanford University Press, 1983)；Charles Gallenkamp, *Maya: The Riddle and Rediscovery of a Lost Civilization*, 3rd rev. ed. (New York: Viking Penguin, 1985)；Linda Schele and David Freidel, *A Forest of Kings* (New York: William Morrow, 1990)。

对文明崩溃做出的比较解释可参见Norman Yoffee和George L. Cowgill 编著的 *The Collapse of Ancient States and Civilizations* (Tucson: University of Arizona Press, 1988)。

## 第 18 章　哺乳类大灭绝：新世界的故事

以下三部专著可以作为我们了解关于新大陆大量动物灭绝与人类定居的大批极具争议的文献方面的合适起点。它们分别是：第 17 章中引用的Paul Martin和Richard Klein的著作；Brian Fagan, *The Great Journey* (New York: Thames and Hudson, 1987)；Ronald C. Carlisle (editor), *Americans Before Columbus*: *Ice-Age Origins* (Ethnology Monographs No.12, Department of Anthropology, University of Pittsburgh, 1988)。

Paul Martin在其文章"The Discovery of America," *Science* 179: 969-974 (1973)中概括了"闪电战"的猜测，并由 J. E. Mosimann和 Martin

共同制作出其数学模型，参见"Simulating overkill by Paleoindians, " *American Scientist* 63: 304-313 (1975)。

C. Vance Haynes, Jr.发表了关于克洛维斯文化及其起源的系列文章，包括第 17 章中引用的 Martin 和 Klein 著作第 345—353 页的一章。此外还有下面选取的文章："Fluted projectile points: their age and dispersion," *Science* 145: 1408-1413 (1961)；"The Clovis culture, " *Canadian Journal of Anthropology* 1: 115-121 (1980)；"Clovis origin update, " *The Kiva* 52: 83-93 (1987)。

关于沙斯塔地獭和哈灵顿山山羊的同时灭绝，可参见 J. I. Mead et al., "Extinction of Harrington's mountain goat, "*Proceedings of the National Academy of Sciences* 83: 836-839 (1986)。Roger Owen 提出了对克洛维斯人之前美洲就有人类的主张的批评，收录在 Fred H. Smith 和 Frank Spencer 编著的 *The Origins of Modern Humans* (New York: Liss, 1984), pp.517-563, 标题为 "The Americas: the case against an Ice-Age human population"；Dena Dincauze, "An archaeo-logical evaluation of the case for pre-Clovis occupations," *Advances in World Archaeology* 3: 275-323 (1984)；Thomas Lynch, "Glacial-age man in South America? A critical review, "*American Antiquity* 55: 12-36 (1990)。James Adovasio 概括了那些主张在克洛维斯人之前就已经有人类进入梅多克罗夫特岩棚的论点："Meadowcroft Rockshelter, 1973-1977: a synopsis, "收录在 J. E. Ericsonet al., *Peopling of the New World* (Los Altos, Calif.: Ballena Press, 1982), pp.97-131；"Who are those guys?: some biased thoughts on the initial peopling of the New World, "收录在上文引用的 Ronald C. Carlisle 编著的 *Americans Before Columbus: Ice-Age Origins*, pp.45-61。T. D. Dillehay, *Monte Verde: A Late Pleistocene Settlement in Chile*, Volume I: *Palaeoenvironment and Site Contexts* (Washington D. C.: Smithsonian Institution Press, 1989)是预计几卷本中的第一卷，它详细描述了南山别墅现场的情况。

对最初的美洲人和最后的猛犸象的故事仍有兴趣的读者，定会乐意订购一份季度报纸 *Mammoth Trumpet*；可以从原始美洲人研究中心（Center for the Study of the First Americans, Anthropology Department,

Oregon State University, Corvallis, Ore., 97331）获得。

### 第 19 章　更大的危机：生态

国际自然与自然资源保护联盟（简称 IUCN）出版的红色名录收录了对已灭绝和濒危物种分门别类的记录。如今，对于不同群体的动植物及不同大陆物种都有专门著作。国际鸟类保护委员会（简称 ICBP）已经准备了关于鸟类的相应著作：Warren B. King, editor, *Endangered Birds of the World: The ICBP RedData Book* (Washington D. C.: Smithsonian Institution Press, 1981), N.J. Collar and P. Andrew, *Birds to Watch: The ICBP World Checklist of Threatened Birds* (Cambridge: ICBP, 1988)。

我的论文提供了关于当代与冰期物种灭绝及其机制的小结和分析："Historic extinctions: a Rosetta Stone for understanding prehistoric extinctions," 收录于第 17 章中引用的 Martin 和 Klein 主编的 *Quaternary Extinction*, pp.824-862。我下面这篇文章讨论了被忽视的灭绝问题："Extant unless proven extinct? Or extinct unless proven extinct?" *Conservation Biology* 1: 77-79 (1987)。Terry Erwin, "Tropical forests: their richness in Coleoptera and other arthropod species," *The Coleopterists' Bulletin* 36: 74-75 (1982) 一文中估计了现存物种的总数目。

第 17 章和第 18 章给出了关于更新世和近代灭绝的扩充阅读。除此之外，Storrs Olson 在一篇文章中回顾了岛上鸟类的灭绝，题为 "Extinction on islands: man as a catastrophe"，收录在 David Western 和 Mary Pearl 编著的 *Conservation for the Twenty-first Century* (New York: Oxford University Press, 1989), pp.50-53。该书收录的 lanAtkinson 的文章 "Introduced animals and extinctions" (pp.54-75) 概括了鼠类和其他害虫造成的浩劫。

### 跋语　前事不忘，后事之师

有许多出色的著作讨论了人类目前面临的灭绝及其他危机的现状和

未来、造成这一状况的原因及人类对此能够做些什么。下面列举了其中一些。

John J. Berger, *Restoring the Earth: How Americans are Working to Renew our Damaged Environment* (New York: Knopf, 1985).

——, editor, *Environmental Restoration: Science and Strategies for Restoring the Earth* (Washington D.C.: Island Press, 1990).

John Cairns, Jr., *Rehabilitating Damaged Ecosystems* (Boca Raton, Fl.: CRC Press, 1988).

John Cairns, Jr., K. L. Dickson, and E. E. Herricks, *Recovery and Restoration of Damaged Ecosystems* (Charlottesville: University Press of Virginia, 1977).

Anne and Paul Ehrlich, *Earth* (New York: Franklin Watts, 1987).

Paul and Anne Ehrlich, *Extinction* (New York: Random House, 1981).

——, *The Population Explosion* (New York: Simon and Schuster, 1990) .

——, *Healing Earth* (New York: Addison Wesley, 1991).

Paul Ehrlich et al., *The Cold and the Dark* (New York: Norton, 1984).

D. Furguson and N. Furguson, *Sacred Cows at the Public Trough* (Bend, Ore: Maverick Publications, 1983) .

Suzanne Head and Robert Heinzman, editors, *Lessons of the Rainforest* (San Francisco: Sierra Club Books, 1990) .

Jeffrey A. McNeely, *Economics and Biological Diversity* (Gland: International Union for the Conservation of Nature, 1988).

Jeffrey A. McNeely et al., *Conserving the World's Biological Diversity* (Gland: International Union for the Conservation of Nature, 1990).

Norman Myers, *Conversion of Tropical Moist Forests* (Washington D. C.: National Academy of Sciences, 1980).

——, *Gaia: An Atlas of Planet Management* (New York: Doubleday, 1984).

——, *The Primary Source* (New York: Norton, 1985).

Michael Oppenheimer and Robert Boyle, *Dead Heat: the Race against the Greenhouse Effect* (New York: Basic Books, 1990).

Walter V. Reid and Kenton R. Miller, *Keeping Options Alive: The Scientific Basis for Conserving Biodiversity* (Washington D. C.: World Resources Institute, 1989).

Sharon L. Roan, *Ozone Crisis: The Fifteen-Year Evolution of a Sudden Global Emergency* (New York: Wiley, 1989).

Robin Russell Jones and Tom Wigley, editors, *Ozone Depletion: Health and Environmental Consequences* (New York: Wiley, 1989).

Steven H. Schneider, *Global Warming: Are We Entering the Greenhouse Century?* 2nd ed. (San Francisco: Sierra Club Books, 1990).

Michael E. Soulé, editor, *Conservation Biology: The Science of Scarcity and Diversity* (Sunderland, Mass.: Sinauer, 1986).

John Terborgh, *Where Have All the Birds Gone?* (Princeton: Princeton University Press, 1990).

E. O. Wilson, *Biophilia* (Cambridge, Mass.: Harvard University Press, 1984).

——, editor, *Biodiversity* (Washington D.C.: National Academy Press, 1988).

最后，如果读者有足够的兴趣希望进行更深入的阅读，那么他们同样希望得到一些有关如何降低以下风险，即我们孩子这一代成为即将灭绝的一代的建议。正如我在文中已经解释的那样，普通的市民通过积极参与政治，或向保护组织做出少许捐赠，就能贡献巨大。在为数众多值得给予支持的机构中，我在这里列出一些最知名且较大的保护机构名称及其地址与联系电话。

Conservation International, 1015 Eighteenth Street NW, Suite 1000, Washington, D.C. 20036 (202-429-5660) .

Defenders of Wildlife, 1244 Nineteenth Street NW, Washington, D. C. 20036 (202-659-9510).

Ducks Unlimited, 1 Waterfowl Way, Long Grove, IL 60047 (708-438-4300).

Environmental Defense Fund, 257 Park Avenue South, New York, NY

10010 (212-505-2100).

Friends of the Earth, 218 D Street SE, Washington D. C. 20002 (202-544-2600).

Greenpeace, 436 U Street NW, Box 3720, Washington D.C. 20007 (202-462-8817).

League of Conservation Voters, 1150 Connecticut Avenue NW, Washington D. C. 20036 (202-785-8683).

National Audubon Society, 950 Third Avenue, New York, NY 10022 (212-546-9100).

National Resources Defense Council, 40 West Twentieth Street, New York, NY 10011 (212-727-2700).

Nature Conservancy, 1815 Lynn Street, Arlington, VA 22209 (703-841-5300).

Rainforest Action Network, 301 Broadway, Suite A, San Francisco, CA 94133 (415-398-4404).

Sierra Club, 730 Polk Street, San Francisco, CA 94109 (415-776-2211).

Trout Unlimited, 501 Church Street NE, Vienna, VA 22180 (703-281-1100).

Wilderness Society, 900 Seventeenth Street NW, Washington D.C. 20006-2596 (202-833-2300).

World Wildlife Fund, National Headquarter, 1250 Twenty-Fourth Street NW, Suite 500, Washington D. C. 20037 (202-223-8210).

Zero Population Growth, 1400 Sixteenth Street NW, Suite 320, Washington D. C. 20036 (202-332-2200).